[참!쉬움 합격이 참 쉽다!]

05 전기기사

이론부터 기출문제까지 한 권으로 끝내는

제어공학

알기 쉬운 기본이론 + 상세한 기출문제 해설

오우진 지음

BM (주)도서출판 성안당

■ 도서 A/S 안내

성안당에서 발행하는 모든 도서는 저자와 출판사, 그리고 독자가 함께 만들어 나갑니다.

좋은 책을 펴내기 위해 많은 노력을 기울이고 있습니다. 혹시라도 내용상의 오류나 오탈자 등이 발견되면 "좋은 책은 나라의 보배"로서 우리 모두가 함께 만들어 간다는 마음으로 연락주시기 바랍니다. 수정 보완하여 더 나은 책이 되도록 최선을 다하겠습니다.

성안당은 늘 독자 여러분들의 소중한 의견을 기다리고 있습니다. 좋은 의견을 보내주시는 분께는 성안당 쇼핑몰의 포인트(3,000포인트)를 적립해 드립니다.

잘못 만들어진 책이나 부록 등이 파손된 경우에는 교환해 드립니다.

저자 문의 : woojin4001@naver.com(오우진)

본서 기획자 e-mail : coh@cyber.co.kr(최옥현)

홈페이지 : http://www.cyber.co.kr 전화 : 031) 950-6300

더 이상 쉬울 수 없다! **제어공학**

우리나라는 현대사회에 들어오면서 빠르게 산업화가 진행되고 눈부신 발전을 이룩하였는데 그러한 원동력이 되어준 어떠한 힘, 에너지가 있다면 그것이 바로 전기라 생각합니다. 이러한 전기는 우리의 생활을 좀 더 편리하고 윤택하게 만들어주지만 관리를 잘못하면 무서운 재앙으로 변할 수 있기 때문에 전기를 안전하게 사용하기 위해서는 이에 관련된 지식을 습득해야 합니다. 그 지식을 습득할 수 있는 방법이 바로 전기기사 및 전기산업기사 자격시험(이하 자격증)이라고 볼 수 있습니다. 또한, 전기에 관련된 산업체에 입사하기 위해서는 자격증은 필수가 되고 전기설비를 관리하는 업무를 수행하기 위해서는 한국전기기술인협회에 회원등록을 해야 하는데 이때에도 반드시 자격증이 있어야 가능하며 전기사업법 시행규칙 제45조에서도 전기안전관리자 선임자격에 자격증을 소지한 자라고 되어 있습니다. 이처럼 자격증은 전기인들에게는 필수이지만 아직까지 자격증 취득에 애를 먹어 전기인의 길을 포기하시는 분들을 많이 봤습니다.

이에 최단기간 내에 효과적으로 자격증을 취득할 수 있도록 본서를 발간하게 되었고, 이 책이 전기를 입문하는 분들에게 조금이나마 도움이 되었으면 합니다.

이 책의 특징

01 본서를 완독하면 충분히 합격할 수 있도록 이론과 기출문제를 효과적으로 구성하였습니다.

02 이론과 기출문제에 '쌤!코멘트'를 삽입하여 저자의 학습 노하우를 습득할 수 있도록 하였습니다.

03 문제마다 출제이력과 중요도를 표시하여 출제경향 및 각 문제의 출제빈도를 쉽게 파악할 수 있도록 하였습니다.

04 단원별로 유사한 기출문제들끼리 묶어 문제응용력을 높였습니다.

05 기출문제를 가급적 원문대로 기재하여 실전력을 높였습니다.

이 책을 통해 합격의 영광이 함께하길 바라며, 또한 여러분의 앞날을 밝힐 수 있는 밑거름이 되기를 바랍니다. 본서를 만들기 위해 많은 시간을 함께 수고해주신 여러 선생님들과 성안당 이종춘 회장님, 편집부 직원 여러분들의 노고에 감사드립니다.

앞으로도 더 좋은 도서를 만들기 위해 항상 연구하고 노력하겠습니다.

저자 씀

합격시켜 주는 「참!쉬움 제어공학」의 강점

1 10년간 기출문제 분석에 따른 장별 출제분석 및 학습방향 제시

☑ 10년간 기출문제 분석에 따라 각 장별 출제경향분석 및 출제포인트를 실어 학습방향을 제시했다.
또한, 출제항목별로 기사, 산업기사를 구분하여 출제율을 제시함으로써 효율적인 학습이 될 수 있도록 구성했다.

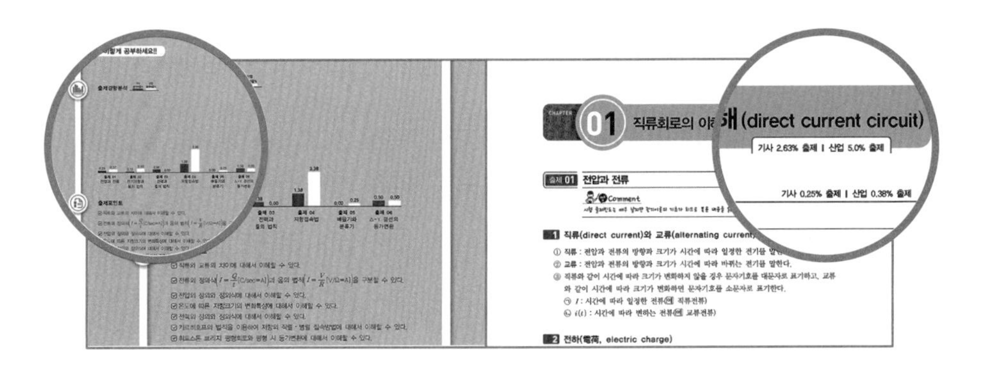

2 자주 출제되는 이론을 그림과 표로 알기 쉽게 정리

☑ 자주 출제되는 이론을 체계적으로 그림과 표로 알기 쉽게 정리해 초보자도 쉽게 공부할 수 있도록 했다.

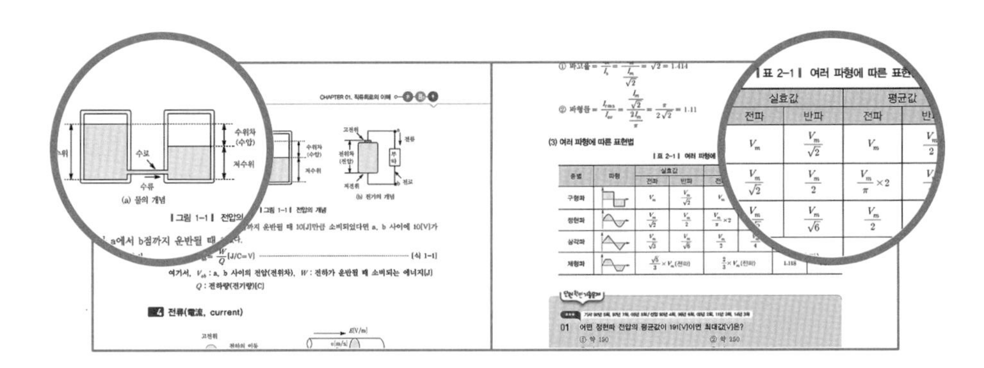

3 이론 중요부분에 '굵은 글씨'로 표시

☑ 이론 중 자주 출제되는 내용이나 중요한 부분은 '굵은 글씨'로 처리하여 확실하게 이해하고 암기할 수 있도록 표시했다.

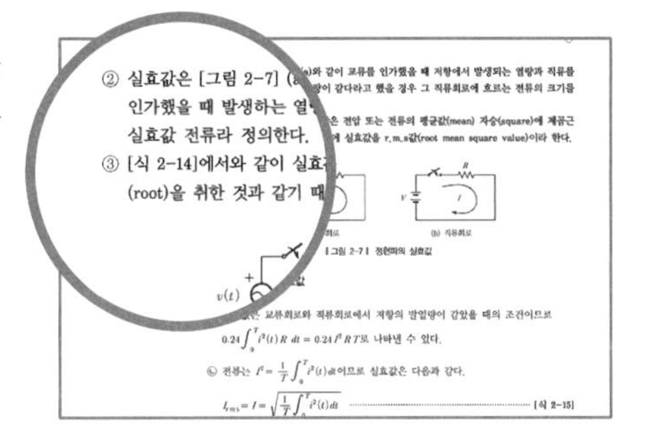

4 단락별로 '단락확인 기출문제' 삽입

☑ 이론 중 단락별로 기출문제를 삽입하여 해당되는 단락이론을 확실하게 이해할 수 있도록 삽입했다.

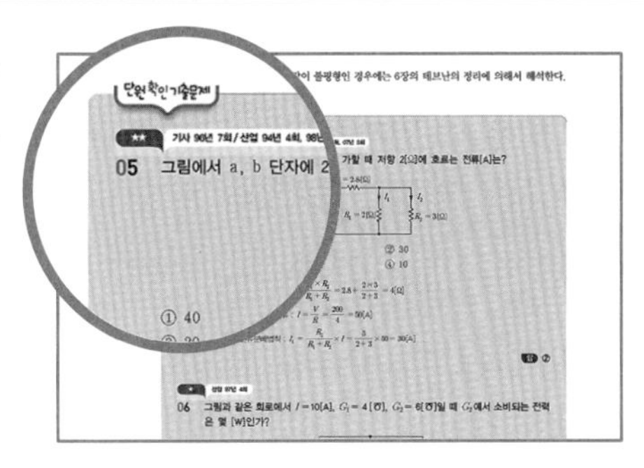

5 좀 더 이해가 필요한 부분에 '참고' 삽입

☑ 이론 내용을 상세하게 이해하는 데 도움을 주고자 부가적인 설명을 참고로 실었다.

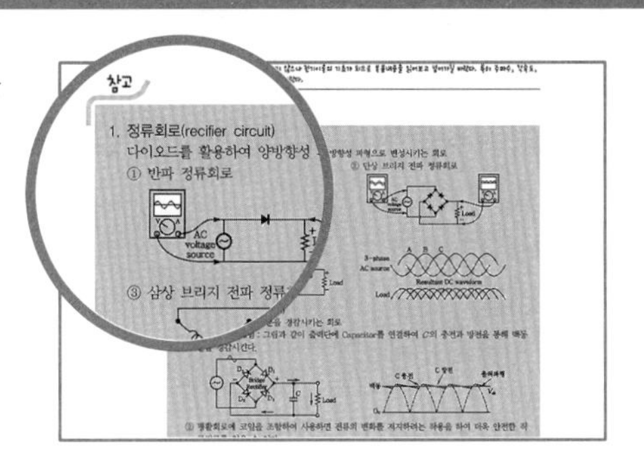

6 장별 '단원 핵심정리 한눈에 보기' 수록

☑ 한 장의 이론이 끝나면 간략하게 정리한 핵심 이론을 실어 꼭 암기해야 할 이론을 다시 한번 숙지할 수 있도록 정리했다.

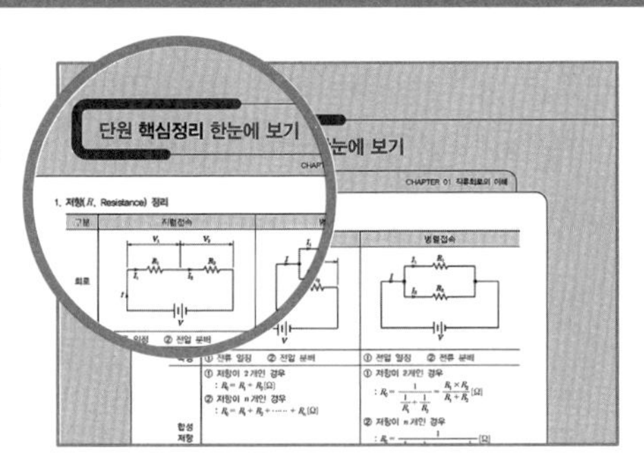

7 문제에 중요도 '별표 및 출제이력' 구성

☑ 문제에 별표(★)를 구성하여 각 문제의 중요도를 알 수 있게 하였으며 출제이력을 표시하여 자주 출제되는 문제임을 알 수 있게 하였다.

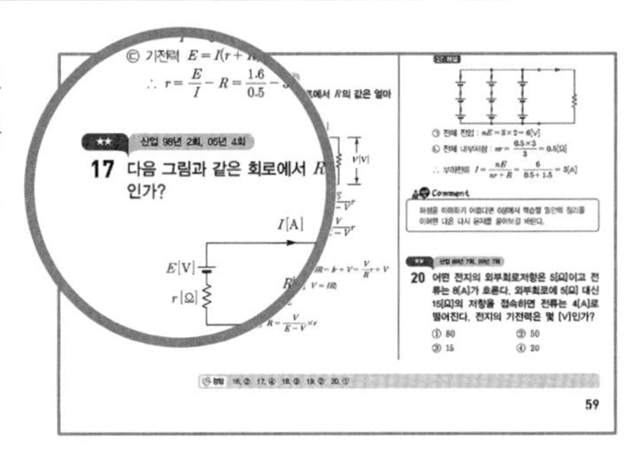

8 '집중공략' 문제 표시

☑ 자주 출제되는 문제에 '집중공략'이라고 표시하여 중요한 문제임을 표시해 집중해서 학습할 수 있도록 했다.

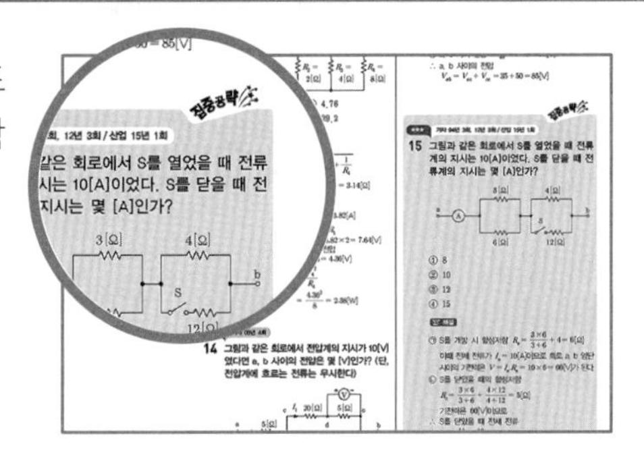

9 '쌤!코멘트' 구성

☑ 이론과 기출문제에 '쌤!코멘트'를 구성하여 문제에 대한 저자분의 노하우를 제시해 문제를 풀 수 있도록 도움을 주었다.

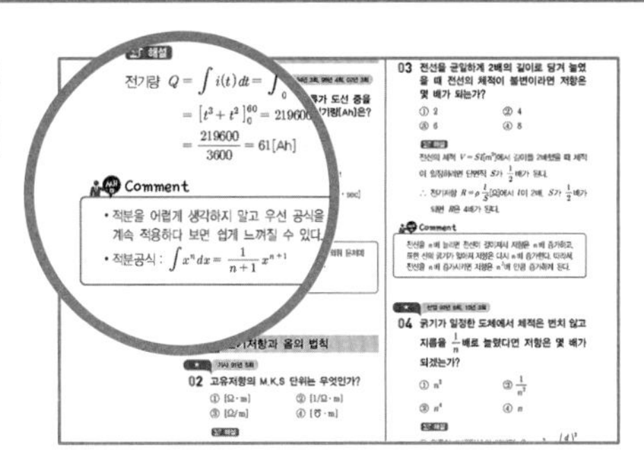
해설

전기량 $Q = \int i(t)dt = \int_0 ...$

$= [t^2 + t^3]_0^{60} = 219600$

$= \frac{219600}{3600} = 61[Ah]$

Comment

• 적분을 어렵게 생각하지 말고 우선 공식을 계속 적용하다 보면 쉽게 느껴질 수 있다.

• 적분공식 : $\int x^n dx = \frac{1}{n+1} x^{n+1}$

02 고유저항의 M.K.S 단위는 무엇인가?

① [Ω·m] ② [1/Ω·m] ③ [Ω/m] ④ [℧·m]

03 전선을 균일하게 2배의 길이로 당겨 늘였을 때 전선의 체적이 불변이라면 저항은 몇 배가 되는가?

① 2 ② 4 ③ 6 ④ 8

04 굵기가 일정한 도체에서 체적은 변치 않고 지름을 $\frac{1}{n}$배로 늘렸다면 저항은 몇 배가 되겠는가?

10 상세한 해설 수록

☑ 문제에 상세한 해설로 그 문제를 완전히 이해할 수 있도록 했을 뿐만 아니라 유사문제에도 대비할 수 있도록 했다.

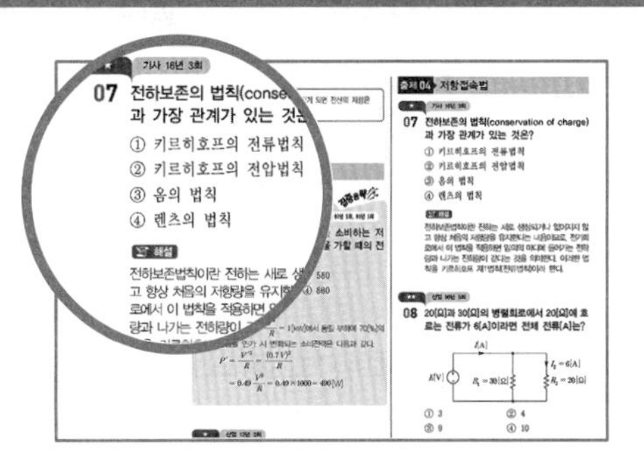
기사 16년 3회

07 전하보존의 법칙(conservation of charge)과 가장 관계가 있는 것은?

① 키르히호프의 전류법칙
② 키르히호프의 전압법칙
③ 옴의 법칙
④ 렌츠의 법칙

해설

전하보존법칙이란 전하는 새로 생...

08 20[Ω]과 30[Ω]의 병렬회로에서 20[Ω]에 흐르는 전류가 6[A]이라면 전체 전류[A]는?

① 3 ② 4 ③ 9 ④ 10

「참!쉬움」 제어공학을 효과적으로 활용하기 위한
제대로 학습법

01 매일 3시간 학습시간을 정해 놓고 하루 분량의 학습량을 꼭 지킬 수 있도록 학습계획을 세운다.

02 학습 시작 전 출제항목마다 출제경향분석 및 출제포인트를 파악하고 학습방향을 정한다.

03 한 장의 이론을 읽어가면서 굵은 글씨 부분은 중요한 내용이므로 확실하게 암기한다. 또한, 이론 중간중간에 '단원확인 기출문제'를 풀어보면서 앞의 이론을 확실하게 이해한다.

04 한 장의 이론 학습이 끝나면 '단원 핵심정리 한눈에 보기'를 보며 꼭 암기해야 할 부분을 숙지한다.

05 기출문제에서 헷갈렸던 문제나 틀린 문제는 문제번호에 체크표시(☑)를 해 둔 다음 나중에 다시 챙겨 풀어본다.

06 기출문제에 '별표'나 '출제이력', '집중공략' 표시를 보고 중요한 문제는 확실하게 풀고 '쌤!코멘트'를 이용해 저자의 노하우를 배운다.

07 하루 공부가 끝나면 오답노트를 작성한다.

08 그 다음날 공부 시작 전에 어제 공부한 내용을 복습해본다. 복습은 30분 정도로 오답노트를 가지고 어제 틀렸던 문제나 헷갈렸던 부분 위주로 체크해본다.

09 부록에 있는 과년도 출제문제를 시험 직전에 모의고사를 보듯이 풀어본다.

10 책을 다 끝낸 다음 오답노트를 활용해 나의 취약부분을 한 번 더 체크하고 실전시험에 대비한다.

단원별 **최신 출제비중**을 파악하자!

전기기사

	출제율(%)
제1장 자동제어의 개요	4.34
제2장 전달함수	11.50
제3장 시간영역해석법	6.75
제4장 주파수영역해석법	4.88
제5장 안정도 판별법	7.75
제6장 근궤적법	4.25
제7장 상태방정식	7.38
제8장 시퀀스회로의 이해	4.50
합 계	51.35%

전기자격 시험안내

01 시행처

한국산업인력공단

02 시험과목

구분	전기기사	전기산업기사	전기공사기사	전기공사산업기사
필기	1. 전기자기학 2. 전력공학 3. 전기기기 4. 회로이론 및 제어공학 5. 전기설비기술기준	1. 전기자기학 2. 전력공학 3. 전기기기 4. 회로이론 5. 전기설비기술기준	1. 전기응용 및 공사재료 2. 전력공학 3. 전기기기 4. 회로이론 및 제어공학 5. 전기설비기술기준	1. 전기응용 2. 전력공학 3. 전기기기 4. 회로이론 5. 전기설비기술기준
실기	전기설비 설계 및 관리	전기설비 설계 및 관리	전기설비 견적 및 시공	전기설비 견적 및 시공

03 검정방법

[기사]

- **필기** : 객관식 4지 택일형, 과목당 20문항(과목당 30분)
- **실기** : 필답형(2시간 30분)

[산업기사]

- **필기** : 객관식 4지 택일형, 과목당 20문항(과목당 30분)
- **실기** : 필답형(2시간)

04 합격기준

- **필기** : 100점을 만점으로 하여 과목당 40점 이상, 전과목 평균 60점 이상
- **실기** : 100점을 만점으로 하여 60점 이상

05 출제기준

■ 전기기사

세부항목	세세항목
(1) 자동제어계의 요소 및 구성	① 제어계의 종류 ② 제어계의 구성과 자동제어의 용어 ③ 자동제어계의 분류 등
(2) 블록선도와 신호흐름선도	① 블록선도의 개요 ② 궤환제어계의 표준형 ③ 블록선도의 변환 ④ 아날로그계산기 등
(3) 상태공간해석	① 상태변수의 의의 ② 상태변수와 상태방정식 ③ 선형시스템의 과도응답 등
(4) 정상오차와 주파수응답	① 자동제어계의 정상오차 ② 과도응답과 주파수응답 ③ 주파수응답의 궤적표현 ④ 2차계에서 MP와 WP 등
(5) 안정도 판별법	① Routh-Hurwitz 안정도 판별법 ② Nyquist 안정도 판별법 ③ Nyquist 선도로부터의 이득과 위상여유 ④ 특성방정식의 근 등
(6) 근궤적과 자동제어의 보상	① 근궤적 ② 근궤적의 성질 ③ 종속보상법 ④ 지상보상의 영향 ⑤ 조절기의 제어동작 등
(7) 샘플값 제어	① sampling 방법 ② z변환법 ③ 펄스전달함수 ④ sample값 제어계의 z변환법에 의한 해석 ⑤ sample값 제어계의 안정도 등
(8) 시퀀스제어	① 시퀀스제어의 특징 ② 제어요소의 동작과 표현 ③ 불대수의 기본정리 ④ 논리회로 ⑤ 무접점회로 ⑥ 유접점회로 등

차 례

CHAPTER 01 자동제어의 개요

CHAPTER 02 전달함수

출제 02 보상기

출제 03 물리계통의 전기적 유추

출제 04 블록선도와 신호흐름선도

CHAPTER 03 시간영역해석법

출제 01 제어시스템의 시간영역응답

출제 02 편차와 감도

CHAPTER 05 안정도 판별법

출제 01 루스-후르비츠 안정도 판별법

출제 02 나이퀴스트 안정도 판별법

출제 03 보드선도 안정도 판별법

CHAPTER 06 근궤적법

출제 01 근궤적법

출제 02 근궤적의 작도요령

CHAPTER 07 상태방정식

출제 01 상태방정식

출제 02 z변환

CHAPTER 08 시퀀스회로의 이해

출제 01 시퀀스회로의 개요

출제 02 제어용 기기

출제 03 유접점 기본회로

출제 04 논리회로

부록 과년도 출제문제

기초이론 및 용어해설

CHAPTER

01

자동제어의 개요

전기기사
4.34% 출제

이렇게 공부하세요!!

출제경향분석

기사 출제비율 %

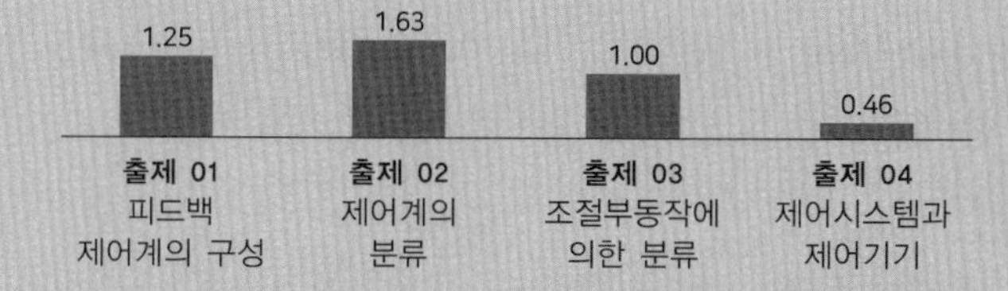

출제포인트

- ☑ 개루프제어계와 폐루프제어계의 차이점에 대해서 이해할 수 있다.
- ☑ 폐루프제어계의 구성에 대해서 이해할 수 있다.
- ☑ 제어량, 목표값에 의한 분류에 대해서 이해할 수 있다.
- ☑ 불연속동작과 연속동작에 의한 분류에 대해서 이해할 수 있다.
- ☑ P, PI, PD, PID 제어의 특징에 대해서 이해할 수 있다.
- ☑ 검출기의 변환요소에 대해서 이해할 수 있다.

CHAPTER 01 자동제어의 개요(automatic control)

기사 4.34% 출제

기사 1.25% 출제

출제 01 피드백 제어계의 구성

대부분의 시험문제는 [그림 1-2]에 관련된 문제가 출제되고 있으며, 최근 10년간 기출문제를 분석해보면 필기시험 4번 중 한 번꼴로 출제되고 있다.

1 개요

① 플랜트나 기계 또는 장치 등을 사람의 판단에 의해 직접 조작하는 제어를 수동제어(manual control)라 한다.

② 사람에 개입 없이 제어장치(control device)에 의해 설정한 목표값을 수행하도록 자동으로 동작하는 것을 자동제어라 한다.

③ 제어계(control system)는 입출력 비교장치의 사용 여부에 따라 개루프제어계와 폐루프제어계(closed loop system)로 구분할 수 있다.

2 개루프제어계(open loop system)

(1) 정의

개루프제어계는 시퀀스제어(sequence control)라고도 하며, 미리 정해놓은 순서 또는 일정한 논리에 의해서 정해진 순서에 따라 제어의 각 단계를 차례로 진행해가는 제어로, 순차제어를 말한다.

(2) 구성

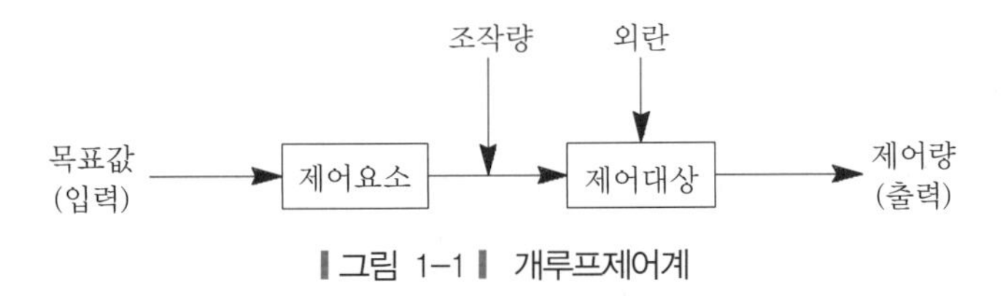

▌그림 1-1▐ 개루프제어계

① **제어대상에 가하는 입력을 제어공학에서는 조작량(manipulated variable)이라고 하며, 출력을 제어량(controlled variable)이라 한다.**

② 외란(disturbance)은 제어량의 값을 변화시키려는 외부로부터의 바람직하지 않은 신호로 외적 외란과 내적 외란이 있다.

(3) 개루프제어계의 특징

① 개루프제어는 장치가 비교적 간단하고 설치비가 저렴한 장점이 있다.

② 입력과 출력을 비교할 수 있는 검출부가 없어 외란에 대처할 수 없다. 따라서 출력에 오차가 발생하고 이를 보정할 수 없다는 단점이 있다.

③ 따라서 개루프시스템은 외란으로부터 영향을 받지 않는 엘리베이터, 커피자판기, 신호등, 컨베이어, 리프트 등에 응용되고 있다.

3 폐루프제어계(closed loop system)

(1) 정의

폐루프제어계는 피드백제어계(feedback control) 또는 궤환제어계라고도 하며, 개루프제어계와 달리 입력과 출력을 비교할 수 있는 검출부를 추가하여 외란에 대비한 제어계를 말한다.

(2) 구성

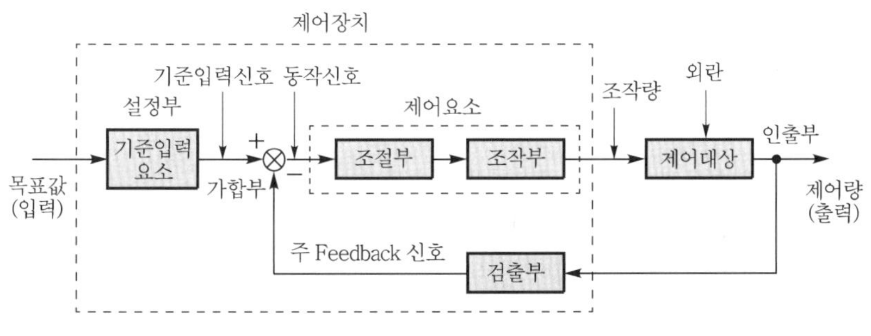

┃그림 1-2┃ 폐루프제어계의 구성

① 목표값(desired value, command) : 사용자가 제어장치에 가하는 입력신호로 목표값이 변하지 않고 일정한 값을 가지며 설정값(set point)이라고도 한다.

② 기준입력요소 또는 설정부(reference input element) : **목표값을 제어할 수 있는 기준입력신호로 변환하는 장치를 말한다.**

③ 기준입력신호(reference input signal) : 자동제어계를 동작시키는 기준입력으로 목표값에 비례한다.

④ 검출부(detecting means) : 제어량을 목표값과 비교하여 오차를 계산하는 장치를 말한다.

⑤ 주피드백신호(main feedback signal) : 검출부에서 계산된 신호를 기준입력신호에 가합하는 신호로, 기준입력신호와 같은 종류의 물리량을 보낸다.

⑥ 동작신호(actuating signal) : **기준입력신호와 주피드백신호의 차로서 제어계를 동작시키는 신호로, 제어편차(error)라고도 한다.**

⑦ 제어요소(control element) : **동작신호에 따라 제어대상을 제어하기 위한 조작량을 만들어 내는 장치로서, 조절부와 조작부로 구성된다.**

⑧ **조절부(controlling means)** : 검출부에서 나온 검출량을 목표값과 비교하여, 제어계가 필요로 하는 신호로 만들어 조작부로 보내준다.

⑨ **조작부(final control element)** : 조절부로부터 받은 신호를 조작량으로 바꾸어 제어대상에 보내주는 신호이다.

(3) 폐루프제어계의 특징

① 외란에 대한 영향을 줄일 수 있다.
② 제어기기의 부품성능이 저하되어도 안정적인 출력을 보낼 수 있다.
③ 제어계의 특성을 향상시킬 수 있다.
④ 비선형 왜곡이 감소한다.
⑤ 대역폭이 증가한다.
⑥ 계의 특성 변환에 대한 입력 대 출력비의 감도가 감소한다.
⑦ 구조가 복잡하고 설치비가 고가이다.
⑧ 발진을 일으키고 불안정한 상태로 되어가는 경향성이 있다.

단원 확인 기출문제

★★★ 기사 92년 3회, 00년 3회, 01년 1회, 04년 4회, 12년 1회, 15년 1회

01 궤환제어계에서 제어요소에 관한 설명 중 가장 알맞은 것은?

① 검출부와 조작부로 구성되어 있다.
② 오차신호를 제어장치에서 제어대상에 가해지는 신호로 변환시키는 요소이다.
③ 목표값에 비례하는 신호를 발생시키는 요소이다.
④ 입력과 출력을 비교하는 요소이다.

해설 제어요소는 동작신호(오차신호)를 제어대상의 제어신호인 조작량으로 변환시키는 요소이고, 조절부와 조작부로 구성되어 있다.

답 ②

★ 기사 98년 5회, 00년 6회

02 전기로의 온도를 900[℃]로 일정하게 유지시키기 위하여 열전온도계의 지시값을 보면서 전압조정기로 전기로에 연가전압을 조절하는 장치가 있다. 이 경우 열전온도계는 어느 용어에 해당하는가?

① 검출부 ② 조작량
③ 조작부 ④ 제어량

해설
㉠ 온도 : 제어량 ㉡ 900[℃] : 목표값
㉢ 열전온도계 : 검출부 ㉣ 전압조정기 : 제어장치
㉤ 연가전압 : 제어량 ㉥ 일정하게 유지시키기 위하여 : 정치제어

답 ①

기사 1.63% 출제

출제 02 제어계의 분류

내용 자체가 간단해서 복습에 소홀할 수 있다. 이 단원은 1장에서 출제빈도가 가장 높으면서 실수도 많이 하는 부분이므로 복습에 소홀히 해서는 안 된다.

1 제어량에 의한 분류

(1) 서보기구(servo mechanism)제어

① 물체의 위치, 방위, 자세, 거리, 각도 등의 기계적 변위를 제어량으로 목표값의 임의의 변화에 추종하도록 구성된 제어계를 말한다.

② 공작기계, 로켓, 비행기 및 선박의 방향제어계, 추적용 레이더, 미사일발사대의 자동위치 제어계, 자동평형기록계 등이 이에 속한다.

(2) 프로세스기구(process)제어

① 온도, 유량, 압력, 액위, 농도, 습도, 비중, 레벨(level) 등의 공업공정의 상태량을 제어하는 제어계를 말한다.

② 프로세스제어는 목표값이 일정한 정치제어인 경우가 많다.

(3) 자동조정기구(automatic regulation)제어

① 전압, 전류, 주파수, 역률, 회전력, 속도, 토크, 장력 등 기계적 또는 전기적인 양을 제어하는 제어계를 말한다.

② 자동조정은 목표값이 일정한 정치제어이다.

2 목표값에 의한 분류

(1) 정치제어(constant value control)

① 목표값이 시간적 변화에 따라 항상 일정한 제어를 말한다.

② 프로세스제어와 자동조정제어가 정치제어에 속한다.

(2) 추치제어(variable value control)

① 목표값이 시간적 변화에 따라 변화는 제어를 말하며, 목표값의 변화가 미리 정해져 있는 경우를 프로그램제어, 그 변화가 임의인 경우를 추종제어라 한다.

② 추종제어(follow up control)

㉠ 출력의 변동을 조정하는 동시에 목표값에 정확히 추종하도록 하는 것을 목적으로 하는 제어를 말한다.

㉡ 서보기구가 대표되는 추종제어이며 추적레이더(radar), 대공포미사일, 어군탐지기 등이 이에 속한다.

③ 프로그램제어(program control)

㉠ 미리 정해진 프로그램에 따라 제어량을 변화시키는 것을 목적으로 하는 제어를 말한다.

㉡ 엘리베이터, 무인열차운전, 무인자판기, 열처리 노의 온도제어 등이 이에 속한다.

④ 비율제어(ratio control)

㉠ 2개 이상의 양 사이에 어떤 비율을 유지하도록 제어하는 것을 말한다.

㉡ 예를 들면 보일러 자동연소제어와 암모니아 합성 장치에서 수소와 질소의 혼합비율을 일정하게 하는 제어를 들 수 있다.

단원 확인 기출문제

★★★★ 기사 93년 2회, 96년 2회, 05년 1회, 10년 3회, 12년 2회

03 물체의 위치, 각도, 자세, 방향 등을 제어량으로 하고 목표값의 임의의 변화에 추종하는 것과 같이 구성된 제어장치를 무엇이라 하는가?

① 프로세스제어　② 프로그램제어
③ 자동조정제어　④ 서보제어

해설 **제어량에 의한 분류**
㉠ 서보기구 : 위치, 방위, 자세, 거리, 각도 등의 기계적 변위를 제어한다.
㉡ 프로세스기구 : 온도, 유량, 압력, 액위, 농도, 습도, 비중 등 공업공정의 상태량을 제어한다.
㉢ 자동조정기구 : 전압, 주파수, 역률, 회전력, 속도, 토크 등 기계적 또는 전기적인 양을 제어한다.

기사 1.00% 출제

출제 03 조절부동작에 의한 분류

[식 1-2], [식 1-3], [식 1-4]의 공식은 출제빈도가 매우 낮으므로 P, PI, PD, PID 등의 특징만 기억하면 된다.

1 개요

① 목표값과 제어량과의 차이를 검출한 조절기가 오차를 줄이기 위해 출력신호를 내는 것을 제어동작 또는 조절기라 하며, 조절기에서 연산한 값은 조작부가 제어량으로 변환하여 제어대상에게 전달한다.

② 조절부는 인간의 두뇌와 같은 역할을 하며 그 종류도 다양하다. 여기에서는 대표적인 제어동작에 대해서 알아본다.

2 불연속동작

(1) 개요

① **[그림 1-3]과 같이 현재 온도가 목표값의 동작범위에 대해서 밸브의 열림과 닫힘을 반복하여 온도를 일정하게 유지시키는 방식을 불연속동작 또는 on-off제어라 한다.**

② 이 방식은 조절기의 구조가 간단하고 가격이 저렴하기 때문에 항온탱크, 전기로 등 산업현장에 많이 이용되고 있다.

(2) 특징

불연속동작의 특징은 동작이 간단하고 off-set이 발생하지 않는 장점이 있으나 밸브 투입시 오버슈트(overshoot)가 발생하고 목표값에 도달한 이후에 on/off가 계속 반복되는 헌팅(hunting)현상이 자주 발생되어 밸브 등의 기기 수명이 단축되는 단점을 가지고 있다.

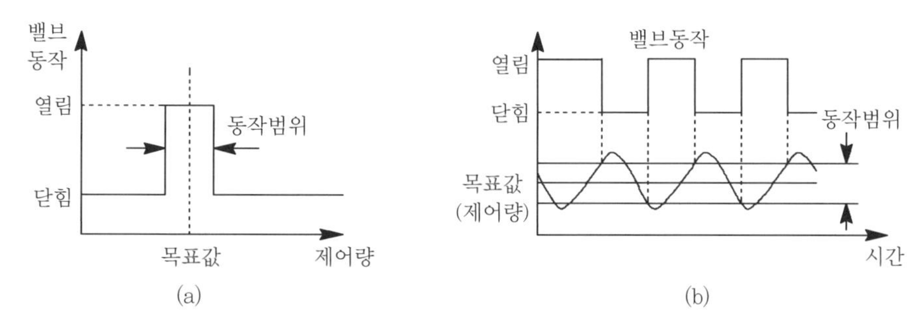

▌그림 1-3▐ 불연속제어(on–off제어)

3 연속동작

(1) 개요

① **연속적으로 제어동작하는 제어로 조절부동작 방식에 따라서 P, PI, PD, PID제어로 구분한다.**

② 동작신호를 $z(t)$, 조작량을 $y(t)$라 하면 제어동작에는 다음과 같다.

(2) 비례제어(P제어, proportional action)

① 비례제어는 제어량과의 차의 크기에 비례한 조작량의 변화를 주는 제어동작으로 제어동작이 연속적으로 이루어지는 연속동작 가운데 가장 기본적인 구조를 말한다.

② 조작량

$y(t) = K_P z(t)$ ································ [식 1-1]

여기서, K_P : 비례이득 또는 비례감도, $y(t)$: 조작량

$z(t)$: 동작신호, $\frac{1}{K_P}$: 비례대(proportion band)[%]

③ 비례제어의 특징

㉠ **장점 : 오버슈트와 헌팅이 줄어든다.**

㉡ **단점 : 안정화까지 시간이 걸리고, 잔류편차(off-set)가 발생한다.**

(3) 비례적분제어(PI제어, proportional integral action)

① 비례제어만 있는 조절기로 공정을 제어하면 제어량이 목표값과 반드시 일치되지 않는 경우가 많기 때문에 이러한 결함을 해결하기 위해 적분제어를 공정제어로 한다. 이를 비례적분제어라 한다.

② 조작량

$$y(t) = K_P\left[z(t) + \frac{1}{T_I}\int_0^t z(t)dt\right] \quad \text{[식 1-2]}$$

여기서, T_I : 적분시간[min], $y(t)$: 조작량

K_P : 비례이득 또는 비례감도, $z(t)$: 동작신호

③ 비례적분제어의 특징

㉠ **장점 : 잔류편차(off-set)를 제거한다.**

㉡ **단점 : 비례제어보다 안정화에 시간이 더 걸린다.**

(4) 비례미분제어(PD제어, proportional derivative action)

① 미분동작은 동작신호의 미분에 비례하여 출력을 내는 조절부동작이며, 이 동작은 단독으로는 사용하지 않고 비례제어와 함께 사용한다.

② 조작량

$$y(t) = K_P\left[z(t) + T_D\frac{dz(t)}{dt}\right] \quad \text{[식 1-3]}$$

여기서, T_D : 미분시간[min], $y(t)$: 조작량

K_P : 비례이득 또는 비례감도, $z(t)$: 동작신호

③ 비례미분제어의 특징

㉠ **제어오차가 검출될 때 오차가 변화하는 속도에 비례하여 조작량을 가감하도록 하는 동작으로 오차가 커지는 것을 방지한다.**

㉡ **미분제어를 부가하여 응답 속응성을 개선하기 위해 사용된다.**

(5) 비례적분 미분제어(PID제어)

① **비례, 적분, 미분제어를 모두 조합한 것으로 적분제어로 잔류편차(정상편차)를 제거하고, 미분제어로 속응성을 개선한 가장 최적의 제어시스템을 말한다.**

② 조절효과가 좋고 속도가 빠른 장점이 있으나, 다른 조절기에 비해 가격이 비싸다는 단점이 있다.

③ 조작량

$$y(t) = K_P\left[z(t) + \frac{1}{T_I}\int_0^t z(t)dt + T_D\frac{dz(t)}{dt}\right] \quad \text{[식 1-4]}$$

여기서, $y(t)$: 조작량, K_P : 비례이득 또는 비례감도

$z(t)$: 동작신호, T_I : 적분시간[min]

T_D : 미분시간[min], $\frac{1}{T_I}$: 리셋률(reset rate)

(6) 제어동작의 특징

▌표 1-1▐ 제어동작의 특징

구분	특징	정상편차	속응도
on-off제어	헌팅이 있음	있음	-
P제어	헌팅을 방지	있음	늦음
I제어	-	없음	늦음
PI제어	지상보상기와 특성이 같음	없음	늦음
D제어	단독으로 사용하지 않음	-	빠름
PD제어	진상보상기와 특성이 같음	있음	빠름
PID제어	진·지상보상기와 특성이 같음	최적	최적

단원 확인기출문제

★★★ 기사 89년 2회, 94년 3회, 96년 4회, 09년 1회

04 잔류편차(off-set)를 일으키는 제어는?

① 비례제어
② 미분제어
③ 적분제어
④ 비례적분 미분제어

해설 ㉠ 비례제어(P제어) : 난조 제거, 잔류편차(off-set)가 발생한다.
㉡ 비례적분제어(PI제어) : 잔류편차 제거(정상특성을 개선), 속응성이 길어진다.
㉢ 비례미분제어(PD제어) : 과도응답의 속응성을 향상시킨다.
㉣ 비례적분 미분제어(PID제어) : 속응성 향상, 잔류편차를 제거한다.

답 ①

기사 0.46% 출제

출제 04 제어시스템과 제어기기

여기에서는 [표 1-5]에 대해서만 시험이 출제되고 있다. 표에서 표시된 부분이 자주 출제된 내용이므로 이 부분만이라도 꼭 기억하길 바란다.

1 증폭기기

증폭기기에는 **전기식**, **기계식**(공기식, 유압식)이 있다.

(1) 증폭기기의 종류

| 표 1-2 | 증폭기기의 종류

구분	전기식	기계식
정지기	진공관, 트랜지스터, 사이러트론, 사이리스터(SCR), 자기증폭기	공기식(노즐플래퍼, 벨로스), 유압식(안내밸브), 지렛대
회전기	앰플리다인, 로토트롤(rototrol)	–

(2) 전기식 증폭기기의 특징

| 표 1-3 | 전기식 증폭기기의 특징

구분	진공관	트랜지스터	사이러트론	SCR	계전기	자기증폭기	앰플리다인
입력신호	DC, AC		DC, AC 펄스		DC, AC		DC
출력신호			정현파의 일부		ON・OFF 신호	정현파의 일부	
시정수	수$[\mu s]$		수100$[\mu s]$	10~20$[\mu s]$	수[ms]	전원 반주기 이상	5~50[ms]
전달함수	$\frac{K}{1+sT}$						$\frac{K}{s(1+sT_1)(1+sT_2)}$
출력[W]	10	2~10	100~500	10~10,000	–	5~10	500~5,000
견고성	좋음	우수	약함	우수	좋음	우수	좋음
에너지원	DC		AC		DC, AC	AC	토크
수명	10,000[h]	50,000[h]	수100[h]	반영구적	108회	영구적	브러시 정류자 따름

2 조절기기

(1) 조절부

검출부에서 측정된 제어량을 기준입력과 비교하여 그 차의 신호를 만들고 이것을 증폭하며, P, PI, PD, PID동작 등의 조작량으로 변환하여 조작부에 보내는 부분이다.

(2) 조절기기의 종류

① 전기식 : 스위치(on/off)조절기, 전자식 조절기

② 기계식 : 공구식(P, PI, PID) 조절기, 힘평형식(P) 조절기, 유압식(P, PI) 조절기

3 조작기기

조작기기는 직접 제어대상에 작용하는 장치이고, 응답이 빠르면 조작력이 큰 것이 요구된다.

(1) 조작기기의 종류

① **전기식** : 전자밸브, 전동밸브, 2상 서보전동기, 직류 서보전동기, 펄스전동기

② **기계식** : 클러치, 다이어프램밸브, 포지셔너, 유압식 조작기(안내밸브, 조작실린더, 조작 피스톤, 분사관)

(2) 조작기기의 특징

표 1-4 조작기기의 특징

구분	전기식	공기식	유압식
적응성	대단히 넓고, 특성의 변경이 쉬움	PID동작을 만들기 쉬움	관성이 적고, 대출력을 얻기가 쉬움
속응성	늦음	장거리에서는 어려움	빠름
전송	장거리의 전송이 가능하고, 늦음이 적음	장거리가 되면, 늦음이 크게 됨	늦음은 적으나, 배관에 장거리는 어려움
부피, 무게에 대한 출력	감속장치가 필요하고, 출력은 작음	출력은 크지 않음	저속이고, 큰 출력을 얻을 수 있음
안정성	방목형이 필요함	안전함	인화성이 있음

4 검출기기

온도, 압력, 유량 등의 물리량을 증폭 및 전송이 용이한 양으로 변환하는 검출기기를 변환기라 한다.

(1) 변환요소의 종류

표 1-5 변환요소의 종류

변환량	변환요소
압력 → 변위	**벨로스**, **다이어프램**, 스프링
변위 → 압력	**노즐플래퍼**, **유압분사관**, 스프링
변위 → 임피던스	가변저항기, 용량형 변환기, 가변저항스프링
변위 → 전압	퍼텐쇼미터, **차동변압기**, **전위차계**
전압 → 변위	**전자석**, 전자코일
광 → 임피던스	광전관, 광전도셀, 광전트랜지스터
광 → 전압	광전지, 광전다이오드
방사선 → 임피던스	GM관, 전리함
온도 → 임피던스	측온저항(열선, 서미스터, 백금, 니켈)
온도 → 전압	**열전대**(백금-백금로듐, 철-콘스탄탄, 구리-콘스탄탄, 크로멜-알루멜)

(2) 검출기기의 종류

표 1-6 검출기기의 종류

제어	검출기기	비고
자동 조정용	전압검출기기	전자관 및 트랜지스터 증폭기, 자기증폭기
	속도검출기기	회전계발전기, 주파수검출법, 스피더

제어	검출기기	비고
서보 기구용	전위차계	권선형 저항을 이용하여 변위, 변각을 측정
	차동변압기	변위를 자기저항의 불균형으로 변환
	싱크로	변위각을 검출
	마이크로신	변위각을 검출
공정 제어용	압력계	• 기계식 압력계(벨로스, 다이어프램, 부르동관) • 전기식 압력계(전기저항압력계, 피라니진공계, 전리진공계)
	유량계	• 조리개유량계 • 넓이식 유량계 • 전자유량계
	액면계	• 차압식 액면계(노즐, 오리피스, 벤투리관) • 플로트식 액면계
	온도계	• 저항온도계(백금, 니켈, 구리, 서미스터) • 열전온도계(백금-백금로듐, 크로멜-알루멜, 철-콘스탄탄) • 압력형 온도계(부르동관) • 바이메탈온도계 • 방사온도계 • 광온도계
	가스성분계	• 열전도식 가스성분계 • 연소식 가스성분계 • 자기산소계 • 적외선 가스성분계
	습도계	• 전기식 건습구습도계 • 광전관식 노점습도계
	액체성분계	• PH계 • 액체농도계

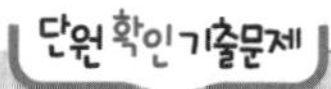

★★ 기사 98년 6회, 99년 5회, 00년 5회

05 다음 중 압력을 변위로 변환시키는 장치는?

① 노즐플래퍼　　② 차동변압기
③ 다이어프램　　④ 전자석

해설 ① 노즐플래퍼 : 변위 → 압력
② 차동변압기 : 변위 → 전압
③ 다이어프램 : 압력 → 변위
④ 전자석 : 전압 → 변위

답 ③

단원 핵심정리 한눈에 보기

1. 피드백(feedback) 제어계의 기본구성

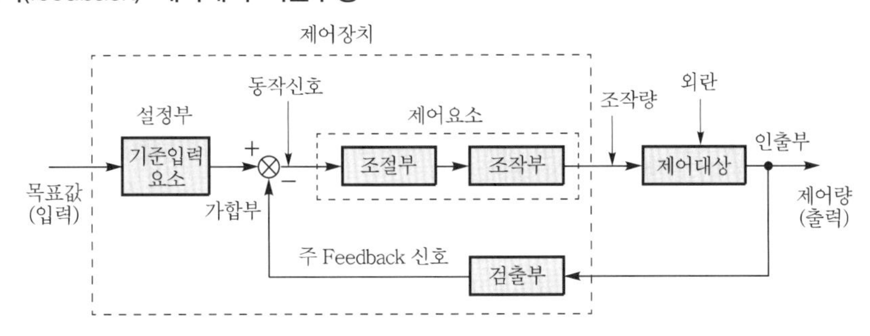

① 기준입력요소(설정부) : 목표값을 제어할 수 있는 신호를 변환하는 장치
② 동작신호 : 제어계를 동작시키는 기준으로서 직접 제어계에 가해지는 신호
③ 제어요소 : 동작신호를 조작량으로 변환하는 장치로 조절부와 조작부로 구성
④ 검출부 : 입력과 출력을 비교하는 장치
⑤ 조작량 : 제어장치가 제어대상에 가해지는 신호로 제어장치의 출력인 동시에 제어대상의 입력신호

2. 제어계의 분류

① 제어량에 의한 분류 : 서보기구제어, 프로세스기구제어, 자동조정기구제어
② 목표값에 의한 분류 : 정치제어, 추치제어(추종제어, 프로그램제어, 비율제어)
③ 동작에 의한 분류
㉠ 연속동작 : 비례제어, 비례적분제어, 비례미분제어, 비례적분 미분제어
㉡ 불연속제어 : 샘플링(sampling)제어, on-off제어

3. 변환요소의 종류

변환량	변환요소
압력 → 변위	벨로스, 다이어프램, 스프링
변위 → 압력	노즐플래퍼, 유압분사관, 스프링
변위 → 임피던스	가변저항기, 용량형 변환기, 가변저항스프링
변위 → 전압	퍼텐쇼미터, 차동변압기, 전위차계
전압 → 변위	전자석, 전자코일
광 → 임피던스	광전관, 광전도셀, 광전트랜지스터
광 → 전압	광전지, 광전다이오드
온도 → 임피던스	측온저항(열선, 서미스터, 백금, 니켈)
온도 → 전압	열전대(서미스터)

단원 자주 출제되는 기출문제

출제 01 피드백제어계의 구성

★ 기사 94년 3회

01 다음 중 개루프시스템의 주된 장점이 아닌 것은?

① 원하는 출력을 얻기 위해 보정해 줄 필요가 없다.
② 구성하기 쉽다.
③ 구성 단가가 낮다.
④ 보수 및 유지가 간단하다.

해설
개루프시스템은 출력을 검출하고 보정해주는 검출부가 없다.

★★ 기사 95년 7회, 08년 1회

02 다음 중 피드백제어계의 일반적인 특징이 아닌 것은?

① 비선형 왜곡이 감소한다.
② 구조가 간단하고 설치비가 저렴하다.
③ 대역폭이 증가한다.
④ 계의 특성 변환에 대한 입력 대 출력비의 감도가 감소한다.

해설 피드백제어계의 특징
㉠ 비선형 왜곡이 감소한다
㉡ 구조가 복잡하고 설치비가 고가이다.
㉢ 대역폭이 증가한다.
㉣ 계의 특성 변환에 대한 입력 대 출력비의 감도가 감소한다.

★★ 기사 16년 2회

03 폐루프시스템의 특징으로 틀린 것은?

① 정확성이 증가한다.
② 감쇠폭이 증가한다.
③ 발진을 일으키고 불안정한 상태로 되어 갈 가능성이 있다.
④ 계의 특성 변환에 대한 입력 대 출력비의 감도가 증가한다.

해설 폐루프시스템 특징
㉠ 정확성이 증가한다.
㉡ 제어계의 특성 변화에 대한 입력 대 출력비의 감도가 감소한다.
㉢ 비선형과 왜형에 대한 효과가 감소한다.
㉣ 감쇠폭이 증가한다.
㉤ 발전을 일으키고 불안정한 상태로 되어갈 가능성이 있다.

★★★ 기사 95년 7회, 08년 1회

04 다음 요소 중 피드백(feedback)제어계의 제어장치에 속하지 않는 것은?

① 설정부 ② 제어요소
③ 검출부 ④ 제어대상

해설 피드백제어계의 구성

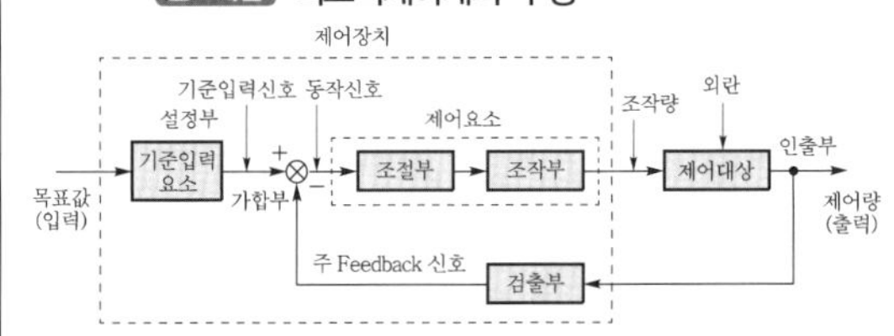

제어계는 크게 제어계를 운전하는 데 있어서 핵심부분으로 이루어진 제어장치와 제어대상으로 나눌 수 있다. 따라서 제어장치에 속하지 않는 것은 제어대상임을 알 수 있다.

Comment
제어대상은 선농기와 같이 출력기기를 말한다. 따라서 제어장치에 속하지 않는다.

★★ 기사 04년 2회, 17년 1회

05 다음 그림 중 ㉠에 알맞은 신호 이름은?

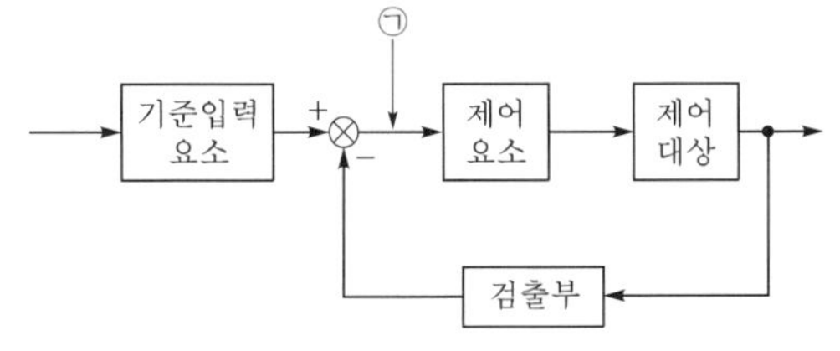

① 기준입력 ② 동작신호
③ 조작량 ④ 제어량

정답 01. ① 02. ② 03. ④ 04. ④ 05. ②

★★ 기사 90년 6회, 91년 6회

06 제어계를 동작시키는 기준으로서 직접 제어계에 가해지는 신호는?

① 피드백신호 ② 동작신호
③ 기준입력신호 ④ 제어편차신호

해설 동작신호(actuating signal)
기준입력신호와 주피드백신호의 차로서 제어계를 동작시키는 신호로, 제어편차(error)라고도 한다.

★★ 기사 95년 2회, 98년 5회, 00년 4회

07 제어장치가 제어대상에 가하는 제어신호로 제어장치의 출력인 동시에 제어대상의 입력인 신호는?

① 동작신호 ② 조작량
③ 제어량 ④ 궤환량

해설 조작량(control input)
제어를 실행하기 위해 제어대상에 가해서 제어량을 변화시키는 양을 말한다.

★★★ 기사 93년 3회, 97년 5회, 99년 6회, 02년 1회

08 다음 용어 설명 중 옳지 않은 것은?

① 목표값을 제어할 수 있는 신호를 변환하는 장치 : 기준입력장치
② 목표값을 제어할 수 있는 신호를 변환하는 장치 : 조작부
③ 제어량을 설정값과 비교하여 오차를 계산하는 장치 : 오차검출기
④ 제어량을 측정하는 장치 : 검출단

해설 조작부
조절부로부터 받은 신호를 조작량으로 바꾸어 제어대상에 보내주는 신호이다.

★★★ 기사 97년 7회, 99년 4회, 04년 3회

09 궤환제어계에서 반드시 필요한 장치는?

① 구동장치
② 정확성을 높이는 장치
③ 안정성을 증가시키는 장치
④ 입력과 출력을 비교하는 장치

해설
궤환제어계에는 주궤환요소에 제어량(출력)을 검출하는 검출부가 있으며 이 값과 목표값을 가합부에서 비교하여 제어계에 공급한다. 즉, 궤환제어계는 입력과 출력을 비교하는 검출부가 반드시 필요하다.

★ 기사 96년 6회

10 인가 직류전압을 변화시켜서 전동기의 회전수를 800[rpm]으로 하고자 한다. 이 경우 회전수는 어느 용어에 해당하는가?

① 목표값 ② 조작량
③ 제어량 ④ 제어대상

해설
㉠ 전압 : 조작량 ㉡ 전동기 : 제어대상
㉢ 회전수 : 제어량 ㉣ 800[rpm] : 목표값

Comment

제어량(출력)이 회전수인지 800[rpm]인지 혼동되는 경우가 있다. 출력되는 요소인 회전수가 제어량이 되고 회전수를 제어하기 위해 입력정보인 800[rpm]이 목표값이 된다. 또한 출력은 목표값에 따라 변하기 때문에 800[rpm]과 같이 표현하지는 않는다.

출제 02 제어계의 분류

★★★★ 기사 93년 5회, 97년 5회, 99년 5회, 02년 3회, 13년 1회

11 자동제어의 분류에서 제어량의 종류에 의한 분류가 아닌 것은?

① 서보기구 ② 추치제어
③ 프로세스제어 ④ 자동조정

해설
제어량의 종류에 의한 분류를 서보제어, 프로세스제어, 자동조정 3가지로 나누고 있으며, 추치제어는 목표값에 따른 분류 중의 하나이다.

Comment

제어계의 분류는 1장에서 가장 많이 출제되는 부분이다. 따라서 '출제 02'의 문제 모두를 완벽히 암기해야 한다.

정답 06. ② 07. ② 08. ② 09. ④ 10. ③ 11. ②

★ 기사 98년 4회, 14년 2회

12 제어량 중에서 추종제어와 관계없는 것은?

① 위치 ② 방위
③ 유량 ④ 자세

해설
서보기구는 추종제어에 속한다.

★★★ 기사 93년 1회, 95년 4회, 05년 4회

13 온도, 유량, 압력 등의 공업 프로세스 상태량을 제어량으로 하는 제어계로서 프로세스에 가해지는 외란의 억제를 주목적으로 하는 것은?

① 프로세스제어
② 자동조정
③ 서보기구
④ 정치제어

해설 제어량에 의한 분류
㉠ 서보기구 : 위치, 방위, 자세, 거리, 각도 등의 기계적 변위를 제어한다.
㉡ 프로세스기구 : 온도, 유량, 압력, 액위, 농도, 습도, 비중 등 공업공정의 상태량을 제어한다.
㉢ 자동조정기구 : 전압, 주파수, 역률, 회전력, 속도, 토크 등 기계적 또는 전기적인 양을 제어한다.

★★★ 기사 89년 6회, 90년 2회, 94년 6회, 99년 3회, 01년 2회

14 프로세스제어의 제어량이 아닌 것은?

① 물체의 자세 ② 액위면
③ 유량 ④ 온도

해설
물체의 자세는 기계적인 변위제어이므로 서보기구제어에 해당된다.

★★★ 기사 92년 6회

15 다음 중 자동조정에 속하지 않는 제어량은?

① 속도(회전수) ② 방위
③ 전압 ④ 주파수

해설
방위는 기계적인 변위제어이므로 서보기구제어에 해당된다.

★ 기사 96년 7회, 03년 3회

16 주파수를 제어하고자 하는 경우 이는 어느 제어에 속하는가?

① 비율제어 ② 추종제어
③ 비례제어 ④ 정치제어

해설
전압, 주파수, 역률, 회전력, 속도, 토크 등 기계적 또는 전기적인 양을 제어하는 제어계를 자동조정이라 하며, 자동조정은 목표값이 일정한 정치제어이다.

★★★ 기사 09년 3회, 13년 1회, 16년 4회

17 다음 중 제어량을 어떤 일정한 목표값으로 유지하는 것을 목적으로 하는 제어법은?

① 추종제어 ② 비율제어
③ 프로그램제어 ④ 정치제어

해설 목표값에 의한 분류
㉠ 정치제어 : 시간에 관계없이 일정한 제어(연속식 압연기 등)이다.
㉡ 추치제어 : 시간에 따라 변화하는 제어이다.
- 추종제어 : 임의로 변화한다(어군탐지기, 대공포미사일, 추적레이더 등).
- 프로그램제어 : 미리 정해진 신호에 따라 동작한다(무인열차, 엘리베이터, 무인자판기 등).
- 비율제어 : 2개 이상의 양 사이에 어떤 비율을 유지하도록 제어한다.

★★ 기사 05년 1회, 08년 2회

18 연속식 압연기의 자동제어는 다음 중 어느 것인가?

① 정치제어 ② 추종제어
③ 비례제어 ④ 프로그램제어

해설
연속식 압연기는 여러 대의 압연롤러에 금속을 넣어 순차적으로 얇게 압연하는 기계로 금속의 두께를 일정하게 압연해야 하므로 정치제어에 해당된다.

Comment
연속식 압연기가 나오면 정치제어를 답으로 선택하자!

정답 12. ③ 13. ① 14. ① 15. ② 16. ④ 17. ④ 18. ①

★★★ 기사 95년 6회, 00년 3회

19 자동제어의 추치제어 3종이 아닌 것은 어느 것인가?

① 프로세스제어 ② 추종제어
③ 비율제어 ④ 프로그램제어

해설
프로세스제어는 제어량에 의한 분류 중의 하나이다.

★★ 기사 95년 5회, 01년 3회, 14년 1회

20 엘리베이터의 자동제어는 다음 중 어느 제어에 속하는가?

① 추종제어 ② 프로그램제어
③ 정치제어 ④ 비율제어

해설
무인자판기, 엘리베이터, 열차의 무인운전 등은 미리 정해진 입력에 따라 제어를 실시하는 프로그램제어에 속한다.

★★ 기사 97년 2회

21 열차의 무인운전을 위한 제어는 어느 것에 속하는가?

① 정치제어 ② 추종제어
③ 비율제어 ④ 프로그램제어

★★★ 기사 94년 7회, 03년 1회

22 연료의 유량과 공기의 유량과의 사이의 비율을 연소에 적합한 것으로 유지하고자 하는 제어는?

① 비율제어 ② 추종제어
③ 프로그램제어 ④ 시퀀스제어

출제 03 조절부동작에 의한 분류

★ 기사 99년 7회

23 다음 중 불연속제어계는?

① 비례제어 ② 미분제어
③ 적분제어 ④ on-off제어

해설
불연속제어계에는 on-off제어와 샘플치제어가 있다.

집중공략

★★★ 기사 98년 5회, 00년 5회

24 PI제어동작은 공정제어계의 무엇을 개선하기 위해 쓰이고 있는가?

① 속응성 ② 정상특성
③ 이득 ④ 안정도

해설
㉠ 비례제어(P제어) : 난조 제거, 잔류편차(off-set)가 발생한다.
㉡ 비례적분제어(PI제어) : 잔류편차 제거(정상특성을 개선), 속응성이 느려진다.
㉢ 비례미분제어(PD제어) : 과도응답의 속응성을 향상시킨다.
㉣ 비례적분 미분제어(PID제어) : 속응성 향상, 잔류편차를 제거한다.

★★★ 기사 92년 2회

25 PD제어동작은 공정제어계의 무엇을 개선하기 위하여 쓰이고 있는가?

① 정밀성 ② 속응성
③ 안정성 ④ 이득성

해설
속응성은 목표값의 변동에 신속히 응답하는 성질을 말하며, 속응성이 클수록 과도시간은 짧아진다. 여기서 PD제어는 속응성을 향상(개선)시키기 위해 사용한다.

★★★★ 기사 93년 3회, 97년 2회, 98년 4회, 99년 3회, 00년 2회, 03년 3회, 08년 1회

26 PID동작은 어느 것인가?

① 사이클링과 오프셋이 제거되고 응답속도가 빠르며 안정성도 있다.
② 응답속도를 빨리할 수 있으나 오프셋은 제거되지 않는다.
③ 오프셋은 제거되나 제어동작에 큰 부동작시간이 있으면 응답이 늦어진다.
④ 사이클링을 제거할 수 있으나 오프셋이 생긴다.

정답 19. ① 20. ② 21. ④ 22. ① 23. ④ 24. ② 25. ② 26. ①

해설
PID동작은 사이클링과 오프셋이 제거되고 응답속도가 빠르며 안정성도 있다.

★★ 기사 16년 1회

27 제어오차가 검출될 때 오차가 변화하는 속도에 비례하여 조작량을 조절하는 동작으로 오차가 커지는 것을 사전에 방지하는 제어동작은?

① 미분동작제어
② 비례동작제어
③ 적분동작제어
④ 온-오프(on-off)제어

해설
① 미분동작제어 : 제어오차가 검출될 때 오차가 변화하는 속도에 비례하여 조작량을 가감하여 오차가 커지는 것을 미연에 방지한다.
② 비례동작제어 : 제어량의 편차의 크기에 비례하여 위치를 취하는 동작으로 구조가 간단하나 잔류편차(off-set)가 발생하는 단점이 있다.
③ 적분동작제어 : 제어오차가 검출되면 조작부에서 잔류편차에 비례하여 조작단 이동속도를 제어하여 제어량의 오차를 방지한다. 따라서 적분제어는 잔류편차(off-set)가 발생하지 않는다.

★ 기사 16년 2회

28 제어기에서 미분제어의 특성으로 가장 적합한 것은?

① 대역폭이 감소한다.
② 제동을 감소시킨다.
③ 작동오차의 변화율에 반응하여 동작한다.
④ 정상상태의 오차를 줄이는 효과를 갖는다.

해설
제어계 오차가 검출될 때 오차가 변화하는 속도에 비례하여 조작량을 가·감산하여 오차가 커지는 것을 미연에 방지시킨다.

★★★★ 기사 93년 6회

29 정상특성과 응답 속응성을 동시에 개선하려면 다음 어느 제어를 사용해야 하는가?

① P제어　　② PI제어
③ PD제어　　④ PID제어

★ 기사 92년 5회

30 P동작의 비례감도(proportional gain)가 4인 경우 비례대(proportional band)는 몇 [%]인가?

① 4[%]　　② 10[%]
③ 25[%]　　④ 40[%]

해설
비례대는 자동제어조절기에서 입력과 출력의 비례관계에 있는 입력값의 폭을 의미한다.

$$\therefore \text{비례대} = \frac{1}{\text{비례감도}} \times 100 = \frac{1}{4} \times 100 = 25[\%]$$

Comment
30~38번까지는 출제비율이 매우 낮아서 그냥 넘겨도 된다.

★ 기사 98년 7회

31 비례대를 20[%]라 하면 P동작의 비례이득은?

① 1　　② 5
③ 10　　④ 20

해설 비례이득(비례감도)

$$K_P = \frac{1}{PB} \times 100 = \frac{1}{20} \times 100 = 5$$

여기서, PB : 비례대

★ 기사 92년 7회

32 비례동작의 비례대가 50[%]일 때 제어계수는?

① 0.25　　② 0.33
③ 0.50　　④ 0.63

해설 제어계수

$$\eta = \frac{1}{1+K_P} = \frac{PB}{100+PB} = \frac{50}{100+50} = 0.33$$

여기서, K_P : 비례이득$\left(\frac{100}{PB}\right)$
PB : 비례대

정답 27. ① 28. ③ 29. ④ 30. ③ 31. ② 32. ②

★ 기사 94년 2회, 98년 3회

33 비례적분동작을 하는 PI조절계의 전달함수는?

① $K_P\left(1+\dfrac{1}{T_I s}\right)$

② $K_P+\dfrac{1}{T_I s}$

③ $1+\dfrac{1}{T_I s}$

④ $\dfrac{K_P}{T_I s}$

해설 비례적분동작의 전달함수

$G(s)=K_P\left(1+\dfrac{1}{T_I s}\right)$

여기서, K_P : 비례이득, T_I : 적분시간

★ 기사 03년 4회

34 제어기 전달함수가 $\dfrac{2s+5}{7s}$ 인 제어기가 있다. 이 제어기는 어떤 제어기인가?

① 비례미분제어계
② 적분제어계
③ 비례적분제어계
④ 비례적분 미분제어계

해설 전달함수

$G(s)=\dfrac{2s+5}{7s}=\dfrac{2}{7}+\dfrac{5}{7s}$

$=\dfrac{2}{7}\left(1+\dfrac{2.5}{s}\right)$

$=\dfrac{2}{7}\left(1+\dfrac{1}{0.4s}\right)$

위와 같은 식이므로 비례적분요소이다.

★ 기사 00년 3회

35 적분시간이 3분, 비례감도가 5인 PI조절계의 전달함수는 무엇인가?

① $5+3s$ ② $5+\dfrac{1}{3s}$

③ $\dfrac{3s}{15s+5}$ ④ $\dfrac{15s+5}{3s}$

해설 비례적분(PI)동작의 전달함수

$G(s)=K_P\left(1+\dfrac{1}{T_I s}\right)$

$=5\left(1+\dfrac{1}{3s}\right)=5+\dfrac{5}{3s}=\dfrac{15s+5}{3s}$

여기서, K_P : 비례감도, T_I : 적분시간(s)

★ 기사 95년 7회, 02년 1회

36 PD조절기의 전달함수 $G_c(s)=1.02+0.002s$의 영점은?

① −510 ② −1020
③ 510 ④ 1020

해설

$G(s)=0$이 되기 위한 s의 해를 영점이라고 하므로 $1.02+0.002s=0$이다.

$\therefore$ 영점$(s)=\dfrac{-1.02}{0.002}=-510$

★ 기사 97년 6회

37 조작량 $y=4x+\dfrac{d}{dt}x+2\int x\,dt$로 표시되는 PID동작에 있어서 미분시간과 적분시간은?

① 4, 2 ② $\dfrac{1}{4}$, 2

③ $\dfrac{1}{2}$, 4 ④ $\dfrac{1}{4}$, 4

해설

위의 함수를 라플라스 변환하여 전개하면 다음과 같다.

$Y(s)=4X(s)+sX(s)+\dfrac{2}{s}X(s)$

$=4\left(1+\dfrac{1}{4}s+\dfrac{1}{2s}\right)X(s)$

전달함수 $Y(s)=\dfrac{Y(s)}{X(s)}$

$=K_P\left(1+T_D s+\dfrac{1}{T_I s}\right)$

$=4\left(1+\dfrac{1}{4}s+\dfrac{1}{2s}\right)$

$\therefore$ 비례감도$(K_P)=4$

미분시간$(T_D)=\dfrac{1}{4}$

적분시간$(T_I)=2$

정답 33. ① 34. ③ 35. ④ 36. ① 37. ②

★ 기사 93년 4회

38 조작량 $y(t)=4z(t)+1.6\frac{dz(t)}{dt}+\int z(t)dt$ 로 표시되는 PID동작에 있어서 비례감도, 적분시간, 미분시간을 구하면?

① $K_P=2,\ T_D=0.1,\ T_I=2$
② $K_P=3,\ T_D=0.2,\ T_I=4$
③ $K_P=4,\ T_D=0.4,\ T_I=4$
④ $K_P=5,\ T_D=0.4,\ T_I=4$

해설

위의 함수를 라플라스 변환하여 전개하면 다음과 같다.

$$Y(s)=4Z(s)+1.6sZ(s)+\frac{1}{s}Z(s)$$
$$=4\left(1+0.4s+\frac{1}{4s}\right)Z(s)$$

전달함수 $Y(s)=\frac{Y(s)}{Z(s)}$

$$=K_P\left(1+T_Ds+\frac{1}{T_Is}\right)$$
$$=4\left(1+0.4s+\frac{1}{4s}\right)$$

∴ 비례감도$(K_P)=4$, 미분시간$(T_D)=0.4$,
적분시간$(T_I)=4$

출제 04 제어시스템과 제어기기

★★ 기사 00년 2회, 02년 4회

39 변위 → 압력으로 변환시키는 장치는?

① 벨로스 ② 가변저항기
③ 다이어프램 ④ 유압분사관

해설

온도, 압력, 유량 등의 물리량을 증폭 및 전송이 용이한 양으로 변환하는 검출기기를 변환기라 하며 변환요소의 종류는 다음과 같다.

변환량	변환요소
압력 → 변위	벨로스, 다이어프램, 스프링
변위 → 압력	노즐플래퍼, 유압분사관, 스프링
변위 → 임피던스	가변저항기, 용량형 변환기, 가변저항스프링
변위 → 전압	퍼텐쇼미터, 차동변압기, 전위차계
전압 → 변위	전자석, 전자코일
광 → 임피던스	광전관, 광전도셀, 광전트랜지스터
광 → 전압	광전지, 광전다이오드
방사선 → 임피던스	GM관, 전리함
온도 → 임피던스	측온저항 (열선, 서미스터, 백금, 니켈)
온도 → 전압	열전대

★★ 기사 94년 5회, 95년 4회

40 다음 중 변위를 전압으로 변환시키는 요소는?

① 벨로스 ② 노즐플래퍼
③ 서미스터 ④ 차동변압기

해설

① 벨로스 : 압력 → 변위
② 노즐플래퍼 : 변위 → 압력
③ 서미스터 : 온도 → 전압
④ 차동변압기 : 변위 → 전압

★★ 기사 93년 6회, 96년 7회, 03년 1회, 15년 3회

41 다음 중 온도를 전압으로 변환시키는 요소는?

① 차동변압기 ② 열전대
③ 측온저항 ④ 광전지

해설

① 차동변압기 : 변위 → 전압
② 열전대 : 온도 → 전압
③ 측온저항 : 온도 → 임피던스
④ 광전지 : 광 → 전압

★ 기사 92년 3회, 12년 1회

42 다음은 서보모터(servo motor)의 특징을 열거한 것이다. 틀린 것은?

① 원칙적으로 정역전(正逆轉)이 가능하여야 한다.
② 저속이며 거침없는 운전이 가능하여야 한다.
③ 직류용은 없고 교류용만 있다.
④ 급가속, 급감속이 용이한 것이라야 한다.

정답 38. ③ 39. ④ 40. ④ 41. ② 42. ③

해설 서보모터

㉠ 빈번히 변화하는 위치나 속도의 명령(목표치)에 대해서 신속하고, 정확하게 추종할 수 있도록 설계된 모터를 말한다.
㉡ 특징 : 소형, 경량, 설치의 용이성, 고효율성, 정확한 제어성, 유지 · 보수의 용이성 등
㉢ 종류 : DC 서보모터, AC 서보모터(브러시리스 서보모터)

★ 기사 94년 7회

43 **제어기기의 대표적인 것을 들면 검출기, 변환기, 증폭기, 조작기기를 들 수 있는데 서보모터(servo moter)는 어디에 속하는가?**

① 검출기 ② 변환기
③ 조작기기 ④ 증폭기

★ 기사 98년 6회, 00년 4회

44 **다음은 DC 서보전동기(DC servo motor)의 설명이다. 틀린 것은?**

① DC 서보전동기는 제어용의 전기적 동력으로 주로 사용된다.
② 이 전동기는 평형형(平衡型) 지시계기의 동력용으로 많이 쓰인다.
③ 모터의 회전각과 속도는 펄스수에 비례한다.
④ 피드백이 필요치 않아 제어계가 간단하고 염가이다.

해설 서보전동기

㉠ 서보전동기의 속도는 입력신호전압에 의존하게 된다.
㉡ 서보전동기 제어방식에는 전압제어방식, 위상제어방식, 전압 · 위상 혼합제어방식이 있다.

★ 기사 89년 2회, 97년 4회

45 **다음 중 제어계에 가장 많이 이용되는 전자요소는?**

① 증폭기
② 변조기
③ 주파수변환기
④ 가산기

정답 43. ③ 44. ③ 45. ①

CHAPTER

02

전달함수

전기기사
11.50% 출제

이렇게 공부하세요!!

출제경향분석

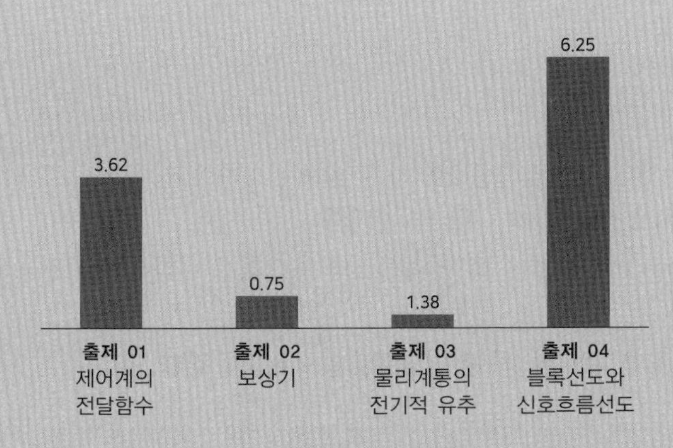

출제포인트

- ☑ 전달함수의 정의에 대해서 이해할 수 있다.
- ☑ 전기회로의 전달함수를 구할 수 있다.
- ☑ 전달함수의 제어요소에 대해서 이해할 수 있다.
- ☑ 진상보상기, 지상보상기, 진·지상보상기에 대해서 이해할 수 있다.
- ☑ 미분요소와 적분요소의 특징에 대해서 이해할 수 있다.
- ☑ 물리계통의 전기적 유추에 대해서 이해할 수 있다.
- ☑ 블록선도와 신호흐름선도를 이용하여 전달함수를 구할 수 있다.

CHAPTER

02 전달함수(transfer function)

기사 11.50% 출제

기사 3.62% 출제

출제 01 제어계의 전달함수

제2장은 제어공학에서 시험 출제빈도가 가장 높은 장으로 '출제 01 제어계의 전달함수'를 포함해 블록선도와 신호흐름선도는 제어공학에 가장 대표되는 문제이다. 시간을 들여서라도 교재에 있는 기출문제를 모두 풀어보기를 바란다.

1 개요

① 제어계를 해석하고 설계하기 위해서는 그 제어계의 입력과 출력의 관계를 수학적으로 나타낼 필요가 있다. 이것을 모델링(modeling)이라 한다.

② 모델링방법에는 미분방정식법, 전달함수법, 상태방정식법이 있으며, 그중에서 전달함수법이 가장 많이 사용하고 있다.

2 전달함수

(1) 개요

① 전달함수는 제어시스템에 가해지는 입력신호에 대한 출력신호가 어떤 모양으로 나오는가 하는 신호전달특성을 제어요소에 따라 구분한 것이다.

② 선형 미분방정식의 초기값을 0으로 했을 때 입력신호의 라플라스 변환과 출력신호의 라플라스 변환의 비를 말한다.

③ **입력신호를 $r(t)$, 출력신호를 $c(t)$라 하면 전달함수는 다음과 같다.**

$$G(s)=\frac{\mathcal{L}[c(t)]}{\mathcal{L}[r(t)]}=\frac{C(s)}{R(s)} \quad \cdots\cdots [식\ 2\text{-}1]$$

(2) 전기회로의 전달함수

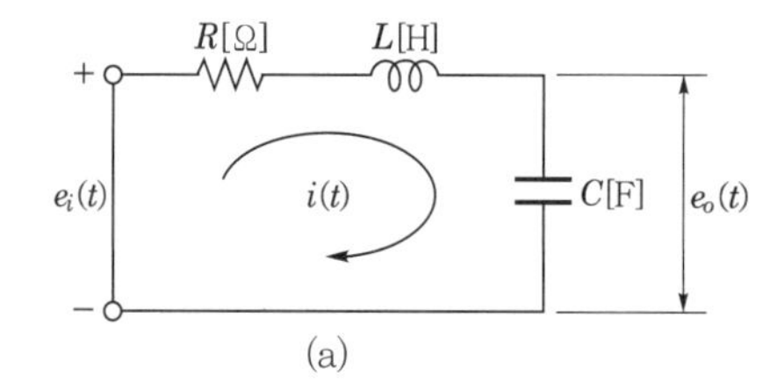

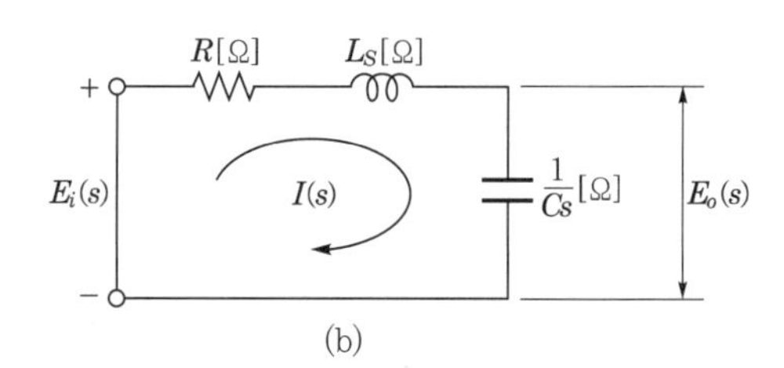

▌그림 2-1▐ RLC 직렬회로

① [그림 2-1]의 회로방정식은 다음과 같다.

㉠ $e_i(t) = Ri(t) + L\dfrac{di(t)}{dt} + \dfrac{1}{C}\displaystyle\int i(t)dt$ ······ [식 2-2]

㉡ $e_o(t) = \dfrac{1}{C}\displaystyle\int i(t)dt$ ······ [식 2-3]

② [식 2-2]와 [식 2-3]을 라플라스 변환하면 다음과 같다.

㉠ $E_i(s) = RI(s) + Ls\,I(s) + \dfrac{1}{Cs}I(s) = \left(Ls + R + \dfrac{1}{Cs}\right)I(s)$ ······ [식 2-4]

㉡ $E_o(s) = \dfrac{1}{Cs}I(s)$ ······ [식 2-5]

㉢ [식 2-4]와 [식 2-5]에 의해 [그림 2-1 (b)]와 같이 나타낼 수 있다.

③ 전기회로의 전달함수

㉠ $G(s) = \dfrac{E_o(s)}{E_i(s)} = \dfrac{\dfrac{1}{Cs}I(s)}{\left(Ls + R + \dfrac{1}{Cs}\right)I(s)} = \dfrac{\dfrac{1}{Cs}}{Ls + R + \dfrac{1}{Cs}}$

$= \dfrac{1}{LCs^2 + RCs + 1} = \dfrac{\dfrac{1}{LC}}{s^2 + \dfrac{R}{L}s + \dfrac{1}{LC}}$ ······ [식 2-6]

㉡ $G(s) = \dfrac{I(s)}{E_i(s)} = \dfrac{I(s)}{\left(Ls + R + \dfrac{1}{Cs}\right)I(s)} = \dfrac{1}{Ls + R + \dfrac{1}{Cs}}$

$= \dfrac{Cs}{LCs^2 + RCs + 1} = \dfrac{Cs \cdot \dfrac{1}{LC}}{s^2 + \dfrac{R}{L}s + \dfrac{1}{LC}}$ ······ [식 2-7]

㉢ $G(s) = \dfrac{E_o(s)}{I(s)} = \dfrac{\dfrac{1}{Cs}I(s)}{I(s)} = \dfrac{1}{Cs}$ ······ [식 2-8]

④ 전기회로의 전달함수의 풀이방법

㉠ [그림 2-1 (a)] 회로를 [그림 2-1 (b)] 회로와 같이 라플라스 변환시킨다.

㉡ [식 2-6]과 같이 전압비 전달함수는 $G(s) = \dfrac{E_o(s)}{E_i(s)} = \dfrac{Z_o(s)}{Z_i(s)}$로 풀이할 수 있다.

여기서, $Z_i(s)$: 입력측 임피던스, $Z_o(s)$: 출력측 임피던스

㉢ [식 2-7]과 같이 출력을 전류로 하면 $G(s) = \dfrac{I(s)}{E_i(s)} = \dfrac{1}{Z_i(s)}$로 풀이할 수 있다.

㉣ [식 2-8]과 같이 입력을 전류로 하면 $G(s) = \dfrac{E_o(s)}{I(s)} = Z_o(s)$로 풀이할 수 있다.

3 제어요소의 전달함수

(1) 비례요소

① 입력신호 $x(t)$와 출력신호 $y(t)$의 관계가 $y(t) = Kx(t)$로 표현되는 요소를 비례요소라 하며, K를 이득정수라 한다.

② 위의 미분방정식을 라플라스 변환하면 $Y(s) = KX(s)$가 되므로 전달함수는 다음과 같다.

$\therefore\ G(s) = \dfrac{Y(s)}{X(s)} = K$ ································ [식 2-9]

(2) 미분요소

① 입력신호 $x(t)$와 출력신호 $y(t)$의 관계가 $y(t) = K\dfrac{dx(t)}{dt}$로 표현되는 요소를 미분요소라 한다.

② 위의 미분방정식을 라플라스 변환하면 $Y(s) = KsX(s)$가 되므로 전달함수는 다음과 같다.

$\therefore$ 전달함수 $G(s) = \dfrac{Y(s)}{X(s)} = Ks$ ································ [식 2-10]

(3) 적분요소

① 입력신호 $x(t)$와 출력신호 $y(t)$의 관계가 $y(t) = K\displaystyle\int x(t)dt$로 표현되는 요소를 적분요소라 한다.

② 위의 미분방정식을 라플라스 변환하면 $Y(s) = \dfrac{K}{s}X(s)$가 되므로 전달함수는 다음과 같다.

$\therefore\ G(s) = \dfrac{Y(s)}{X(s)} = \dfrac{K}{s}$ ································ [식 2-11]

(4) 1차 지연요소

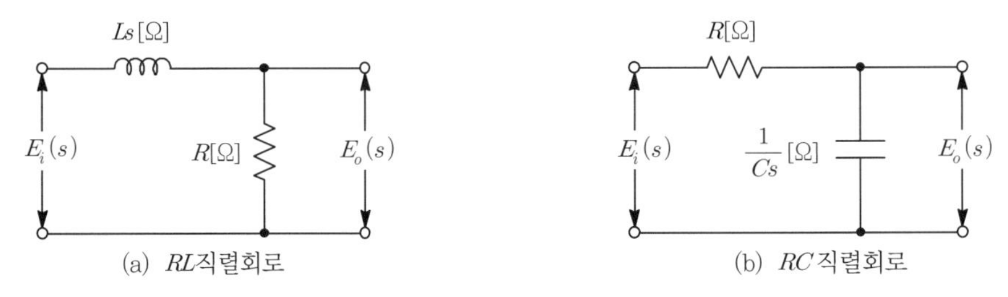

▌그림 2-2▌ 1차 지연회로

① $b_1\dfrac{dy(t)}{dt} + b_0\,y(t) = a_0\,x(t)\ (b_1,\ b_0 > 0)$로 표현되는 요소를 1차 지연요소라 한다. 전기회로에서 1차 지연요소는 [그림 2-2]와 같이 RL, RC 직렬회로가 있다.

② ①의 미분방정식을 라플라스 변환하면 $b_1 s\,Y(s) + b_0\,Y(s) = a_0 X(s)$가 되므로 전달함수는 다음과 같다.

$$\therefore \ G(s) = \frac{Y(s)}{X(s)} = \frac{a_0}{b_1 s + b_0} = \frac{\frac{a_0}{b_0}}{\frac{b_1}{b_0} s + 1} = \frac{K}{Ts+1} \quad \text{[식 2-12]}$$

여기서, $\frac{b_1}{b_0} = T$: 시정수, $\frac{a_0}{b_0} = K$: 이득정수

③ [그림 2-2 (a)]와 같은 RL직렬회로의 전달함수

㉠ 회로방정식 : $L\frac{di(t)}{dt} + Ri(t) = e_i(t)$

㉡ 라플라스 변환 : $Ls\,I(s) + RI(s) = E_i(s)$

㉢ 전달함수 : $G(s) = \frac{I(s)}{E_i(s)} = \frac{1}{Z_i(s)} = \frac{1}{Ls+R} = \frac{\frac{1}{R}}{\frac{L}{R}s+1} = \frac{K}{Ts+1}$

④ [그림 2-2 (b)]와 같은 RC 직렬회로의 전달함수

㉠ 회로방정식 : $Ri(t) + \frac{1}{C}\int i(t)\,dt = E_i(t)$, $R\frac{dq(t)}{dt} + \frac{1}{C}q(t) = E_i(t)$

㉡ 라플라스 변환 : $RI(s) + \frac{1}{Cs}I(s) = E_i(s)$

㉢ 전달함수 : $G(s) = \frac{I(s)}{E_i(s)} = \frac{1}{Z_i(s)} = \frac{1}{R+\frac{1}{Cs}} = \frac{Cs}{RCs+1} = \frac{K}{Ts+1}$

(5) 2차 지연요소

① $b_2\frac{d^2y(t)}{dt^2} + b_1\frac{dy(t)}{dt} + b_0\,y(t) = a_0\,x(t)\,(b_2,\ b_1,\ b_0 > 0)$로 표현되는 요소를 2차 지연요소라 한다.

② 전기회로에서 2차 지연요소는 [그림 2-1]과 같이 RLC 직렬회로가 있다.

③ 위 미분방정식을 라플라스 변환하면 다음과 같다.

$b_2 s^2\,Y(s) + b_1 s\,Y(s) + b_0\,Y(s) = a_0 X(s)$

$$\therefore \ \text{전달함수 } G(s) = \frac{Y(s)}{X(s)} = \frac{a_0}{b_2 s^2 + b_1 s + b_0} = \frac{\frac{a_0}{b_0}}{\frac{b_2}{b_0}s^2 + \frac{b_1}{b_0}s + 1}$$

$$= \frac{K}{T^2 s^2 + 2\zeta Ts + 1} = \frac{K\cdot\frac{1}{T^2}}{s^2 + 2\zeta\frac{1}{T}s + \frac{1}{T^2}}$$

$$= \frac{K\cdot\omega_n^2}{s^2 + 2\zeta\omega_n s + \omega_n^2} \quad \text{[식 2-13]}$$

여기서, K : 이득정수, $\zeta=\delta$: 감쇠계수 또는 제동계수

ω_n : 고유각주파수 또는 비제동 고유각주파수

④ RLC직렬회로의 전달함수([그림 2-1] 참고)

㉠ 회로방정식

$$e_i(t)=Ri(t)+L\frac{di(t)}{dt}+\frac{1}{C}\int i(t)\,dt=L\frac{d^2q(t)}{dt^2}+R\frac{dq(t)}{dt}+\frac{1}{C}q(t)$$

㉡ 라플라스 변환

$$E_i(s)=Ls^2I(s)+RI(s)+\frac{1}{Cs}I(s)=I(s)\left(Ls^2+R+\frac{1}{Cs}\right)$$

㉢ 전달함수

$$G(s)=\frac{I(s)}{E_i(s)}=\frac{1}{Ls^2+R+\dfrac{1}{Cs}}=\frac{Cs}{LCs^2+RCs+1}$$

$$=\frac{Cs\cdot\dfrac{1}{LC}}{s^2+\dfrac{R}{L}s+\dfrac{1}{LC}}=\frac{K\cdot\omega_n^2}{s^2+2\zeta\omega_n s+\omega_n^2}$$

여기서, $\omega_n=\dfrac{1}{\sqrt{LC}}$, $\zeta=\dfrac{R}{2}\sqrt{\dfrac{C}{L}}$ 이 된다.

(6) 부동작 시간요소

① $t=0$에서 입력의 변화가 생겨도 $t=L$까지 출력측에 어떠한 영향도 나타나지 않는 요소를 부동작 시간요소라 한다.

② 부동작 시간요소는 $y(t)=Kx(t-L)$로 표시되고 이를 라플라스 변환하면 다음과 같다.

$Y(s)=Ke^{-Ls}X(s)$

③ 전달함수 $G(s)=\dfrac{Y(s)}{X(s)}=Ke^{-Ls}$ .... [식 2-14]

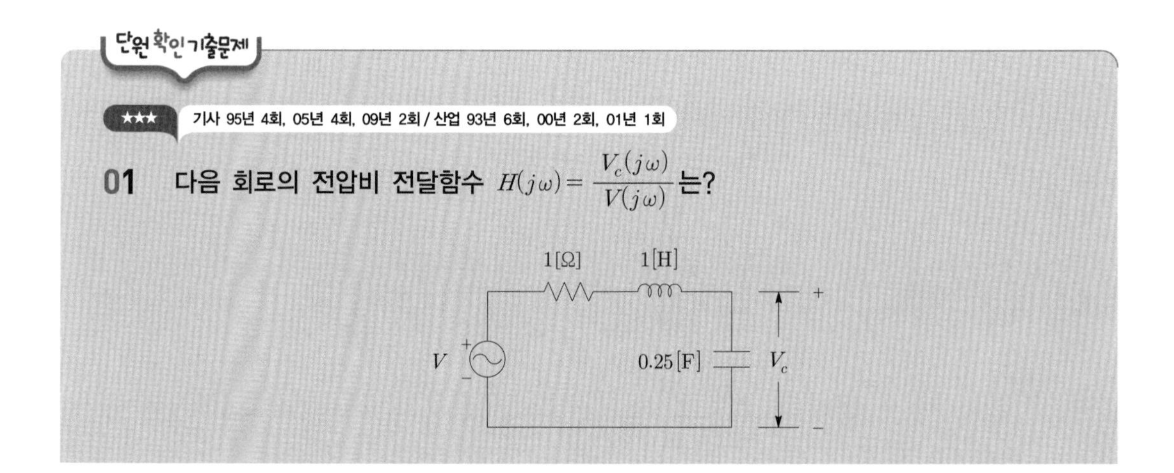
단원확인기출문제

★★★ 기사 95년 4회, 05년 4회, 09년 2회 / 산업 93년 6회, 00년 2회, 01년 1회

01 다음 회로의 전압비 전달함수 $H(j\omega)=\dfrac{V_c(j\omega)}{V(j\omega)}$는?

① $\dfrac{2}{(j\omega)^2+j\omega+2}$　　② $\dfrac{2}{(j\omega)^2+j\omega+4}$

③ $\dfrac{4}{(j\omega)^2+j\omega+4}$　　④ $\dfrac{1}{(j\omega)^2+j\omega+1}$

해설 전달함수 $H(s)=\dfrac{V_c(s)}{V(s)}=\dfrac{\frac{1}{Cs}}{R+Ls+\frac{1}{Cs}}=\dfrac{1}{LCs^2+RCs+1}$ 에서 주파수 전달함수는 다음과 같다.

$\therefore\ H(j\omega)=\dfrac{1}{LC(j\omega)^2+RC(j\omega)+1}=\dfrac{1}{\frac{1}{4}(j\omega)^2+\frac{1}{4}(j\omega)+1}=\dfrac{4}{(j\omega)^2+(j\omega)+4}$

답 ③

★★★ 기사 96년 4회, 05년 1회

02 다음 회로에서 입력을 $v(t)$, 출력을 $i(t)$로 했을 때 입출력 전달함수는? (단, 스위치 S는 $t=0$ 순간회로에서 전압이 공급된다고 한다.)

① $\dfrac{I(s)}{V(s)}=\dfrac{s}{R\left(s+\frac{1}{RC}\right)}$

② $\dfrac{I(s)}{V(s)}=\dfrac{1}{R\left(s+\frac{1}{RC}\right)}$

③ $\dfrac{I(s)}{V(s)}=\dfrac{s}{RCs+1}$

④ $\dfrac{I(s)}{V(s)}=\dfrac{RCs}{RCs+1}$

해설 전달함수 $G(s)=\dfrac{I(s)}{V(s)}=\dfrac{1}{Z_i(s)}=\dfrac{1}{R+\frac{1}{Cs}}=\dfrac{Cs}{RCs+1}=\dfrac{s}{Rs+\frac{1}{C}}=\dfrac{s}{R\left(s+\frac{1}{RC}\right)}$

답 ①

★★★★★ 기사 00년 2회

03 입력신호 $x(t)$와 출력신호 $y(t)$의 관계가 다음과 같을 때 전달함수는? $\left(\text{단, } \dfrac{d^2}{dt^2}y(t)+5\dfrac{d}{dt}y(t)+6y(t)=x(t)\right)$

① $\dfrac{1}{(s+2)(s+3)}$　　② $\dfrac{s+1}{(s+2)(s+3)}$

③ $\dfrac{s+4}{(s+2)(s+3)}$　　④ $\dfrac{s}{(s+2)(s+3)}$

해설 양변을 라플라스 변환하면 $s^2Y(s)+5sY(s)+6Y(s)=X(s)$가 되고,

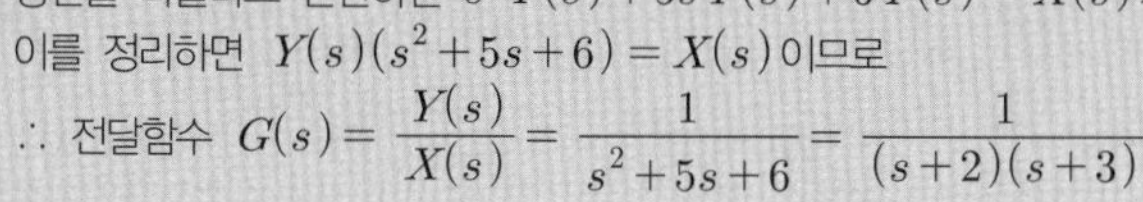

이를 정리하면 $Y(s)(s^2+5s+6)=X(s)$이므로

$\therefore$ 전달함수 $G(s)=\dfrac{Y(s)}{X(s)}=\dfrac{1}{s^2+5s+6}=\dfrac{1}{(s+2)(s+3)}$

답 ①

기사 0.75% 출제

출제 02 보상기

최근 10년 동안 7번밖에 출제가 안 될 정도로 중요도가 떨어진다. 시험에서 항상 비슷한 유형의 문제만 출제되고 있으니 기출문제의 내용만 정리하면 된다.

1 개요

① 보상기란, 이득조정만으로는 만족한 정상특성이나 과도특성이 구현되지 않는 경우 적당한 보상요소를 제어시스템에 삽입하여 전달함수의 형을 변경하여 특성을 개선시키는 것을 말한다.

② 인덕터는 고주파특성이 양호하지 못하므로 특수한 경우의 필터 등을 제외하고는 대부분 저항과 커패시터만을 사용하여 보상기를 설계한다.

③ 직렬보상의 종류에는 진상보상기, 지상보상기, 진·지상보상기가 있다.

2 진상보상기(phase lead compensator)

(1) 정의

출력신호의 위상이 입력신호 위상보다 앞서도록 보상하여 안정도와 속응성 개선을 목적으로 한다.

(2) 전달함수

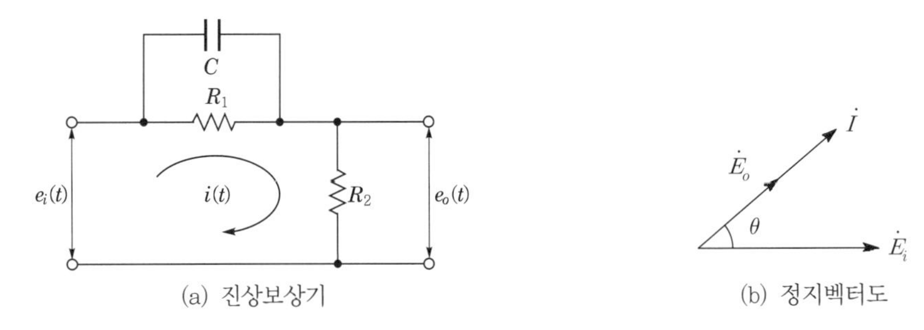

(a) 진상보상기 (b) 정지벡터도

▌그림 2-3▌ 진상보상기

① $G(s)=\dfrac{E_o(s)}{E_i(s)}=\dfrac{R_2}{\dfrac{R_1\times\dfrac{1}{Cs}}{R_1+\dfrac{1}{Cs}}+R_2}=\dfrac{R_2}{\dfrac{R_1}{R_1Cs+1}+R_2}=\dfrac{R_2(1+R_1Cs)}{R_1+R_2(1+R_1Cs)}$

$$=\frac{R_2+R_1R_2Cs}{R_1+R_2+R_1R_2Cs}=\frac{s+\dfrac{R_2}{R_1R_2C}}{s+\dfrac{R_1+R_2}{R_1R_2C}}=\frac{s+b}{s+a} \quad \text{[식 2-15]}$$

② [식 2-15]와 같이 $a > b$을 만족할 때 진상보상기가 되고, 반대로 $a < b$인 경우에는 지상보상기가 된다.

③ 속응성 개선을 위한 목적은 미분기와 동일한 특성을 갖는다.

3 지상보상기(phase lag compensator)

(1) 정의

출력신호의 위상이 입력신호 위상보다 늦도록 보상하여 정상편차를 개선하는 것을 목적으로 한다.

(2) 전달함수

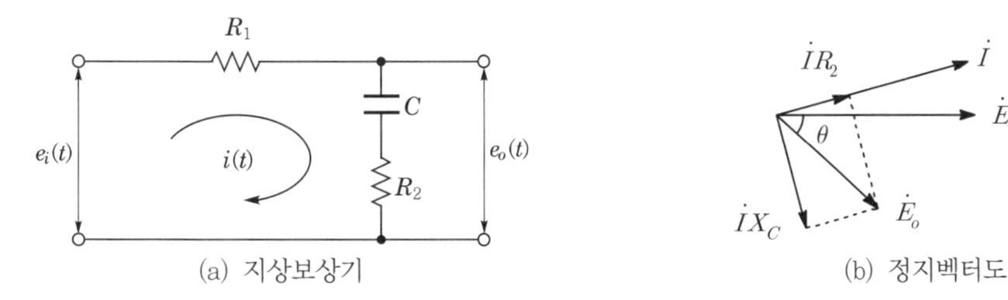

▌그림 2-4▐ 지상보상기

① $G(s) = \dfrac{E_o(s)}{E_i(s)} = \dfrac{R_2 + \dfrac{1}{Cs}}{R_1 + R_2 + \dfrac{1}{Cs}} = \dfrac{1 + R_2Cs}{1 + (R_1 + R_2)Cs}$

$$= \frac{1 + R_2Cs}{1 + \dfrac{R_2Cs}{\dfrac{R_2}{R_1 + R_2}}} = \frac{1 + \alpha Ts}{1 + Ts} \qquad \text{[식 2-16]}$$

여기서, $\alpha T = R_2C$, $\alpha = \dfrac{R_2}{R_1 + R_2}$

② [식 2-16]과 같이 $\alpha < 1$의 조건을 만족할 때 지상보상기가 된다.

③ **정상편차 개선을 위한 목적은 적분기와 동일한 특성을 갖는다.**

4 진 · 지상보상기

① 위상특성이 정 · 부로 변하여 1개의 요소로서 보상하는 것으로 안정도와 속응성 및 정상편차를 동시에 개선시키는 목적을 갖는다.

② 이 보상기는 2개의 영점과 극점을 가진다.

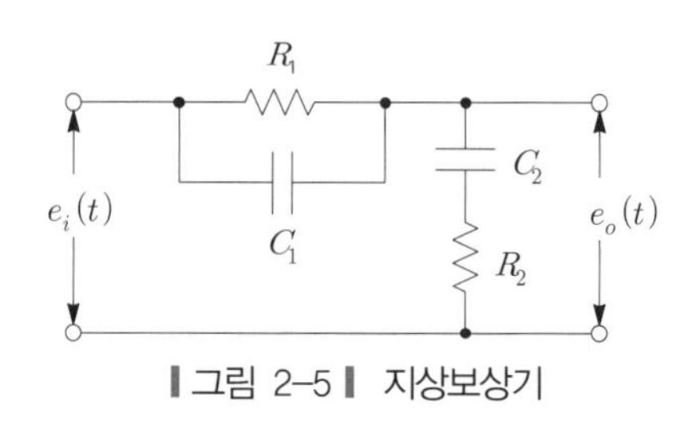

▍그림 2-5▍ 지상보상기

5 미분회로와 적분회로

(1) 미분회로(differential circuit)

① 미분회로란 입력신호의 미분값을 출력으로 하는 회로를 말한다.

② 입력스위치 조작(㉠ 또는 ㉡으로 이동)에 의해 구형파를 인가하거나 차단하면 [그림 2-6]과 같이 양트리거 또는 음트리거 펄스파가 만들어진다.

③ **미분회로는 진상보상기와 같이 속응성을 개선시키는 특성을 갖는다.**

④ 용량성 리액턴스 $X_C = \frac{1}{\omega C}$ 이므로 낮은 주파수영역에서는 리액턴스가 거의 무한대가 되어 회로의 전류를 차단시키고 높은 주파수에 대해서는 리액턴스의 크기가 작아서 전류가 원활히 흐른다. 즉, **높은 주파수의 전류를 통과시키고 낮은 주파수를 차단하는 고역필터(High Pass Filter, HPF)의 역할을 한다.**

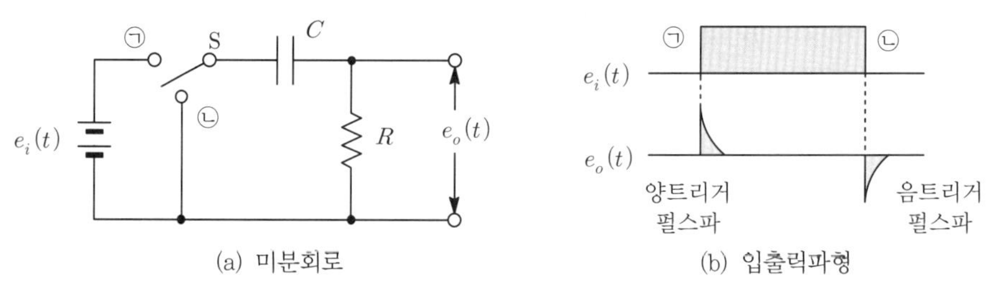

▍그림 2-6▍ 미분회로

(2) 적분회로(integration circuit)

① 적분회로란 입력신호의 적분값을 출력으로 하는 회로를 말한다.

② 시정수(RC)가 클수록 출력전압의 파형은 완만해지고, 시정수가 작을수록 삼각파의 형태로 출력이 된다.

③ **적분회로는 지상보상기와 같이 정상특성을 개선시키는 특성을 갖는다.**

④ **적분회로는 미분회로와 반대 특성을 지니므로 낮은 주파수를 통과시키는 저역필터(Low Pass Filter, LPF)의 역할을 한다.**

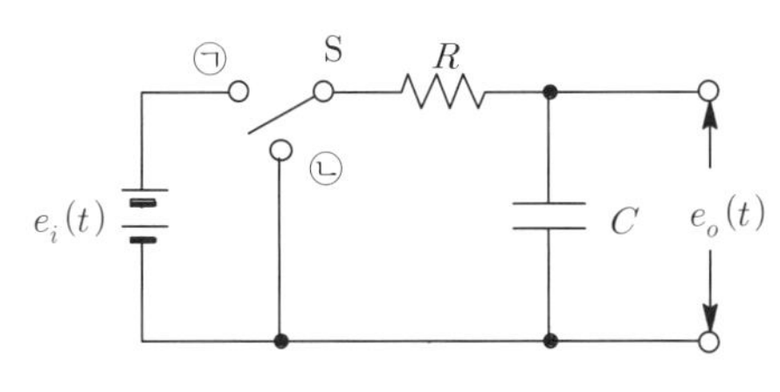

여기서, ㉠ : 회로에 구형파 전원 $e_i(t)$를 인가
㉡ : 회로에 구형파 전원 $e_i(t)$를 차단

(a) 미분회로

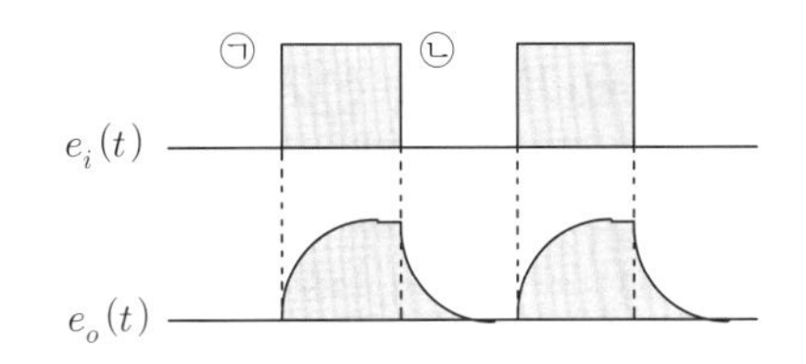

(b) 입출력파형

| 그림 2-7 | 적분회로

단원 확인 기출문제

★★★ 기사 96년 5회, 99년 5회, 03년 2회, 13년 1회

04 **다음과 같은 회로망은 어떤 보상기로 사용될 수 있는가? (단, $1 \ll R_1C$인 경우로 한다.)**

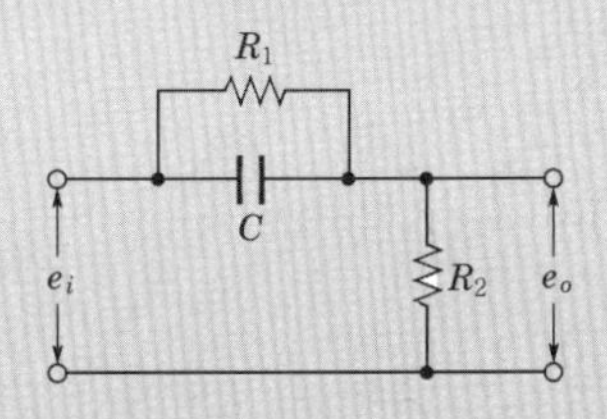

① 지연보상기
② 지 · 진상보상기
③ 지상보상기
④ 진상보상기

해설 입력에 C가 연결되어 있으면 진상보상기, 출력에 C가 연결되어 있으면 지상보상기가 된다.

답 ④

기사 0.38% 출제

출제 03 물리계통의 전기적 유추

최근 10년 동안 2번 출제됐다. 인덕턴스(L)와 대응관계인 질량(M), 관성 모멘트(J)만 기억하고 넘어가도록 하자.

1 물리계의 전달함수

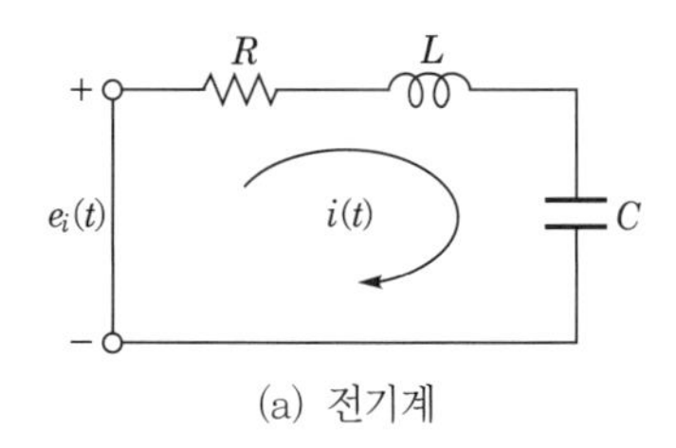

(a) 전기계

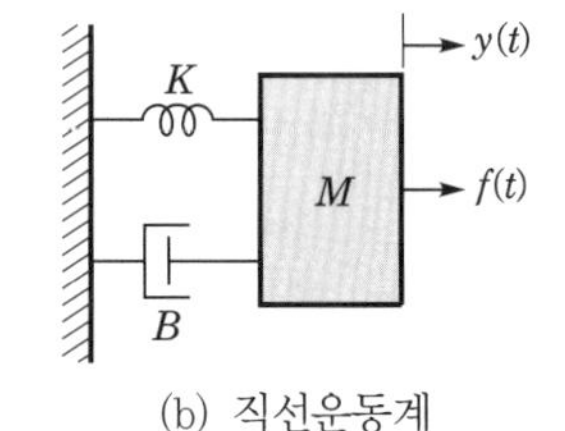

(b) 직선운동계

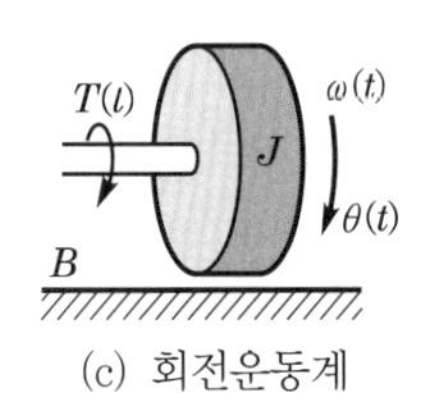

(c) 회전운동계

▌그림 2-8▌ 물리계 전달함수

(1) 전기계

① RLC 회로방정식

$$e(t) = L\frac{di(t)}{dt} + Ri(t) + \frac{1}{C}\int i(t)\,dt$$

$$= L\frac{d^2q(t)}{dt^2} + R\frac{dq(t)}{dt} + \frac{1}{C}q(t) \qquad \text{[식 2-17]}$$

② 전달함수

$$E(s) = Ls^2 Q(s) + Rs\,Q(s) + \frac{1}{C}Q(s) = Q(s)\left(Ls^2 + Rs + \frac{1}{C}\right)$$

$$\therefore\ G(s) = \frac{Q(s)}{E(s)} = \frac{1}{Ls^2 + Rs + \frac{1}{C}} \qquad \text{[식 2-18]}$$

(2) 직선운동계

① 뉴턴의 운동 제2법칙

$$f(t) = M\frac{d^2y(t)}{dt^2} + B\frac{dy(t)}{dt} + Ky(t) \qquad \text{[식 2-19]}$$

② 전달함수

$$F(s) = Ms^2\,Y(s) + Bs\,Y(s) + K\,Y(s) = Y(s)(Ms^2 + Bs + K)$$

$$\therefore\ G(s) = \frac{Y(s)}{F(s)} = \frac{1}{Ms^2 + Bs + K} \qquad \text{[식 2-20]}$$

(3) 회전운동계

① 뉴턴의 법칙에 의한 토크 방정식

$$T(t) = J\frac{d^2\theta(t)}{dt^2} + B\frac{d\theta(t)}{dt} + K\theta(t) \quad \cdots\cdots [식 2-21]$$

② 전달함수

$$T(s) = Js^2\theta(s) + Bs\theta(s) + K\theta(s) = \theta(s)(Js^2 + Bs + K)$$

$$\therefore\ G(s) = \frac{\theta(s)}{T(s)} = \frac{1}{Js^2 + Bs + K} \quad \cdots\cdots [식 2-22]$$

2 전기계와 물리계의 대응관계

❙표 2-1❙ 전기계와 물리계의 대응관계

전기계	물리계		열계
	직선운동계	회전운동계	
전압 E	힘 F	토크 T	온도차 θ
전하 Q	변위 y	각변위 θ	열량 Q
전류 I	속도 v	각속도 ω	열유량 q
저항 R	점성마찰 B	회전마찰 B	열저항 R
인덕턴스 L	**질량 M**	**관성 모멘트 J**	−
정전용량 C	스프링상수 K	비틀림정수 K	열용량 C

기사 6.25% 출제

출제 04 블록선도와 신호흐름선도

제어공학에서 가장 출제빈도가 높다. 교재에 수록된 모든 문제를 풀어보자.

1 블록선도와 등가변환

(1) 블록선도 표시법

① 제어계의 블록선도는 한쪽 방향으로만 동작하는 블록들로 구성되며, 그 블록 안에는 입력과 출력관계를 나타내는 전달함수를 표시한다.

② **신호가 흐르는 방향은 화살표로 나타낸다.**

③ 블록선도의 구성

▌표 2-2▐ 블록선도의 구성

신호		화살표 방향으로 신호가 전달된다.
전달요소	$R(s)$ → $G(s)$ → $C(s)$	$C(s) = G(s)R(s)$
가합점 (summing point)	$X(s)$ +, $\pm$ $B(s)$ → $Y(s)$	$Y(s) = X(s) \pm B(s)$
인출점 (branch point)	$X(s)$ → $Y(s)$, $Z(s)$	$X(s) = Y(s) = Z(s)$

(2) $I(s)$가 출력인 블록선도 표시

① RC직렬회로를 전류가 출력인 블록선도로 표시하는 방법은 다음과 같다.

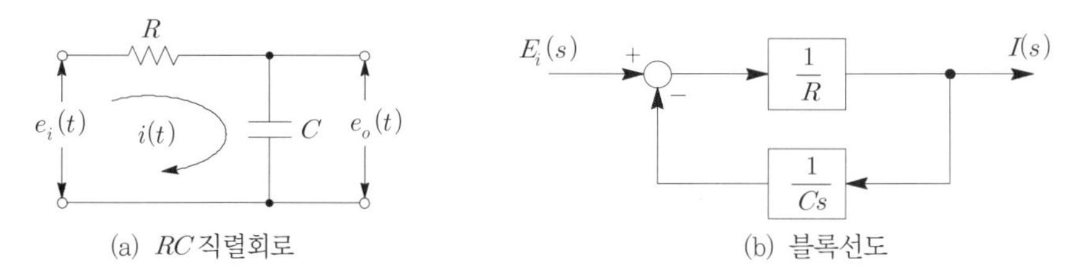

▌그림 2-9▐ 블록선도 표시

② 블록선도 표시에 필요한 회로공식

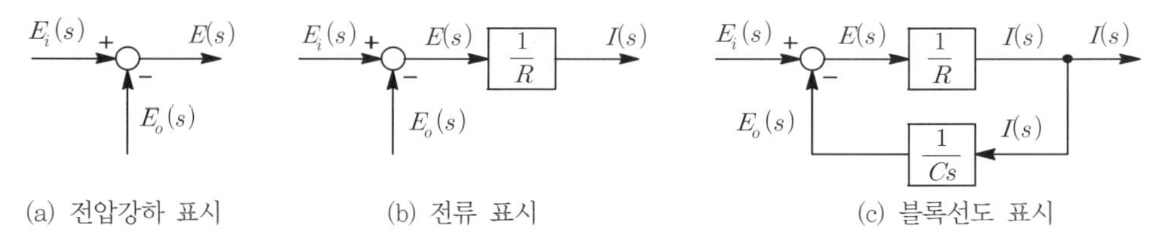

▌그림 2-10▐ 블록선도 표시순서

㉠ R에 의한 전압강하 : $E(s) = E_i(s) - E_o(s)$ ······ [식 2-23]

㉡ 회로에 흐르는 전류 : $I(s) = \dfrac{1}{R}\left[E_i(s) - E_o(s)\right]$ ······ [식 2-24]

㉢ 출력전압 : $E_o(s) = \dfrac{1}{Cs} \cdot I(s)$ ······ [식 2-25]

∴ 위 [식 2-23, 24, 25]에 의해 블록선도를 그리면 [그림 2-10]과 같다.

(3) $E_o(s)$가 출력인 블록선도 표시

① RC직렬회로를 전압이 출력인 블록선도로 표시하는 방법은 [그림 2-11]과 같다.

② [식 2-23, 24, 25]를 이용하여 [그림 2-10]을 그린 것과 동일한 방법이다.

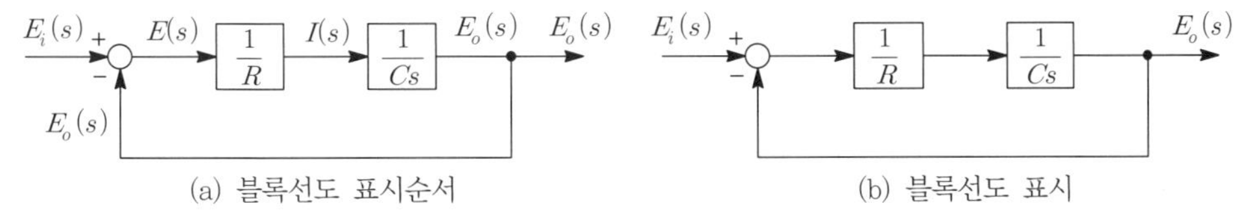

▌그림 2-11▐ $E_o(s)$가 출력인 블록선도

2 블록선도의 등가변환

복잡한 궤환제어계(feedback control)의 종합 전달함수를 구하기 위해서는 블록선도를 간략화할 필요가 있다. 이를 [표 2-3]에 나타냈다.

▌표 2-3▐ 블록선도의 등가변환

구분	블록선도	블록선도 등가변환
교환	$R(s)$ → G_1 → G_2 → $C(s)$	$R(s)$ → G_2 → G_1 → $C(s)$
직렬결합	$R(s)$ → G_1 → G_2 → $C(s)$	$R(s)$ → $G_1 \cdot G_2$ → $C(s)$
병렬결합	$R(s)$ → G_1, G_2 → + ± → $C(s)$	$R(s)$ → $G_1 \pm G_2$ → $C(s)$
가합점의 앞으로 이동	$R(s)$ → G → + ± → $C(s)$	$R(s)$ → + ± ($\frac{1}{G}$) → G → $C(s)$
가합점의 뒤로 이동	$R(s)$ → + ± → G → $C(s)$	$R(s)$ → G → + ± (G) → $C(s)$
인출점의 앞으로 이동	$R(s)$ → G → $C(s)$, $C(s)$	$R(s)$ → G → $C(s)$, G → $C(s)$

구분	블록선도	블록선도 등가변환
인출점의 뒤로 이동	$R(s)$, G, $C(s)$, $R(s)$	$R(s)$, G, $C(s)$, $\frac{1}{G}$, $R(s)$
되먹임결합	$R(s)$, +, ±, G, H, $C(s)$	$R(s)$, $\frac{G}{1 \mp GH}$, $C(s)$

3 블록선도의 종합 전달함수

(1) 종합 전달함수

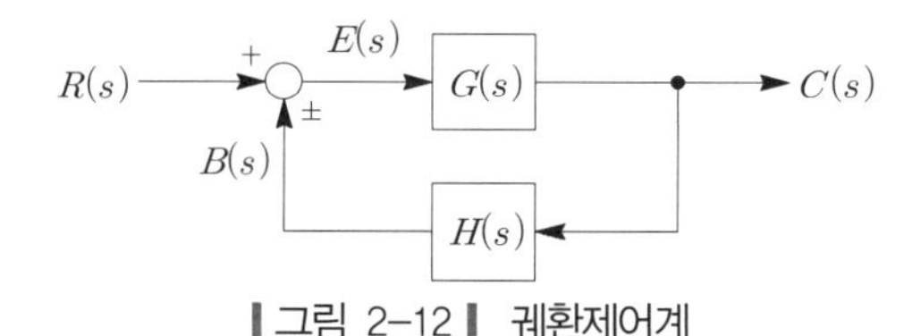

❙그림 2-12❙ 궤환제어계

① 편차 : $E(s) = R(s) \pm B(s) = R(s) \pm C(s)H(s)$ ······ [식 2-26]

② 출력 : $C(s) = E(s) \cdot G(s) = [R(s) \pm C(s)H(s)]G(s)$

$= R(s)G(s) \pm C(s)G(s)H(s)$ ······ [식 2-27]

③ [식 2-27]을 정리하여 종합 전달함수를 구할 수 있다.

$C(s) \mp C(s)G(s)H(s) = R(s)G(s)$

$C(s)[1 \mp G(s)H(s)] = R(s)G(s)$

∴ **종합 전달함수** $M(s) = \dfrac{C(s)}{R(s)} = \dfrac{G(s)}{1 \mp G(s)H(s)}$ ······ [식 2-28]

(2) 용어 정리

① $G(s) = \dfrac{C(s)}{E(s)}$: **순방향 전달함수**(feedforward transfer function)

② $M(s) = \dfrac{C(s)}{R(s)}$: **폐루프 전달함수**(closed loop transfer function)

③ $G(s)H(s)$: **개루프 전달함수**(open loop transfer function)

④ $H(s)$: **되먹임 전달함수**(feedback transfer function)

⑤ $H(s) = 1$ **인 경우를 단위궤환제어계**(unit feedback control system) **또는 직렬궤환제어계** 라 한다.

4 신호흐름선도의 등가변환

(1) 등가변환의 관계

① 제어계의 블록선도를 전달함수의 개념을 살려서 간단한 계통의 신호흐름선도로 등가변환할 수 있다.

② 블록선도와 신호흐름선도의 대응관계

▎표 2-4▎ 블록선도와 신호흐름선도의 대응관계

구분	블록선도	신호흐름선도 등가변환
직렬결합	$R(s)$, G_1, G_2, $C(s)$	R, G_1, G_2, C
병렬결합	$R(s)$, G_1, G_2, +, ±, $C(s)$	R, 1, G_1, G_2, 1, C
되먹임결합	$R(s)$, +, ±, G, H, $C(s)$	R, 1, G, $\pm H$, 1, C

(2) 용어 정리

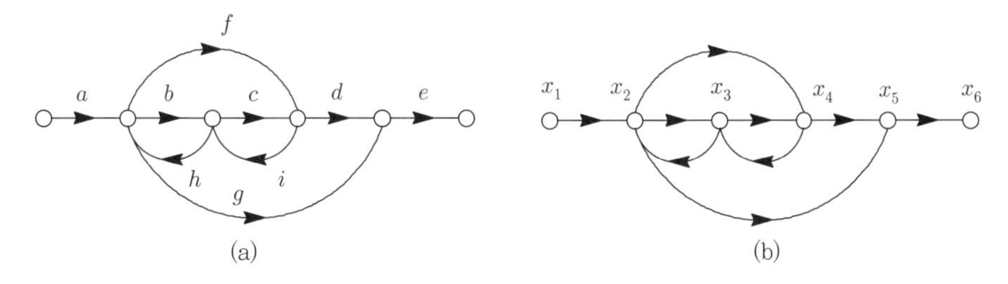

▎그림 2-13▎ 신호흐름선도

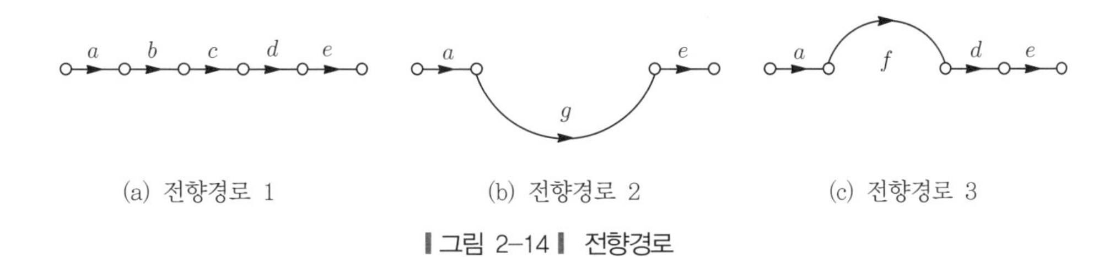

(a) 전향경로 1 (b) 전향경로 2 (c) 전향경로 3

▎그림 2-14▎ 전향경로

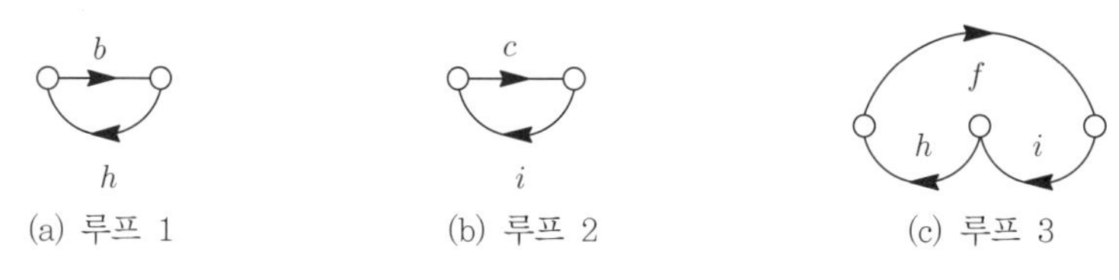

▌그림 2-15▐ 루프(loop)

① 입력마디(input node 또는 source)
  ㉠ 신호가 밖으로 나가는 방향의 가지만 갖는 마디이다.
  ㉡ [그림 2-13 (b)]에서의 'x_1'을 말한다.

② 출력마디(output node 또는 sink)
  ㉠ 신호가 안으로 들어오는 방향의 가지만 갖는 마디이다.
  ㉡ [그림 2-13 (b)]에서의 'x_6'을 말한다.

③ 경로(path) : 동일한 진행방향을 갖는 연결된 가지의 집합이다.

④ 전향경로(forward path)
  ㉠ 입력마디에서 출발하여 출발마디에서 끝나는 것으로 통과하는 마디는 두 번 다시 통과하지 않는 경로
  ㉡ [그림 2-13 (a)]에서 '$abcde$, age, $afde$'의 경로를 말한다.

⑤ 경로이득(path gain) : 어떤 경로를 지날 때, 그 경로에 포함된 가지이득의 곱을 말한다.

⑥ 궤환루프(feedback loop)
  ㉠ 어떤 마디에서 출발하여 그 마디로 되돌아오는 것으로 한 마디를 두 번 이상 지나지 않는다.
  ㉡ [그림 2-14]와 같은 경로를 말한다.

⑦ 루프이득(loop gain)
  ㉠ 궤환루프를 형성하는 각 지로이득의 곱을 말한다.
  ㉡ 여기서, 지로이득이란 마디와 마디(node) 사이의 이득(a, b, c, d 등)을 말한다.

5 신호흐름선도의 일반 이득공식

신호흐름선도에서 출력과 입력과의 비, 즉 계통의 이득 또는 전달함수는 다음의 메이슨(Mason)의 정리에 의하여 구할 수 있다.

(1) 메이슨공식

$$M = \frac{C}{R} = \sum_{K=1}^{N} \frac{G_K \Delta_K}{\Delta} \quad \cdots\cdots \text{[식 2-29]}$$

여기서, G_K : K번째의 전향경로의 이득

Δ_K : K번째의 전향경로에 접하지 않은 부분의 Δ값

$\Delta = 1 - \sum l_1 + \sum l_2 - \sum l_3 + \sum l_4 - \cdots + (-1)^n \sum l_n$

$\sum l_1$: 서로 다른 루프이득의 합

$\sum l_2$: 서로 접촉하지 않은 두 개의 루프이득의 곱의 합

$\sum l_3$: 서로 접촉하지 않은 세 개의 루프이득의 곱의 합

$\sum l_n$: 서로 접촉하지 않은 n개의 루프이득의 곱의 합

(2) 메이슨공식의 활용

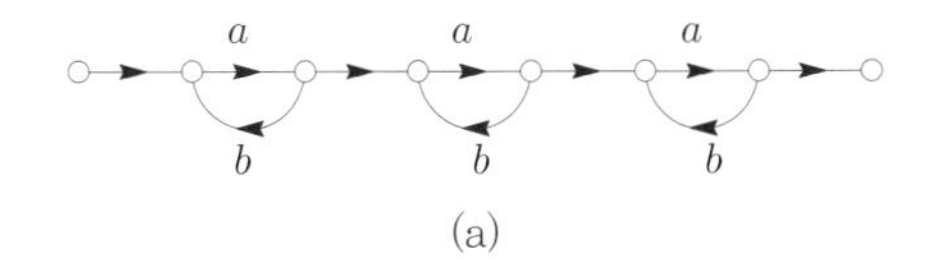

(a)

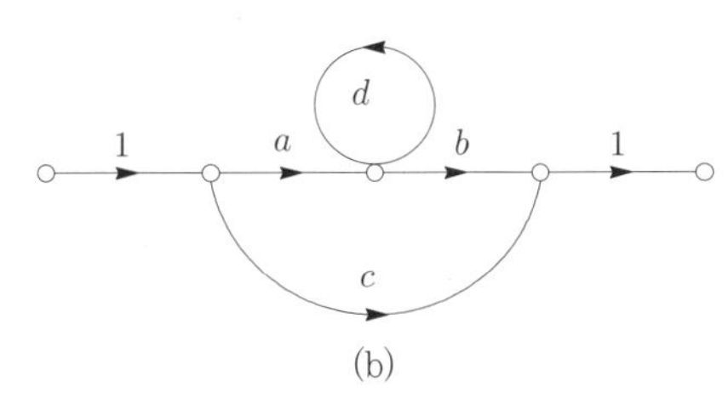

(b)

▌그림 2-16▐ 신호흐름선도

① [그림 2-16 (a)]의 풀이

㉠ $\sum l_1 = ab + ab + ab = 3ab$

㉡ $\sum l_2 = a^2b^2 + a^2b^2 + a^2b^2 = 3a^2b^2$

㉢ $\sum l_3 = a^3b^3$

㉣ $\Delta = 1 - \sum l_1 + \sum l_2 - \sum l_3 = 1 - 3ab + 3a^2b^2 - a^3b^3 = (1-ab)^3$

㉤ $G_1 = a^3$, $\Delta_1 = 1$

∴ **메이슨공식** $M(s) = \dfrac{\sum G_K \Delta_K}{\Delta} = \dfrac{a^3}{(1-ab)^3}$

② [그림 2-16 (b)]의 풀이

㉠ $\Delta = 1 - \sum l_1 = 1 - d$

㉡ $G_1 = ab$, $\Delta_1 = 1$

㉢ $G_2 = c$, $\Delta_2 = \Delta = 1 - d$

∴ 메이슨공식 $M(s) = \dfrac{\sum G_K \Delta_K}{\Delta} = \dfrac{G_1\Delta_1 + G_2\Delta_2}{\Delta} = \dfrac{ab + c(1-d)}{1-d}$

단원 확인 기출문제

★★★ 기사 13년 1회

05 다음 블록선도에서 $\dfrac{C}{R}$는?

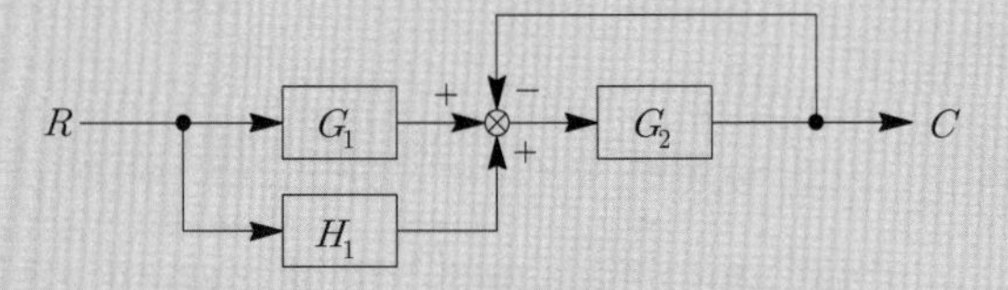

① $\dfrac{H_1}{1+G_1G_2}$

② $\dfrac{G_2(G_1+H_1)}{1+G_2}$

③ $\dfrac{1+G_2}{G_2(G_1+H_1)}$

④ $\dfrac{G_1G_2}{1+G_1G_2H_1}$

해설 종합 전달함수 $M(s)=\dfrac{\sum 전향경로이득}{1-\sum 폐루프이득}=\dfrac{G_1G_2+H_1G_2}{1-(-G_2)}=\dfrac{G_2(G_1+H_1)}{1+G_2}$

답 ②

★★★ 기사 97년 6회, 99년 7회, 01년 1회, 02년 4회

06 그림과 같은 신호흐름선도에서 $\dfrac{C(s)}{R(s)}$를 구하면?

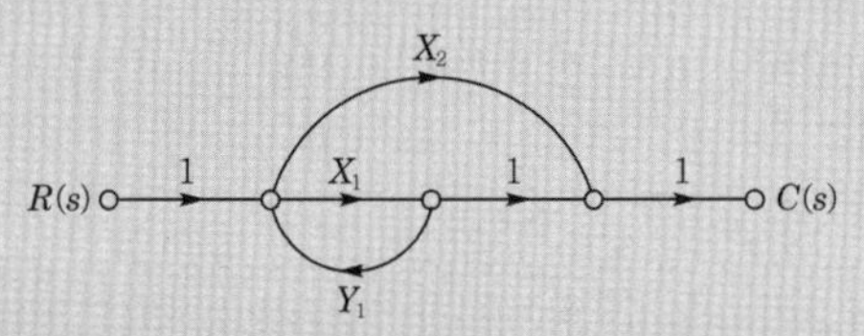

① $\dfrac{X_1}{1-X_1Y_1}$

② $\dfrac{X_2}{1-X_1Y_1}$

③ $\dfrac{X_1X_2}{1-X_1Y_1}$

④ $\dfrac{X_1+X_2}{1-X_1Y_1}$

해설 종합 전달함수 $M(s)=\dfrac{C(s)}{R(s)}=\dfrac{\sum 전향경로이득}{1-\sum 폐루프이득}=\dfrac{X_1+X_2}{1-X_1Y_1}$

답 ④

쌤 Comment

연산증폭기 부분은 출제빈도가 0.50%로 낮아 이론은 제시하지 않았으므로 '단원 자주 출제되는 기출문제'에 나오는 기출문제 정도만 숙지하자.

단원 핵심정리 한눈에 보기

1. 전달함수의 정의

① 모든 초기값을 0으로 했을 때 입력변수의 라플라스(laplace) 변환과 출력변수의 라플라스(laplace) 변환의 비이다.

② 전달함수 : $G(s)=\dfrac{\mathcal{L}\text{출력}}{\mathcal{L}\text{입력}}=\dfrac{C(s)}{R(s)}=\dfrac{Y(s)}{X(s)}=\dfrac{V_o(s)}{V_i(s)}$

2. 블록선도와 신호흐름선도의 전달함수

① 메이슨공식의 간이화 : $G(s)=\dfrac{\sum \text{전향경로이득}}{1-\sum \text{폐루프이득}}$

② 메이슨공식 : $M=\dfrac{C}{R}=\sum_{K=1}^{N}\dfrac{G_K\Delta_K}{\Delta}$

㉠ G_K : K번째의 전향경로의 이득

㉡ Δ_K : K번째의 전향경로에 접하지 않은 부분의 Δ값

㉢ $\Delta=1-\sum l_1+\sum l_2-\sum l_3+\sum l_4-\ \cdots\ +(-1)^n\sum l_n$

㉣ $\sum l_1$: 서로 다른 루프이득의 합

㉤ $\sum l_2$: 서로 접촉하지 않은 두 개의 루프이득의 곱의 합

㉥ $\sum l_n$: 서로 접촉하지 않은 n개의 루프이득의 곱의 합

3. 제어요소

① 비례요소 : $G(s)=K$

② 미분요소 : $G(s)=Ks$

③ 적분요소 : $G(s)=\dfrac{K}{s}$

④ 1차 지연요소 : $G(s)=\dfrac{K}{1+Ts}$

⑤ 2차 지연요소 : $G(s)=\dfrac{K\omega_n^2}{s^2+2\zeta\omega_n s+\omega_n^2}$

⑥ 부동작 요소 : $G(s)=Ke^{-Ls}$

4. 보상기

진상보상기(미분회로)	지상보상기(적분회로)
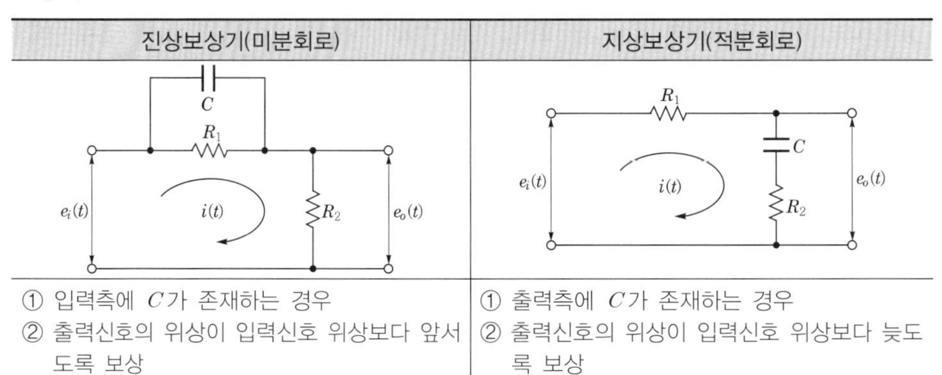	
① 입력측에 C가 존재하는 경우 ② 출력신호의 위상이 입력신호 위상보다 앞서도록 보상 ③ 목적 : 안정도와 속응성 개선	① 출력측에 C가 존재하는 경우 ② 출력신호의 위상이 입력신호 위상보다 늦도록 보상 ③ 목적 : 정상편차를 개선

단원 자주 출제되는 기출문제

출제 01 제어계의 전달함수

★★ 기사 09년 1회 / 산업 93년 2회

01 다음 전달함수에 관한 말 중 옳은 것은?

① 2계 회로의 분모의 분자의 차수의 차는 s의 1차식이 된다.
② 2계 회로에서 전달함수의 분모는 s의 2차식이다.
③ 전달함수의 분자의 차수에 따라 분모의 차수가 결정된다.
④ 전달함수의 분모의 차수는 초기값에 따라 결정된다.

해설

2계 회로의 미분방정식은

$b_2 \dfrac{d^2y(t)}{dt^2} + b_1 \dfrac{dy(t)}{dt} + b_0 = a_0 x(t)$에서

이를 라플라스 변환하면 다음과 같다.

$b_2 s^2 Y(s) + b_1 s Y(s) + b_0 Y(s)$

$= Y(s)(b_2 s^2 + b_1 s + b_0) = a_0 X(s)$가 된다.

$\therefore$ 전달함수 $G(s) = \dfrac{Y(s)}{X(s)}$

$= \dfrac{a_0}{b_2 s^2 + b_1 s + b_0}$

$= \dfrac{K \cdot \omega_n^2}{s^2 + 2\zeta\omega_n s + \omega_n^2}$

★★ 산업 90년 6회, 98년 2회

02 전달함수의 성질 중 틀린 것은?

① 어떤 계의 전달함수는 그 계에 대한 임펄스 응답의 라플라스 변환과 같다.
② 전달함수 $P(s)$인 계의 입력이 임펄스함수(δ함수)이고 모든 초기치가 0이면 그 계의 출력변환은 $P(s)$와 같다.
③ 계의 전달함수는 계의 미분방정식을 라플라스 변환하고 초기치에 의하여 생긴 항을 무시하면 $P(s) = \mathcal{L}^{-1}\left[\dfrac{Y^2}{X^2}\right]$와 같이 얻어진다.
④ 계 전달함수의 분모를 0으로 놓으면 이것이 곧 특성방정식이 된다.

해설

전달함수 $P(s) = \mathcal{L}\left[\dfrac{y(t)}{x(t)}\right] = \dfrac{Y(s)}{X(s)}$

★★ 기사 92년 5회

03 그림에서 전달함수 $G(s)$는?

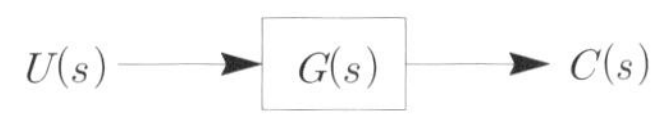

① $\dfrac{U(s)}{C(s)}$
② $\dfrac{C(s)}{U(s)}$
③ $U(s) \cdot C(s)$
④ $\dfrac{C^2(s)}{U(s)}$

해설

전달함수는 모든 초기 초기값을 0으로 했을 때, 입력변수의 라플라스 변환과 출력변수의 라플라스 변환비이다.

$\therefore$ 전달함수 $G(s) = \dfrac{\text{출력 } \mathcal{L}}{\text{입력 } \mathcal{L}} = \dfrac{\mathcal{L}[c(t)]}{\mathcal{L}[u(t)]} = \dfrac{C(s)}{U(s)}$

★★ 기사 99년 3회, 12년 2회

04 블록선도에서 $C(s) = R(s)$라면 전달함수 $G(s)$는?

$R(s) \longrightarrow$ [$G(s)$] $\longrightarrow C(s)$

① 0
② −1
③ ∞
④ 1

해설

전달함수 $G(s) = \dfrac{\mathcal{L}[c(t)]}{\mathcal{L}[r(t)]} = \dfrac{C(s)}{R(s)} = 1$

여기서, $C(s) = R(s)$

정답 01. ② 02. ③ 03. ② 04. ④

★★★ 기사 90년 6회, 92년 5회, 99년 4회, 03년 1회 / 산업 99년 4회, 03년 4회, 14년 1회

05 다음 그림과 같은 회로의 전달함수는? $\left(\text{단, } \dfrac{L}{R} = T : \text{시정수이다.}\right)$

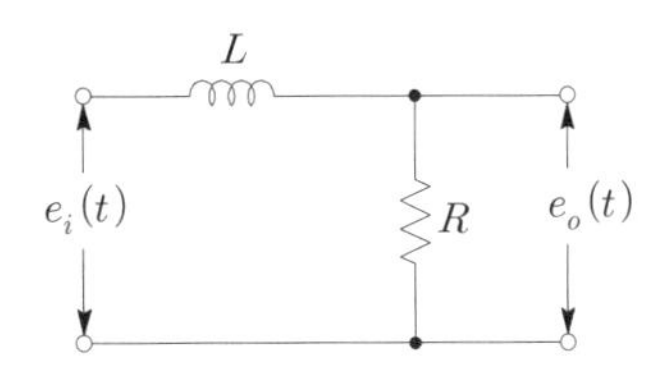

① Ts^2+1 ② $\dfrac{1}{Ts+1}$

③ $Ts+1$ ④ $\dfrac{1}{Ts^2+1}$

해설 전달함수

$$G(s) = \frac{E_o(s)}{E_i(s)} = \frac{I(s)R}{I(s)(Ls+R)}$$
$$= \frac{R}{Ls+R} = \frac{1}{\frac{L}{R}s+1}$$
$$= \frac{1}{Ts+1}$$

Comment

해설에서 보듯이 전압비 전달함수를 구할 때 분자/분모에 $I(s)$끼리 약분되어 결국 입력측 임피던스와 출력측 임피던스의 비가 답이 된다.

$\therefore\ G(s) = \dfrac{E_o(s)}{E_i(s)} = \dfrac{Z_o(s)}{Z_i(s)} = \dfrac{R}{Ls+R}$

★★ 산업 95년 2회, 97년 4회, 98년 7회, 01년 2회, 02년 3회, 03년 1회, 04년 3회

06 그림과 같은 RL회로에서 전달함수를 구하면?

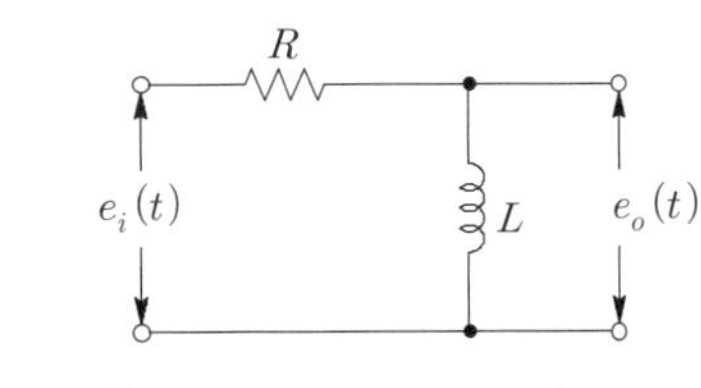

① $\dfrac{L}{R+Ls}$ ② $\dfrac{1}{R+Ls}$

③ $\dfrac{1}{s+\frac{R}{L}}$ ④ $\dfrac{s}{s+\frac{R}{L}}$

해설 전달함수

$$G(s) = \frac{E_o(s)}{E_i(s)} = \frac{Z_o(s)}{Z_i(s)} = \frac{Ls}{R+Ls} = \frac{s}{s+\frac{R}{L}}$$

★★★ 기사 92년 2회, 93년 6회, 15년 3회 / 산업 98년 6회, 00년 2회, 02년 2회, 05년 1회, 06년 1회, 13년 4회

07 다음 그림과 같은 회로의 전압비 전달함수 $\dfrac{V_2(s)}{V_1(s)}$는?

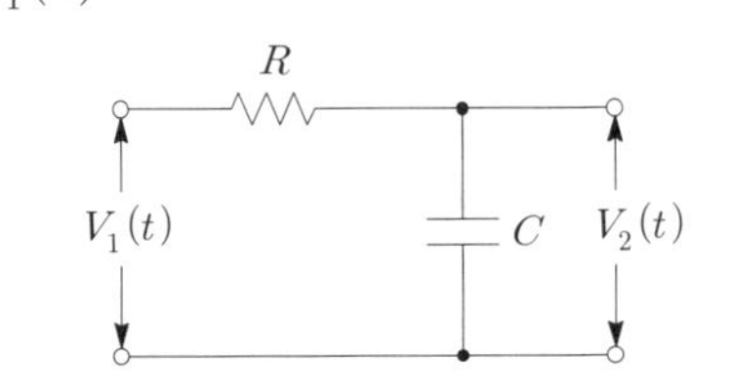

① $\dfrac{\frac{1}{RC}}{s+\frac{1}{RC}}$ ② $\dfrac{RC}{s+RC}$

③ $\dfrac{RC}{s+\frac{1}{RC}}$ ④ $\dfrac{\frac{1}{RC}}{s+RC}$

해설 전달함수

$$G(s) = \frac{V_2(s)}{V_1(s)} = \frac{Z_o(s)}{Z_i(s)} = \frac{\frac{1}{Cs}}{R+\frac{1}{Cs}}$$
$$= \frac{1}{RCs+1} = \frac{\frac{1}{RC}}{s+\frac{1}{RC}}$$

★ 기사 94년 4회, 02년 3회

08 다음 회로에서 $V_1(s)$를 입력, $V_2(s)$를 출력이라 할 때 전달함수가 $\dfrac{1}{s+1}$이 되려면 C[F]의 값은?

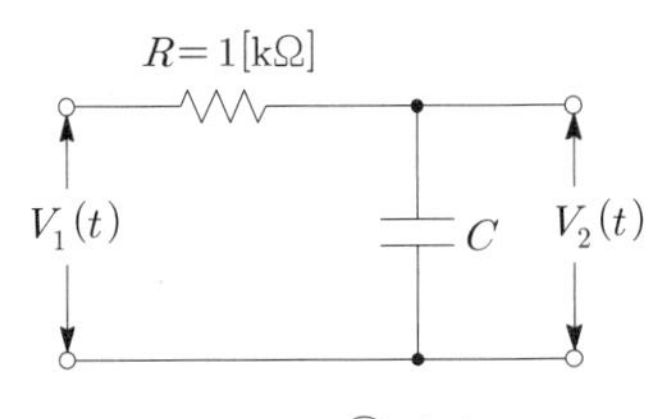

① 1 ② 0.1

③ 0.01 ④ 0.001

정답 05. ② 06. ④ 07. ① 08. ④

해설 전달함수

$$G(s)=\frac{V_2(s)}{V_1(s)}=\frac{Z_o(s)}{Z_i(s)}=\frac{\frac{1}{Cs}}{R+\frac{1}{Cs}}=\frac{1}{RCs+1}$$

에서 $RC=1$이 되려면 다음과 같다.

$\therefore$ 정전용량 $C=\frac{1}{R}=\frac{1}{10^3}=10^{-3}=0.001[\text{F}]$

★ 기사 91년 5회, 08년 2회, 14년 2회

09 다음 RC저역필터(여파기) 회로의 전달함수 $G(j\omega)$에서 $\omega=\frac{1}{RC}$인 경우 $|G(j\omega)|$의 값은?

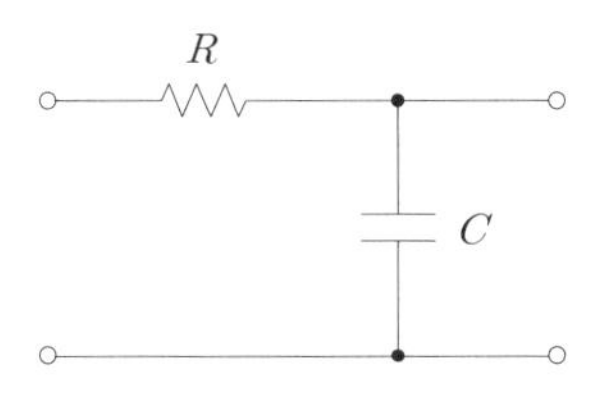

① 1 ② 0.707
③ 0.5 ④ 0

해설

㉠ 전달함수

$$G(s)=\frac{V_2(s)}{V_1(s)}=\frac{1}{RCs+1}$$

㉡ 주파수 전달함수

$$G(j\omega)=\left.\frac{1}{j\omega RC+1}\right|_{\omega=\frac{1}{RC}}=\frac{1}{j+1}$$

$\therefore$ 전달함수의 크기

$$|G(j\omega)|=\left|\frac{1}{1+j}\right|=\frac{1}{\sqrt{1^2+1^2}}=\frac{1}{\sqrt{2}}=0.707$$

★ 산업 04년 2회, 07년 3회

10 RC저역필터 회로의 전달함수 $G(j\omega)$는 $\omega=0$일 때 얼마인가?

① 0
② 1
③ 0.5
④ 0.707

해설 전달함수

$$G(s)=\frac{V_2(s)}{V_1(s)}=\frac{1}{RCs+1}=\left.\frac{1}{j\omega RC+1}\right|_{\omega=0}=1$$

★★ 기사 98년 7회, 00년 5회, 12년 4회 / 산업 90년 2회, 96년 2회, 15년 1회

11 다음 그림과 같은 회로의 전달함수는?

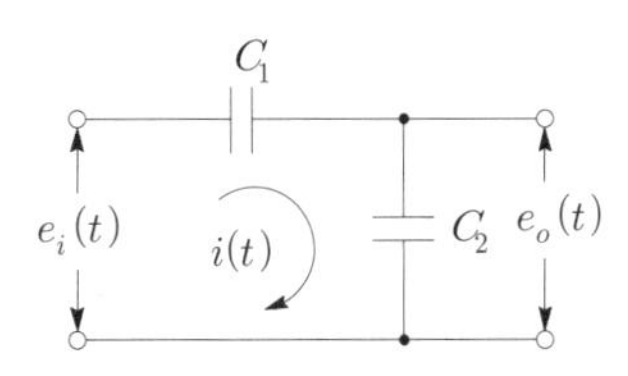

① C_1+C_2 ② $\frac{C_2}{C_1}$

③ $\frac{C_1}{C_1+C_2}$ ④ $\frac{C_2}{C_1+C_2}$

해설 전달함수

$$G(s)=\frac{E_o(s)}{E_i(s)}=\frac{Z_o(s)}{Z_i(s)}$$

$$=\frac{\frac{1}{C_2 s}}{\frac{1}{C_1 s}+\frac{1}{C_2 s}}$$

$$=\frac{\frac{1}{C_2}}{\frac{1}{C_1}+\frac{1}{C_2}}$$

$$=\frac{\frac{1}{C_2}}{\frac{C_1+C_2}{C_1\times C_2}}=\frac{C_1}{C_1+C_2}$$

★★★ 기사 89년 7회, 99년 4회, 02년 1회, 08년 1회, 15년 4회 / 산업 91년 3회

12 다음 그림과 같은 회로의 전압비 전달함수 $\frac{V_2(s)}{V_1(s)}$는?

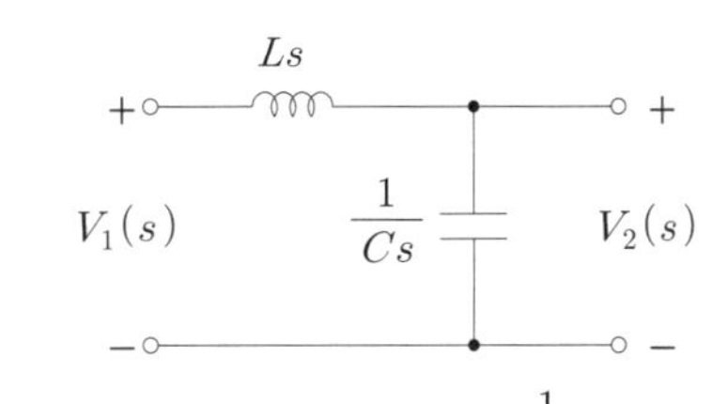

① $\frac{LCs}{s^2+LC}$ ② $\frac{\frac{1}{LCs}}{s^2+LC}$

③ $\frac{\frac{1}{LC}}{s^2+\frac{1}{LC}}$ ④ $\frac{\frac{1}{LC}}{s^2+LC}$

정답 09. ② 10. ② 11. ③ 12. ③

해설 전달함수

$$G(s)=\frac{V_2(s)}{V_1(s)}=\frac{Z_o(s)}{Z_i(s)}$$

$$=\frac{\frac{1}{Cs}}{Ls+\frac{1}{Cs}}$$

$$=\frac{1}{LCs^2+1}$$

$$=\frac{\frac{1}{LC}}{s^2+\frac{1}{LC}}$$

★★★★ 기사 99년 4·6회, 02년 1회, 08년 1회, 13년 1회 / 산업 94년 4회, 99년 3회

13 그림의 전기회로에서 전달함수 $\dfrac{E_2(s)}{E_1(s)}$ 는?

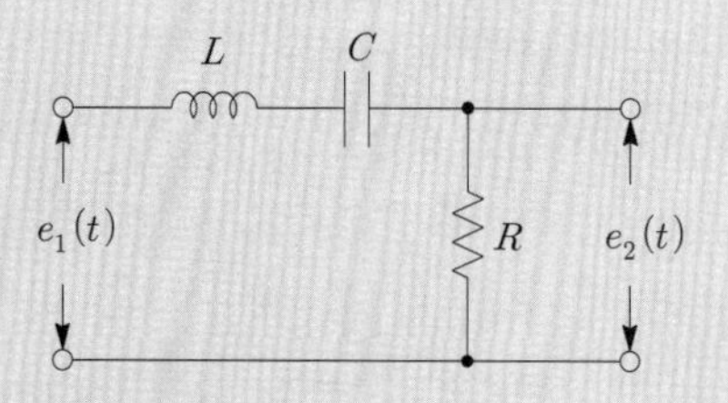

① $\dfrac{LRs}{LCs^2+RCs+1}$

② $\dfrac{Cs}{LCs^2+RCs+1}$

③ $\dfrac{RCs}{LCs^2+RCs+1}$

④ $\dfrac{LRCs}{LCs^2+RCs+1}$

해설 전달함수

$$G(s)=\frac{E_2(s)}{E_1(s)}=\frac{Z_o(s)}{Z_i(s)}$$

$$=\frac{R}{Ls+\frac{1}{Cs}+R}$$

$$=\frac{RCs}{LCs^2+RCs+1}$$

★★★ 기사 95년 2회, 03년 2회, 05년 3회, 09년 2회 / 산업 16년 2회

14 다음 지상네트워크의 전달함수는?

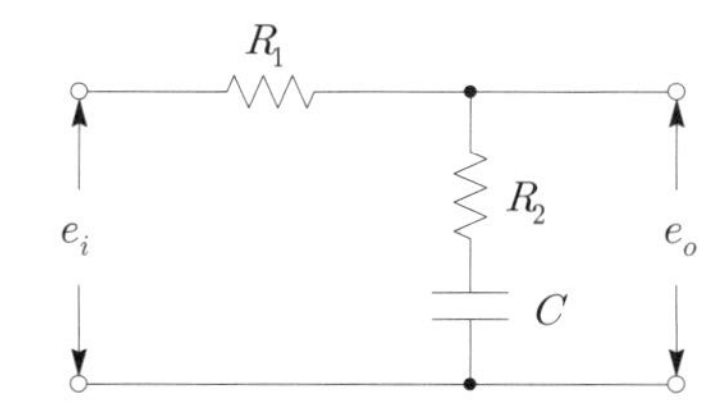

① $\dfrac{s(R_1+R_2)C+1}{sCR_1+1}$ ② $\dfrac{sCR_2+1}{s(R_1+R_2)C+1}$

③ $\dfrac{R_1+sC}{R_1+R_2+sC}$ ④ $\dfrac{1}{\frac{1}{R_1}+\frac{1}{R_2}+sC}$

해설 전달함수

$$G(s)=\frac{E_o(s)}{E_i(s)}=\frac{Z_o(s)}{Z_i(s)}=\frac{R_2+\frac{1}{Cs}}{R_1+R_2+\frac{1}{Cs}}$$

$$=\frac{R_2Cs+1}{(R_1+R_2)Cs+1}$$

Comment

특별한 조건 없이 전달함수를 구하라고 하면 전압비 전달함수 $\left(G(s)=\dfrac{E_o(s)}{E_i(s)}\right)$를 구하면 된다.

★ 기사 89년 3회, 97년 7회

15 그림과 같은 RC회로의 전달함수는? (단, $T_1=R_2C$, $T_2=(R_1+R_2)C$이다.)

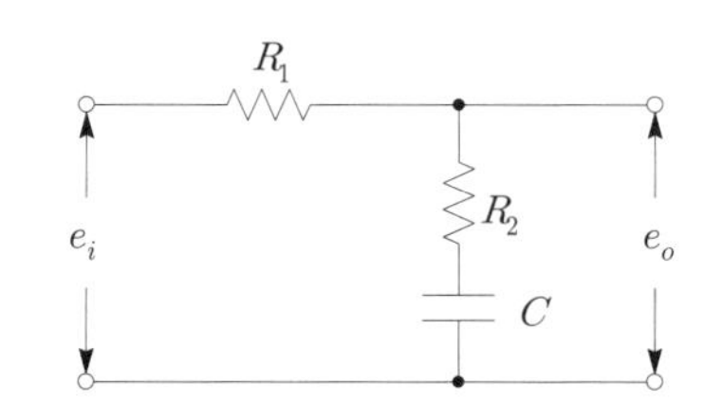

① $\dfrac{T_1}{T_2s+1}$ ② $\dfrac{T_2s}{T_1s+1}$

③ $\dfrac{T_1s+1}{T_2s+1}$ ④ $\dfrac{T_2(T_1s+1)}{T_1(T_2s+1)}$

정답 13. ③ 14. ② 15. ③

해설 전달함수

$$G(s)=\frac{E_o(s)}{E_i(s)}=\frac{Z_o(s)}{Z_i(s)}=\frac{R_2+\frac{1}{Cs}}{R_1+R_2+\frac{1}{Cs}}$$

$$=\frac{R_2Cs+1}{(R_1+R_2)Cs+1}=\frac{T_1s+1}{T_2s+1}$$

★★★ 기사 96년 2회, 01년 2회, 04년 3회 / 산업 93년 2회, 98년 4·5회, 12년 1회, 15년 2회

16 회로에서의 전압비 전달함수 $\dfrac{E_o(s)}{E_i(s)}$ 는?

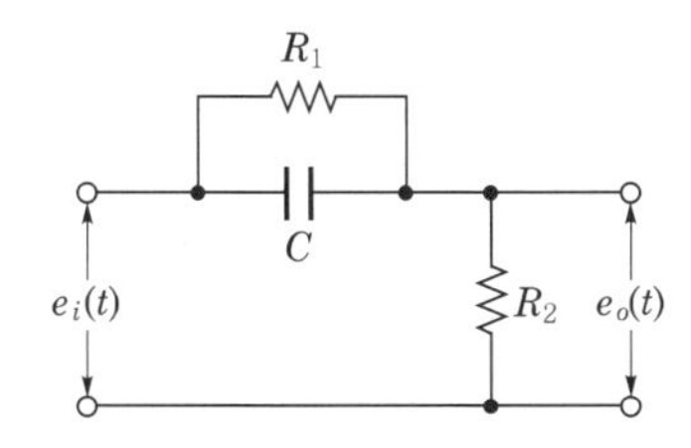

① $\dfrac{R_1+Cs}{R_1+R_2+Cs}$

② $\dfrac{R_2+Cs}{R_1+R_2+Cs}$

③ $\dfrac{R_1+R_1R_2Cs}{R_1+R_2+R_1R_2Cs}$

④ $\dfrac{R_2+R_1R_2Cs}{R_1+R_2+R_1R_2Cs}$

해설 전달함수

$$G(s)=\frac{E_o(s)}{E_i(s)}=\frac{Z_o(s)}{Z_i(s)}$$

$$=\frac{R_2}{R_2+\frac{R_1\times\frac{1}{Cs}}{R_1+\frac{1}{Cs}}}$$

$$=\frac{R_2}{R_2+\frac{R_1}{R_1Cs+1}}$$

$$=\frac{R_2\times(1+R_1Cs)}{\left(R_2+\frac{R_1}{R_1Cs+1}\right)\times(1+R_1Cs)}$$

$$=\frac{R_2+R_1R_2Cs}{R_2+R_1R_2Cs+R_1}$$

$$=\frac{(1+R_1Cs)R_2}{R_1+R_2+R_1R_2Cs}$$

★ 기사 00년 6회, 15년 2회 / 산업 14년 4회

17 다음 그림과 같은 회로의 전달함수는 얼마인가? $\left(\text{단, } T_1=R_2C,\ T_2=\dfrac{R_1}{R_1+R_2}\right)$

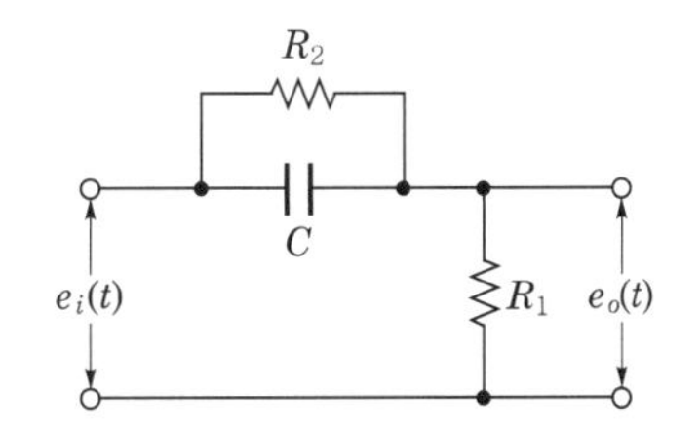

① $\dfrac{1}{1+T_1s}$　　② $\dfrac{T_2(1+T_1s)}{1+T_1T_2s}$

③ $\dfrac{1+T_1s}{1+T_2s}$　　④ $\dfrac{T_2(1+T_1s)}{T_1(1+T_2s)}$

해설 전달함수

$$G(s)=\frac{R_1(1+R_2Cs)}{R_1+R_2+R_1R_2Cs}=\frac{1+R_2Cs}{\frac{R_1+R_2}{R_1}+R_2Cs}$$

$$=\frac{1+T_1s}{\frac{1}{T_2}+T_1s}=\frac{T_2(1+T_1s)}{1+T_1T_2s}$$

Comment

17번과 같은 복잡한 문제는 출제될 확률이 매우 낮다.

★ 산업 94년 6회, 97년 6회

18 그림과 같은 LC 브리지회로의 전달함수 $G(s)$는?

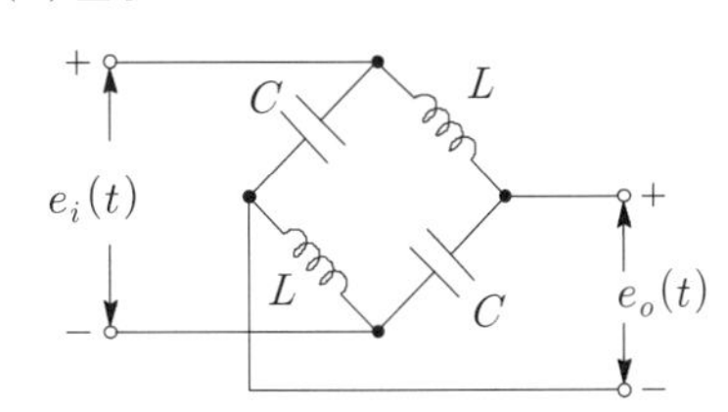

① $\dfrac{1}{1+LCs^2}$　　② $\dfrac{Ls}{1+LCs^2}$

③ $\dfrac{LCs}{1+LCs^2}$　　④ $\dfrac{1-LCs^2}{1+LCs^2}$

정답 16. ④ 17. ② 18. ④

해설 전달함수

$$G(s)=\frac{E_o(s)}{E_i(s)}=\frac{\frac{1}{Cs}-Ls}{\frac{1}{Cs}+Ls}=\frac{1-LCs^2}{1+LCs^2}$$

Comment

휘트스톤브리지와 비슷한 회로의 전달함수는 분자에 −부호가 있으면 정답이 될 확률이 높다.

★ 산업 94년 2회, 02년 4회, 14년 4회

19 그림과 같은 LC 브리지회로의 전달함수 $G(s)$는?

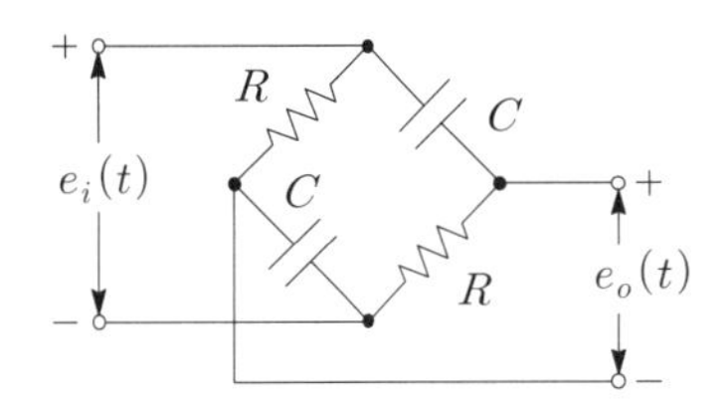

① $\dfrac{RCs-1}{RCs+1}$ ② $\dfrac{1}{RCs+1}$

③ $\dfrac{RCs+1}{RCs+1}$ ④ $\dfrac{1}{RCs-1}$

해설 전달함수

$$G(s)=\frac{E_o(s)}{E_i(s)}=\frac{R-\frac{1}{Cs}}{R+\frac{1}{Cs}}=\frac{RCs-1}{RCs+1}$$

★★★ 기사 99년 5회, 04년 2회 / 산업 13년 2회, 16년 1회

20 RLC 회로망에서 입력을 $e_i(t)$, 출력을 $i(t)$로 할 때, 이 회로의 전달함수는?

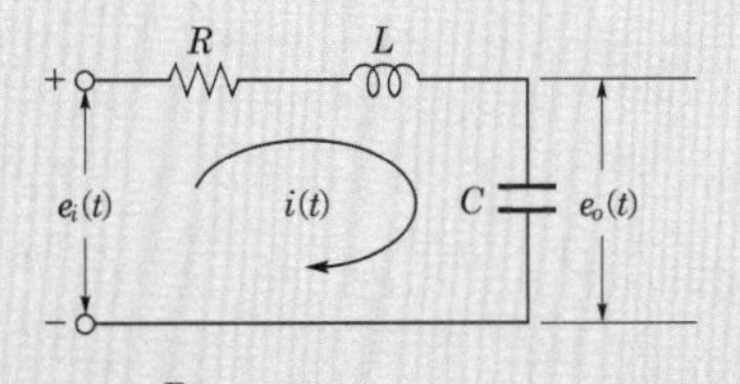

① $\dfrac{Rs}{LCs^2+RCs+1}$

② $\dfrac{RLs}{LCs^2+RCs+1}$

③ $\dfrac{Ls}{LCs^2+RCs+1}$

④ $\dfrac{Cs}{LCs^2+RCs+1}$

해설 전달함수

$$G(s)=\frac{I(s)}{E_i(s)}=\frac{I(s)}{I(s)\,Z_i(s)}=\frac{1}{Z_i(s)}$$

$$=\frac{1}{Ls+R+\frac{1}{Cs}}=\frac{Cs}{LCs^2+RCs+1}$$

Comment

해설과 같이 입력전압에 대한 회로에 흐르는 전류에 관한 전달함수를 구하면 입력측 임피던스의 역수, 즉 입력측 어드미턴스 $G(s)=\dfrac{1}{Z_i(s)}=Y_i(s)$를 구하면 된다.

★★★ 기사 09년 3회, 14년 2회 / 산업 16년 1회

21 그림과 같은 RLC 회로에서 입력전압 $e_i(t)$, 출력전류가 $i(t)$인 경우 이 회로의 전달함수 $\dfrac{I(s)}{E_i(s)}$는? (단, 모든 초기조건은 0이다.)

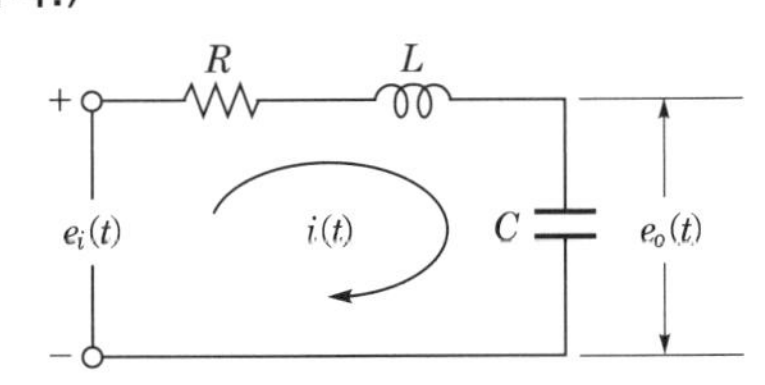

① $\dfrac{Cs}{RCs^2+LCs+1}$

② $\dfrac{1}{RCs^2+LCs+1}$

③ $\dfrac{Cs}{LCs^2+RCs+1}$

④ $\dfrac{1}{LCs^2+RCs+1}$

정답 19. ① 20. ④ 21. ③

해설

㉠ 회로방정식

$$e_i(t) = Ri(t) + L\frac{di(t)}{dt} + \frac{1}{C}\int i(t)\,dt$$

㉡ 라플라스 변환하면 다음과 같다.

$$E_i(s) = RI(s) + LsI(s) + \frac{1}{Cs}I(s)$$

$$= I(s)\left(R + Ls + \frac{1}{Cs}\right)$$

∴ 전달함수

$$G(s) = \frac{I(s)}{E_i(s)} = \frac{1}{R + Ls + \frac{1}{Cs}} = \frac{Cs}{LCs^2 + RCs + 1}$$

Comment

해설에서 보듯이 $G(s) = \frac{I(s)}{E_i(s)} = \frac{1}{Z_i(s)}$와 같다는 것을 알 수 있다(여기서, $Z_i(s)$: 입력측 임피던스).

★★★ 산업 89년 7회, 95년 4회, 99년 7회, 03년 4회

22 그림과 같은 회로에서 전달함수 $\frac{E_o(s)}{I(s)}$는 얼마인가? (단, 초기조건은 모두 0으로 한다.)

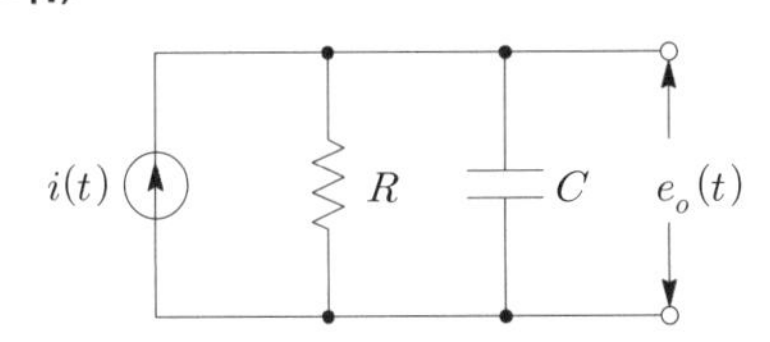

① $\frac{1}{RCs+1}$ ② $\frac{R}{RCs+1}$

③ $\frac{C}{RCs+1}$ ④ $\frac{RCs}{RCs+1}$

해설 전달함수

$$G(s) = \frac{E_o(s)}{I(s)} = \frac{I(s)Z_o(s)}{I(s)} = Z_o(s)$$

$$= \frac{R \times \frac{1}{Cs}}{R + \frac{1}{Cs}} = \frac{R}{RCs+1}$$

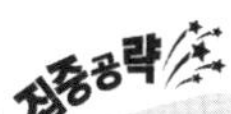

★★★ 산업 89년 7회, 95년 4·5회, 99년 7회, 03년 4회, 16년 2회

23 그림과 같은 회로에서 전달함수 $\frac{E_o(s)}{I(s)}$는?

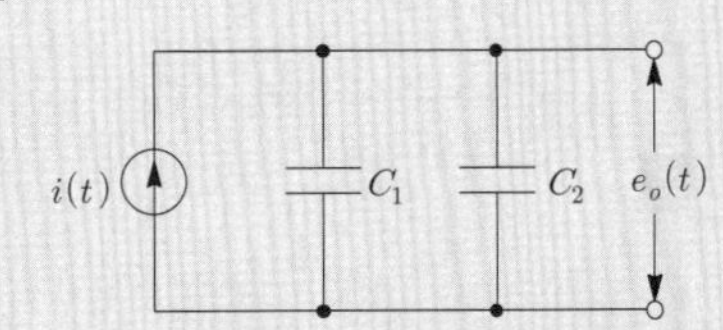

① $\frac{1}{s(C_1+C_2)}$ ② $\frac{C_1C_2}{C_1+C_2}$

③ $\frac{C_1}{s(C_1+C_2)}$ ④ $\frac{C_2}{s(C_1+C_2)}$

해설 전달함수

$$G(s) = \frac{E_o(s)}{I(s)} = \frac{I(s)Z_o(s)}{I(s)} = Z_o(s)$$

$$= \frac{1}{Cs} = \frac{1}{(C_1+C_2)s}$$

여기서, C : 합성 정전용량[F]

★ 기사 97년 5회

24 다음 그림과 같은 회로에서 전달함수 $G(s) = \frac{I(s)}{V(s)}$를 구하면? $\left(단,\ R=5[\Omega],\ C_1 = \frac{1}{10}[F],\ C_2 = \frac{1}{5}[F],\ L = 1[H]이다.\right)$

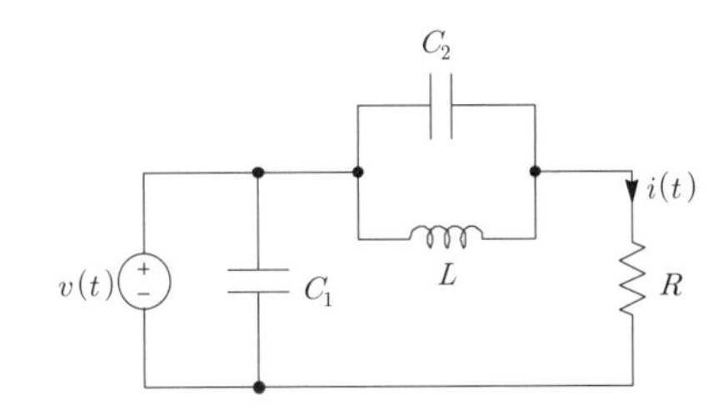

① $\frac{1}{5}\frac{s^2+5}{s^2+s+5}$ ② $\frac{1}{10}\frac{2s+5}{s^2+2s+5}$

③ $\frac{1}{10}\frac{2s^2+15}{s^2+2s+3}$ ④ $\frac{1}{5}\frac{s^2+5}{s^2+s+1}$

정답 22. ② 23. ① 24. ①

해설

$$V(s)=\left(\frac{\frac{1}{C_2 s}\times Ls}{\frac{1}{C_2 s}+Ls}+R\right)I(s)$$
$$=\left(\frac{Ls}{LC_2 s^2+1}+R\right)I(s)$$
$$=\left(\frac{s}{\frac{1}{5}s^2+1}+5\right)I(s)$$
$$=\left[\frac{5s}{s^2+5}+\frac{5(s^2+5)}{s^2+5}\right]I(s)$$
$$=\frac{5s^2+5s+25}{s^2+5}I(s)$$

∴ 전달함수

$$G(s)=\frac{I(s)}{V(s)}=\frac{s^2+5}{5s^2+5s+25}$$
$$=\frac{1}{5}\cdot\frac{s^2+5}{s^2+s+5}$$

Comment

- C_1 양단에 인가된 전압은 $v(t)$이므로 C_1을 전압원 $v(t)$로 해석하면 된다.
- 출제빈도가 매우 낮으니 참고만 하길 바란다.

★ 기사 94년 3회

25 그림에서 전달함수 $G(s)=\dfrac{V_2(s)}{V_1(s)}$를 구하면? (단, $R=10[\Omega]$, $L_1=0.4$[H], $L_2=0.6$[H], $M=0.4$[H]이다.)

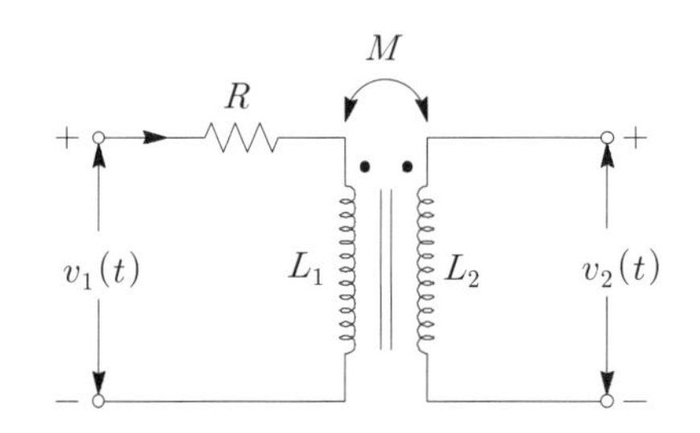

① $\dfrac{s+30}{s+25}$ ② $\dfrac{30}{s+25}$

③ $\dfrac{s}{s+25}$ ④ $\dfrac{s}{3s+50}$

해설

㉠ 입력측 전압

$$v_1(t)=Ri(t)+L_1\frac{di(t)}{dt}$$
$$\xrightarrow{\mathcal{L}} V_1(s)=RI(s)+L_1 sI(s)$$
$$=I(s)(L_1 s+R)$$

㉡ 출력측 전압

$$v_2(t)=M\frac{di(t)}{dt}\xrightarrow{\mathcal{L}} V_2(s)=MsI(s)$$

$$\therefore \text{ 전달함수 } G(s)=\frac{V_2(s)}{V_1(s)}=\frac{Ms}{L_1 s+R}$$
$$=\frac{0.4s}{0.4s+10}=\frac{s}{s+\frac{10}{0.4}}$$
$$=\frac{s}{s+25}$$

Comment

출제빈도가 매우 낮으니 참고만 하길 바란다.

★★★★★ 기사 92년 5회, 03년 2회, 05년 2회 / 산업 12년 2회

26 어떤 계를 표시하는 미분방정식이 다음과 같을 때, $x(t)$를 입력, $y(t)$를 출력이라고 한다면 이 계의 전달함수는 어떻게 표시되는가?

$$\frac{d^2y(t)}{dt^2}+3\frac{dy(t)}{dt}+2y(t)=\frac{dx(t)}{dt}+x(t)$$

① $G(s)=\dfrac{s^2+3s+2}{s+1}$

② $G(s)=\dfrac{2s^2+3s+2}{s^2+1}$

③ $G(s)=\dfrac{s+1}{s^2+3s+2}$

④ $G(s)=\dfrac{s^2+s+1}{2s+1}$

해설

양변을 라플라스 변환하면 다음과 같다.

$s^2Y(s)+3sY(s)+2Y(s)=sX(s)+X(s)$

가 되고, 이를 정리하면 다음과 같다.

$Y(s)(s^2+3s+2)=X(s)(s+1)$

$$\therefore \text{ 전달함수 } G(s)=\frac{Y(s)}{X(s)}=\frac{s+1}{s^2+3s+2}$$

정답 25. ③ 26. ③

★★ 기사 89년 2회, 92년 2회 / 산업 15년 4회

27 $\frac{X(s)}{R(s)} = \frac{1}{s+4}$ 의 전달함수를 미분방정식으로 표시하면?

① $\frac{d}{dt}r(t) + 4r(t) = x(t)$

② $\int r(t)dt + 4r(t) = x(t)$

③ $\frac{d}{dt}x(t) + 4x(t) = r(t)$

④ $\int r(t)dt + 4x(t) = r(t)$

해설

문제의 전달함수를 정리하면 다음과 같다.

$(s+4)X(s) = R(s)$, $sX(s) + 4X(s) = R(s)$

이를 역라플라스 변환하면 다음과 같다.

∴ 미분방정식 : $\frac{d}{dt}x(t) + 4x(t) = r(t)$

★★★ 기사 14년 3회

28 $G(s) = \frac{Y(s)}{X(s)} = \frac{3}{(s+1)(s-2)}$ 의 전달함수를 미분방정식의 형태로 나타낸 것은?

① $\frac{d^2}{dt^2}x(t) + \frac{d}{dt}x(t) - 2x(t) = 3y(t)$

② $\frac{d^2}{dt^2}y(t) + \frac{d}{dt}y(t) - 2y(t) = 3x(t)$

③ $\frac{d^2}{dt^2}y(t) - \frac{d}{dt}y(t) - 2y(t) = 3x(t)$

④ $\frac{d^2}{dt^2}y(t) + \frac{d}{dt}y(t) + 2y(t) = 3x(t)$

해설

전달함수 $G(s) = \frac{Y(s)}{X(s)} = \frac{3}{(s+1)(s-2)}$ 에서

이를 정리하면 $Y(s)(s+1)(s-2) = 3X(s)$,

$s^2Y(s) - sY(s) - 2Y(s) = 3X(s)$이므로

이를 역라플라스 변환하면 다음과 같다.

∴ 미분방정식

$$\frac{d^2}{dt^2}y(t) - \frac{d}{dt}y(t) - 2y(t) = 3x(t)$$

★★★★ 기사 08년 2회 / 산업 16년 1회

29 제어계의 전달함수가 $G(s) = \frac{2s+1}{s^2+s+1}$ 로 표시될 때, 이 계에 입력 $x(t)$를 가했을 경우 출력 $y(t)$를 구하는 미분방정식으로 알맞은 것은?

① $\frac{d^2y(t)}{dt^2} + \frac{dy(t)}{dt} + y = 2\frac{dy(t)}{dx} + x(t)$

② $\frac{d^2y(t)}{dt^2} + \frac{dy(t)}{dt} + y(t) = 2\frac{dx(t)}{dt} + x(t)$

③ $\frac{d^2y(t)}{dt} + \frac{dy(t)}{dt} + y(t) = 2\frac{dx(t)}{dt} + x(t)$

④ $\frac{d^2y(t)}{dt} + \frac{dy(t)}{dx} + y(t) = 2\frac{dx(t)}{dt} + x(t)$

해설

전달함수 $G(s) = \frac{Y(s)}{X(s)} = \frac{2s+1}{s^2+s+1}$ 에서

이를 정리하면 $Y(s)(s^2+s+1) = X(s)(2s+1)$,

$s^2Y(s) + sY(s) + Y(s) = 2sX(s) + X(s)$이므로

이를 역라플라스 변환하면 다음과 같다.

∴ 미분방정식

$$\frac{d^2y(t)}{dt^2} + \frac{dy(t)}{dt} + y(t) = 2\frac{dx(t)}{dt} + x(t)$$

★ 기사 00년 2회

30 입력 $X = 2e^{j30}$, 출력 $Y = 8e^{j(-30)}$일 때 전달함수는?

① $0.25e^{j(-60)}$ ② $4e^{j60}$

③ $4e^{j(-60)}$ ④ $16e^{j60}$

해설 전달함수

$$G(s) = \frac{Y(s)}{X(s)} = \frac{8e^{j(-30)}}{2e^{j30}} = 4e^{j(-30-30)} = 4e^{j(-60)}$$

★ 기사 16년 3회

31 다음의 전달함수 중에서 극점이 $-1 \pm j2$, 영점이 -2인 것은?

① $\frac{s+2}{(s+1)^2+4}$ ② $\frac{s-2}{(s+1)^2+4}$

③ $\frac{s+2}{(s-1)^2+4}$ ④ $\frac{s-2}{(s-1)^2+4}$

정답 27. ③ 28. ③ 29. ② 30. ③ 31. ①

해설 전달함수

$$G(s)=\frac{C(s)}{R(s)}=\frac{\text{전향경로이득}}{1-\sum\text{루프이득}}$$
$$=\frac{(s-Z_1)(s-Z_2)\dots}{(s-P_1)(s-P_2)\dots}$$

여기서, Z : 영점, P : 극점

$$\therefore\ G(s)=\frac{(s+2)}{(s+1-j2)(s+1+j2)}$$
$$=\frac{s+2}{(s+1)^2-(j2)^2}=\frac{s+2}{(s+1)^2+2^2}$$
$$=\frac{s+2}{(s+1)^2+4}$$

★★ 기사 12년 3회

32 다음 전달함수 중 적분요소에 해당되는 것은?

① 전위차계 ② 인덕턴스회로
③ RC 직렬회로 ④ LR 직렬회로

해설

적분요소란 기계계의 실린더, 전기회로의 콘덴서(RC 직렬회로), 액체의 수위 등과 같이 입력신호의 적분값을 출력으로 하는 요소를 말한다.

★ 기사 90년 2회

33 그림과 같은 요소는 제어계의 어떤 요소인가?

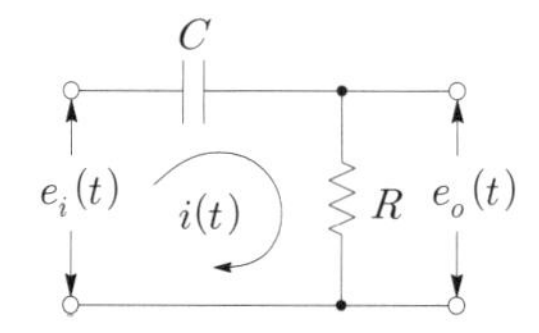

① 적분요소 ② 1차 미분요소
③ 1차 지연요소 ④ 1차 지연미분요소

해설

㉠ 제어계 요소
- 비례요소 : $G(s)=K$
- 미분요소 : $G(s)=Ks$
- 적분요소 : $G(s)=\frac{K}{s}$
- 1차 지연요소 : $G(s)=\frac{K}{Ts+1}$
- 2차 지연요소 : $G(s)=\frac{K\omega_n^2}{s^2+2\zeta\omega_n s+\omega_n^2}$
- 부동작 시간요소 : $G(s)=Ke^{-Ls}$

㉡ 본 회로의 전달함수

$$G(s)=\frac{E_o(s)}{E_i(s)}=\frac{R}{\frac{1}{Cs}+R}=\frac{RCs}{1+RCs}$$
$$=\frac{Ts}{Ts+1}$$

∴ 1차 지연요소를 포함한 미분요소가 된다.

★ 기사 12년 1회, 14년 2회

34 그림과 같은 RC회로에서 $RC \ll 1$인 경우 어떤 요소의 회로인가?

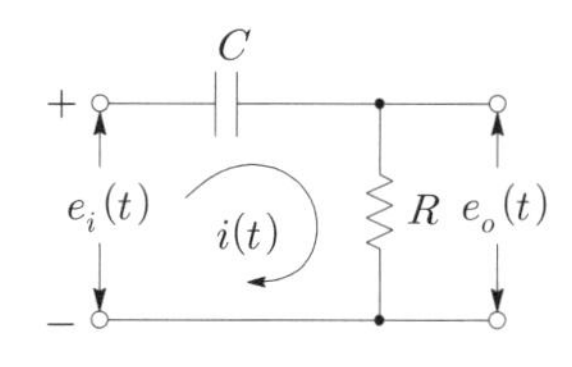

① 비례요소
② 미분요소
③ 적분요소
④ 추이요소

해설

전달함수 $G(s)=\frac{R}{\frac{1}{Cs}+R}=\frac{RCs}{1+RCs}$ 에서

$1 \gg RC$이면

∴ $G(s) \fallingdotseq RCs=Ks$가 되어 미분요소가 된다.

★★★★ 기사 16년 3회 / 산업 90년 2회, 93년 1회, 96년 2회, 05년 1·2회, 07년 1·3회

35 다음 사항 중 옳게 표현된 것은?

① 비례요소의 전달함수는 $\frac{1}{Ts}$ 이다.
② 미분요소의 전달함수는 K이다.
③ 적분요소의 전달함수는 Ts이다.
④ 1차 지연요소의 전달함수는 $\frac{K}{Ts+1}$이다.

해설

① 적분요소
② 비례요소
③ 미분요소

정답 32. ③ 33. ④ 34. ② 35. ④

★★ 산업 91년 5회, 95년 7회, 00년 1회, 02년 1회

36 그림과 같은 액면계에서 $q(t)$를 입력, $h(t)$를 출력으로 본 전달함수는?

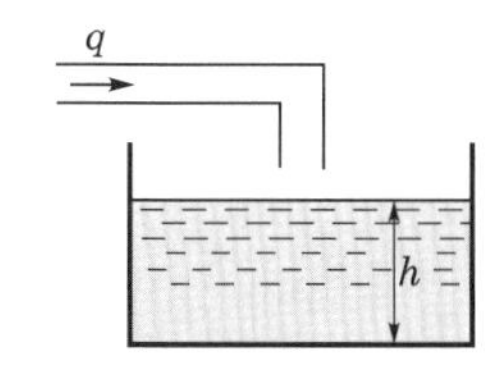

① $\frac{K}{s}$ ② KKs

③ $1+Ks$ ④ $\frac{K}{1+s}$

해설

$h(t)=\frac{1}{A}\int q(t)dt$에서 이를 라플라스 변환하면 다음과 같다.

$H(s)=\frac{1}{As}Q(s)=\frac{K}{s}Q(s)$

$\therefore$ 전달함수 $G(s)=\frac{H(s)}{Q(s)}=\frac{K}{s}$

★★★ 산업 90년 2회, 96년 2회, 05년 1회, 07년 1·3회

37 적분요소의 전달함수는?

① K ② $\frac{K}{Ts+1}$

③ $\frac{1}{Ts}$ ④ Ts

해설

문제 33번 해설 참조

Comment

$\frac{1}{T}=K$로 작성된 문제인데 해설에 $\frac{1}{T}=K$라고 하면 모든 문제에서 $K=\frac{1}{T}$이라고만 생각할 수 있어 문제가 발생한다. $K=\frac{1}{T}$인 조건은 37번에만 적용된다.

★★ 기사 90년 7회

38 어떤 계의 계단응답이 지수함수적으로 증가하고 일정값으로 된 경우 이 계는 어떤 요소인가?

① 미분요소 ② 1차 뒤진요소

③ 부동작요소 ④ 지상요소

해설 1차 지연(뒤진)요소

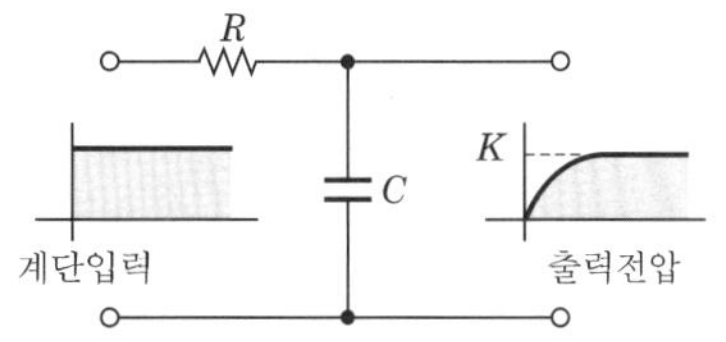

출력전압 $e_o(t)$는 콘덴서(C)에 충전되는 전압으로 초기에는 지수함수적으로 증가하다 충전이 완료되면 일정 전압이 된다(여기서, T : 시정수).

$\therefore v_o(t)=k(1-e^{-\frac{1}{T}t})$

★★★ 기사 16년 1회

39 다음 중 단위계단입력에 대한 응답특성이 $c(t)=1-e^{-\frac{1}{T}t}$로 나타나는 제어계는?

① 비례제어계 ② 적분제어계

③ 1차 지연제어계 ④ 2차 지연제어계

해설

1차 지연요소에 계단함수 $f(t)=Ku(t)$를 넣으면 출력 $c(t)=K\left(1-e^{-\frac{1}{T}t}\right)$의 형태가 된다.

★★★ 산업 89년 7회, 98년 4회, 01년 1회, 03년 3회, 04년 1회, 05년 4회, 07년 3회

40 부동작 시간(dead time)요소의 전달함수는?

① K ② $\frac{K}{s}$

③ Ke^{-Ls} ④ Ks

해설

전달함수의 부동작 시간요소는 제어계의 시간추이요소에 해당되는 값으로서 전달함수는 $G(s)=Ke^{-Ls}$로 표현된다.

★★★★ 산업 14년 3회

41 전달함수에 대한 설명으로 틀린 것은?

① 어떤 계의 전달함수는 그 계에 대한 임펄스응답의 라플라스 변환과 같다.

② 전달함수는 $\frac{\text{출력 라플라스 변환}}{\text{입력 라플라스 변환}}$으로 정의된다.

③ 전달함수가 s가 될 때 적분요소라 한다.

④ 어떤 계의 전달함수의 분모를 0으로 놓으면 이것이 곧 특성방정식이다.

정답 36. ① 37. ③ 38. ② 39. ③ 40. ③ 41. ③

해설

전달함수가 s가 되면 미분요소이다. 적분요소는 $\frac{1}{s}$이 된다.

출제 02 보상기

★★★ 산업 94년 4회, 99년 7회, 00년 6회, 02년 3회

42 그림과 같은 회로에서 출력전압의 위상은 입력전압보다 어떠한가?

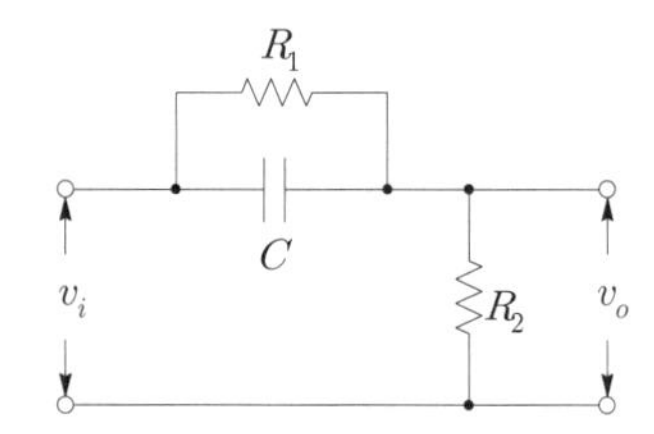

① 뒤진다. ② 앞선다.
③ 전압과 관계없다. ④ 같다.

해설

진상보상기는 출력신호의 위상이 입력신호의 위상보다 앞서도록 보상하여 안정도와 속응성 개선을 목적으로 한다.

★★★ 기사 96년 5회, 99년 5회, 03년 2회, 13년 1회

43 $G(s)=\frac{s+b}{s+a}$ 전달함수를 갖는 회로가 진상보상회로의 특성을 가지려면 그 조건은 어떠한가?

① $a>b$ ② $a<b$
③ $a>1$ ④ $b>1$

해설

진상보상기(문제 42번)의 전달함수는 다음과 같으므로, $a>b$의 조건을 갖는다.

$$\therefore \text{ 전달함수 } G(s)=\frac{E_o(s)}{E_i(s)}=\frac{R_2}{\frac{R_1\times\frac{1}{Cs}}{R_1+\frac{1}{Cs}}+R_2}$$

$$=\frac{R_2+R_1R_2Cs}{R_1+R_2+R_1R_2Cs}$$

$$=\frac{s+\frac{R_2}{R_1R_2C}}{s+\frac{R_1+R_2}{R_1R_2C}}=\frac{s+b}{s+a}$$

★ 기사 92년 2회

44 그림과 같은 진상보상회로의 전달함수는?

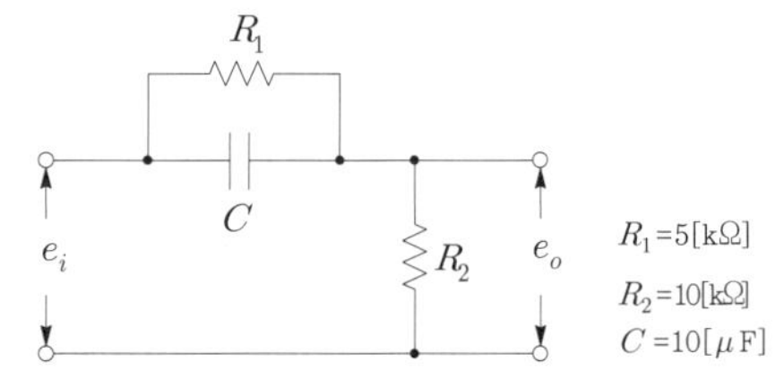

① $\frac{E_o(s)}{E_i(s)}=\frac{15s+10}{10s+10}$ ② $\frac{E_o(s)}{E_i(s)}=\frac{s+30}{s+20}$

③ $\frac{E_o(s)}{E_i(s)}=\frac{10s+10}{15s+10}$ ④ $\frac{E_o(s)}{E_i(s)}=\frac{s+20}{s+30}$

해설 전달함수

$$G(s)=\frac{E_o(s)}{E_i(s)}=\frac{R_2}{\frac{R_1\times\frac{1}{Cs}}{R_1+\frac{1}{Cs}}+R_2}$$

$$=\frac{R_2+R_1R_2Cs}{R_1+R_2+R_1R_2Cs}=\frac{s+\frac{R_2}{R_1R_2C}}{s+\frac{R_1+R_2}{R_1R_2C}}$$

$$=\frac{s+\frac{10\times10^3}{5\times10^3\times10\times10^3\times10\times10^{-6}}}{s+\frac{5\times10^3+10\times10^3}{5\times10^3\times10\times10^3\times10\times10^{-6}}}$$

$$=\frac{s+\frac{10^4}{500}}{s+\frac{15\times10^3}{500}}=\frac{s+20}{s+30}$$

★★★ 기사 92년 7회

45 다음 전기회로망은 무슨 회로망인가?

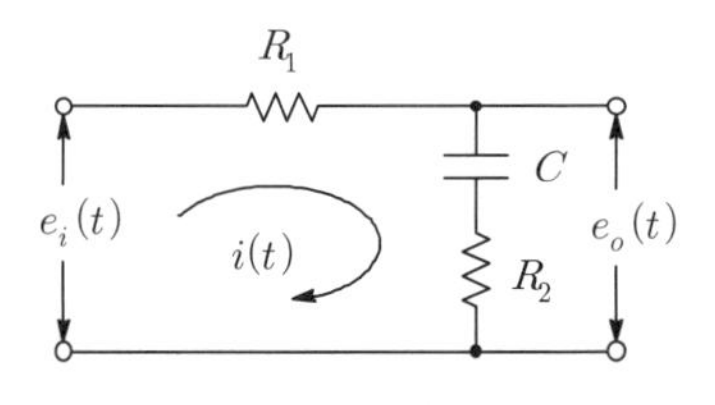

① 진상보상기 ② 지·진상보상기
③ 지상보상기 ④ 동상보상기

정답 42. ② 43. ① 44. ④ 45. ③

해설

입력에 C가 연결되어 있으면 진상보상기, 출력에 C가 연결되어 있으면 지상보상기가 된다.

★★★ 기사 92년 7회

46 그림과 같은 회로에서 $e_i(t)$의 위상은 $e_o(t)$의 위상보다 어떻게 되는가?

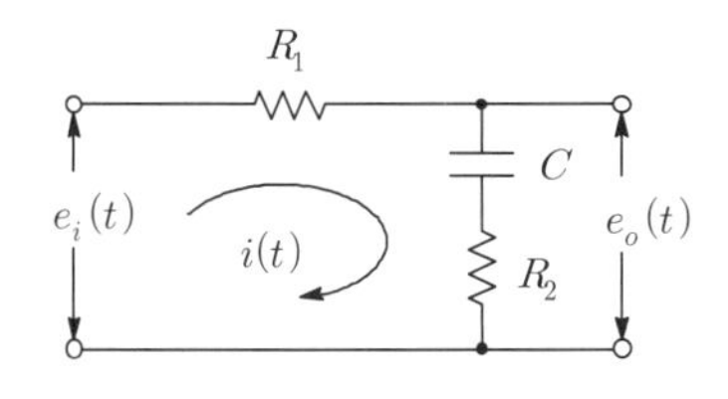

① 뒤진다.
② 동상이다.
③ 앞선다.
④ 90° 늦다.

해설

지상보상기는 출력신호의 위상이 입력신호의 위상보다 늦도록 보상하여 정상편차를 개선하는 것을 목적으로 한다.

★★ 기사 91년 2회, 97년 7회

47 PD제어계는 제어계의 과도특성 개선을 위해 흔히 사용된다. 이것에 대응하는 보상기는?

① 지·진상보상기
② 지상보상기
③ 진상보상기
④ 동상보상기

해설

PD제어계는 비례미분제어계로서 출력의 위상을 앞서게 보상해 주는 진상보상회로에 해당한다.

★★★ 기사 96년 7회

48 진상보상기의 설명 중 맞는 것은?

① 일종의 저주파 통과 필터의 역할을 한다.
② 2개의 극점과 2개의 영점을 가지고 있다.
③ 과도응답속도를 개선시킨다.
④ 정상상태에서의 정확도를 현저히 개선시킨다.

해설

진상보상기는 미분회로와 동일한 특성을 보이며 속응성을 개선시키는 것이 목적이다.

★★★ 기사 96년 4회

49 다음 중 보상법에 대한 설명 중 맞는 것은?

① 위치제어계의 종속보상법 중 진상요소의 주된 사용목적은 속응성을 개선하는 것이다.
② 위치제어계의 이득 조정은 속응성의 개선을 목적으로 한다.
③ 제어 정도의 개선에는 진상요소에 의한 종속보상법이 사용된다.
④ 이득정수를 크게 하면 안정성도 개선된다.

★★ 기사 05년 2회

50 다음 중 과도특성을 해치지 않고 보상하는 것은?

① 진상보상기
② 지상보상기
③ 관측자보상기
④ 직렬보상기

해설

지상보상기는 과도특성을 해치지 않고 정상상태의 오차를 개선한다.

★ 기사 94년 5회

51 그림과 같은 회로에서 입력전압의 위상을 출력전압의 위상과 비교하여 어떠한가?

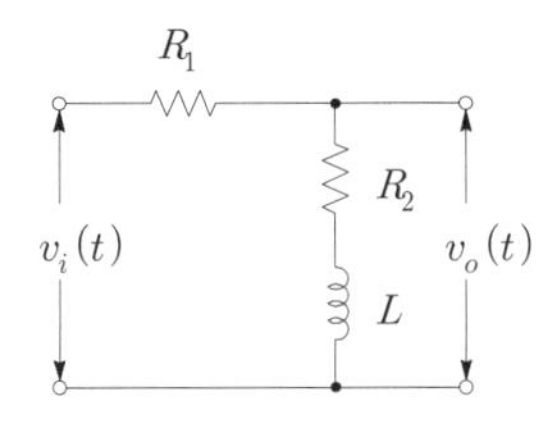

① 앞선다.
② 뒤진다.
③ 동상이다.
④ 앞설 수도 있고 뒤질 수도 있다.

정답 46. ③ 47. ③ 48. ③ 49. ① 50. ② 51. ②

해설

㉠ 전류

$$\dot{I}=\frac{V}{\sqrt{(R_1+R_2)^2+(\omega L)^2}}\angle -\tan^{-1}\frac{\omega L}{R_1+R_2}$$

㉡ 출력전압

$$\dot{V}_o=\dot{I}(R_2+j\omega L)$$
$$=\dot{I}\times\sqrt{{R_2}^2+(\omega L)^2}\angle -\tan^{-1}\frac{\omega L}{R_2}$$
$$=V_o\angle\left(-\tan^{-1}\frac{\omega L}{R_1+R_2}+\tan^{-1}\frac{\omega L}{R_2}\right)$$
$$=V_o\angle+\theta$$

∴ 입력전압의 위상은 출력전압의 위상보다 θ만큼 뒤진다.

★ 기사 94년 6회

52 보상기의 전달함수가 $G_c(s)=\dfrac{1+\alpha Ts}{1+Ts}$ 일 때 진상보상기가 되기 위한 조건은?

① $\alpha>1$
② $\alpha<1$
③ $\alpha=1$
④ $\alpha=0$

해설

㉠ $G_c(s)=\dfrac{1+\alpha Ts}{1+Ts}$ 에서

$\alpha>1$: 진상보상기
$\alpha<1$: 지상보상기

㉡ $G(s)=\dfrac{s+b}{s+a}$ 에서

$a>b$: 진상보상기
$a<b$: 지상보상기

★ 기사 02년 3회

53 그림과 같은 보드위상을 가지는 회로망은 어떤 보상기로 사용될 수 있는가?

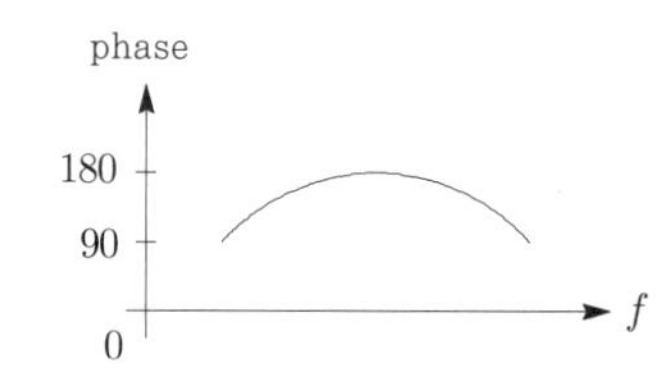

① 지상보상기
② 진상보상기
③ 동상보상기
④ 진 · 지상보상기

★ 산업 89년 3회, 95년 4회, 03년 3회, 14년 1회

54 그림과 같은 RC회로의 입력단자에 계단전압을 인가하면 출력전압은?

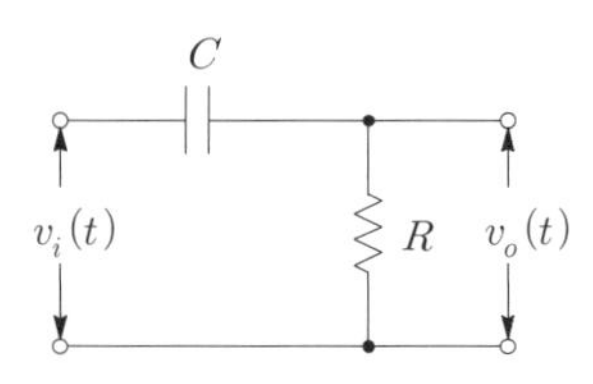

① 0부터 지수적으로 증가한다.
② 처음에는 입력과 같이 변했다가 지수적으로 감쇠한다.
③ 같은 모양의 계단전압이 나타난다.
④ 아무것도 나타나지 않는다.

해설

입력단자에 계단전압(직류)을 인가했으므로 회로에 흐르는 전류 $i(t)=\dfrac{E}{R}e^{-\frac{1}{RC}t}$[A]가 된다.

∴ 출력전압 $v_o(t)=i(t)R=Ee^{-\frac{1}{RC}t}$[V]가 되어 지수함수적으로 감쇠하는 그래프가 된다.

★★ 산업 92년 4회, 95년 7회

55 그림과 같은 회로의 출력전압의 위상은 입력전압의 위상보다 어떻게 되는가?

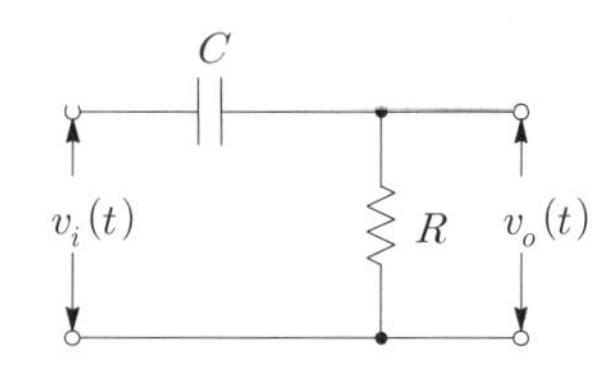

① 앞선다.
② 뒤진다.
③ 같다.
④ 앞설 수도 있고 뒤질 수도 있다.

해설

미분회로가 되므로 출력전압의 위상이 입력전압보다 앞선다(진상보상기).

정답 52. ① 53. ② 54. ② 55. ①

★★ 산업 98년 3회

56 그림과 같은 회로는?

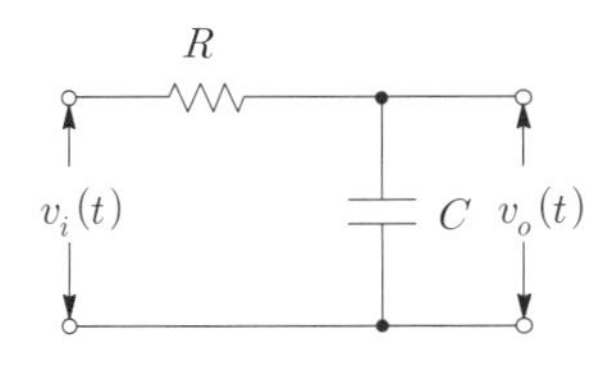

① 가산회로 ② 승산회로
③ 미분회로 ④ 적분회로

해설

적분회로가 되므로 출력전압의 위상이 입력전압보다 뒤진다(지상보상기).

★★ 산업 89년 6회, 93년 6회, 97년 6회, 07년 3회

57 그림과 같은 회로는?

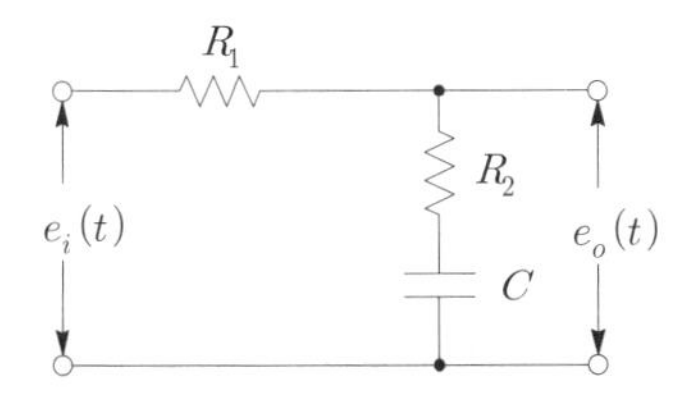

① 미분회로
② 적분회로
③ 가산회로
④ 미분적분회로

해설

입력측에 C가 있으면 미분회로, 출력측에 C가 있으면 적분회로가 된다.

출제 03 물리계통의 전기적 유추

★ 기사 94년 5회

58 RLC회로와 역학계의 등가회로에서 그림과 같이 스프링 달린 질량 M의 물체가 바닥에 닿아 있을 때 힘 F를 가하는 경우로 L은 M에, $\frac{1}{C}$은 K에, R은 B에 해당한다. 이 역학계에 대한 운동방정식은?

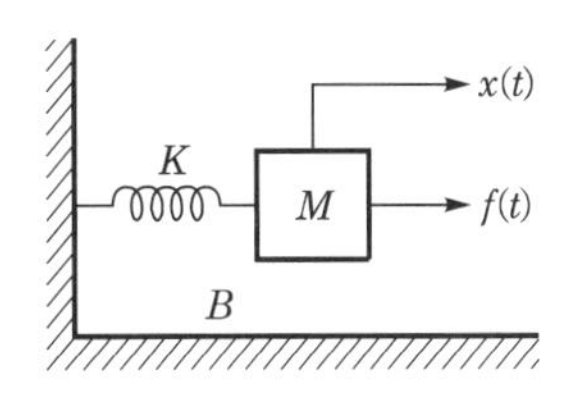

① $F = Mx(t) + B\frac{dx(t)}{dt} + K\frac{d^2x(t)}{dt^2}$

② $F = M\frac{dx(t)}{dt} + Bx(t) + K$

③ $F = M\frac{d^2x(t)}{dt^2} + B\frac{dx(t)}{dt} + Kx(t)$

④ $F = M\frac{dx(t)}{dt} + B\frac{d^2x(t)}{dt^2} + K$

해설 뉴턴의 운동 제2법칙

$$f(t) = M\frac{d^2x(t)}{dt^2} + B\frac{dx(t)}{dt} + Kx(t)$$

Comment

물리계통의 전기적 유추문제에서는 L, M, J(리무진)이 최고 차항$\left(\frac{d^2}{dt^2}\text{ 또는 }S^2\right)$이 되는 것이 정답이 된다.

★★ 기사 90년 7회 / 산업 95년 5회, 96년 6회, 97년 4회, 00년 1·3회, 03년 3회

59 일정한 질량 M을 가진 이동하는 물체의 위치 y는 이 물체에 가해지는 외력 f일 때 이 운동계는 마찰 등의 반저항력을 무시하면 $f = M\frac{d^2y}{dt^2}$의 미분방정식으로 표시된다. 위치에 관계되는 전달함수는?

① Ms ② Ms^2
③ $\frac{1}{Ms}$ ④ $\frac{1}{Ms^2}$

해설

뉴턴의 운동 제2법칙

$f = Ma = M\frac{dv}{dt} = M\frac{d^2y}{dt^2}$이므로

이를 라플라스 변환하면 $F(s) = Ms^2\,Y(s)$가 된다.

$\therefore$ 전달함수 $G(s) = \frac{Y(s)}{F(s)} = \frac{1}{Ms^2}$

Comment

물리계통의 전기적 유추의 전달함수는 분자가 1이고 분모자리에 Ls^2, Ms^2, Js^2이 들어가면 정답이다.

정답 56. ④ 57. ② 58. ③ 59. ④

★★ 산업 97년 7회

60 그림과 같은 기계적인 병진운동계에서 힘 $f(t)$를 입력으로 변위 $y(t)$를 출력으로 하였을 때의 전달함수는?

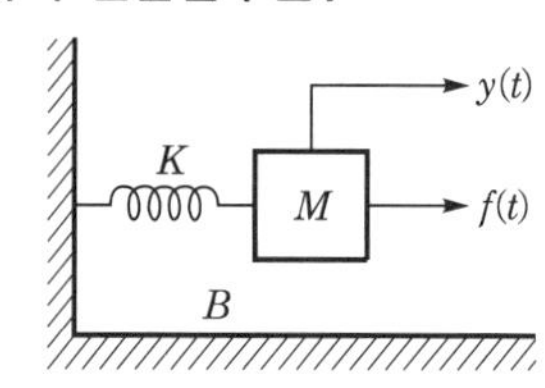

① Ms^2+Bs+K　② $\dfrac{1}{Ms^2+Bs+K}$

③ $\dfrac{s}{Ms^2+Bs+K}$　④ $\dfrac{Ms}{Ms^2+Bs+K}$

해설

뉴턴의 운동 제2법칙

$f(t)=M\dfrac{d^2y(t)}{dt^2}+B\dfrac{dy(t)}{dt}+Ky(t)$에서

이를 라플라스 변환하면 다음과 같다.

$F(s)=Ms^2Y(s)+BsY(s)+KY(s)$

$\quad=Y(s)(Ms^2+Bs+K)$

∴ 전달함수 $G(s)=\dfrac{Y(s)}{F(s)}=\dfrac{1}{Ms^2+Bs+K}$

★★ 산업 91년 2회, 96년 7회

61 그림과 같은 기계적인 회전운동계에서 토크 $T(t)$를 입력으로 변위 $\theta(t)$를 출력으로 하였을 때의 전달함수는?

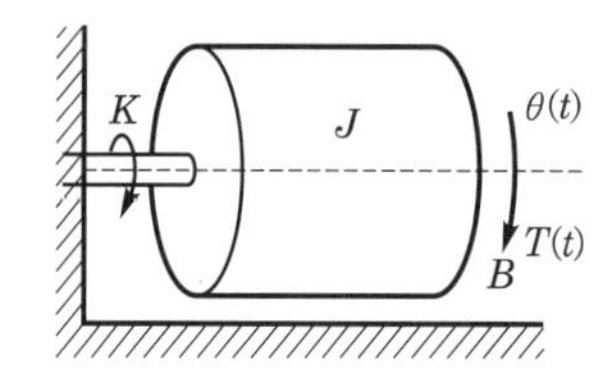

① $\dfrac{1}{Js^2+Bs+K}$　② Js^2+Bs+K

③ $\dfrac{s}{Js^2+Bs+K}$　④ $\dfrac{Js^2+Bs+K}{s}$

해설

뉴턴의 법칙에 의한 토크 방정식

$T(t)=J\dfrac{d^2\theta(t)}{dt^2}+B\dfrac{d\theta(t)}{dt}+K\theta(t)$에서

이를 라플라스 변환하면 다음과 같다.

$T(s)=Js^2\theta(s)+Bs\theta(s)+K\theta(s)$

$\quad=\theta(s)(Js^2+Bs+K)$

∴ 전달함수 $G(s)=\dfrac{\theta(s)}{T(s)}=\dfrac{1}{Js^2+Bs+K}$

★★ 기사 03년 4회

62 회전운동계의 관성 모멘트와 직선운동계의 질량을 전기적 요소로 변환한 것은?

① 인덕턴스　② 전류

③ 전압　④ 커패시턴스

해설 전기계와 물리계의 대응관계

전기계	물리계		열계
	직선운동계	회전운동계	
전압 E	힘 F	토크 T	온도차 θ
전하 Q	변위 y	각변위 θ	열량 Q
전류 I	속도 v	각속도 ω	열유량 q
저항 R	점성마찰 B	회전마찰 B	열저항 R
인덕턴스 L	질량 M	관성 모멘트 J	−
정전용량 C	스프링상수 K	비틀림정수 K	열용량 C

출제 04 블록선도와 신호흐름선도

★ 기사 96년 6회, 16년 3회

63 자동제어의 각 요소를 블록(block)선도로 표시할 때에 각 요소를 전달함수로 표시하고 신호의 전달경로는 무엇으로 표시하는가?

① 전달함수　② 단자

③ 화살표　④ 출력

★ 기사 05년 2회

64 그림과 같은 미분요소에 입력으로 단위계단함수를 사용하면 출력파형으로 알맞은 것은?

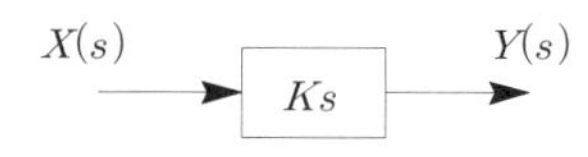

① 임펄스파형

② 사인파형

③ 삼각파형

④ 톱니파형

정답 60. ② 61. ① 62. ① 63. ③ 64. ①

해설

임펄스파형 $\delta(t)=\lim_{a\to 0}\frac{1}{a}[u(t)-u(t-a)]$의 함수를 가지며 면적 1, 높이 ∞, 폭 0인 파형으로 단위계단함수 $u(t)$를 미분한 값을 말한다.

$\therefore\ \delta(t)=\frac{d}{dt}u(t)\xrightarrow{\mathcal{L}}1$

★★ 기사 96년 4회, 00년 3회

65 다음 시스템의 전달함수$\left(\frac{C}{R}\right)$는?

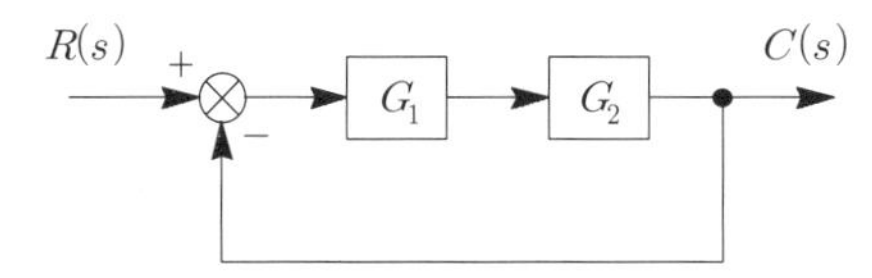

① $\frac{G_1G_2}{1+G_1G_2}$ ② $\frac{G_1G_2}{1-G_1G_2}$

③ $\frac{1+G_1G_2}{G_1G_2}$ ④ $\frac{1-G_1G_2}{G_1G_2}$

해설 종합 전달함수

$$M(s)=\frac{C(s)}{R(s)}=\frac{\sum 전향경로이득}{1-\sum 폐루프이득}=\frac{G_1G_2}{1-(-G_1G_2)}=\frac{G_1G_2}{1+G_1G_2}$$

★ 기사 93년 1·2회, 94년 7회, 96년 5회, 99년 4회

66 $M=1$일 때 $|G|$의 값은?

① 1 ② $\frac{1}{10}$

③ ∞ ④ 0

해설

전달함수 $M=\frac{|G|}{1\pm|G|}=\frac{1}{\frac{1}{|G|}\pm 1}$에서 $M=1$이 되기 위해서는 $|G|=\infty$가 되어야 한다.

★★ 기사 95년 2회, 96년 2회, 99년 6회, 14년 3회

67 다음과 같은 블록선도의 등가 합성 전달함수는?

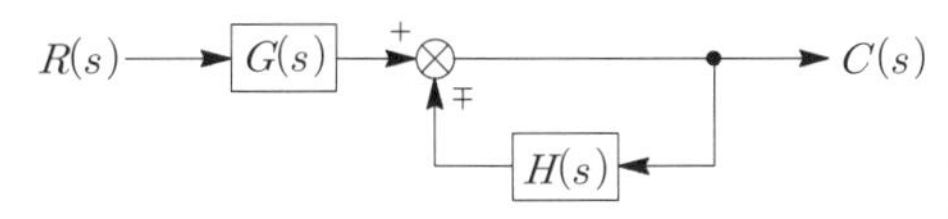

① $\frac{1}{1\pm G(s)H(s)}$ ② $\frac{G(s)}{1\pm G(s)H(s)}$

③ $\frac{G(s)}{1\pm H(s)}$ ④ $\frac{1}{1\pm H(s)}$

해설 종합 전달함수

$$M(s)=\frac{C(s)}{R(s)}=\frac{\sum 전향경로이득}{1-\sum 폐루프이득}=\frac{G(s)}{1-[\mp H(s)]}=\frac{G(s)}{1\pm H(s)}$$

★★★ 기사 90년 2회, 93년 2회, 98년 3회, 04년 4회, 08년 1회, 15년 3회 / 산업 13년 4회

68 블록다이어그램에서 $\frac{\theta(s)}{R(s)}$의 전달함수는?

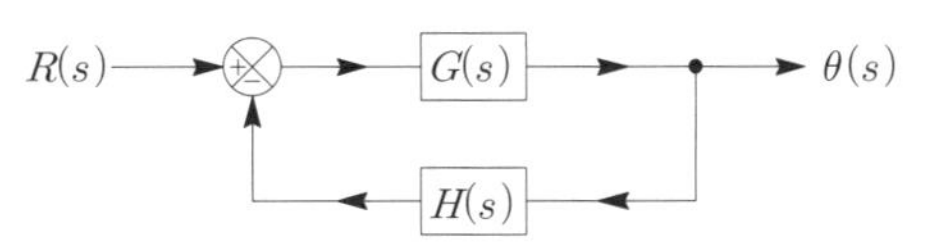

① $\frac{1}{1+G(s)\cdot H(s)}$ ② $\frac{1}{1-G(s)\cdot H(s)}$

③ $\frac{G(s)}{1+G(s)\cdot H(s)}$ ④ $\frac{G(s)}{1-G(s)\cdot H(s)}$

해설 종합 전달함수

$$M(s)=\frac{\theta(s)}{R(s)}=\frac{\sum 전향경로이득}{1-\sum 폐루프이득}=\frac{G(s)}{1-[-G(s)H(s)]}=\frac{G(s)}{1+G(s)H(s)}$$

★★★ 기사 91년 2회, 94년 3회, 96년 6회, 98년 6회, 99년 4회

69 그림과 같은 블록선도에서 $\frac{C}{R}$의 값은?

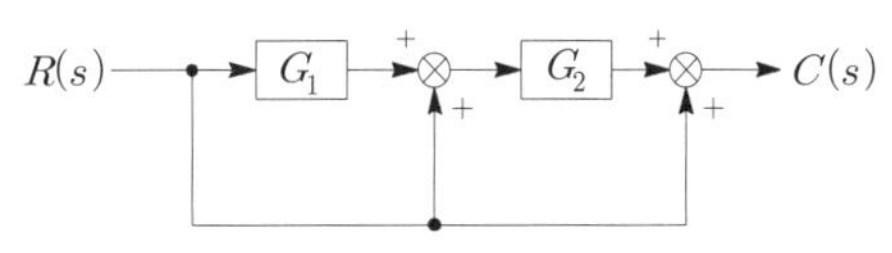

① $1+G_1+G_1G_2$ ② $1+G_2+G_1G_2$

③ $\frac{G_1+G_2}{1-G_2-G_1G_2}$ ④ $\frac{(1+G_1)G_2}{1-G_2}$

해설 종합 전달함수

$$M(s)=\frac{C(s)}{R(s)}=\frac{\sum 전향경로이득}{1-\sum 폐루프이득}=\frac{G_1G_2+G_2+1}{1-0}=1+G_2+G_1G_2$$

정답 65. ① 66. ③ 67. ③ 68. ③ 69. ②

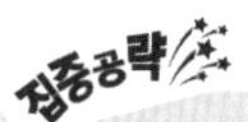

★★★★★ 기사 93년 6회, 94년 2·7회, 95년 5·6회, 97년 4회, 99년 5·6회, 01년 3회, 12년 2회

70 그림과 같은 블록선도에 대한 등가 종합 전달함수$\left(\dfrac{C}{R}\right)$는?

① $\dfrac{G_1G_2G_3}{1+G_1G_2+G_1G_2G_3}$

② $\dfrac{G_1G_2G_3}{1+G_2G_3+G_1G_2G_3}$

③ $\dfrac{G_1G_2G_4}{1+G_1G_2+G_1G_2G_4}$

④ $\dfrac{G_1G_2G_3}{1+G_2G_3+G_1G_2G_4}$

해설 종합 전달함수

$$M(s)=\frac{\sum 전향경로이득}{1-\sum 폐루프이득}=\frac{G_1G_2G_3}{1-(-G_1G_2G_4-G_2G_3)}=\frac{G_1G_2G_3}{1+G_1G_2G_4+G_2G_3}$$

★★ 기사 98년 4회

71 다음과 같은 블록선도에서 등가 합성 전달함수 $\dfrac{C}{R}$는?

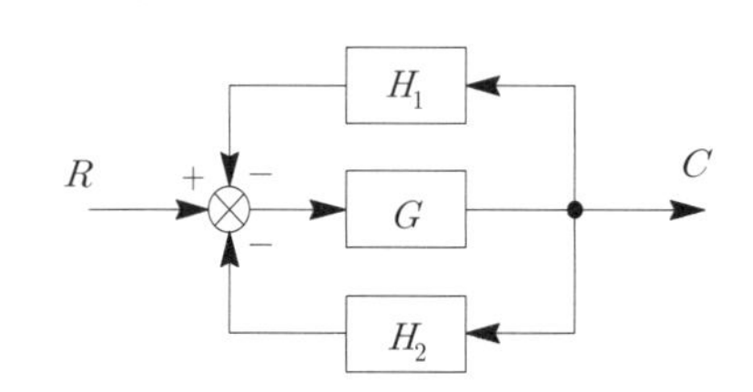

① $\dfrac{H_1+H_2}{1+G}$ ② $\dfrac{G}{1-H_3G-H_2G}$

③ $\dfrac{H_1}{1+H_1H_2G}$ ④ $\dfrac{G}{1+H_1G+H_2G}$

해설 종합 전달함수

$$M(s)=\frac{\sum 전향경로이득}{1-\sum 폐루프이득}=\frac{G}{1-(-GH_1-GH_2)}=\frac{G}{1+H_1G+H_2G}$$

★★ 기사 95년 6회, 97년 4회, 02년 3회

72 그림과 같은 피드백회로의 종합 전달함수는?

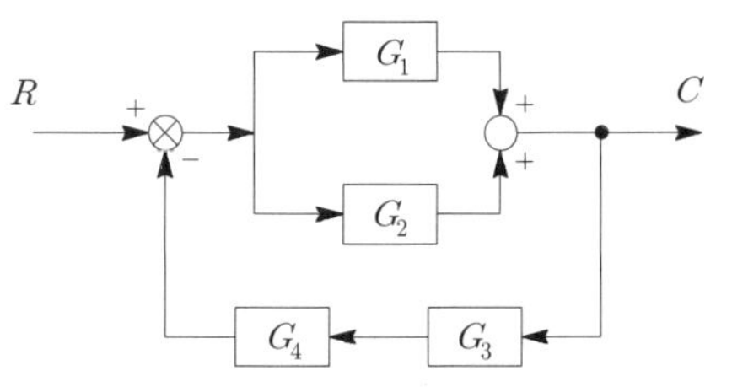

① $\dfrac{G_1G_2}{1+G_1G_2+G_3G_4}$

② $\dfrac{G_1+G_2}{1+G_1G_3G_4+G_2G_3G_4}$

③ $\dfrac{G_1+G_2}{1+G_1G_2G_3G_4+G_2G_3G_4}$

④ $\dfrac{G_1G_2}{1+G_4G_2+G_3G_4}$

해설 종합 전달함수

$$M(s)=\frac{\sum 전향경로이득}{1-\sum 폐루프이득}=\frac{G_1+G_2}{1-[-(G_1+G_2)G_3G_4]}=\frac{G_1+G_2}{1+(G_1+G_2)G_3G_4}$$

★★ 기사 95년 5회, 02년 1회

73 그림의 블록선도에서 전달함수로 표시된 $\dfrac{B}{A}$ 값은?

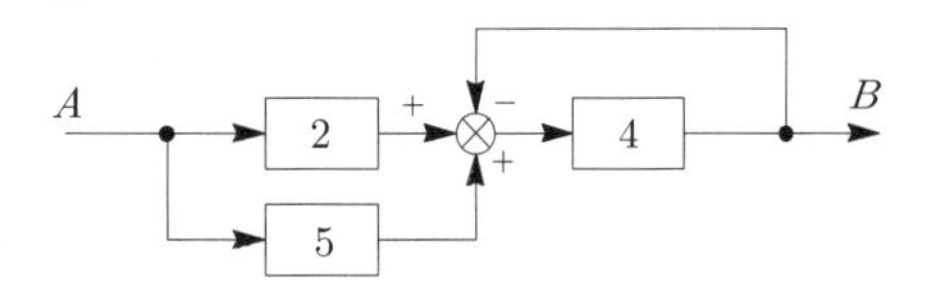

① $\dfrac{12}{5}$ ② $\dfrac{16}{5}$

③ $\dfrac{20}{5}$ ④ $\dfrac{28}{5}$

정답 70. ④ 71. ④ 72. ② 73. ④

해설 종합 전달함수

$$M(s)=\frac{\sum 전향경로이득}{1-\sum 폐루프이득}=\frac{2\times4+5\times4}{1-(-4)}=\frac{28}{5}$$

★ 기사 95년 6회, 02년 3회

74 $r(t)=2$, $G_1=100$, $H_1=0.01$일 때 $c(t)$를 구하면?

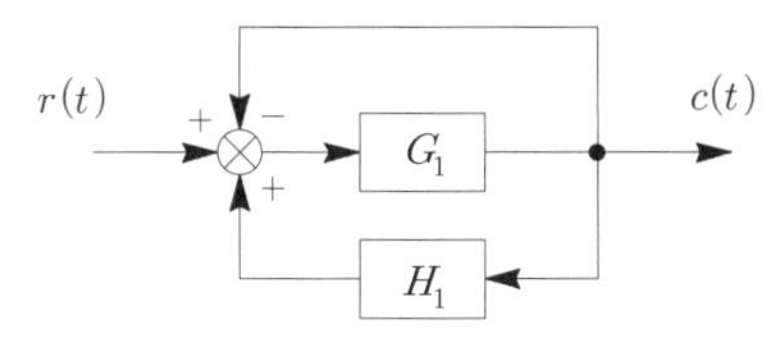

① 2 ② 5
③ 9 ④ 10

해설 종합 전달함수

$$M(s)=\frac{\sum 전향경로이득}{1-\sum 폐루프이득}=\frac{G_1}{1-(-G_1+G_1H_1)}$$

$$=\frac{G_1}{1+G_1-G_1H_1}=\frac{100}{1+100-1}=1$$

$M(s)=1$이므로 $c(t)=r(t)$가 된다.

$\therefore\ c(t)=2$

★★ 기사 98년 3회, 99년 7회, 02년 4회

75 블록선도에서 $r(t)=25$, $G_1=1$, $H_2=5$, $c(t)=50$일 때 H_1을 구하면?

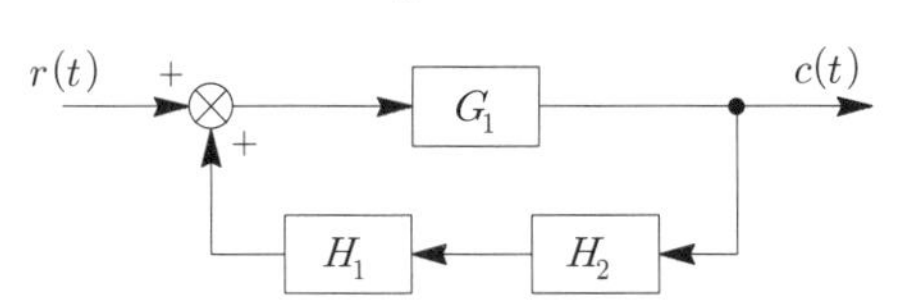

① $\frac{1}{4}$ ② $\frac{1}{10}$
③ $\frac{2}{5}$ ④ $\frac{2}{3}$

해설 종합 전달함수

㉠ $M(s)=\frac{C(s)}{R(s)}=\frac{\frac{50}{s}}{\frac{25}{s}}=2$

㉡ $M(s)=\frac{\sum 전향경로이득}{1-\sum 폐루프이득}$

$$=\frac{G_1}{1-G_1H_1H_2}=\frac{1}{1-5H_1}$$

㉢ $M(s)=2=\frac{1}{1-5H_1}$이므로 $2(1-5H_1)=1$에서 $2-10H_1=1$이 된다.

$\therefore\ H_1=\frac{1}{10}$

★★ 기사 01년 1회, 02년 3회

76 다음 블록선도를 옳게 등가변환한 것은?

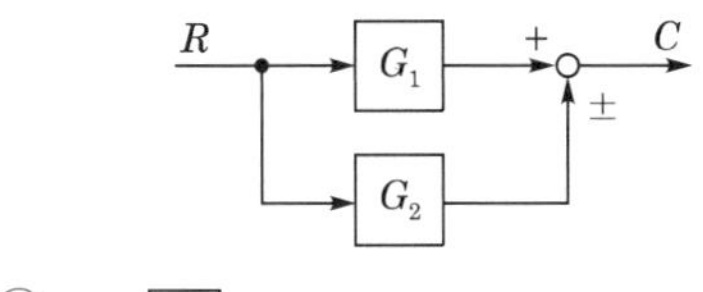

①
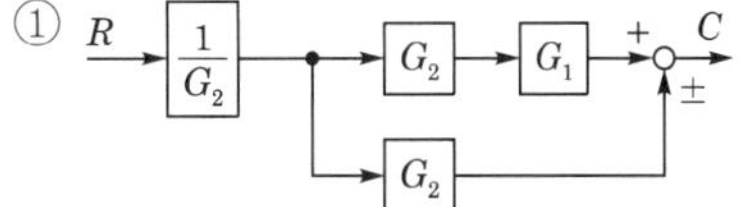

②
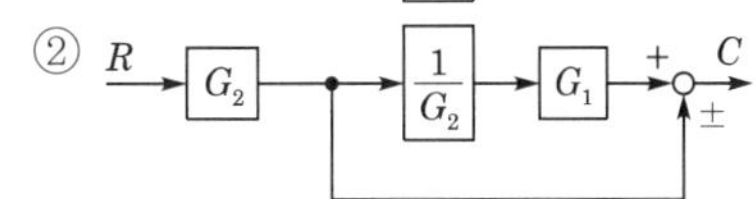

③
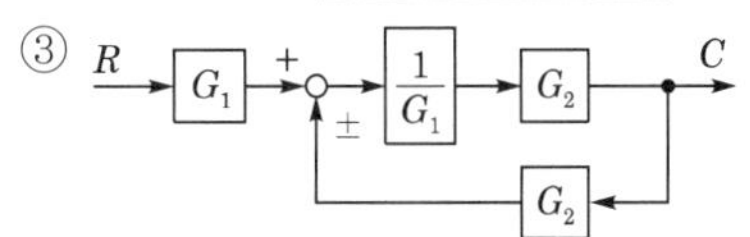

④

해설 종합 전달함수

$$M(s)=\frac{\sum 전향경로이득}{1-\sum 폐루프이득}=\frac{G_1+G_2}{1-(0)}=G_1+G_2$$

를 만족하는 것은 ②항이다.

★★ 기사 95년 2회

77 다음의 두 블록선도가 등가인 경우 A요소의 전달함수는?

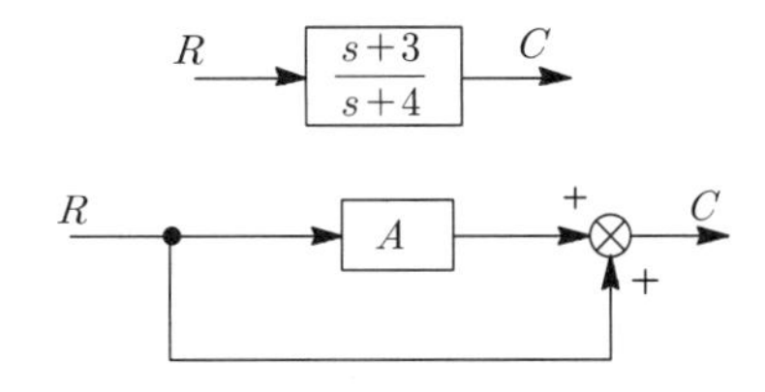

① $\frac{-1}{s+4}$ ② $\frac{-2}{s+4}$
③ $\frac{-3}{s+4}$ ④ $\frac{-4}{s+4}$

정답 74. ① 75. ② 76. ② 77. ①

해설

㉠ 첫 번째 회로의 종합 전달함수

$$M(s)=\frac{\sum \text{전향경로이득}}{\sum \text{폐루프이득}}=\frac{s+3}{s+4}$$

㉡ 두 번째 회로의 종합 전달함수

$$M(s)=\frac{\sum \text{전향경로이득}}{\sum \text{폐루프이득}}=A+1$$

㉢ 두 블록선도가 등가가 되기 위한 A값은

$\frac{s+3}{s+4}=A+1$에서

$\therefore\ A=\frac{s+3}{s+4}-1=\frac{-1}{s+4}$

★ 기사 94년 3회

78 다음 블록선도의 변환에서 A에 맞는 것은?

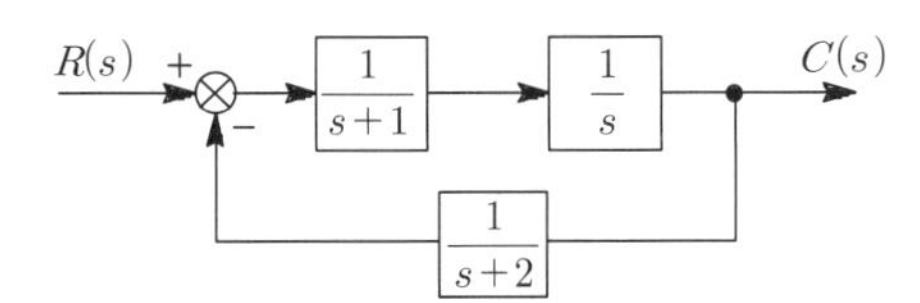

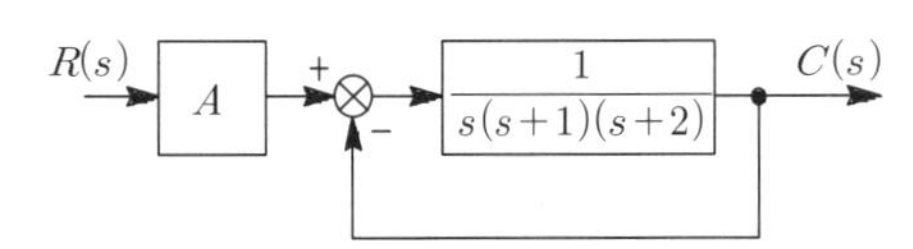

① $s+2$
② $(s+1)(s+2)$
③ s
④ $s(s+1)(s+2)$

해설

㉠ 첫 번째 회로의 종합 전달함수

$$M(s)=\frac{\frac{1}{s(s+1)}}{1+\frac{1}{s(s+1)(s+2)}}=\frac{s+2}{s(s+1)(s+2)+1}$$

㉡ 두 번째 회로의 종합 전달함수

$$M(s)=\frac{\frac{A}{s(s+1)(s+2)}}{1+\frac{1}{s(s+1)(s+2)}}=\frac{A}{s(s+1)(s+2)+1}$$

∴ 두 회로가 등가가 되기 위해서는 $A=s+2$가 되어야 한다.

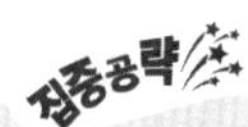

★★★ 기사 86년 6회, 08년 2회, 09년 3회

79 그림과 같이 2중 입력으로 된 블록선도의 출력 C는?

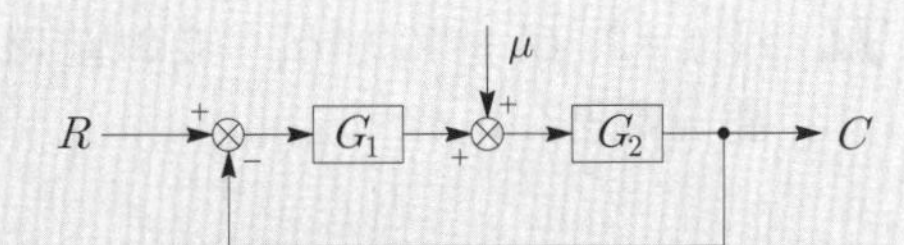

① $C=\frac{G_1G_2}{1+G_1G_2}R+\frac{G_1}{1+G_1G_2}\mu$

② $C=\frac{G_1G_2}{1+G_1G_2}R+\frac{G_2}{1+G_1G_2}\mu$

③ $C=\frac{G_1G_2}{1+G_1G_2}R+\frac{G_1G_2}{1+G_1G_2}\mu$

④ $C=\frac{G_1G_2}{1+G_1G_2}R+\frac{G_1G_2}{1-G_1G_2}\mu$

해설

출력 $C=[(R-C)G_1+\mu]G_2$
$=(RG_1-CG_1+\mu)G_2$
$=RG_1G_2-CG_1G_2+\mu G_2$

정리하면 $C+CG_1G_2=RG_1G_2+\mu G_2$
$C(1+G_1G_2)=RG_1G_2+\mu G_2$

$\therefore\ C=\frac{RG_1G_2+\mu G_2}{1+G_1G_2}=\frac{G_1G_2}{1+G_1G_2}R+\frac{G_2}{1+G_1G_2}\mu$
$=\frac{G_2}{1+G_1G_2}(G_1R+\mu)$

★★★ 기사 96년 2회, 08년 3회

80 다음 그림과 같은 블록선도에서 입력 R과 외란 D가 가해질 때 출력 C는?

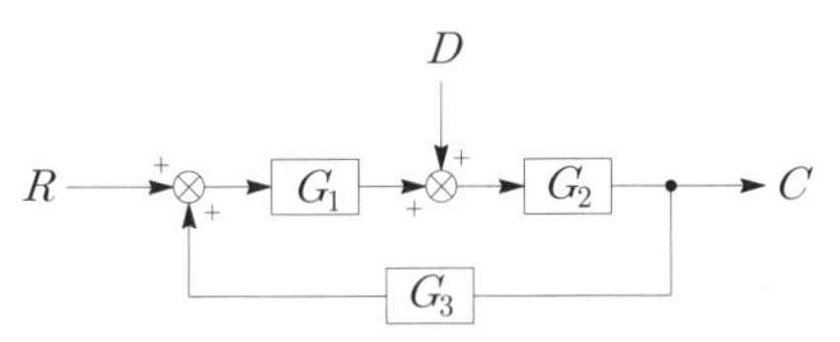

① $\frac{G_1G_2R+G_2D}{1+G_1G_2G_3}$　② $\frac{G_1G_2R-G_2D}{1+G_1G_2G_3}$

③ $\frac{G_1G_2R+G_2D}{1-G_1G_2G_3}$　④ $\frac{G_1G_2R-G_3D}{1-G_1G_2G_3}$

정답 78. ① 79. ② 80. ③

해설

출력 $C=[(R+CG_3)G_1+D]G_2$

$=(RG_1+CG_1G_3+D)G_2$

$=RG_1G_2+CG_1G_2G_3+DG_2$

정리하면 $C-CG_1G_2G_3=RG_1G_2+DG_2$

$C(1-G_1G_2G_3)=RG_1G_2+DG_2$

$\therefore\ C=\dfrac{RG_1G_2+DG_2}{1-G_1G_2G_3}$

$=\dfrac{G_1G_2}{1-G_1G_2G_3}R+\dfrac{G_2}{1-G_1G_2G_3}D$

★★★ 기사 93년 4회, 98년 7회, 00년 4회

81 그림과 같은 블록선도에서 외란이 있는 경우의 출력은?

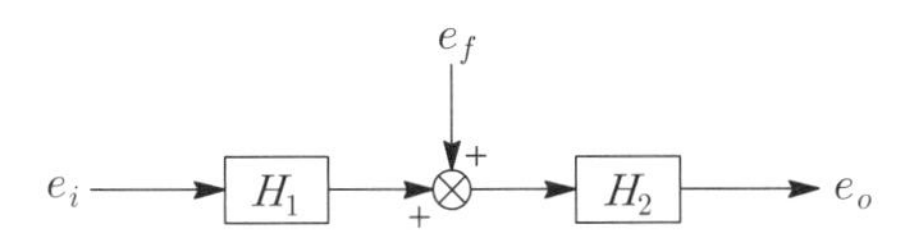

① $H_1H_2e_i+H_2e_f$
② $H_1H_2(e_i+e_f)$
③ $H_1e_i+H_2e_f$
④ $H_1H_2e_ie_f$

해설

출력 $e_o=(e_iH_1+e_f)H_2=H_1H_2e_i+H_2e_f$

★ 기사 93년 5회, 00년 2회

82 그림의 전체 전달함수는?

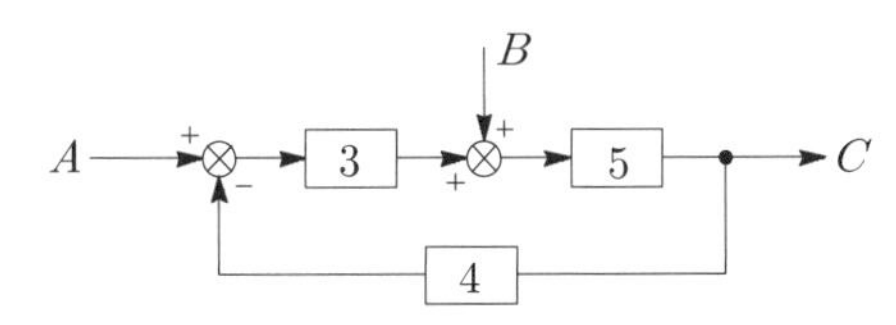

① 0.22　　② 0.33
③ 1.22　　④ 3.1

해설

폐루프이득 : $l=-60$

전향경로이득 : $G=15+5=20$

∴ 종합 전달함수

$M(s)=\dfrac{\sum \text{전향경로이득}}{1-\sum \text{폐루프이득}}=\dfrac{20}{1+60}\fallingdotseq 0.33$

★★★★★ 기사 00년 3회, 08년 1회

83 개루프 전달함수 $G(s)=\dfrac{s+2}{s(s+1)}$일 때, 폐루프 전달함수는?

① $\dfrac{s+2}{s^2+s}$　　② $\dfrac{s+2}{s^2+2s+2}$
③ $\dfrac{s+2}{s^2+s+2}$　　④ $\dfrac{s+2}{s^2+2s+4}$

해설

종합 전달함수 $M(s)=\dfrac{G(s)}{1+G(s)H(s)}$에서 $G(s)H(s)$를 개루프 전달함수라 하고 $H(s)=1$인 폐루프시스템을 단위 (부)궤환시스템이라 한다.

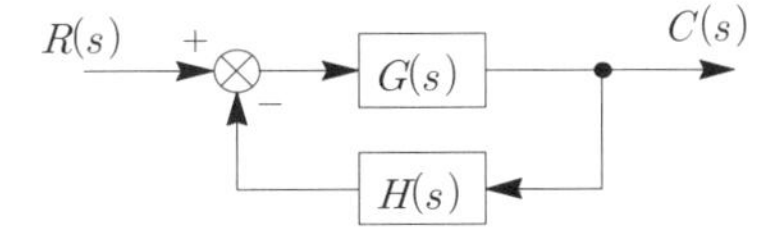

$\therefore\ M(s)=\dfrac{G(s)}{1+G(s)}=\dfrac{\dfrac{s+2}{s(s+1)}}{1+\dfrac{s+2}{s(s+1)}}$

$=\dfrac{s+2}{s(s+1)+(s+2)}=\dfrac{s+2}{s^2+2s+2}$

Comment

- 단위 (부)궤환시스템에서 $G(s)=\dfrac{a}{b}$의 경우 종합 전달함수 $M(s)=\dfrac{a}{a+b}$로 풀이하면 된다.
- 단위 (정)궤환시스템에서 $G(s)=\dfrac{a}{b}$의 경우 종합 전달함수 $M(s)=\dfrac{a}{a-b}$로 풀이하면 된다.

★ 기사 05년 1회, 12년 3회

84 다음의 신호선도를 메이슨의 공식을 이용하여 전달함수를 구하고자 한다. 이 신호선도에서 루프(loop)는 몇 개인가?

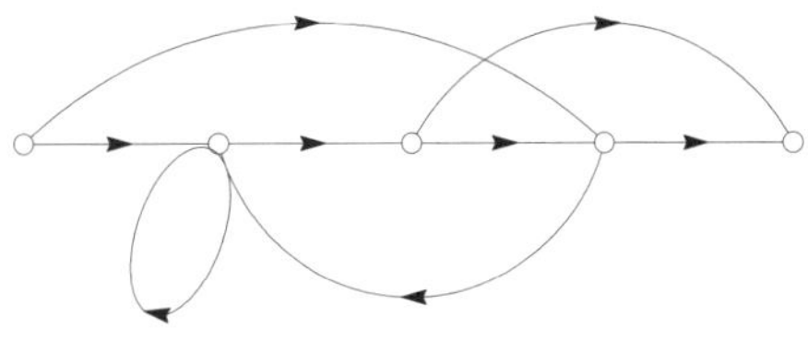

① 1　　② 2
③ 3　　④ 4

정답 81. ① 82. ② 83. ② 84. ②

해설

루프는 아래 그림과 같이 2개가 된다.

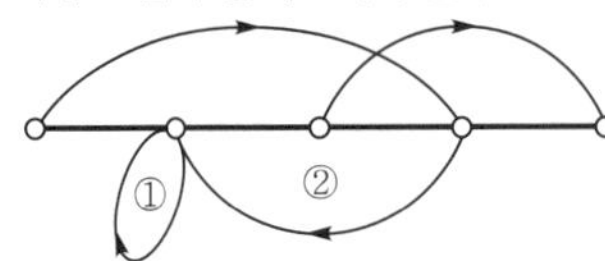

★★ 기사 98년 6회

85 다음 신호흐름선도에서 전달함수 $\frac{C}{R}$의 값은?

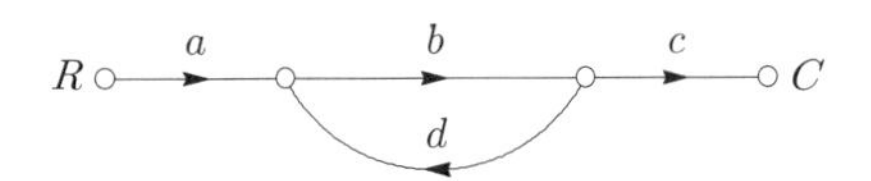

① $G=\frac{1-bd}{abc}$ ② $G=\frac{1+bd}{abc}$

③ $G=\frac{abc}{1+bd}$ ④ $G=\frac{abc}{1-bd}$

해설 종합 전달함수

$$M(s)=\frac{C(s)}{R(s)}=\frac{\sum 전향경로이득}{1-\sum 폐루프이득}=\frac{abc}{1-bd}$$

★★★★ 기사 92년 3회, 94년 6회, 04년 3회, 05년 4회, 09년 3회, 12년 1회, 16년 1회

86 그림과 같은 신호흐름선도에서 $\frac{C}{R}$를 구하면?

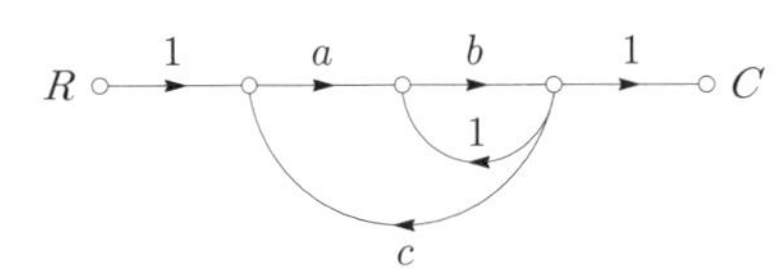

① $\frac{ab}{1+b-abc}$

② $\frac{ab}{1-b-abc}$

③ $\frac{ab}{1-b+abc}$

④ $\frac{ab}{a+b+abc}$

해설 종합 전달함수

$$M(s)=\frac{C(s)}{R(s)}=\frac{\sum 전향경로이득}{1-\sum 폐루프이득}$$

$$=\frac{ab}{1-b-abc}$$

★★★ 기사 91년 6회, 03년 1회

87 그림과 같은 신호흐름선도에서 $\frac{C}{R}$를 구하면?

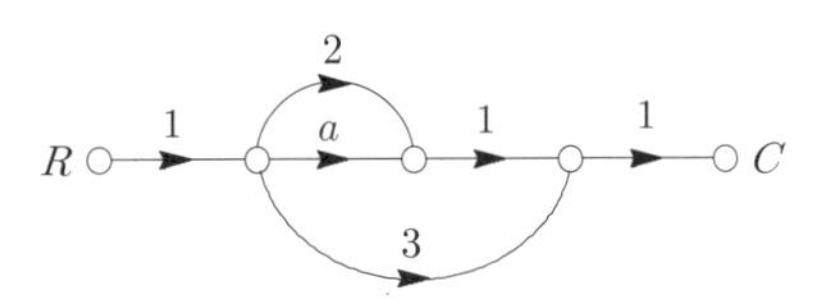

① $a+2$

② $a+3$

③ $a+5$

④ $a+6$

해설 종합 전달함수

$$M(s)=\frac{C(s)}{R(s)}=\frac{\sum 전향경로이득}{1-\sum 폐루프이득}$$

$$=\frac{a+2+3}{1-0}=a+5$$

★★★ 기사 15년 3회

88 그림과 같은 신호흐름선도에서 $\frac{C(s)}{R(s)}$의 값은?

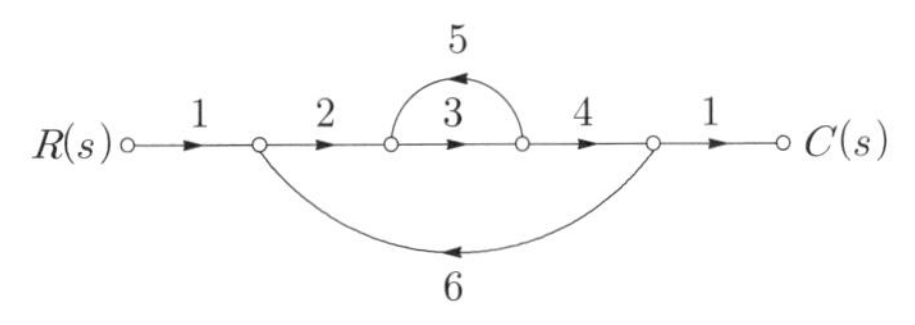

① $-\frac{24}{159}$

② $-\frac{12}{79}$

③ $\frac{24}{65}$

④ $\frac{24}{159}$

해설 종합 전달함수

$$M(s)=\frac{C(s)}{R(s)}=\frac{\sum 전향경로이득}{1-\sum 폐루프이득}$$

$$=\frac{2\times3\times4}{1-(3\times5+2\times3\times4\times6)}$$

$$=-\frac{24}{158}=-\frac{12}{79}$$

정답 85. ④ 86. ② 87. ③ 88. ②

★★ 기사 96년 5회, 04년 1회

89 다음 신호흐름선도를 단순화하면?

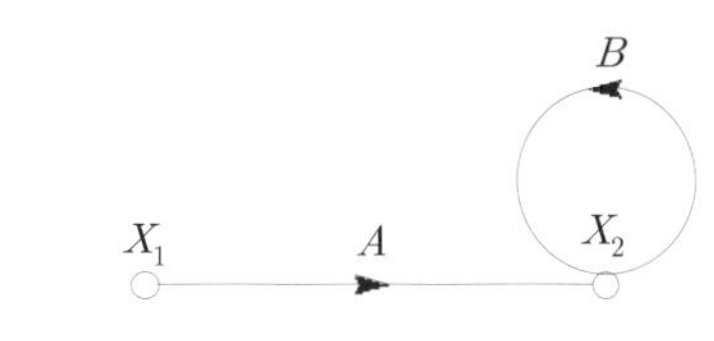

① X_1 —— AB ——→ X_2

② X_1 —— $1/A-B$ ——→ X_2

③ X_1 —— $A/1-B$ ——→ X_2

④ X_1 —— $1-B$ ——→ X_2

해설

종합 전달함수를 구하면 $M(s)=\dfrac{X_2}{X_1}=\dfrac{A}{1-B}$가 되어

이를 만족하는 것은 ③항이 된다.

★★★ 기사 97년 5회, 00년 2회, 02년 2회, 15년 2회

90 다음 신호흐름선도의 전달함수는?

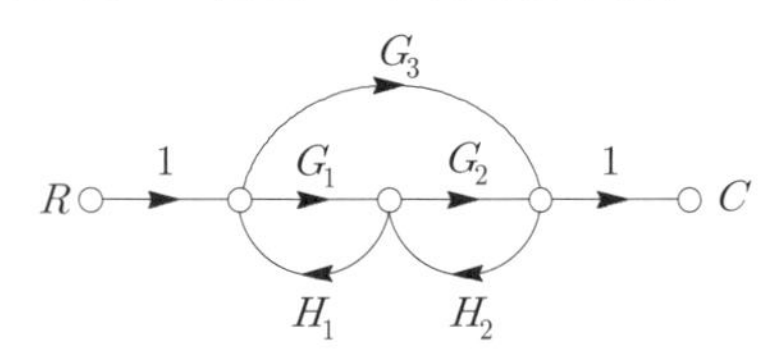

① $\dfrac{G_1G_2+G_3}{1-(G_1H_1+G_2H_2)-G_3H_1H_2}$

② $\dfrac{G_1G_2+G_3}{1-(G_1H_1-G_2H_2)}$

③ $\dfrac{G_1G_2-G_3}{1-(G_1H_1-G_2H_2)}$

④ $\dfrac{G_1G_2-G_3}{1-(G_1H_1+G_2H_2)}$

해설

폐루프이득 : $l=G_1H_1+G_2H_2+G_3H_1H_2$

전향경로이득 : $G=G_1G_2+G_3$

∴ 종합 전달함수

$$M(s)=\frac{C(s)}{R(s)}=\frac{\sum 전향경로이득}{1-\sum 폐루프이득}$$

$$=\frac{G_1G_2+G_3}{1-G_1H_1-G_2H_2-G_3H_1H_2}$$

$$=\frac{G_1G_2+G_3}{1-(G_1H_1+G_2H_2)-G_3H_1H_2}$$

★★★ 기사 94년 4회, 97년 2·4회, 10년 1회

91 그림과 같은 신호흐름선도에서 전달함수 $\dfrac{C(s)}{R(s)}$는?

$R(s)$ —— $\frac{1}{s+a}$ —— $\frac{1}{s}$ —— K —— 1 —— $C(s)$, $-s^2$, -0.1

① $\dfrac{C(s)}{R(s)}=\dfrac{K}{(s+a)(s^2+s+0.1K)}$

② $\dfrac{C(s)}{R(s)}=\dfrac{K(s+a)}{(s+a)(s^2+s+0.1K)}$

③ $\dfrac{C(s)}{R(s)}=\dfrac{K}{(s+a)(s^2+s-0.1K)}$

④ $\dfrac{C(s)}{R(s)}=\dfrac{K(s+a)}{(s+a)(-s^2-s+0.1K)}$

해설

폐루프이득 : $l=-\dfrac{s^2}{s}-\dfrac{0.1K}{s}$

$$=-\left(s+\frac{0.1K}{s}\right)$$

전향경로이득 : $G=\dfrac{K}{s(s+a)}$

∴ 종합 전달함수

$$M(s)=\frac{C(s)}{R(s)}=\frac{\sum 전향경로이득}{1-\sum 폐루프이득}$$

$$=\frac{\frac{K}{s(s+a)}}{1+s+\frac{0.1K}{s}}$$

$$=\frac{K}{s(s+a)\left(s+1+\frac{0.1K}{s}\right)}$$

$$=\frac{K}{(s+a)(s^2+s+0.1K)}$$

정답 89. ③ 90. ① 91. ①

집중공략

★★★ 기사 12년 3회

92 그림과 같은 신호흐름선도에서 전달함수 $\dfrac{C(s)}{R(s)}$는?

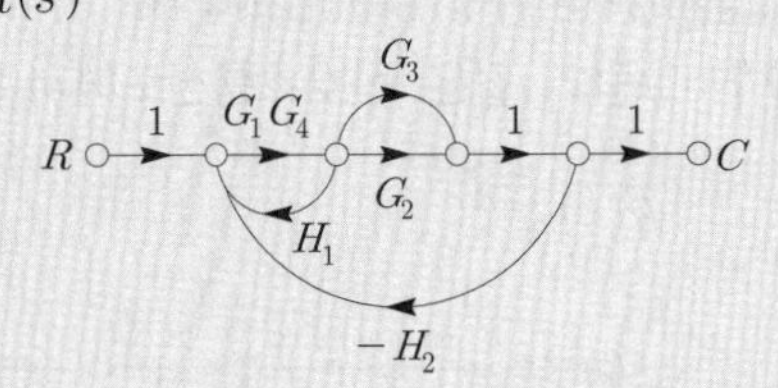

① $\dfrac{G_1G_4(G_2+G_3)}{1+G_1G_4H_1+G_1G_4(G_3+G_2)H_2}$

② $\dfrac{G_1G_4(G_2+G_3)}{1-G_1G_4H_1+G_1G_4(G_3+G_2)H_2}$

③ $\dfrac{G_1G_2-G_3G_4}{1+G_1G_3G_4H_2+G_1G_2H_1}$

④ $\dfrac{G_1G_2-G_3G_4}{1-G_1G_2H_1+G_1G_3G_4H_2}$

해설

폐루프이득 : $l=G_1G_4H_1-G_1G_4(G_2+G_3)H_2$

전향경로이득 : $G=G_1G_4(G_2+G_3)$

∴ 종합 전달함수

$$M(s)=\frac{C(s)}{R(s)}=\frac{\sum 전향경로이득}{1-\sum 폐루프이득}$$

$$=\frac{G_1G_4(G_2+G_3)}{1-G_1G_4H_1+G_1G_4(G_2+G_3)H_2}$$

★★★ 기사 10년 2회, 15년 4회

93 $\dfrac{k}{s+\alpha}$인 전달함수를 신호흐름선도로 표시하면?

①
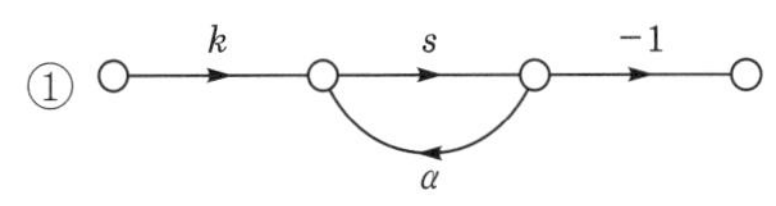

②
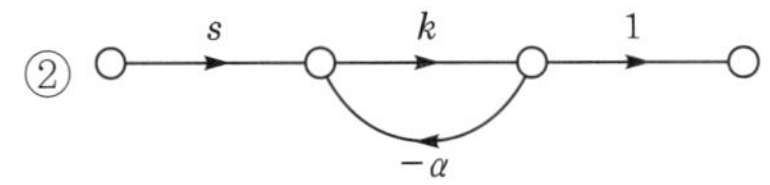

③
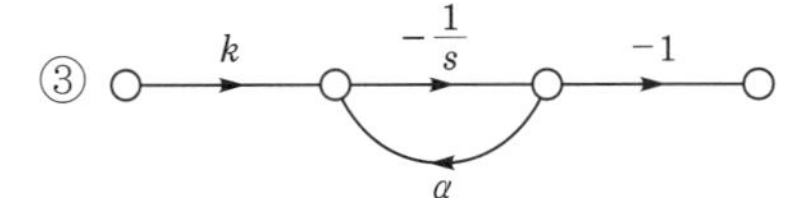

④
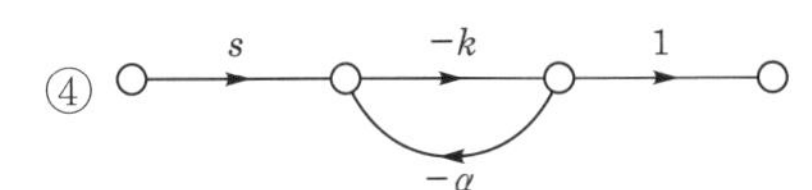

해설

① $M(s)=\dfrac{-ks}{1-s\alpha}$

② $M(s)=\dfrac{ks}{1+k\alpha}$

③ $\dfrac{\dfrac{k}{s}}{1+\dfrac{\alpha}{s}}=\dfrac{k}{s+\alpha}$

④ $\dfrac{-ks}{1-k\alpha}$

★★ 기사 98년 7회, 00년 5회, 10년 3회, 15년 1회

94 그림과 같은 회로망에 맞는 신호흐름선도는?

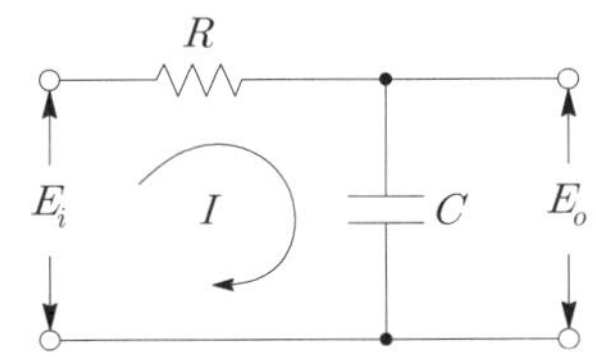

①
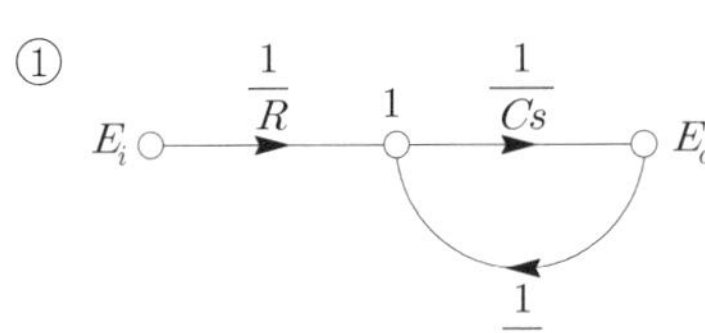

②
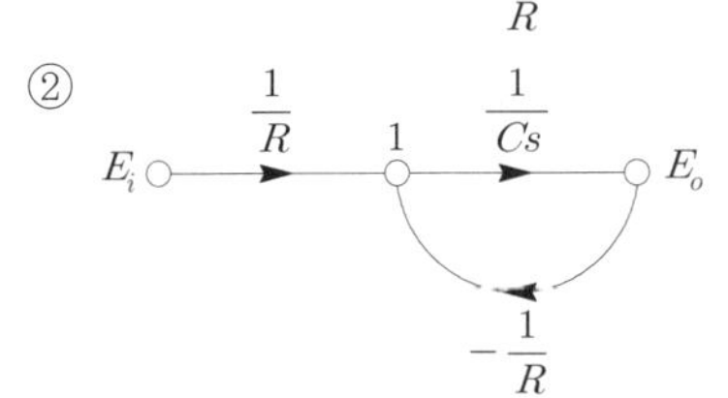

③
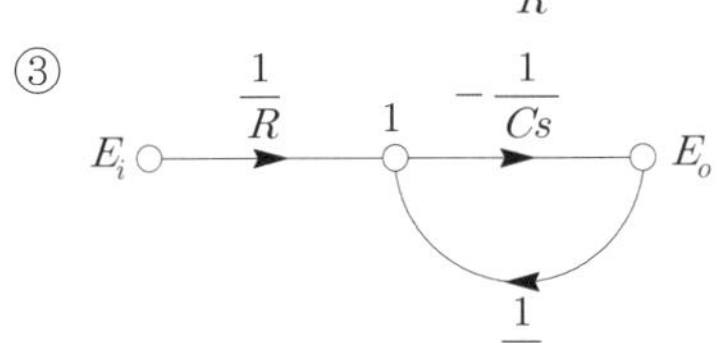

④
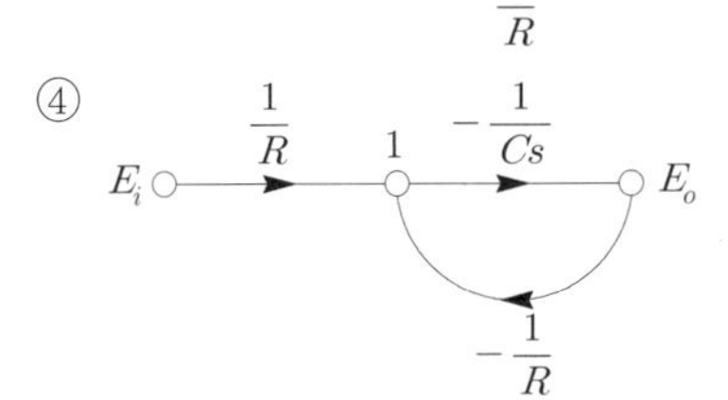

정답 92. ② 93. ③ 94. ②

해설

전류 $I(s) = \frac{1}{R}[E_i(s) - E_o(s)]$

$= \frac{1}{R}E_i(s) - \frac{1}{R}E_o(s)$

출력전압 $E_o(s) = \frac{1}{Cs}I(s)$가 되므로 이를 만족하는 것은 ②항이 된다.

Comment

- RC 회로의 전달함수

$$M(s) = \frac{E_o(s)}{E_i(s)} = \frac{\frac{1}{Cs}}{R + \frac{1}{Cs}} = \frac{1}{1+RCs}$$

- 보기 ②의 전달함수

$$M(s) = \frac{\sum 전향경로이득}{1 - \sum 폐루프이득} = \frac{\frac{1}{RCs}}{1 + \frac{1}{RCs}} = \frac{1}{1+RCs}$$

∴ 문제의 회로와 보기의 신호흐름선도의 전달함수를 직접 풀어 동일한 답을 찾는 것을 추천한다.

★★★ 기사 03년 4회

95 그림과 같은 회로망에 맞는 신호흐름선도는?

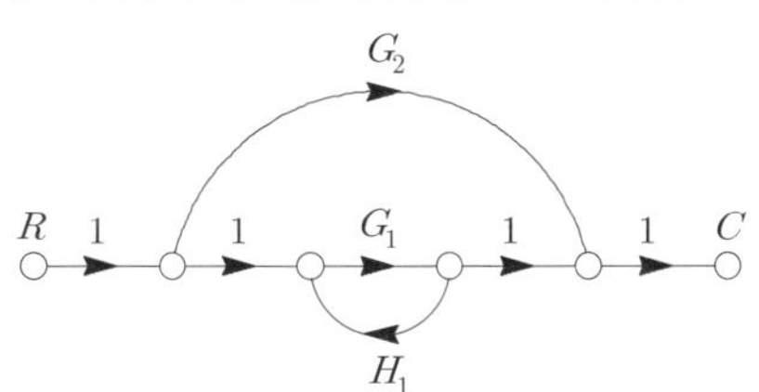

① $\frac{C}{R} = \frac{G_1 + G_2}{1 - G_1H_1}$

② $\frac{C}{R} = \frac{G_1 + G_2(1 - G_1H_1)}{1 - G_1H_1}$

③ $\frac{C}{R} = \frac{G_1 + G_2}{1 - G_1H_1 - G_2H_2}$

④ $\frac{C}{R} = \frac{G_1G_2}{1 - G_1H_1}$

해설

㉠ $\Delta = 1 - \sum l_1 = 1 - G_1H_1$

㉡ $G_1{'} = G_1,\ \Delta_1 = 1$

㉢ $G_2{'} = G_2,\ \Delta_2 = \Delta = 1 - G_1H_1$

∴ 메이슨공식

$$M(s) = \frac{\sum G_K{'}\Delta_K}{\Delta} = \frac{G_1{'}\Delta_1 + G_2{'}\Delta_2}{\Delta} = \frac{G_1 + G_2(1 - G_1H_1)}{1 - G_1H_1}$$

집중공략

★★★ 기사 09년 2회

96 다음 신호흐름선도에서 $\frac{C(s)}{R(s)}$의 값은?

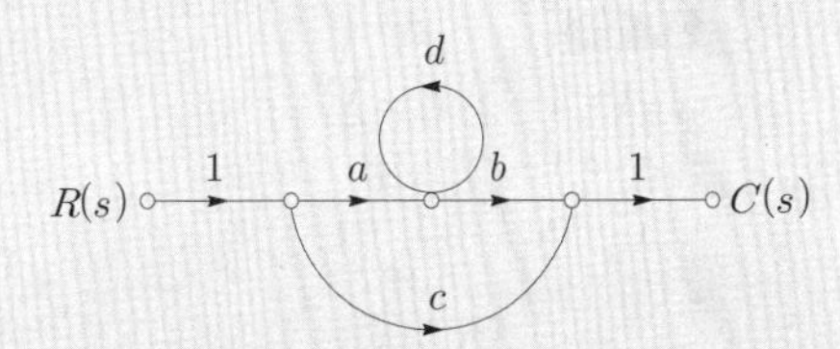

① $\frac{ab + c(1-d)}{1-d}$

② $\frac{ab+c}{1-d}$

③ $ab+c$

④ $\frac{ab + c(1+d)}{1+d}$

해설

㉠ $\Delta = 1 - \sum l_1 = 1 - d$

㉡ $G_1 = ab,\ \Delta_1 = 1$

㉢ $G_2 = c,\ \Delta_2 = \Delta = 1 - d$

∴ 메이슨공식

$$M(s) = \frac{\sum G_K\Delta_K}{\Delta} = \frac{G_1\Delta_1 + G_2\Delta_2}{\Delta} = \frac{ab + c(1-d)}{1-d}$$

정답 95. ② 96. ①

★★★ 기사 05년 3회

97 다음 신호흐름선도에서 $\dfrac{Y(s)}{D(s)}$ 를 구하면?

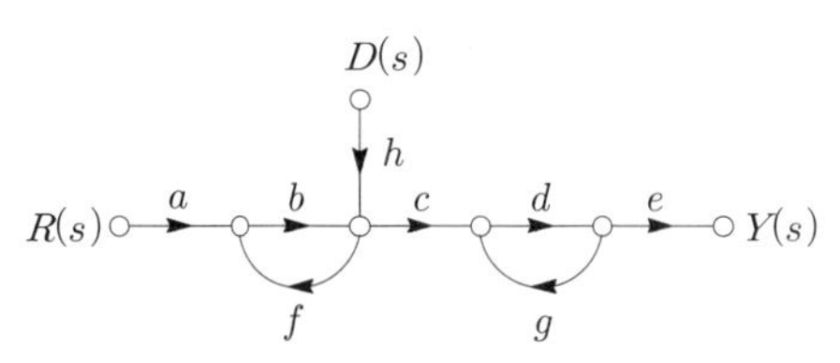

① $\dfrac{cdeh}{1-bf-dg+bfdg}$

② $\dfrac{abcde+hcde}{1-bf-dg+bfdg}$

③ $\dfrac{cdeh}{1-dg}$

④ $\dfrac{abcde+hcde}{1-dg}$

해설

㉠ $\Delta = 1-\sum l_1 + \sum l_2$
$= 1-(bf+dg)+(bdfg)$

㉡ $G_1 = hcde,\ \Delta_1 = 1$

∴ 메이슨공식

$$M(s) = \frac{\sum G_K \Delta_K}{\Delta} = \frac{G_1 \Delta_1}{\Delta} = \frac{cdeh}{1-bf-dg+bdfg}$$

★★★ 기사 96년 4회, 16년 2회

98 다음 신호흐름선도에서 $\dfrac{Y_2}{Y_1}$ 를 구하면?

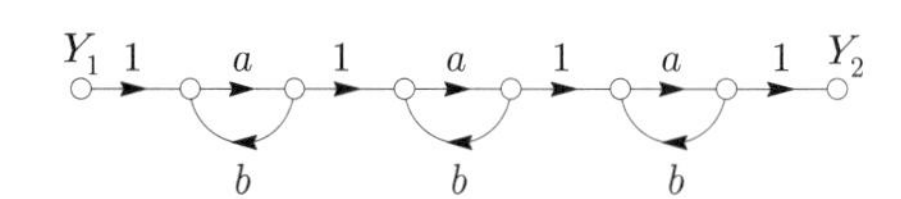

① $\dfrac{a^3}{(1-ab)^3}$

② $\dfrac{a^3}{(1-3ab+a^2b^2)}$

③ $\dfrac{a^3}{(1-3ab)}$

④ $\dfrac{a^3}{(1-3ab+2a^2b^2)}$

해설

㉠ $\sum l_1 = ab+ab+ab = 3ab$

㉡ $\sum l_2 = a^2b^2+a^2b^2+a^2b^2 = 3a^2b^2$

㉢ $\sum l_3 = a^3b^3$

㉣ $\Delta = 1-\sum l_1 + \sum l_2 - \sum l_3$
$= 1-3ab+3a^2b^2-a^3b^3$
$= (1-ab)^3$

㉤ $G_1 = a^3,\ \Delta_1 = 1$

∴ 메이슨공식

$$M(s) = \frac{\sum G_K \Delta_K}{\Delta} = \frac{G_1 \Delta_1}{\Delta} = \frac{a^3}{(1-ab)^3}$$

Comment

본 문제는 $\dfrac{a}{1-ab}$ 의 회로가 3번 반복되므로 $\left(\dfrac{a}{1-ab}\right)^3 = \dfrac{a^3}{(1-ab)^3}$ 이 된다.

★ 기사 92년 5회

99 다음 상태변수 신호흐름선도가 나타내는 방정식은?

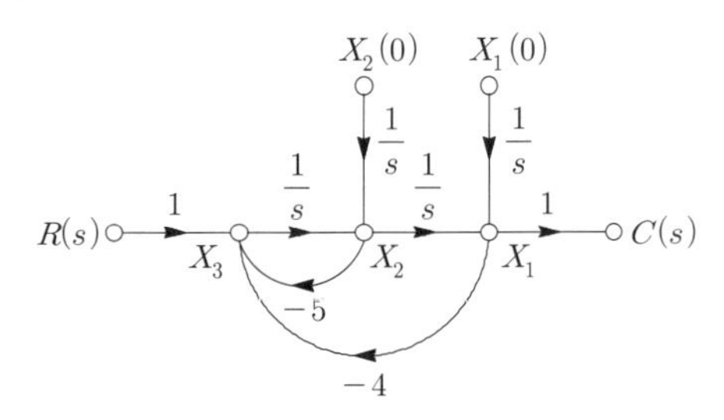

① $\dfrac{d^2}{dt^2}c(t)+5\dfrac{d}{dt}c(t)+4c(t)=r(t)$

② $\dfrac{d^2}{dt^2}c(t)-5\dfrac{d}{dt}c(t)-4c(t)=r(t)$

③ $\dfrac{d^2}{dt^2}+4\dfrac{d}{dt}c(t)+5c(t)=r(t)$

④ $\dfrac{d^2}{dt^2}-4\dfrac{d}{dt}c(t)-5c(t)=r(t)$

정답 97. ① 98. ① 99. ①

해설

㉠ 신호흐름선도의 각 마디에서 방정식을 정리하면 다음과 같다.

- $C(s) = X_1(s)$
- $X_1(s) = \frac{1}{s}X_2(s) + \frac{1}{s}X_1(0)$
- $X_2(s) = \frac{1}{s}X_3(s) + \frac{1}{s}X_2(0)$
- $X_3(s) = -5X_2(s) - 4X_1(s) + R(s)$

㉡ 위 식을 라플라스 역변환하면 다음과 같다.

- $x_1(t) = c(t)$
- $x_2(t) = \frac{d}{dt}x_1(t) = \frac{d}{dt}c(t)$
- $x_3(t) = \frac{d}{dt}x_2(t) = \frac{d^2}{dt^2}x_1(t) = \frac{d^2}{dt^2}c(t)$

$\therefore r(t) = x_3(t) + 5x_2(t) + 4x_1(t)$

$= \frac{d^2}{dt^2}c(t) + 5\frac{d}{dt}c(t) + 4c(t)$

출제 05 연산증폭기

Comment

출제빈도가 낮아서 이론에는 제시하지 않았지만 기출문제에 나오는 정도는 알아두자.

★ 기사 97년 4회, 05년 3회, 15년 3회

100 연산증폭기의 성질에 관한 설명 중 옳지 않은 것은?

① 전압이득이 매우 크다.
② 입력 임피던스가 매우 작다.
③ 전력이득이 매우 크다.
④ 입력 임피던스가 매우 크다.

해설 **연산증폭기의 특징**

㉠ 입력 임피던스는 매우 크다.
㉡ 출력 임피던스는 매우 작다.
㉢ 증폭도가 매우 크다.
㉣ (+, −)의 2개의 전원이 필요하다.

집중공략

★ 기사 93년 2회, 94년 4회, 97년 6회

101 그림과 같이 연산증폭기를 사용한 연산회로의 출력항은 어느 것인가?

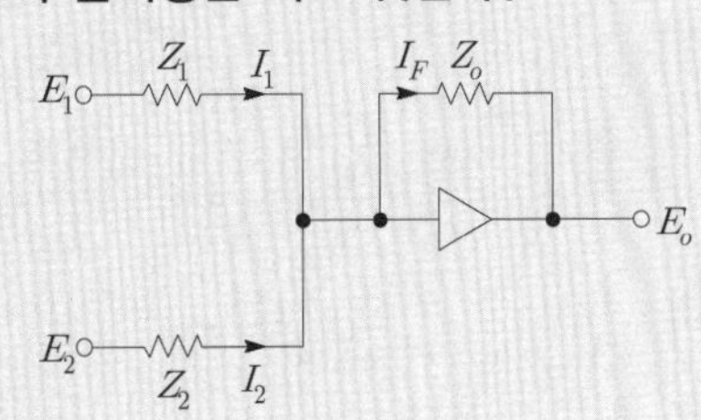

① $E_o = Z_o\left(\frac{E_1}{Z_1} + \frac{E_2}{Z_2}\right)$

② $E_o = -Z_o\left(\frac{E_1}{Z_1} + \frac{E_2}{Z_2}\right)$

③ $E_o = Z_o\left(\frac{E_1}{Z_2} + \frac{E_2}{Z_1}\right)$

④ $E_o = -Z_o\left(\frac{E_1}{Z_2} + \frac{E_2}{Z_1}\right)$

해설

㉠ 가상접지에 의해 반전 입력단자의 전위도 0[V]이므로 입력회로의 전류는 다음과 같다.

$\therefore I_1 = \frac{E_1}{Z_1}$[A]

$I_2 = \frac{E_2}{Z_2}$[A]

㉡ 입력전류 I_1 및 I_2는 연산증폭기의 입력저항이 매우 크므로 연산증폭기 쪽으로는 거의 흐르지 못하고 대부분 되먹임저항 Z_o을 통하여 흐른다. 따라서 출력전압은 다음과 같다.

$\therefore E_o = -I_F Z_o$

$= -(I_1 + I_2)Z_o$

$= -\left(\frac{E_1}{Z_1} + \frac{E_2}{Z_2}\right)Z_o$[V]

Comment

연산증폭기는 일반적으로 반전증폭기 문제이므로 출력의 부호는 (−)가 되며, 되먹임저항 Z_o와 비례관계를 갖는다.

정답 100. ② 101. ②

★ 기사 89년 6회, 00년 6회, 03년 1회, 15년 4회

102 그림과 같은 이득이 A인 연산증폭기 회로에서 출력전압 V_o를 나타낸 것은? (단, V_1, V_2, V_3는 입력신호전압이다.)

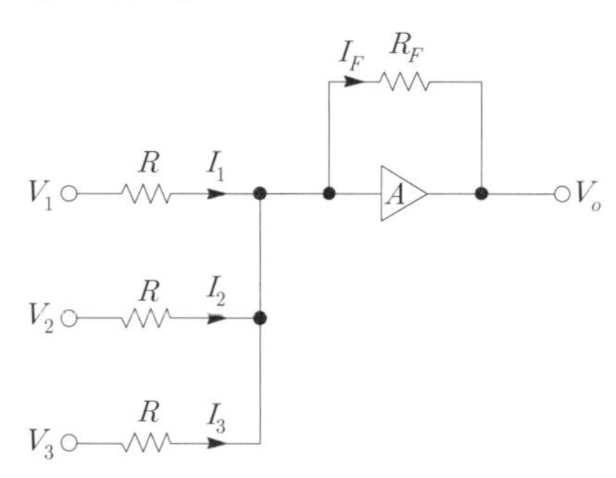

① $V_o = \dfrac{R_F}{3R}(V_1 + V_2 + V_3)$

② $V_o = \dfrac{R_F}{R}(V_1 + V_2 + V_3)$

③ $V_o = -\dfrac{R_F}{R}(V_1 + V_2 + V_3)$

④ $V_o = \dfrac{3R_F}{R}(V_1 + V_2 + V_3)$

해설

$$\begin{aligned} V_o &= -I_F R_F \\ &= -(I_1 + I_2 + I_3)R_F \\ &= -\left(\frac{V_1}{R} + \frac{V_2}{R} + \frac{V_3}{R}\right)R_F \\ &= -\frac{R_F}{R}(V_1 + V_2 + V_3)[\text{V}] \end{aligned}$$

★ 기사 02년 3회

103 연산기구의 출력으로 바르게 표현된 것은? (단, OP 증폭기는 이상적인 것으로 생각한다.)

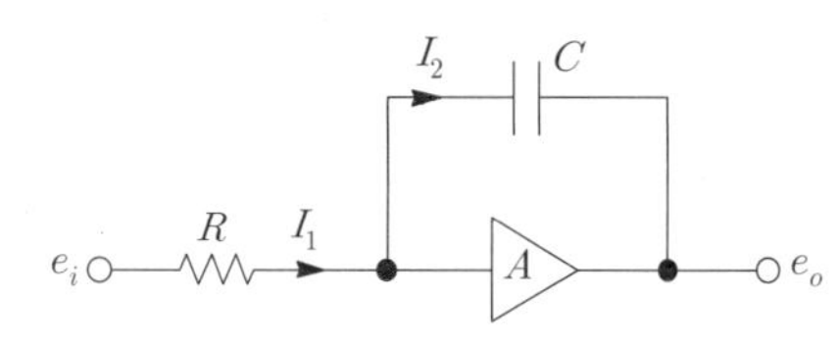

① $e_o = -\dfrac{1}{RC}\displaystyle\int e_i\, dt$

② $e_o = -\dfrac{1}{RC}\dfrac{d}{dt}e_i$

③ $e_o = RC\displaystyle\int e_i\, dt$

④ $e_o = -\dfrac{C}{R}\displaystyle\int e_i\, dt$

해설

$$e_o = -I_2\frac{1}{Cs} = -I_1\frac{1}{Cs} = -\frac{e_i}{R}\frac{1}{Cs}$$

$$= -\frac{1}{RC}\cdot\frac{1}{s}\cdot e_i$$

이를 라플라스 역변환하면 다음과 같다.

$\therefore\ e_o = -\dfrac{1}{RC}\displaystyle\int e_i\, dt$가 되므로 적분기가 된다.

★ 기사 98년 5회

104 그림의 연산증폭기를 사용한 회로의 기능은?

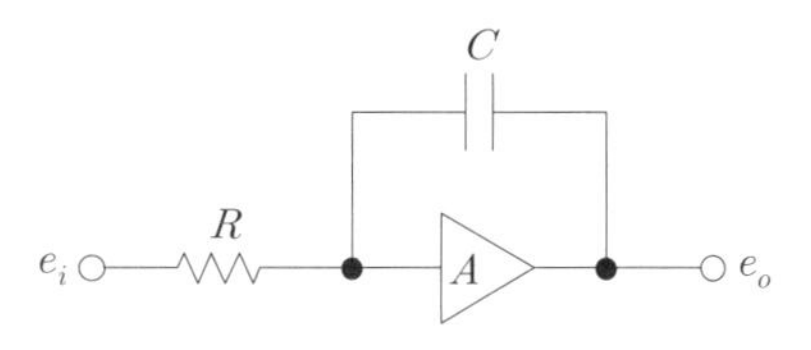

① 미분기 ② 적분기
③ 가산기 ④ 제한기

★ 기사 92년 6회, 15년 2회

105 이득이 $A = 10^7$인 연산증폭기 회로에서 출력전압 V_o를 나타내는 식은?

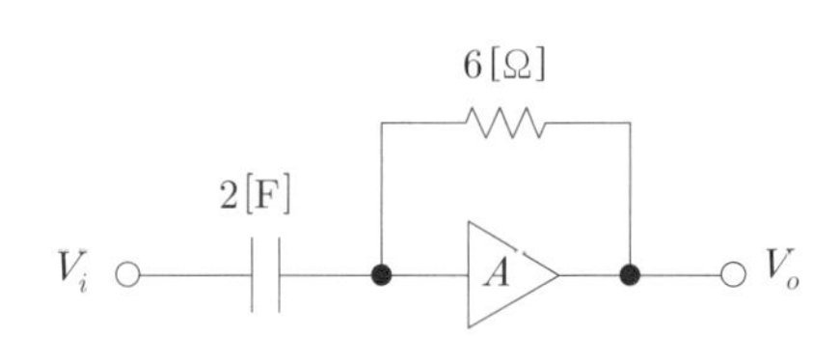

① $V_o = -12\dfrac{dV_i}{dt}$ ② $V_o = -8\dfrac{dV_i}{dt}$

③ $V_o = -0.5\dfrac{dV_i}{dt}$ ④ $V_o = -\dfrac{1}{8}\dfrac{dV_i}{dt}$

해설

$$V_o = -I_2 R = -I_1 R = -\frac{V_i}{\frac{1}{Cs}}R = -RC\cdot s\cdot V_i$$

이를 라플라스 역변환하면 다음과 같다.

$\therefore\ V_o = -RC\dfrac{d}{dt}V_i = -12\dfrac{d}{dt}V_i$가 되므로 미분기가 된다.

정답 102. ③ 103. ① 104. ② 105. ①

★ 기사 90년 2회, 96년 5회

106 다음 연산증폭기의 출력은?

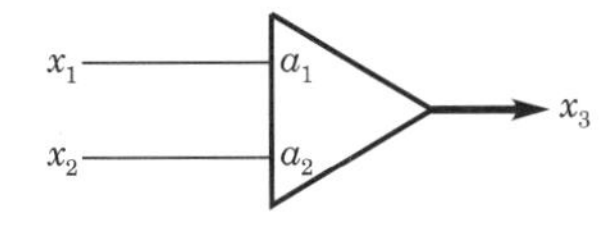

① $x_3 = -a_1x_1 - a_2x_2$
② $x_3 = a_1x_1 + a_2x_2$
③ $x_3 = (a_1 + a_2)(x_1 + x_2)$
④ $x_3 = -(a_1 - a_2)(x_1 + x_2)$

해설

반전증폭기(OP-AMP)를 이용하여 2입력 가산증폭기의 등가 블록선도는 다음의 그림과 같다.

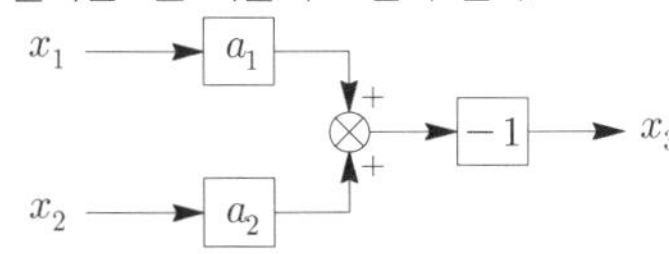

∴ 출력 : $x_3 = -a_1x_1 - a_2x_2$

★ 기사 94년 5회

107 그림과 같은 아날로그 적분기의 전달함수는? (단, −1은 아날로그 적분기용 연산증폭기의 이득을 의미한다.)

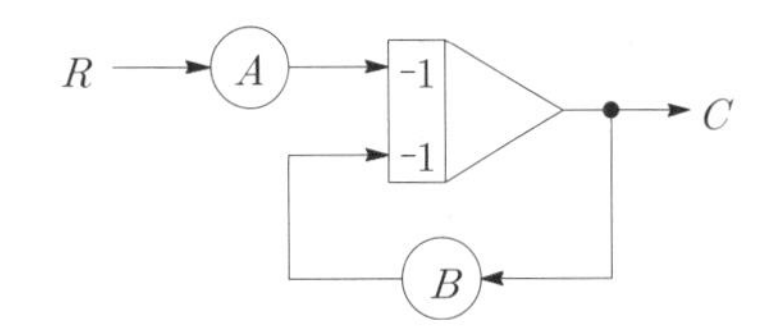

① $\dfrac{A}{s-B}$ ② $\dfrac{A}{s+B}$

③ $\dfrac{B}{s+A}$ ④ $\dfrac{B}{s-A}$

해설

반전증폭기(OP-AMP) 회로를 블록선도로 등가변환하면 다음과 같다.

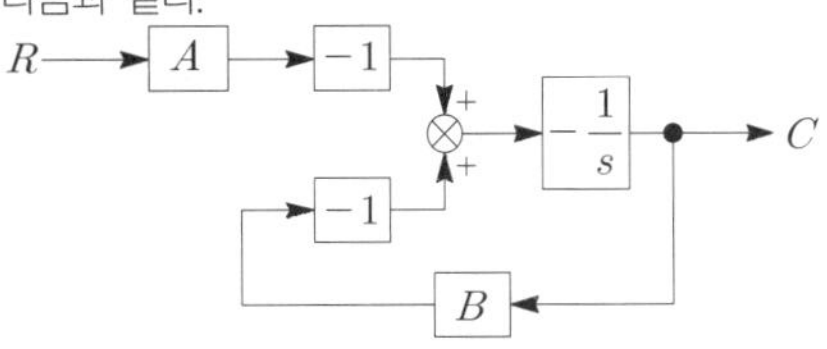

∴ 종합 전달함수

$$M(s) = \frac{A \cdot (-1) \cdot \left(-\frac{1}{s}\right)}{1 - \left[\left(-\frac{1}{s}\right) \cdot B \cdot (-1)\right]} = \frac{\frac{A}{s}}{1 - \frac{B}{s}} = \frac{A}{s-B}$$

정답 106. ① 107. ①

CHAPTER

03

시간영역해석법

전기기사
6.75% 출제

출제 01 제어시스템의 시간영역응답

출제 02 편차와 감도

출제 03 과도응답의 해석

이렇게 공부하세요!!

출제경향분석

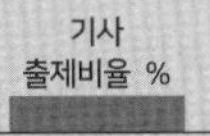

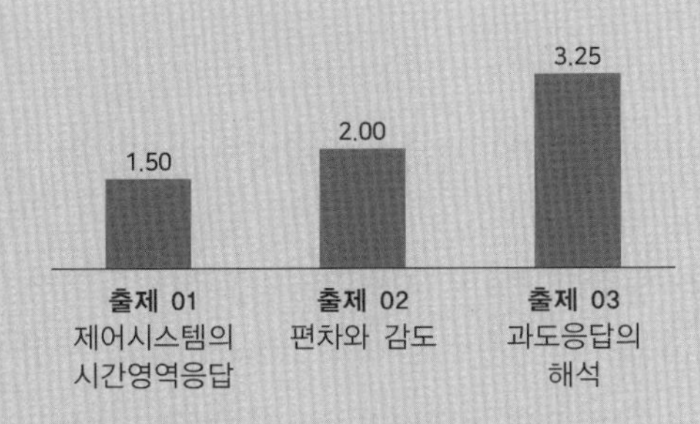

출제포인트

- ☑ 시험용 신호의 종류와 특징에 대해서 이해할 수 있다.
- ☑ 시험용 신호(임펄스함수, 계단함수, 경사함수, 포물선함수)에 따른 응답(시간함수의 출력)을 구할 수 있다.
- ☑ 부궤환제어계의 정상편차(정상위치편차, 정상속도편차, 정상가속도편차)를 구할 수 있다.
- ☑ 입력함수에 따른 제어계의 형별을 구분할 수 있다.
- ☑ 이득상수 K에 대한 전달함수의 감도를 구할 수 있다.
- ☑ 과도응답의 평가상수(지연시간, 상승시간, 진폭감쇠비 등)에 대해서 이해할 수 있다.
- ☑ 2차 지연요소의 특성방정식과 특성근을 이용하여 출력파형의 형태(비진동, 감쇠진동, 무한진동, 발산 등)를 이해할 수 있다.

CHAPTER

03 시간영역(time domain)해석법

기사 6.75% 출제

기사 1.50% 출제

출제 01 제어시스템의 시간영역응답

1. 시험에서는 임펄스응답이 주로 출제가 되며, 종종 인디셜응답을 물어본다.
2. 임펄스응답과 전달함수의 라플라스 역변환과 크기가 동일하므로 임펄스응답을 문제에서 주어지고 전달함수를 구하라고 하면, 임펄스응답을 라플라스 변환해서 구할 수 있다.

1 개요

① 제어계통의 특성을 해석하는 방법에는 시간영역해석법과 주파수영역해석법이 있다.

② 시간영역해석이란, 어떤 제어계에 입력을 가했을 때 시간에 따라 출력의 변화를 알아보는 것이다.

③ 주파수영역해석이란, 어떤 제어계에 입력주파수를 변화시켰을 때 출력의 크기와 위상의 변화를 알아보는 것이다.

2 시험용 신호(test signal)

(1) 개요

① 제어계통의 특성이 좋은지 나쁜지를 알아보기 위해서 제어계에 대표적인 신호를 입력으로 가하여 출력을 비교해 볼 필요가 있다.

② 이때 사용되는 대표적인 신호를 시험용 신호라 하며, 시험용 신호에는 계단함수(step function), 램프함수(ramp function), 포물선함수(parabolic function)를 사용한다.

(2) 시험용 신호의 특징

① **계단함수** : 급격한 입력의 변화에 대한 속응성을 검사한다.

② **램프함수(속도함수)** : 시간에 따라 선형적으로 변하는 신호에 제어계통이 어떻게 동작하는지를 검사한다.

③ **포물선함수(가속도함수)** : 입력이 포물선함수와 같이 증가할 때 제어계통이 어떻게 동작하는지를 검사한다.

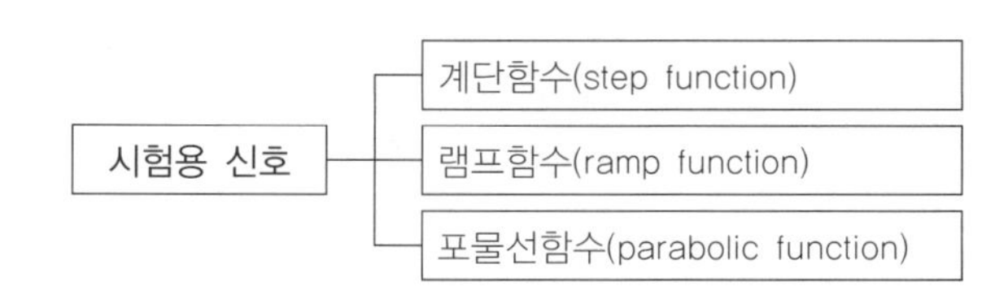

3 시험용 신호의 응답

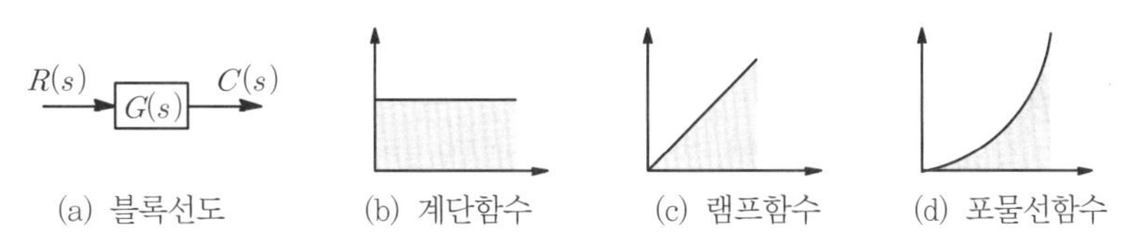

(a) 블록선도 (b) 계단함수 (c) 램프함수 (d) 포물선함수

▌그림 3-1▐ 시험용 신호의 응답

(1) 제어계통의 응답

$c(t) = \mathcal{L}^{-1}[C(s)] = \mathcal{L}^{-1}[R(s)G(s)]$ ································ [식 3-1]

(2) 응답의 종류

▌표 3-1▐ 응답의 종류

종류	$r(t)$	$R(s)$	응답 $c(t)$
임펄스응답	$\delta(t)$	1	$c(t) = \mathcal{L}^{-1}[G(s)]$
인디셜응답	$u(t)$	$\frac{1}{s}$	$c(t) = \mathcal{L}^{-1}\left[\frac{1}{s}G(s)\right]$
경사응답	$t\,u(t)$	$\frac{1}{s^2}$	$c(t) = \mathcal{L}^{-1}\left[\frac{1}{s^2}G(s)\right]$
포물선응답	$\frac{1}{2}t^2\,u(t)$	$\frac{1}{s^3}$	$c(t) = \mathcal{L}^{-1}\left[\frac{1}{s^3}G(s)\right]$

① **임펄스응답은 종합 전달함수를 역라플라스 변환한 것과 같다.**

② 포물선응답에서 t^2을 라플라스 변환하면 $\frac{2}{s^3}$가 되므로 수학적으로 간단히 표현하기 위해 $\frac{1}{2}$의 상수를 곱해준다.

★ 기사 14년 1회

01 어떤 제어계에 단위계단입력을 가하였더니 출력이 $1-e^{-2t}$로 나타났다. 이 계의 전달함수는?

① $\frac{1}{s+2}$ ② $\frac{2}{s+2}$

③ $\frac{1}{s(s+2)}$ ④ $\frac{2}{s(s+2)}$

해설 인디셜응답 $c(t) = \mathcal{L}^{-1}\left[\frac{1}{s}G(s)\right]$에서 출력 라플라스 변환은 $C(s) = \frac{1}{s}G(s)$가 된다.

∴ 전달함수 $G(s) = s\,C(s) = s\left(\frac{1}{s} - \frac{1}{s+2}\right) = s \times \frac{s+2-s}{s(s+2)} = \frac{2}{s+2}$

답 ②

기사 2.00% 출제

출제 02 편차와 감도

제어계의 형별을 찾는 문제와 정상위치편차, 정상속도편차에 관한 문제가 출제된다. 종종 감도에 관련된 문제가 출제가 되나 계산하기 복잡하므로 그냥 넘어가는 것이 좋을 것 같다.

1 편차

(1) 개요

① 제어계통에서 기준입력 $R(s)$와 제어되는 출력 $C(s)$가 동일한 차원이라면 계통편차는 [그림 3-2 (a)]와 같이 $E(s)=R(s)-C(s)$가 된다.

② 입력과 출력이 동일 차원이 되기란 거의 불가능하므로 [그림 3-2 (b)]와 같이 해석하고 있다.

(2) 부궤환제어계의 편차(error)

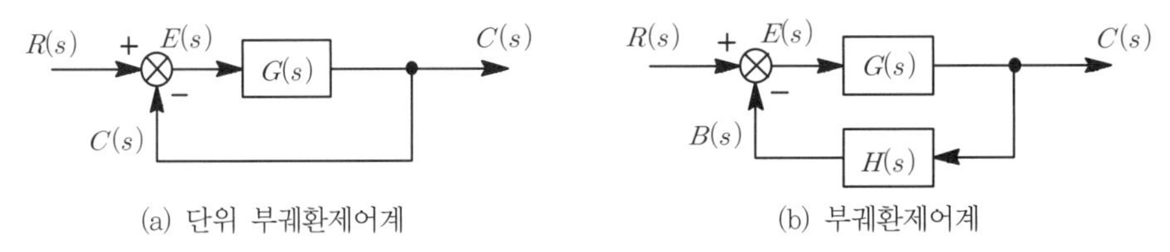

▌그림 3-2 ▌ 부궤환제어계

$$E(s)=R(s)-B(s)=R(s)-C(s)H(s)=R(s)-R(s)M(s)H(s)$$

$$=R(s)-R(s)\frac{G(s)}{1+G(s)H(s)}H(s)=R(s)\left[1-\frac{G(s)H(s)}{1+G(s)H(s)}\right]$$

$$=R(s)\left[\frac{1+G(s)H(s)}{1+G(s)H(s)}-\frac{G(s)H(s)}{1+G(s)H(s)}\right]=R(s)\frac{1}{1+G(s)H(s)}$$

∴ 편차 : $E(s)=R(s)\dfrac{1}{1+G(s)H(s)}$ ·········· [식 3-2]

2 정상편차(steady-state deviation)

① 제어계에서 입력을 가한 후 시간이 지나 정상상태가 되었을 때의 출력을 정상응답(steady-state response)이라고 한다.

② 정상상태에서의 입력과 출력의 차를 정상편차라 하며 제어계를 평가하는 척도가 된다.

③ 정상편차는 [식 3-2]에서 라플라스 변환의 최종값에 의하여 구할 수 있다.

정상편차 : $e_s=\lim\limits_{s\to 0}sE(s)=\lim\limits_{s\to 0}sR(s)\dfrac{1}{1+G(s)H(s)}$ ·········· [식 3-3]

3 시험용 신호에 따른 정상편차

(1) 0형 제어계

① 입력이 단위계단함수로서 정상편차가 유한값으로 나오는 제어계를 0형 제어계라 하며 이때의 정상편차를 정상위치편차 e_{sp}라 한다.

② 입력 $r(t)=u(t)$이면 입력 라플라스 변환 $R(s)=\dfrac{1}{s}$이 된다.

③ 정상위치편차

$$e_{sp}=\lim_{s\to 0} s\,R(s)\frac{1}{1+G(s)H(s)}=\lim_{s\to 0} s\cdot\frac{1}{s}\cdot\frac{1}{1+G(s)H(s)}$$

$$=\lim_{s\to 0}\frac{1}{1+G(s)H(s)}=\lim_{s\to 0}\frac{1}{1+G}=\frac{1}{1+\lim\limits_{s\to 0}G}=\frac{1}{1+K_p}$$

$\therefore$ **정상위치편차** : $e_{sp}=\dfrac{1}{1+K_p}=\dfrac{1}{1+\lim\limits_{s\to 0}G}$ ······ [식 3-4]

여기서, K_p : 정상위치편차 상수

④ 정상위치편차 e_{sp}가 유한한 값이 나오려면 개루프 전달함수 $G=G(s)H(s)$가 다음과 같아야 한다.

$\therefore\ G=\dfrac{K(s-Z_1)(s-Z_2)\cdots(s-Z_n)}{s^0(s-P_1)(s-P_2)\cdots(s-P_n)}$ ······ [식 3-5]

(2) 1형 제어계

① 입력이 단위속도함수로서 정상편차가 유한값으로 나오는 제어계를 1형 제어계라 하며 이때의 정상편차를 정상속도편차 e_{sv}라 한다.

② 입력 $r(t)=t$이면 입력 라플라스 변환 $R(s)=\dfrac{1}{s^2}$이 된다.

③ 정상속도편차

$$e_{sv}=\lim_{s\to 0} s\,R(s)\frac{1}{1+G(s)H(s)}=\lim_{s\to 0} s\cdot\frac{1}{s^2}\cdot\frac{1}{1+G(s)H(s)}$$

$$=\lim_{s\to 0}\frac{1}{s}\cdot\frac{1}{1+G}=\lim_{s\to 0}\frac{1}{s+sG}=\frac{1}{\lim\limits_{s\to 0}sG}=\frac{1}{K_v}$$

$\therefore$ **정상속도편차** : $e_{sv}=\dfrac{1}{K_v}=\dfrac{1}{\lim\limits_{s\to 0}sG}$ ······ [식 3-6]

여기서, K_v : 정상속도편차 상수

④ 정상속도편차 e_{sv}가 유한한 값이 나오려면 개루프 전달함수 $G=G(s)H(s)$가 다음과 같아야 한다.

$\therefore\ G=\dfrac{K(s-Z_1)(s-Z_2)\cdots(s-Z_n)}{s^1(s-P_1)(s-P_2)\cdots(s-P_n)}$ ······ [식 3-7]

(3) 2형 제어계

① 입력이 단위포물선함수로서 정상편차가 유한값으로 나오는 제어계를 2형 제어계라 하며 이때의 정상편차를 정상가속도편차 e_{sa}라 한다.

② 입력 $r(t)=\frac{1}{2}t^2$이면 입력 라플라스 변환 $R(s)=\frac{1}{s^3}$이 된다.

③ 정상가속도편차

$$
\begin{aligned}
e_{sa} &= \lim_{s\to 0} s\,R(s)\frac{1}{1+G(s)H(s)} \\
&= \lim_{s\to 0} s\cdot\frac{1}{s^3}\cdot\frac{1}{1+G(s)H(s)} \\
&= \lim_{s\to 0}\frac{1}{s^2}\cdot\frac{1}{1+G} = \lim_{s\to 0}\frac{1}{s^2+s^2G} = \frac{1}{\lim\limits_{s\to 0}s^2G} = \frac{1}{K_a}
\end{aligned}
$$

∴ **정상가속도편차** : $e_{sa}=\frac{1}{K_a}=\frac{1}{\lim\limits_{s\to 0}s^2G}$ ······································ [식 3-8]

여기서, K_a : 정상가속도편차 상수

④ 정상가속도편차 e_{sa}가 유한한 값이 나오려면 개루프 전달함수 $G=G(s)H(s)$가 다음과 같아야 한다.

∴ $G=\frac{K(s-Z_1)(s-Z_2)\cdots(s-Z_n)}{s^2(s-P_1)(s-P_2)\cdots(s-P_n)}$ ······································ [식 3-9]

(4) 시험용 시험에 따른 정상편차

▌표 3-2▐ 시험용 시험에 따른 정상편차

구분	입력 $r(t)$	정상편차	정상편차상수	제어계의 형별
정상 위치편차	$u(t)$	$e_{sp}=\frac{1}{1+K_p}$	$K_p=\lim\limits_{s\to 0}s^0G$	0형
정상 속도편차	t	$e_{sv}=\frac{1}{K_v}$	$K_v=\lim\limits_{s\to 0}s^1G$	1형
정상 가속도편차	$\frac{1}{2}t^2$	$e_{sa}=\frac{1}{K_a}$	$K_a=\lim\limits_{s\to 0}s^2G$	2형

(5) 제어계의 형별

① **개루프 전달함수** $G=G(s)H(s)=\frac{Ks^a(s-Z_1)(s-Z_2)\cdots(s-Z_n)}{s^b(s-P_1)(s-P_2)\cdots(s-P_n)}$**에서** $b\geq a$**일 때** $b-a=l$**이라 놓으면 이 제어계는** l**형 제어계라 한다.**

② [표 3-2]와 같이 입력함수에 따라 제어계의 형별을 구분할 수 있다.

| 표 3-3 | 제어계의 형별

제어계의 형별	단위계단함수		단위램프함수		단위포물선함수	
	K_p	e_{sp}	K_v	e_{sv}	K_a	e_{sa}
$l=0$	K_p	$\frac{1}{1+K_p}$	0	∞	0	∞
$l=1$	∞	0	K_v	$\frac{1}{K_v}$	0	∞
$l=2$	∞	0	∞	0	K_a	$\frac{1}{K_a}$
$l=3$	∞	0	∞	0	∞	0

4 감도

K에 대한 전달함수 T의 감도 표현식은 $S_K^T = \frac{K}{T} \cdot \frac{dT}{dK}$와 같다.

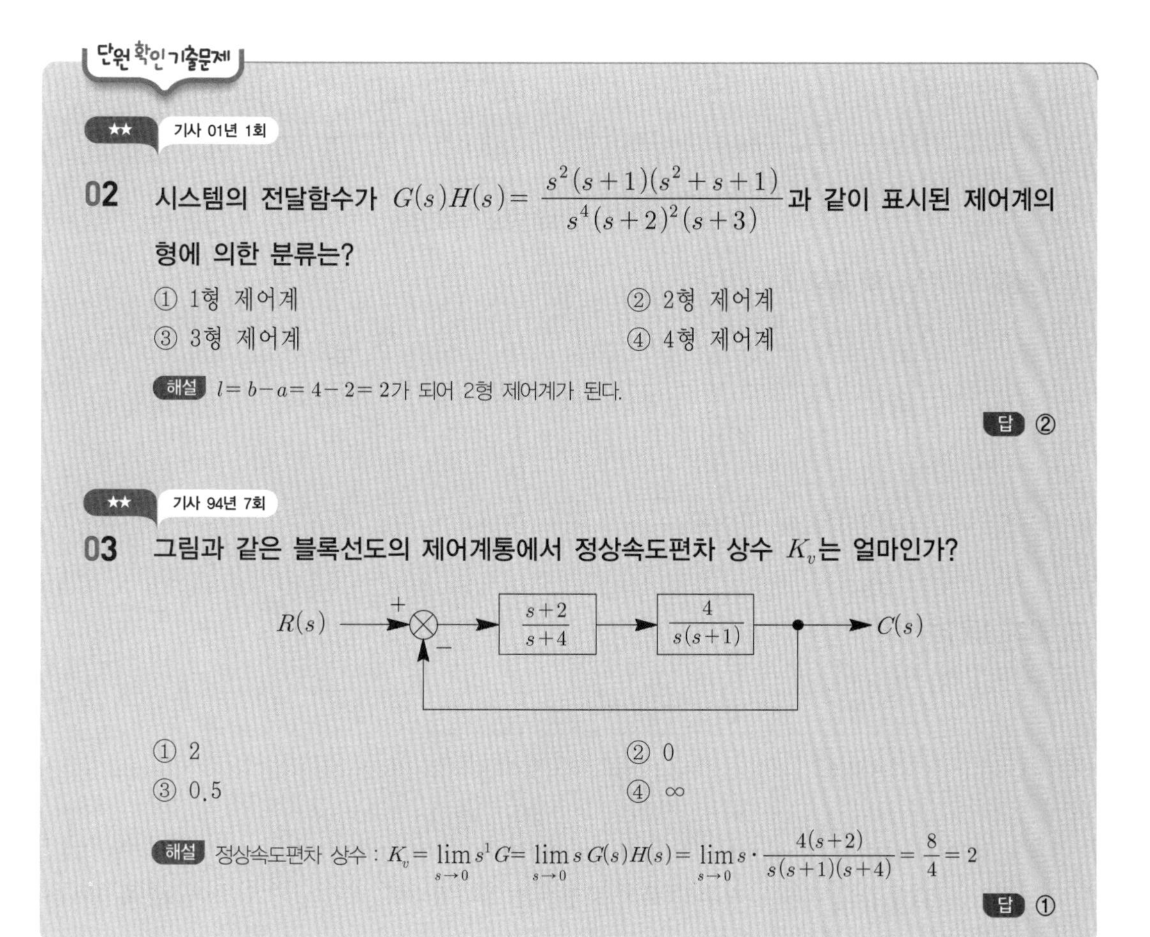

단원 확인기출문제

★★ 기사 01년 1회

02 시스템의 전달함수가 $G(s)H(s) = \frac{s^2(s+1)(s^2+s+1)}{s^4(s+2)^2(s+3)}$과 같이 표시된 제어계의 형에 의한 분류는?

① 1형 제어계 ② 2형 제어계
③ 3형 제어계 ④ 4형 제어계

해설 $l=b-a=4-2=2$가 되어 2형 제어계가 된다.

답 ②

★★ 기사 94년 7회

03 그림과 같은 블록선도의 제어계통에서 정상속도편차 상수 K_v는 얼마인가?

① 2 ② 0
③ 0.5 ④ ∞

해설 정상속도편차 상수 : $K_v = \lim_{s \to 0} s^1 G = \lim_{s \to 0} s\, G(s)H(s) = \lim_{s \to 0} s \cdot \frac{4(s+2)}{s(s+1)(s+4)} = \frac{8}{4} = 2$

답 ①

기사 3.25% 출제

출제 03 과도응답의 해석

2차 지연요소의 제동비 ζ의 범위에 따라 과도응답곡선의 상태(부족제동, 발산 등)를 파악하는 문제가 출제된다.

1 개요

① 제어계는 정상편차가 작아야 하는 것은 물론 입력함수의 변환에 따라 목표값의 속응성도 우수해야 한다.

② 이러한 과도특성을 해석하기 위하여 1차 지연요소와 2차 지연요소의 인디셜응답(indicial response)을 구해야 한다.

2 1차 지연요소의 인디셜응답

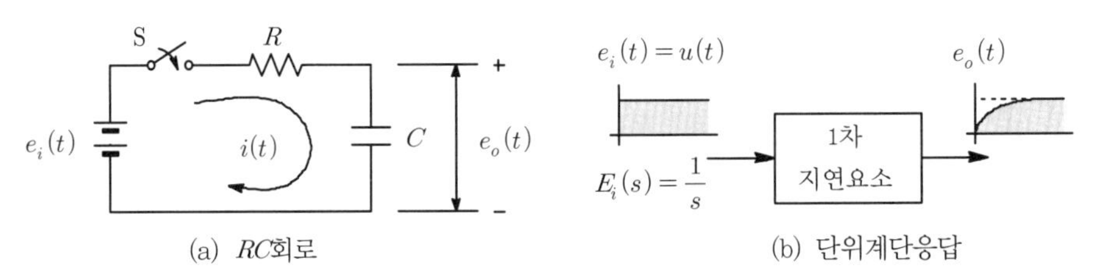

▌그림 3-3▌ 1차 지연요소 과도응답

(1) 전달함수 $M(s)$와 출력 $E_o(s)$

① $M(s)=\dfrac{E_o(s)}{E_i(s)}=\dfrac{\frac{1}{Cs}}{R+\frac{1}{Cs}}=\dfrac{1}{RCs+1}=\dfrac{1}{Ts+1}=\dfrac{\frac{1}{T}}{s+\frac{1}{T}}$

② $E_o(s)=E_i(s)\,M(s)=\dfrac{1}{s}\cdot\dfrac{\frac{1}{T}}{s+\frac{1}{T}}=\dfrac{\frac{1}{T}}{s\left(s+\frac{1}{T}\right)}$

(2) 인디셜응답 $e_o(t)$

① $E_o(s)=\dfrac{\frac{1}{T}}{s\left(s+\frac{1}{T}\right)}=\dfrac{A}{s}+\dfrac{B}{s+\frac{1}{T}}=\dfrac{1}{s}-\dfrac{1}{s+\frac{1}{T}}$

② $e_o(t)=1-e^{-\frac{1}{T}t}=1-e^{-\frac{1}{RC}t}$ ························ [식 3-10]

③ [식 3-10]과 같이 T를 시정수라 하며 시정수가 작아질수록, 즉 R, C가 작아질수록 과도시간은 짧아지는 특성이 있다.

3 2차 지연요소의 인디셜응답

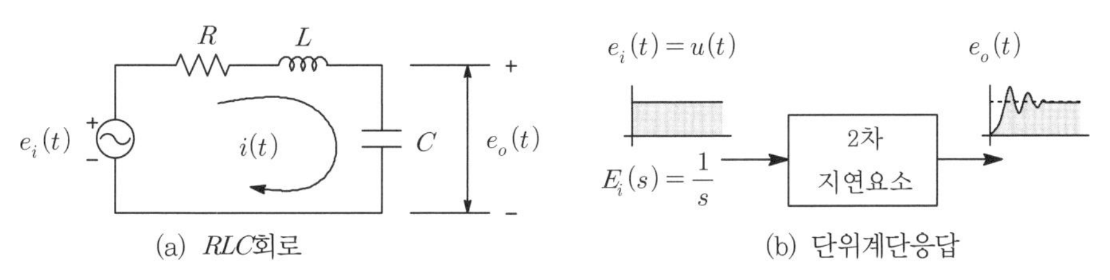

▌그림 3-4▐ 2차 지연요소 과도응답

(1) 전달함수 $M(s)$와 출력 $E_o(s)$

① $M(s)=\dfrac{E_o(s)}{E_i(s)}=\dfrac{\frac{1}{Cs}}{Ls+R+\frac{1}{Cs}}=\dfrac{1}{LCs^2+RCs+1}$

$$=\frac{\frac{1}{LC}}{s^2+\frac{R}{L}s+\frac{1}{LC}}=\frac{{\omega_n}^2}{s^2+2\zeta\omega_n s+{\omega_n}^2}$$

② $E_o(s)=E_i(s)\,M(s)$

$$=\frac{1}{s}\cdot\frac{{\omega_n}^2}{s^2+2\zeta\omega_n s+{\omega_n}^2}=\frac{{\omega_n}^2}{s(s-s_1)(s-s_2)}$$

(2) 인디셜응답 $e_o(t)$

① $E_o(s)=\dfrac{{\omega_n}^2}{s(s-s_1)(s-s_2)}=\dfrac{A}{s}+\dfrac{B}{s-s_1}+\dfrac{C}{s-s_2}$

② $e_o(t)=A+Be^{s_1 t}+Ce^{s_2 t}$ ······ [식 3-11]

(3) 특성방정식

[식 3-11]과 같이 2차 지연요소의 과도응답은 s_1, s_2에 의해 결정된다. 이와 같이 s_1, s_2를 구하기 위한 방정식을 특성방정식이라 하며 [식 3-13]과 같이 나타낼 수 있으며 이는 전달함수 $M(s)$의 분모를 0으로 한 방정식과 같다.

① 전달함수 : $M(s)=\dfrac{{\omega_n}^2}{s^2+2\zeta\omega_n s+{\omega_n}^2}$ ······ [식 3-12]

② 특성방정식 : $F(s)=s^2+2\zeta\omega_n s+{\omega_n}^2=0$ ······ [식 3-13]

③ 특성근 : $s=-\zeta\omega_n\pm\sqrt{(\zeta\omega_n)^2-{\omega_n}^2}=-\zeta\omega_n\pm\sqrt{-{\omega_n}^2(1-\zeta^2)}$

$$=-\zeta\omega_n\pm j\omega_n\sqrt{1-\zeta^2}=-\alpha\pm j\beta$$ ······ [식 3-14]

참고

함수 $ax^2+bx+x=0$에서 x를 구하기 위한 근의 공식은 다음과 같다.

$$\therefore\ x=\frac{-b\pm\sqrt{b^2-4ac}}{2a}=\frac{-b'\pm\sqrt{b'^2-ac}}{a}\ \left(\text{여기서, } b'=\frac{b}{2}\right)$$

4 과도응답의 평가상수

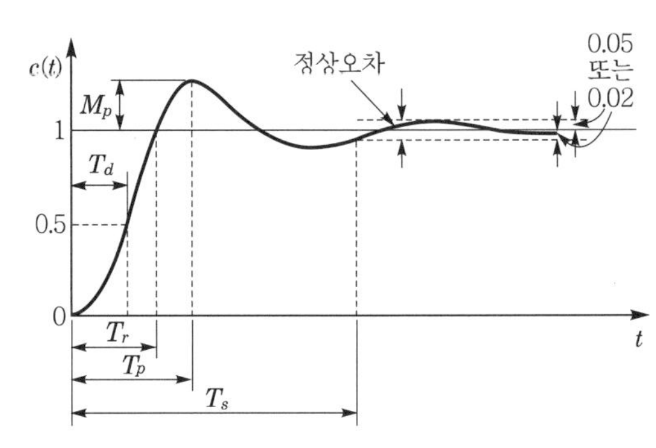

▌그림 3-5▐ 제어계의 대표적인 인디셜응답

(1) 최대 오버슈트(M_p)

① 응답 중에 생기는 입력과 출력 사이의 최대 편차량을 말하며, 제어계의 안정성을 나타내는 상수로 이용된다.

② 보통 최종값의 백분율로 표기하는 경우가 많다.

$$\therefore\ \text{백분율(상대) 오버슈트}=\frac{\text{최대 오버슈트}}{\text{최종 목표값}}\times 100[\%]$$ ········· [식 3-15]

(2) 지연시간(T_d)

목표값의 50[%]에 도달하는 데 걸리는 시간을 말한다.

(3) 상승시간(T_r)

목표값의 10[%]에서 90[%]까지 도달하는 데 걸리는 시간을 말한다.

(4) 정정시간(T_s)

응답이 정해진 허용범위(최종 목표값의 ±5[%] 또는 ±2[%]) 이내로 되는 데 걸리는 시간을 말한다.

(5) 진폭 감쇠비

① 과도응답의 소멸되는 정도를 나타내는 양으로 보통 $\frac{1}{4}$이 가장 적당한 것으로 되어 있다.

② $$\text{진폭 감쇠비}=\frac{\text{제2의 오버슈트}}{\text{최대 오버슈트}}$$ ········· [식 3-16]

5 특성방정식과 과도응답

(1) 개요

① 2차 지연요소의 과도응답은 [식 3-14]와 같이 특성방정식의 특성근에 의해 결정된다.

② 특성근은 [식 3-14]와 같이 일반적으로 복소수로 나타내며 복소수 평면(s-plane)에 근의 위치에 따라서 과도응답이 크게 달라진다.

(2) 특성방정식의 근의 위치에 따른 인디셜응답

▌표 3-4▌ 2차 지연요소의 인디셜응답

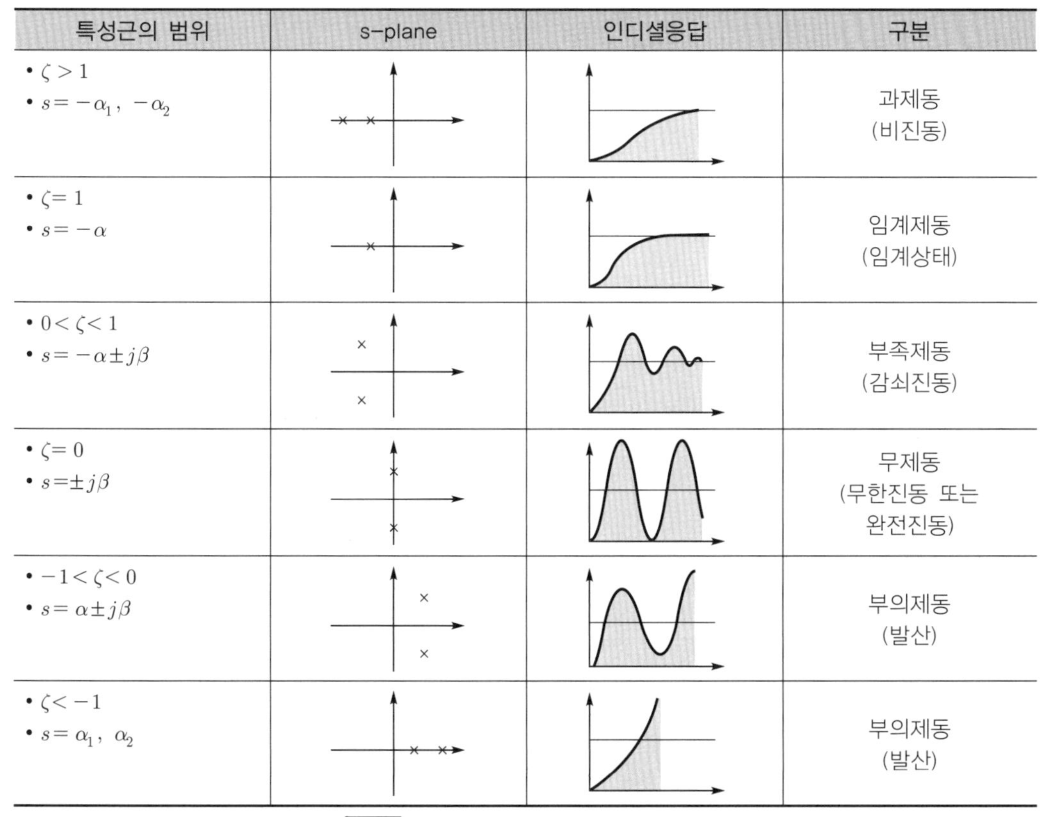

특성근의 범위	s-plane	인디셜응답	구분
• $\zeta > 1$ • $s = -\alpha_1,\ -\alpha_2$			과제동 (비진동)
• $\zeta = 1$ • $s = -\alpha$			임계제동 (임계상태)
• $0 < \zeta < 1$ • $s = -\alpha \pm j\beta$			부족제동 (감쇠진동)
• $\zeta = 0$ • $s = \pm j\beta$			무제동 (무한진동 또는 완전진동)
• $-1 < \zeta < 0$ • $s = \alpha \pm j\beta$			부의제동 (발산)
• $\zeta < -1$ • $s = \alpha_1,\ \alpha_2$			부의제동 (발산)

여기서, 특성근 : $s = -\zeta\omega_n \pm j\omega_n\sqrt{1-\zeta^2} = -\alpha \pm j\beta$

(3) 제동비에 따른 인디셜응답

① 특성근 $s = -\zeta\omega_n \pm j\omega_n\sqrt{1-\zeta^2} = -\alpha \pm j\beta$에서 α를 제동인자 또는 제동상수라 한다.

② $\zeta = 1$일 때 임계제동 상태가 되며, 이때의 제동상수 $\alpha = \omega_n$이 된다.

③ 제동비(damping ratio)는 [식 3-17]과 같이 나타낼 수 있다.

$$\therefore \text{제동비} : \zeta = \frac{\alpha}{\omega_n} = \frac{\text{실제 제동상수}}{\text{임계제동에서의 제동상수}} \qquad \text{[식 3-17]}$$

④ 제동비 ζ의 변화에 따른 인디셜응답은 [그림 3-6]과 같으며 제동비가 크면 상승시간이 줄어드나 최대 오버슈트가 커지는 결점이 있으므로 일반적으로 $\zeta=0.707$일 때 가장 안정한 것으로 알려져 있다.

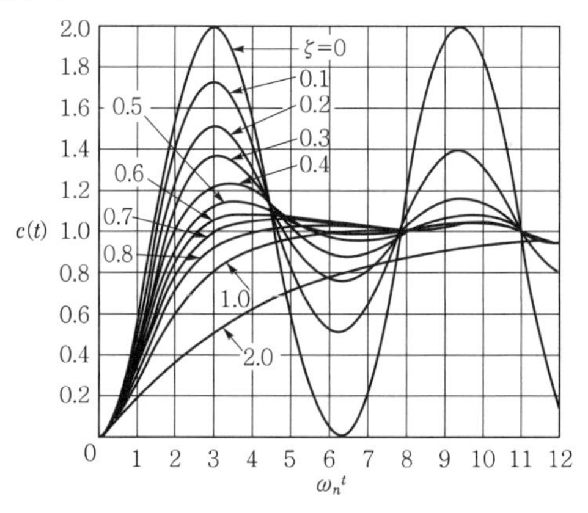

▌그림 3-6▐ 제동비에 따른 인디셜응답

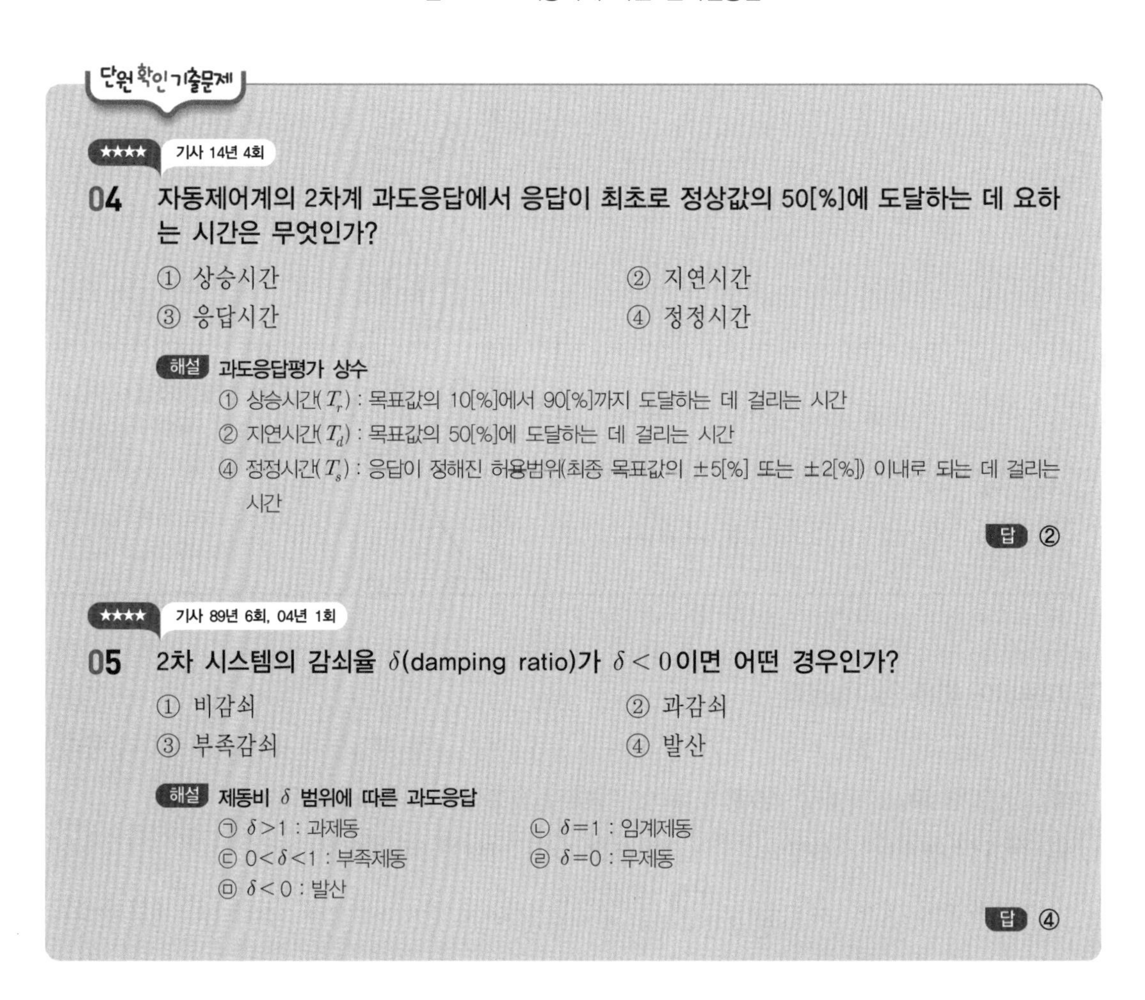

단원확인기출문제

★★★★ 기사 14년 4회

04 자동제어계의 2차계 과도응답에서 응답이 최초로 정상값의 50[%]에 도달하는 데 요하는 시간은 무엇인가?

① 상승시간 ② 지연시간
③ 응답시간 ④ 정정시간

해설 **과도응답평가 상수**

① 상승시간(T_r) : 목표값의 10[%]에서 90[%]까지 도달하는 데 걸리는 시간
② 지연시간(T_d) : 목표값의 50[%]에 도달하는 데 걸리는 시간
④ 정정시간(T_s) : 응답이 정해진 허용범위(최종 목표값의 ±5[%] 또는 ±2[%]) 이내로 되는 데 걸리는 시간

답 ②

★★★★ 기사 89년 6회, 04년 1회

05 2차 시스템의 감쇠율 δ(damping ratio)가 $\delta<0$이면 어떤 경우인가?

① 비감쇠 ② 과감쇠
③ 부족감쇠 ④ 발산

해설 **제동비 δ 범위에 따른 과도응답**

㉠ $\delta>1$: 과제동
㉡ $\delta=1$: 임계제동
㉢ $0<\delta<1$: 부족제동
㉣ $\delta=0$: 무제동
㉤ $\delta<0$: 발산

답 ④

단원 핵심정리 한눈에 보기

1. 시험용 신호의 응답

응답 $c(t) = \mathcal{L}^{-1}[C(s)] = \mathcal{L}^{-1}[R(s)G(s)]$

종류	$r(t)$	$R(s)$	응답 $c(t)$
임펄스응답	$\delta(t)$	1	$c(t) = \mathcal{L}^{-1}[G(s)]$
인디셜응답	$u(t)$	$\frac{1}{s}$	$c(t) = \mathcal{L}^{-1}\left[\frac{1}{s}G(s)\right]$
경사응답	$t\,u(t)$	$\frac{1}{s^2}$	$c(t) = \mathcal{L}^{-1}\left[\frac{1}{s^2}G(s)\right]$
포물선응답	$\frac{1}{2}t^2u(t)$	$\frac{1}{s^3}$	$c(t) = \mathcal{L}^{-1}\left[\frac{1}{s^3}G(s)\right]$

2. 시험용 신호에 따른 정상편차

개루프 전달함수 $G(s)H(s) = G$

구분	입력 $r(t)$	정상편차	정상편차상수	제어계의 형별
정상위치편차	$u(t)$	$e_{sp} = \frac{1}{1+K_p}$	$K_p = \lim_{s\to 0} s^0 G$	0형
정상속도편차	t	$e_{sv} = \frac{1}{K_v}$	$K_v = \lim_{s\to 0} s^1 G$	1형
정상가속도편차	$\frac{1}{2}t^2$	$e_{sa} = \frac{1}{K_a}$	$K_a = \lim_{s\to 0} s^2 G$	2형

여기서, $u(t)$: 단위계단입력, t : 단위속도입력, $\frac{1}{2}t^2$: 단위가속도입력

3. 제어계의 형별

개루프 전달함수 $G = G(s)H(s) = \dfrac{Ks^a(s-Z_1)(s-Z_2)\cdots(s-Z_n)}{s^b(s-P_1)(s-P_2)\cdots(s-P_n)}$

여기서, $b \geq a$인 경우 제어계의 형별 $l = b - a$ 이 된다.

① $l = 0$: 0형 제어계

② $l = 1$: 1형 제어계

③ $l = 2$: 2형 제어계

4. 2차 지연요소의 인디셜응답

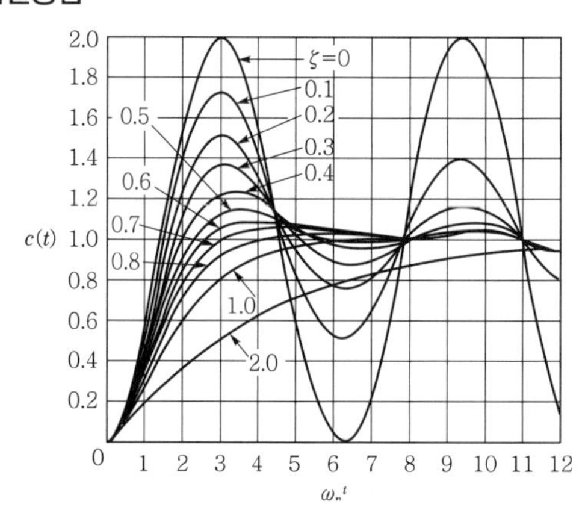

① 2차 지연요소의 전달함수 : $M(s)=\dfrac{{\omega_n}^2}{s^2+2\zeta\omega_n s+{\omega_n}^2}$

② 2차 지연요소의 특성방정식 : $F(s)=s^2+2\zeta\omega_n s+{\omega_n}^2=0$

③ 제동비 ζ 범위에 따른 과도응답

㉠ $0<\zeta<1$: 부족제동, 감쇠진동, 부족감쇠(안정)

㉡ $\zeta=1$: 임계제동, 임계감쇠, 임계상태

㉢ $\zeta>1$: 과제동, 과감쇠, 비진동

㉣ $\zeta=0$: 무제동, 무한진동, 완전진동, 임계안정

㉤ $\zeta<0$: 발산, 부의제동(불안정)

④ 과도응답의 특징

㉠ ζ가 작을수록 오버슈트는 증가한다.

㉡ 특성근이 허수축에서 가까워질수록 과도시간은 길어진다.

⑤ 과도응답의 평가상수

㉠ 백분율(상대) 오버슈트$=\dfrac{\text{최대 오버슈트}}{\text{최종 목표값}}\times 100[\%]$

㉡ 지연시간(T_d) : 목표값의 50[%]에 도달하는 데 걸리는 시간

㉢ 상승시간(T_r) : 목표값의 10[%]에서 90[%]까지 도달하는 데 걸리는 시간

㉣ 진폭 감쇠비 : 과도응답의 소멸되는 정도$\left(\dfrac{\text{제2의 오버슈트}}{\text{최대 오버슈트}}\right)$

단원 자주 출제되는 기출문제

출제 01 제어시스템의 시간영역응답

★★ 기사 92년 2·7회, 00년 5회

01 시간영역에서 자동제어계를 해석할 때 기본 시험입력에 보통 사용되지 않는 입력은?

① 정속도입력　② 정현파입력
③ 단위계단입력　④ 정가속도입력

해설
시간영역에서 기본 시험입력으로 사용하는 것을 단위계단입력, 정속도입력, 정가속도입력의 3종이 있으며, 정현파입력은 주파수영역의 제어해석에 사용되는 주파수응답의 입력에 사용된다.

★★ 기사 96년 5회, 04년 2회

02 어떤 제어계에 입력신호를 가하고 난 후 출력신호가 정상상태에 도달할 때까지의 응답을 무엇이라고 하는가?

① 시간응답　② 선형응답
③ 정상응답　④ 과도응답

해설
과도응답이란 입력을 가한 후 정상상태에 도달할 때까지의 출력을 의미한다.

★★★★ 기사 96년 6회, 15년 2회

03 단위계단입력 신호에 대한 과도응답을 무엇이라 하는가?

① 임펄스응답　② 인디셜응답
③ 노멀응답　④ 램프응답

해설 응답의 종류

종류	$r(t)$	$R(s)$	응답 $c(t)$
임펄스 응답	$\delta(t)$	1	$c(t)=\mathcal{L}^{-1}[G(s)]$
인디셜 응답	$u(t)$	$\frac{1}{s}$	$c(t)=\mathcal{L}^{-1}\left[\frac{1}{s}G(s)\right]$
경사 응답	t	$\frac{1}{s^2}$	$c(t)=\mathcal{L}^{-1}\left[\frac{1}{s^2}G(s)\right]$
포물선 응답	$\frac{1}{2}t^2$	$\frac{1}{s^3}$	$c(t)=\mathcal{L}^{-1}\left[\frac{1}{s^3}G(s)\right]$

여기서, $G(s)=M(s)$: 종합 전달함수
$u(t)$: 단위계단입력

★★★ 기사 93년 6회

04 다음 회로의 임펄스응답은? (단, $t=0$에서 스위치 K를 닫으며 v_o를 출력으로 본다.)

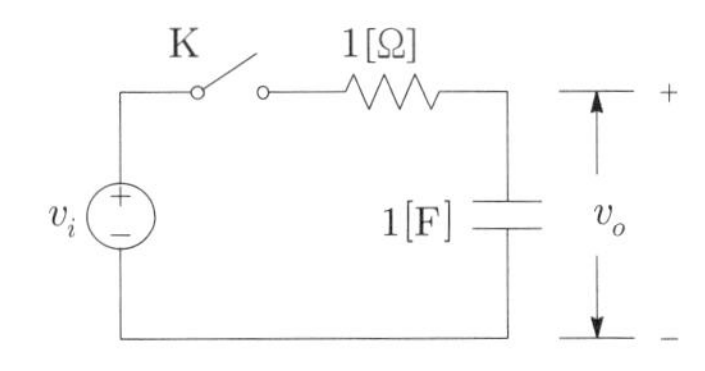

① e^t　② e^{-t}
③ $\frac{1}{2}e^{-t}$　④ $2e^{-t}$

해설
㉠ 종합 전달함수

$$M(s)=\frac{V_o(s)}{V_i(s)}=\frac{\frac{1}{Cs}}{R+\frac{1}{Cs}}=\frac{1}{RCs+1}$$

$$=\frac{\frac{1}{RC}}{s+\frac{1}{RC}}$$

㉡ 응답

$$v_o(t)=\mathcal{L}^{-1}[V_o(s)]$$
$$=\mathcal{L}^{-1}[V_i(s)M(s)]$$

임펄스응답은 $V_i(s)=1$이므로

∴ 임펄스응답

$$v_o(t)=\mathcal{L}^{-1}[M(s)]=\mathcal{L}^{-1}\left[\frac{\frac{1}{RC}}{s+\frac{1}{RC}}\right]$$

$$=\frac{1}{RC}e^{-\frac{1}{RC}t}=e^{-t}$$

정답 01. ② 02. ④ 03. ② 04. ②

Comment

임펄스응답은 전달함수의 역라플라스 변환하여 구할 수 있다.

★★ 기사 14년 1회

05 그림과 같은 RC회로에 단위계단전압을 가하면 출력전압은?

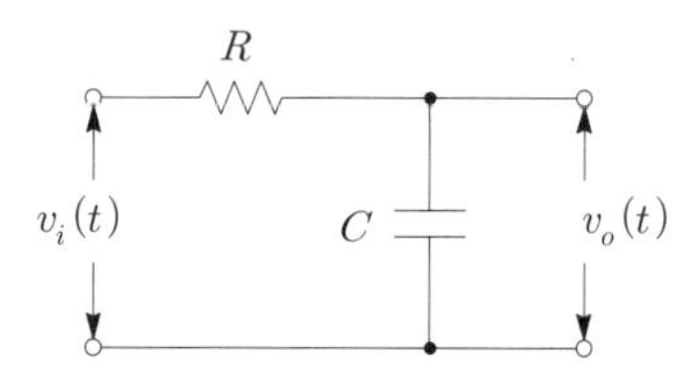

① 아무 전압도 나타나지 않는다.
② 처음부터 계단전압이 나타난다.
③ 계단전압에서 지수적으로 감쇠한다.
④ 0부터 상승하여 계단전압에 이른다.

해설

㉠ 전달함수

$$G(s)=\frac{V_o(s)}{V_i(s)}=\frac{\frac{1}{Cs}}{R+\frac{1}{Cs}}=\frac{1}{RCs+1}=\frac{\frac{1}{RC}}{s+\frac{1}{RC}}$$

㉡ 출력 라플라스 변환

$$V_o(s)=G(s)\,V_i(s)=\frac{\frac{1}{RC}}{s+\frac{1}{RC}}\times\frac{1}{s}=\frac{\frac{1}{RC}}{s\left(s+\frac{1}{RC}\right)}$$

㉢ 인디셜응답

$$v_o(t)=\mathcal{L}^{-1}[V_o(s)]=1-e^{-\frac{1}{RC}t}$$

∴ 출력전압은 0부터 상승하여 계단전압에 이른다.

★★★ 기사 91년 6회

06 그림과 같은 RC병렬회로의 임펄스응답은?

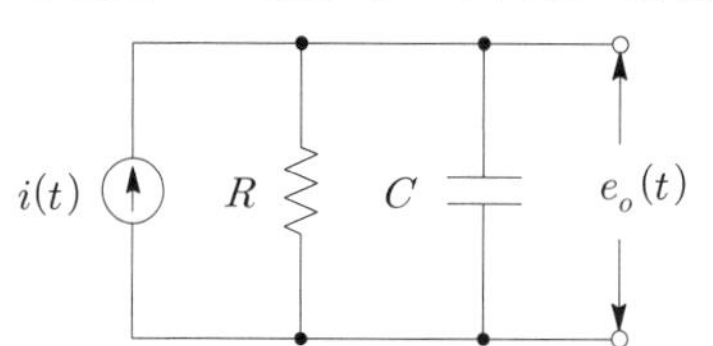

① $e^{-\frac{t}{RC}}$　② $\frac{1}{R}e^{-\frac{t}{RC}}$

③ $\frac{1}{C}e^{-\frac{t}{RC}}$　④ $\frac{1}{RC}e^{-\frac{t}{RC}}$

해설

종합 전달함수

$$M(s)=\frac{R\times\frac{1}{Cs}}{R+\frac{1}{Cs}}=\frac{R}{RCs+1}=\frac{\frac{1}{C}}{s+\frac{1}{RC}}$$

∴ 임펄스응답

$$e_o(t)=\mathcal{L}^{-1}[M(s)]=\mathcal{L}^{-1}\left[\frac{\frac{1}{C}}{s+\frac{1}{RC}}\right]=\frac{1}{C}e^{-\frac{1}{RC}t}$$

★★★ 기사 16년 3회

07 전달함수 $G(s)=\dfrac{C(s)}{R(s)}=\dfrac{1}{(s+a)^2}$인 제어계의 임펄스응답 $c(t)$는?

① e^{-at}　② $1-e^{-at}$

③ te^{-at}　④ $\frac{1}{2}t^2$

해설

㉠ 임펄스함수의 라플라스 변환

$\delta(t)\xrightarrow{\mathcal{L}}1$(즉, $R(s)=1$)

㉡ 출력 라플라스 변환

$$C(s)=R(s)G(s)=G(s)=\frac{1}{(s+a)^2}$$

∴ 응답 $c(t)=\mathcal{L}^{-1}\left[\frac{1}{(s+a)^2}\right]=\mathcal{L}^{-1}\left[\frac{1}{s^2}\Big|_{s\to s+a}\right]=te^{-at}$

★★★ 기사 02년 1회

08 어떤 제어계의 임펄스응답이 $\sin 2t$이면 이 제어계의 전달함수는?

① $\frac{s}{s+2}$　② $\frac{s}{s^2+2}$

③ $\frac{2}{s^2+2}$　④ $\frac{2}{s^2+4}$

정답 05. ④ 06. ③ 07. ③ 08. ④

해설

임펄스응답 $c(t)=\mathcal{L}^{-1}[M(s)]$

∴ 종합 전달함수

$$M(s)=\mathcal{L}[c(t)]=C(s)$$
$$=\frac{2}{s^2+2^2}=\frac{2}{s^2+4}$$

★ 기사 94년 2회, 98년 4회

09 **다음 임펄스응답에 관한 설명 중 옳지 않은 것은?**

① 입력과 출력만 알면 임펄스응답은 알 수 있다.
② 회로소자의 값을 알면 임펄스응답은 알 수 있다.
③ 회로의 모든 초기값이 0일 때 입력과 출력을 알면 임펄스응답을 알 수 있다.
④ 회로의 모든 초기값이 0일 때 단위 임펄스입력에 대한 출력이 임펄스응답이다.

해설

시간응답은 입력과 전달함수를 알면 출력의 시간특성 함수를 알 수 있는 것을 말한다. 그러나 회로소자만으로는 전달함수를 구할 수 없으므로 응답특성을 구할 수 없다.

출제 02 편차와 감도

★ 기사 93년 3회, 96년 7회

10 **그림의 블록선도에서 $H=0.1$이면 오차 E[V]는?**

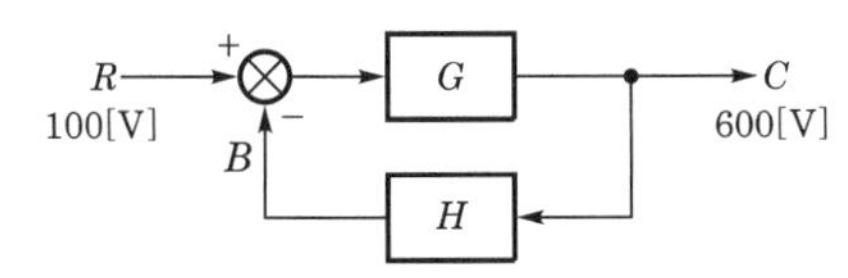

① −6
② 6
③ −40
④ 40

해설 오차

$$E=R-B=R-CH$$
$$=100-600\times 0.1=40[\mathrm{V}]$$

★ 기사 90년 1·6회, 03년 2회

11 **단위계단입력에 대한 정상편차가 유한값이면 이 계는 무슨 형인가?**

① 0형 제어계　② 1형 제어계
③ 2형 제어계　④ 3형 제어계

해설 시험용 시험에 따른 정상편차

㉠ 정상위치편차

입력 $r(t)$	단위계단함수 $u(t)$
정상편차	$e_{sp}=\frac{1}{1+K_p}$
정상편차상수	$K_p=\lim\limits_{s\to 0} s^0G$
제어계의 형별	0형 제어계

㉡ 정상속도편차

입력 $r(t)$	단위램프함수 t
정상편차	$e_{sv}=\frac{1}{K_v}$
정상편차상수	$K_v=\lim\limits_{s\to 0} s^1G$
제어계의 형별	1형 제어계

㉢ 정상가속도편차

입력 $r(t)$	단위포물선함수 $\frac{1}{2}t^2$
정상편차	$e_{sa}=\frac{1}{K_a}$
정상편차상수	$K_a=\lim\limits_{s\to 0} s^2G$
제어계의 형별	2형 제어계

Comment

해설의 표와 같이 입력함수에 따라 제어계의 형별을 구분하면 된다. 문제를 풀 때에는 정상편차가 유한값이라는 말은 해석할 필요가 없다.

★ 기사 90년 1회

12 **단위램프입력에 대하여 정상속도편차 상수가 유한값을 갖는 제어계의 형은?**

① 0형 제어계
② 1형 제어계
③ 2형 제어계
④ 3형 제어계

해설 제어계의 형별

㉠ 정상위치편차 e_{sp}가 유한한 값이 나오면 0형 제어계라 한다.

정답 09. ② 10. ④ 11. ① 12. ②

㉡ 정상속도편차 e_{sv}가 유한한 값이 나오면 1형 제어계라 한다.
㉢ 정상가속도편차 e_{sa}가 유한한 값이 나오면 2형 제어계라 한다.

★★ 기사 92년 6회, 10년 1회

13 그림과 같은 블록선도로 표시되는 계는 무슨 형인가?

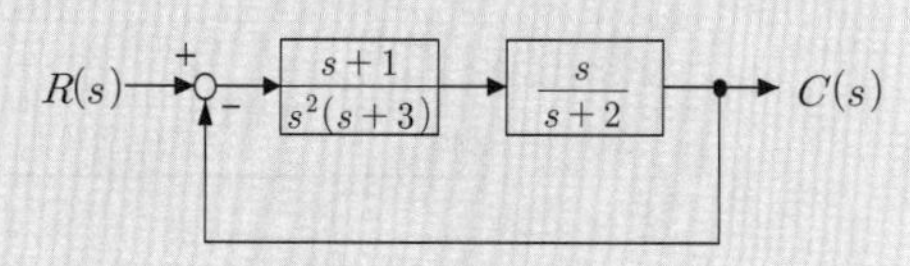

① 0형 ② 1형
③ 2형 ④ 3형

해설 개루프 전달함수

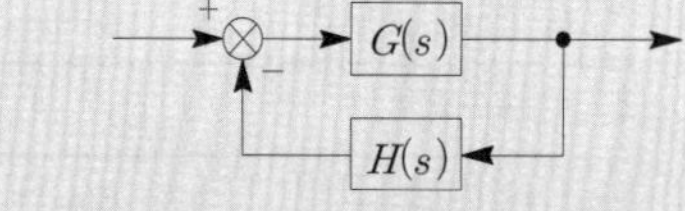

$$G=G(s)H(s)=\frac{Ks^a(s-Z_1)(s-Z_2)\cdots(s-Z_n)}{s^b(s-P_1)(s-P_2)\cdots(s-P_n)}$$

에서 $b-a=l$이라 놓으면 이 제어계는 l형 제어계라 한다. 따라서 문제의 제어계는 다음과 같다.

$G=G(s)H(s)=\dfrac{s(s+1)}{s^2(s+3)(s+2)}$에서

$l=b-a=2-1=1$이 되어 1형 제어계가 된다.

★★ 기사 12년 1회, 16년 2회

14 그림과 같은 블록선도로 표시되는 제어계는?

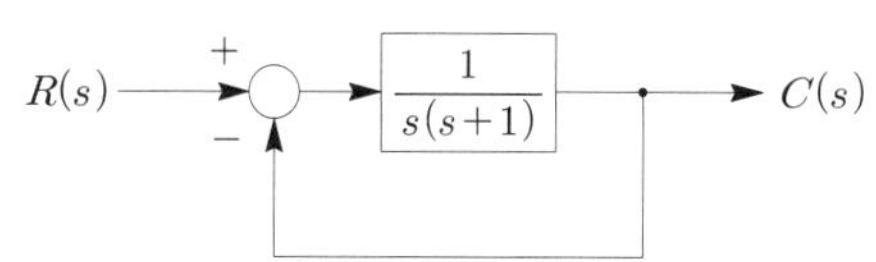

① 0형 ② 1형
③ 2형 ④ 3형

해설

개루프 전달함수 $G=G(s)H(s)=\dfrac{1}{s(s+1)}$에서

$l=b-a=1-0=1$이 되어 1형 제어계가 된다.

★★ 기사 93년 1회

15 $G(s)H(s)=\dfrac{K(s+1)}{s(s+2)(s+4)}$일 때 이 계통은 어떤 형인가?

① 0형 ② 1형
③ 2형 ④ 3형

해설

$l=b-a=1-0=1$이 되어 1형 제어계가 된다.

★★ 기사 94년 2회

16 다음 중 $G(s)H(s)=\dfrac{K}{Ts+1}$일 때 이 계통은 어떤 형인가?

① 0형 ② 1형
③ 2형 ④ 3형

해설

개루프 전달함수

$G=G(s)H(s)=\dfrac{s^0K}{s^0(Ts+1)}$에서

$l=b-a=0-0=0$이 되어 0형 제어계가 된다.

★★★ 기사 92년 7회, 04년 2회, 10년 3회

17 그림과 같은 제어계에서 단위계단외란 D가 인가되었을 때의 정상편차는?

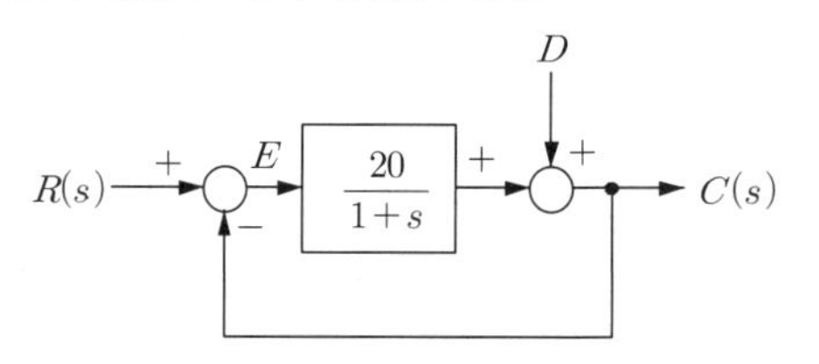

① 20 ② 21
③ $\dfrac{1}{10}$ ④ $\dfrac{1}{21}$

해설

정상위치편차 상수

$K_p=\lim\limits_{s\to0}s^0G=\lim\limits_{s\to0}G(s)H(s)$

$=\lim\limits_{s\to0}\dfrac{20}{1+s}=20$

∴ 정상위치편차 $e_{sp}=\dfrac{1}{1+K_p}=\dfrac{1}{21}$

정답 13. ② 14. ② 15. ② 16. ① 17. ④

★★★ 기사 14년 3회, 16년 3회

18 단위 피드백제어계에서 개루프 전달함수 $G(s)$가 다음과 같이 주어지는 계의 단위계단입력에 대한 정상편차는?

$$G(s)=\frac{6}{(s+1)(s+3)}$$

① $\frac{1}{2}$ ② $\frac{1}{3}$

③ $\frac{1}{4}$ ④ $\frac{1}{6}$

해설

정상위치편차 상수

$$K_p=\lim_{s\to 0} s^0 G = \lim_{s\to 0} G(s)H(s) = \lim_{s\to 0}\frac{6}{(s+1)(s+3)} = \frac{6}{3}=2$$

∴ 정상위치편차 $e_{sp}=\frac{1}{1+K_p}=\frac{1}{3}$

★ 기사 95년 7회, 16년 3회 / 산업 99년 7회

19 개루프 전달함수 $G(s)=\frac{10}{s(s+1)(s+2)}$ 이 다음과 같은 계에서 단위속도입력에 대한 정상편차는?

① 0.2
② 0.25
③ 0.33
④ 0.5

해설

㉠ 개루프 전달함수 $G=G(s)H(s)$에서 $H(s)=1$인 전달함수를 단위 폐루프제어계라 한다.

㉡ 정상속도편차 상수

$$K_v=\lim_{s\to 0} s^1 G = \lim_{s\to 0} s\cdot\frac{10}{s(s+1)(s+2)} = \frac{10}{2}=5$$

∴ 정상속도편차 $e_{sv}=\frac{1}{K_v}=\frac{1}{5}=0.2$

집중공략

★★ 기사 90년 2회, 94년 4회

20 $G_1(s)=K$, $G_2(s)=\frac{1+0.1s}{1+0.2s}$, $G_3(s)=\frac{200}{s(s+1)(s+2)}$ 인 그림과 같은 제어계에 단위램프입력을 가할 때 정상편차가 0.01이라면 K의 값은?

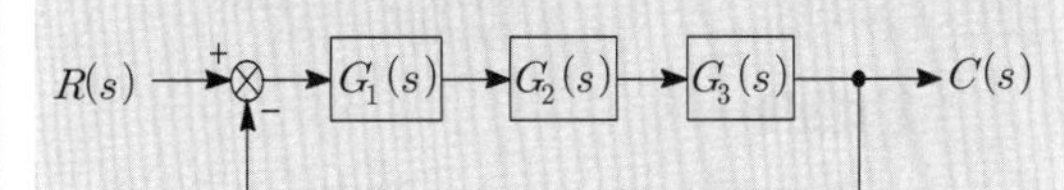

① 0.1 ② 1

③ 10 ④ 100

해설

㉠ 정상속도편차 상수

$$K_v=\lim_{s\to 0} s^1 G = \lim_{s\to 0} s\cdot\frac{200K(1+0.1s)}{s(s+1)(s+2)(1+0.2s)} = \frac{200K}{2} = 100K$$

㉡ 정상속도편차

$$e_{sv}=\frac{1}{K_v}=\frac{1}{100K}=0.01$$

∴ $K=\frac{1}{100\times 0.01}=1$

★ 기사 01년 1회

21 제어시스템의 정상상태 오차에서 포물선 함수입력에 의한 정상상태 오차를 $K_a=\lim_{s\to 0} s^2 G(s)H(s)$로 표현된다. 이때 K_a를 무엇이라고 부르는가?

① 위치오차 상수
② 속도오차 상수
③ 가속도오차 상수
④ 평균오차 상수

정답 18. ② 19. ① 20. ② 21. ③

★ 기사 93년 4회, 95년 5회, 04년 3회, 16년 3회

22 다음 그림의 보안계통에서 입력변환기 K_1에 대한 계통의 전달함수 T의 감도는 얼마인가?

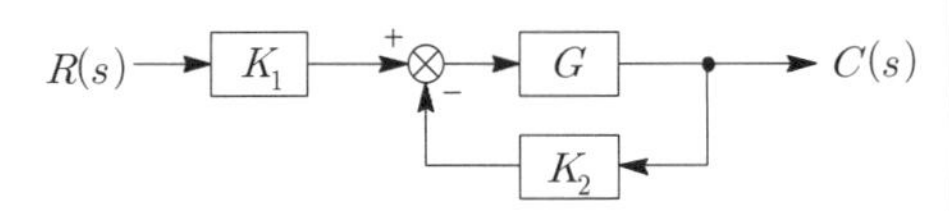

① -1 ② 0
③ 0.5 ④ 1

해설

종합 전달함수 $M(s)=T=\dfrac{K_1 G}{1+K_2 G}$

∴ 감도

$$S_{K_1}^T=\frac{K_1}{T}\cdot\frac{dT}{dK_1}$$
$$=\frac{K_1}{\dfrac{K_1 G}{1+GK_2}}\times\frac{d}{dK_1}\left(\frac{K_1 G}{1+GK_2}\right)$$
$$=\frac{1+GK_2}{G}\times\frac{G}{1+GK_2}=1$$

Comment

- 감도에 관련된 문제는 복잡하고 출제빈도가 낮으므로 그냥 넘어가도 괜찮다.
- 기존 기출문제를 보면 대부분의 정답이 ①항이 되고, 문제 22번과 같이 ①항이 -1인 경우 - 가 아닌 ④항이 정답이 된다.

★ 기사 90년 6회, 91년 6회

23 그림과 같은 계에서 $K_1=K_2=100$일 때 전달함수 $T=\dfrac{C}{R}$의 K_1에 대한 감도를 구하면?

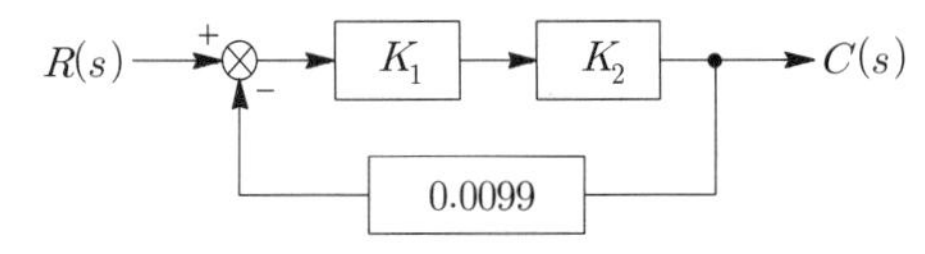

① 0.01 ② 0.1
③ 1 ④ 0.0001

해설

종합 전달함수 $M(s)=T=\dfrac{K_1 K_2}{1+0.0099K_1K_2}$

∴ 감도

$$S_{K_1}^T=\frac{K_1}{T}\cdot\frac{dT}{dK_1}$$
$$=\frac{K_1}{\dfrac{K_1K_2}{1+0.0099K_1K_2}}\times\frac{d}{dK_1}\left(\frac{K_1K_2}{1+0.0099K_1K_2}\right)$$
$$=\frac{1+0.0099K_1K_2}{K_2}\times\frac{K_2(1+0.0099K_1K_2)-K_1K_2(0.0099K_2)}{(1+0.0099K_1K_2)^2}$$
$$=\frac{1+0.0099K_1K_2-0.0099K_1K_2}{1+0.0099K_1K_2}$$
$$=\frac{1+99-99}{1+99}=\frac{1}{100}=0.01$$

★ 기사 89년 6회

24 폐루프 전달함수 $T=\dfrac{C}{R}=\dfrac{A_1+KA_2}{A_3+KA_4}$인 계에서 K에 대한 T의 감도 S_K^T는?

① $\dfrac{K(A_2A_3-A_1A_4)}{(A_1+KA_2)(A_3+KA_4)}$

② $\dfrac{A_1A_2K(A_3-KA_4)}{(A_2+A_3)(A_1+A_4)}$

③ $\dfrac{A_2A_3+A_1A_4}{(A_1+A_3)(A_2+A_4)}$

④ $\dfrac{K(A_2A_3-A_1A_4)}{K(A_1+A_4)(A_2+A_3)}$

해설

감도 $S_K^T=\dfrac{K}{T}\cdot\dfrac{dT}{dK}$

$$=\frac{K}{\dfrac{A_1+KA_2}{A_3+KA_4}}\times\frac{d}{dK}\left(\frac{A_1+KA_2}{A_3+KA_4}\right)$$
$$=\frac{K(A_3+KA_4)}{A_1+KA_2}\cdot\frac{A_2A_3-A_1A_4}{(A_3+KA_4)^2}$$
$$=\frac{K(A_2A_3-A_1A_4)}{(A_1+KA_2)(A_3+KA_4)}$$

여기서, $\dfrac{dT}{dK}=\dfrac{d}{dK}\left(\dfrac{A_1+KA_2}{A_3+KA_4}\right)$

$$=\frac{A_2(A_3+KA_4)-A_4(A_1+KA_2)}{(A_3+KA_4)^2}$$
$$=\frac{A_2A_3-A_1A_4}{(A_3+KA_4)^2}$$

정답 22. ④ 23. ① 24. ①

출제 03 과도응답의 해석

★★ 기사 95년 5회, 99년 6회

25 **오버슈트에 대한 설명 중 옳지 않은 것은?**

① 자동제어계의 정상오차이다.
② 자동제어계의 안정도의 척도가 된다.
③ 상대 오버슈트 $=\dfrac{\text{최대 오버슈트}}{\text{최종의 희망값}}\times 100$
④ 계단응답 중에 생기는 입력과 출력 사이의 최대 편차량이 최대 오버슈트이다.

해설
정상오차란 정상편차(off-set)를 의미하므로 정상상태($t=\infty$)일 때의 오차값을 말하며, 오버슈트는 과도상태의 오차값을 말한다.

★★★★ 기사 92년 3회, 99년 3회, 00년 4회, 04년 1회, 09년 1회

26 **과도응답이 소멸되는 정도를 나타내는 감쇠비(decay ratio)는?**

① 최대 오버슈트/제2오버슈트
② 제2오버슈트/제2오버슈트
③ 제2오버슈트/최대 오버슈트
④ 제2오버슈트/제3오버슈트

해설 과도응답평가 상수
㉠ 최대 오버슈트(M_p) : 응답 중에 생기는 입력과 출력 사이의 최대 편차량
㉡ 백분율(상대) 오버슈트 $=\dfrac{\text{최대 오버슈트}}{\text{최종 목표값}}\times 100[\%]$
㉢ 지연시간(T_d) : 목표값의 50[%]에 도달하는 데 걸리는 시간
㉣ 상승시간(T_r) : 목표값의 10[%]에서 90[%]까지 도달하는 데 걸리는 시간
㉤ 정정시간(T_s) : 응답이 정해진 허용범위(최종 목표값의 ±5[%] 또는 ±2[%]) 이내로 되는 데 걸리는 시간
㉥ 진폭 감쇠비 : 과도응답의 소멸되는 정도를 나타내는 양 $\left(\text{진폭 감쇠비}=\dfrac{\text{제2의 오버슈트}}{\text{최대 오버슈트}}\right)$

★★★ 기사 05년 2회, 14년 3회, 15년 2회

27 **다음의 과도응답에 관한 설명 중 옳지 않은 것은?**

① 지연시간은 응답이 최초로 목표값의 50[%]가 되는 데 소요되는 시간이다.
② 백분율 오버슈트는 최종 목표값과 최대 오버슈트와의 비를 %로 나타낸 것이다.
③ 감쇠비는 최종 목표값과 최대 오버슈트와의 비를 나타낸 것이다.
④ 응답시간은 응답이 요구하는 오차 이내로 정착되는 데 걸리는 시간이다.

해설 진폭 감쇠비
과도응답의 소멸되는 정도를 나타내는 양이다.
진폭 감쇠비 $=\dfrac{\text{제2의 오버슈트}}{\text{최대 오버슈트}}$

★★★ 기사 93년 1회, 95년 7회, 02년 3회, 06년 1회, 15년 1·3회

28 **응답이 최종값의 10[%]에서 90[%]까지 되는 데 요하는 시간은?**

① 상승시간(rise time)
② 지연시간(delay time)
③ 응답시간(respose time)
④ 정정시간(settling time)

★★★★ 기사 89년 6회, 91년 6회, 04년 1회

29 **특성방정식 $s^2+2\delta\omega_n s+\omega_n^2=0$이 부족제동을 하기 위한 δ값은?**

① $\delta=1$　　② $\delta<1$
③ $\delta>1$　　④ $\delta=0$

해설 특성방정식의 근의 위치에 따른 인디셜응답

특성근의 범위	s-plane	인디셜응답	구분
• $\delta>1$ • $s=-\alpha_1,\ -\alpha_2$			과제동 (비진동)
• $\delta=1$ • $s=-\alpha$			임계제동 (임계상태)
• $0<\delta<1$ • $s=-\alpha\pm j\beta$			부족제동 (감쇠진동)

정답 25. ① 26. ③ 27. ③ 28. ① 29. ②

특성근의 범위	s-plane	인디셜응답	구분
• $\delta=0$ • $s=\pm j\beta$	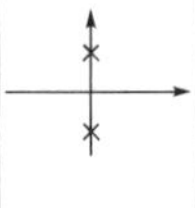	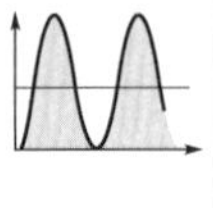	무제동 (무한진동 또는 완전진동)
• $-1<\delta<0$ • $s=\alpha\pm j\beta$	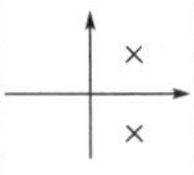	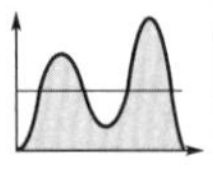	부의제동 (발산)
• $\delta<-1$ • $s=\alpha_1,\ \alpha_2$	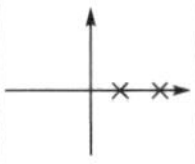	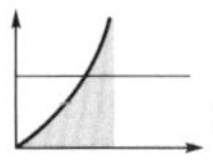	부의제동 (발산)

★★★★ 기사 97년 2회

30 제동비 δ가 1보다 점점 작아질 때 나타나는 현상은?

① 오버슈트가 점점 작아진다.
② 오버슈트가 점점 커진다.
③ 일정한 진폭을 가지고 무한히 진동한다.
④ 진동하지 않는다.

해설
제동비 δ가 1보다 작아질 때는 부족제동이면서 감쇠진동이 되므로 오버슈트가 점점 커짐을 알 수 있다. 이때, 0보다 적어지면 발산이 되어 불안정한 제어계가 된다.

★★★★ 기사 91년 6회 / 산업 94년 2회, 05년 3회

31 제동계수 $\zeta=1$인 경우 어떠한가?

① 임계진동이다.
② 강제진동이다.
③ 감쇠진동이다.
④ 완전진동이다.

해설 2차 지연요소의 인디셜응답의 구분
㉠ $0<\zeta<1$: 부족제동
㉡ $\zeta=1$: 임계제동
㉢ $\zeta>1$: 과제동
㉣ $\zeta=0$: 무제동(무한진동)
㉤ $\zeta<0$: 발산

★★★★ 기사 91년 6회, 94년 7회, 02년 3회, 15년 2회

32 2차 제어계의 과도응답에 대한 설명 중 틀린 것은?

① 제동계수가 1보다 작은 경우는 부족제동이라 한다.
② 제동계수가 1보다 큰 경우는 과제동이라 한다.
③ 제동계수가 1일 경우는 적정제동이라 한다.
④ 제동계수가 0일 경우는 무제동이라 한다.

해설
제동계수가 1일 경우는 임계제동이라 한다.

★ 기사 93년 3회

33 회로망함수 $H(s)=\dfrac{s}{s^2+\omega^2}$를 주어졌다면 이 함수의 시간응답은 시간이 경과됨에 비해 어떻게 변하는가?

① 감소한다.
② 증가한다.
③ 감소도 증가도 하지 않는다.
④ 감소·증가를 반복한다.

해설
특성방정식이 $F(s)=s^2+\omega^2=0$이면 $\delta=0$이므로 무제동 또는 무한진동이 된다. 따라서 감소도, 증가도 하지 않는다.

★★★ 기사 08년 2회

34 단위 부궤환제어시스템(unit negative feedback control system)의 개루프 전달함수 $G(s)=\dfrac{\omega_n^2}{s(s+2\zeta\omega_n)}$일 때 다음 설명 중 틀린 것은?

① 이 시스템은 $\zeta=1.2$일 때 과제동된 상태에 있게 된다.
② 이 폐루프시스템의 특성방정식은 $s^2+2\zeta\omega_n s+\omega_n^2=0$이다.
③ ζ값이 작게 될수록 제동이 많이 걸리게 된다.
④ ζ값이 음의 값이면 불안정하게 된다.

해설
① 제동계수 $\zeta>1$인 경우 과제동된 상태에 있게 된다.
② 특성방정식 $F(s)=1+G(s)H(s)=0$에서 $F(s)=S^2+2\zeta\omega_n S+\omega_n^2=0$이 된다.

정답 30. ② 31. ① 32. ③ 33. ③ 34. ③

여기서, 개루프 전달함수 $G(s)H(s)$에서 $H(s)=1$인 제어계를 단위 부궤환제어시스템이라 한다.

③ 제동계수 ζ가 작을수록 제동은 작게 걸리게 된다.

④ 제동계수 $\zeta<0$인 경우 응답곡선은 점점 커지는 발산 상태가 되어 제어계는 불안정하게 된다.

★★★★ 기사 97년 5회, 99년 3회

35 전달함수 $G=\dfrac{1}{1+6j\omega+9(j\omega)^2}$의 고유 각주파수는?

① 9 ② 3
③ 1 ④ 0.33

해설

㉠ 전달함수 $M(s)=\dfrac{1}{9s^2+6s+1}=\dfrac{\frac{1}{9}}{s^2+\frac{6}{9}s+\frac{1}{9}}$

에서 특성방정식 $F(s)=s^2+\frac{6}{9}s+\frac{1}{9}=0$이 된다.

㉡ 2차 제어계의 특성방정식
$F(s)=s^2+2\zeta\omega_n s+\omega_n^2=0$

∴ 상수항에서 $\omega_n^2=\frac{1}{9}$에서 고유각주파수 $\omega_n=\frac{1}{3}$

집중공략

★★★★ 기사 97년 4회, 08년 3회, 15년 4회

36 전달함수 $\dfrac{C(s)}{R(s)}=\dfrac{1}{4s^2+3s+1}$인 제어계는 어느 경우인가?

① 과제동(over damped)
② 부족제동(under damped)
③ 임계제동(critical damped)
④ 무제동(undamped)

해설

㉠ 전달함수 $M(s)=\dfrac{1}{4s^2+3s+1}=\dfrac{\frac{1}{4}}{s^2+\frac{3}{4}s+\frac{1}{4}}$

에서 특성방정식 $F(s)=s^2+\frac{3}{4}s+\frac{1}{4}=0$이 된다.

㉡ 2차 제어계의 특성방정식
$F(s)=s^2+2\zeta\omega_n s+\omega_n^2=0$

㉢ 상수항에서 $\omega_n^2=\frac{1}{4}$에서 고유각주파수 $\omega_n=\frac{1}{2}$

㉣ 1차항에서 $2\zeta\omega_n s=\frac{3}{4}s$에서

제동비 $\zeta=\frac{3}{4}\times\frac{1}{2\omega_n}=\frac{3}{4}$

∴ 제동비의 범위가 $0<\zeta<1$이므로 부족제동 상태가 된다.

★★★★ 기사 98년 3회

37 미분방정식 $\dfrac{d^2y(t)}{dt^2}+6\dfrac{dy(t)}{dt}+9y(t)=9x(t)$의 2차 계통에서 감쇠율(damping ratio) ζ와 제동의 종류는?

① $\zeta=0$: 무제동
② $\zeta=1$: 임계제동
③ $\zeta=2$: 과제동
④ $\zeta=0.5$: 감쇠진동 또는 부족제동

해설

㉠ 미분방정식을 라플라스 변환하면 다음과 같다.
$s^2Y(s)+6sY(s)+9Y(s)=9X(s)$

전달함수 $M(s)=\dfrac{Y(s)}{X(s)}=\dfrac{9}{s^2+6s+9}$가 된다.

㉡ 특성방정식
$F(s)=s^2+6s+9=s^2+2\zeta\omega_n s+\omega_n^2=0$

㉢ 상수항에서 $\omega_n^2=9$에서 고유각주파수 $\omega_n=3$

㉣ 1차항에서 $2\zeta\omega_n s=6s$에서 제동비 $\zeta=\frac{6}{2\omega_n}=1$

∴ 제동비(감쇠율) $\zeta=1$이므로 임계제동 상태가 된다.

★★★★ 기사 98년 3회

38 개루프 전달함수 $G(s)=\dfrac{s+2}{(s+1)(s+3)}$인 단위 피드백제어계의 특성방정식은?

① $s^2+3s+2=0$ ② $s^2+4s+3=0$
③ $s^2+4s+6=0$ ④ $s^2+5s+5=0$

해설

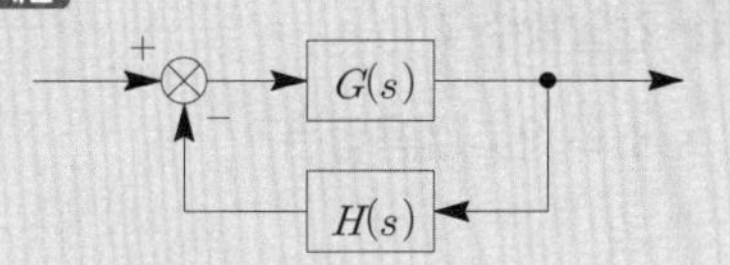

▌단위 피드백제어계일 경우 $H(s)=1$ ▌

정답 35. ④ 36. ② 37. ② 38. ④

전달함수 $\dfrac{G(s)}{1+G(s)H(s)}$

특성방정식 $F(s)=1+G(s)H(s)=0$

$$\therefore\ F(s)=1+\frac{s+2}{(s+1)(s+3)}$$
$$=(s+1)(s+3)+s+2$$
$$=s^2+4s+3+s+2$$
$$=s^2+5s+5=0$$

Comment

해설에서 보듯이 단위 부궤환제어계에서 개루프 전달함수 $G(s)=\dfrac{b}{a}$인 경우 특성방정식 $F(s)=1+G(s)H(s)$ $=a+b=0$으로 문제를 풀이할 수 있다.

★★★ 기사 92년 7회, 03년 2회

39 그림과 같은 궤환제어계의 감쇠계수(제동비)는?

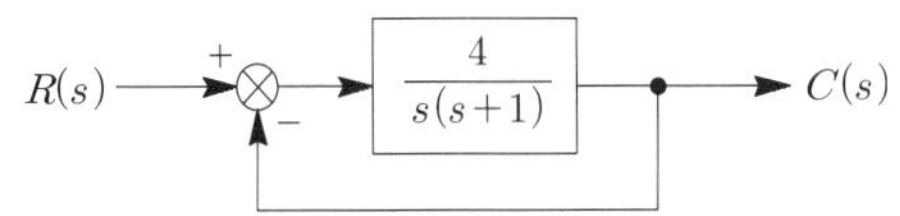

① $\zeta=1$ ② $\zeta=\dfrac{1}{2}$

③ $\zeta=\dfrac{1}{3}$ ④ $\zeta=\dfrac{1}{4}$

해설

㉠ 특성방정식
$F(s)=1+G(s)H(s)=s(s+1)+4$
$=s^2+s+4=0$

㉡ 2차 제어계의 특성방정식
$F(s)=s^2+2\zeta\omega_n s+\omega_n^2=0$과 비교하여 ω_n와 ζ를 구할 수 있다.

㉢ 상수항에서 $\omega_n^2=4$에서 고유각주파수 $\omega_n=2$

$\therefore$ 제동비 $\zeta=\dfrac{1}{2\omega_n}=\dfrac{1}{4}$이므로 $\zeta<1$이 되어 부족제동 상태가 된다.

★★★ 기사 93년 6회, 98년 4회

40 전달함수 $G(j\omega)=\dfrac{1}{1+j\omega+(j\omega)^2}$인 요소의 인디셜응답은?

① 직류 ② 임계진동

③ 진동 ④ 비진동

해설

㉠ 특성방정식 $F(s)=s^2+s+1=0$에서 2차 제어계의 특성방정식 $F(s)=s^2+2\zeta\omega_n s+\omega_n^2=0$과 비교하여 ω_n와 ζ를 구할 수 있다.

㉡ 상수항에서 $\omega_n^2=1$에서 고유각주파수(고유진동수) $\omega_n=1$

$\therefore$ 제동비 $\zeta=\dfrac{1}{2\omega_n}=\dfrac{1}{2}$이므로 $\zeta<1$이 되어 부족제동(진동적) 상태가 된다.

★★ 기사 94년 5회, 97년 6회

41 어떤 자동제어계통의 극점이 s 평면에 그림과 같이 주어지는 경우 이 시스템의 시간영역에서 동작상태는?

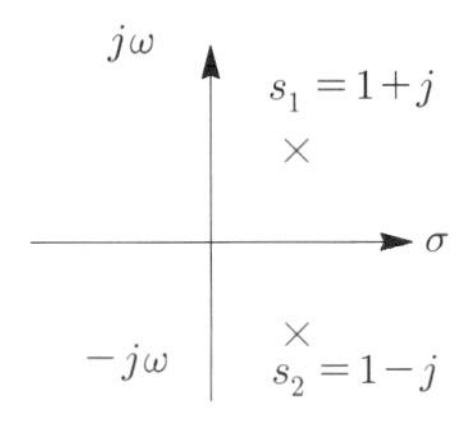

① 진동하지 않는다.
② 감폭 진동한다.
③ 점점 더 크게 진동한다.
④ 지속 진동한다.

해설

복소평면 우반부에 특성근이 위치하면 인디셜응답은 점점 증가하는 발산이 되어 불안정한 제어계가 된다.

★★ 기사 92년 2회

42 그림은 어떤 2차계에 대한 복소평면에서의 특성방정식 근의 위치를 나타낸다. 고유진동수 ω_n과 감쇠율 ζ는 얼마인가?

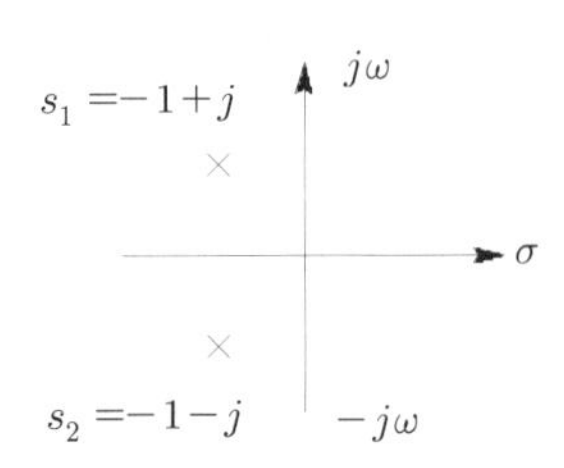

① $\omega_n=\sqrt{2}$, $\zeta=\sqrt{2}$
② $\omega_n=2$, $\zeta=\sqrt{2}$
③ $\omega_n=\sqrt{2}$, $\zeta=\dfrac{1}{\sqrt{2}}$
④ $\omega_n=\dfrac{1}{\sqrt{2}}$, $\zeta=\sqrt{2}$

정답 39. ④ 40. ③ 41. ③ 42. ③

해설

㉠ 극점

$s_1 = -1+j,\ s_2 = -1-j$

㉡ 특성방정식

$F(s) = s^2 + 2\zeta\omega_n s + \omega_n^2 = (s-s_1)(s-s_2)$

$= (s+1-j)(s+1+j) = (s+1)^2 - j^2$

$= (s+1)^2 + 1 = s^2 + 2s + 2 = 0$

∴ 고유각주파수 $\omega_n = \sqrt{2}$

제동비 $\zeta = \dfrac{2}{2\omega_n} = \dfrac{1}{\sqrt{2}}$

Comment

특성근의 복소평면 좌반부에 오면 부족진동이 되므로 ζ는 1보다 작게 된다. 따라서 이를 만족하는 정답은 ③항밖에 없다.

★ 기사 03년 2회

43 안정된 제어계의 특성근이 2개의 공액 복소근을 가질 때 이 근들이 허수축 가까이에 있는 경우 허수축에서 멀리 떨어져 있는 안정된 근에 비해 과도응답 영향은 어떻게 되는가?

① 천천히 사라진다.
② 영향이 같다.
③ 빨리 사라진다.
④ 영향이 없다.

해설

특성근 $s = -\zeta\omega_n \pm j\omega_n\sqrt{1-\zeta^2} = -\alpha \pm j\omega$에서 α를 제동상수라 하고 제동상수가 커질수록 과도시간은 짧아진다. 따라서 공액 복소근이 허수축에 가까워진다는 것은 제동상수 α가 작아진다는 것을 의미하므로 과도시간은 길어진다. 즉, 과도의 영향이 천천히 사라진다.

★★★ 기사 99년 7회, 01년 1회, 02년 2·3회

44 어떤 회로의 영입력응답(또는 자연응답)이 다음과 같다. 다음의 서술에서 잘못된 것은?

$$v(t) = 84(e^{-t} - e^{-6t})$$

① 회로의 시정수는 1초, $\dfrac{1}{6}$초 두 개다.
② 이 회로는 2차 회로이다.
③ 이 회로는 과제동(過制動)되었다.
④ 이 회로는 임계제동되었다.

해설

㉠ 영입력응답의 라플라스 변환

$V(s) = \mathcal{L}[84(e^{-t} - e^{-6t})]$

$= 84\left(\dfrac{1}{s+1} - \dfrac{1}{s+6}\right)$

$= 84\left[\dfrac{5}{(s+1)(s+6)}\right]$

$= \dfrac{420}{(s+1)(s+6)}$

㉡ 특성방정식

$F(s) = s^2 + 2\zeta\omega_n s + \omega_n^2$

$= (s+1)(s+6)$

$= s^2 + 7s + 6 = 0$

∴ 고유각주파수 $\omega_n = \sqrt{6}$

제동비 $\zeta = \dfrac{7}{2\omega_n} = \dfrac{7}{2\sqrt{6}} > 1$이 되어 과제동 상태가 된다.

★ 기사 98년 4회, 05년 1회

45 다음 임펄스응답 중 안정한 계는?

① $c(t) = 1$
② $c(t) = \cos\omega t$
③ $c(t) = e^{-t}\sin\omega t$
④ $c(t) = 2t$

해설

안정한 계의 근의 위치는 s-평면 좌반부에 존재하여야 하므로 이 구간 내의 시간함수는 감쇠진동곡선으로 표현된다.

★ 기사 90년 2회

46 전달함수 $\dfrac{G(s)}{R(s)} = \dfrac{25}{s^2 + 6s + 25}$인 2차계의 과도 진동주파수 ω는?

① 3[rad/s]
② 4[rad/s]
③ 5[rad/s]
④ 6[rad/s]

해설

㉠ 특성방정식

$F(s) = s^2 + 6s + 25 = s^2 + 2\zeta\omega_n s + \omega_n^2 = 0$

고유각주파수 $\omega_n = 5$

제동비 $\zeta = \dfrac{6}{2\omega_n} = \dfrac{6}{2\times5} = \dfrac{3}{5}$

정답 43. ① 44. ④ 45. ③ 46. ②

㉡ 2차 제어계의 특성근

$s = -\zeta\omega_n + j\omega_n\sqrt{1-\zeta^2} = -\alpha \pm j\omega$

$\alpha = \zeta\omega_n$: 제동상수

$\omega = \omega_n\sqrt{1-\zeta^2}$: 과도 진동주파수

∴ 과도 진동주파수

$$\omega = \omega_n\sqrt{1-\zeta^2} = 5\sqrt{1-\left(\frac{3}{5}\right)^2} = 4[\text{rad/sec}]$$

★ 기사 99년 7회

47 상승시간 t_r인 전달함수를 갖는 3개의 계통을 종속으로 접속하면 전체의 상승시간은?

① $\frac{1}{3}t_r$　② $\frac{1}{\sqrt{3}}t_r$

③ $\sqrt{3}\,t_r$　④ $3t_r$

해설

종속접속된 각 회로를 통과시마다 t_r씩 지연되므로 전체적으로 $3t_r$이 소요된다.

★ 기사 96년 2회, 05년 4회

48 전향이득이 증가할수록 어떤 변화가 오는가?

① 오버슈트가 증가한다.
② 빨리 정상상태에 도달한다.
③ 오차가 증가한다.
④ 입상시간이 늦어진다.

해설

전향이득이 증가할수록 오버슈트가 증가되어 지나치게 클 경우에는 응답속도가 길어지게 된다.

★ 기사 98년 6회, 02년 1회

49 2차 제어계에서 최대 오버슈트(overshoot)가 일어나는 시간 t_p, 고유진동수 ω_n, 감쇠율 ζ 사이에는 어떤 관계가 있는가?

① $t_p = \frac{\pi}{\omega_n\sqrt{1+2\zeta^2}}$

② $t_p = \frac{\pi}{\omega_n\sqrt{1-2\zeta^2}}$

③ $t_p = \frac{\pi}{\omega_n\sqrt{1+\zeta^2}}$

④ $t_p = \frac{\pi}{\omega_n\sqrt{1-\zeta^2}}$

정답　47. ④　48. ①　49. ④

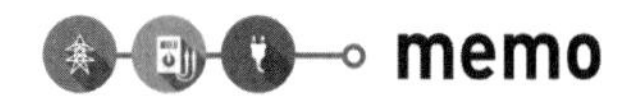

CHAPTER

04

주파수영역해석법

전기기사
4.88% 출제

이렇게 공부하세요!!

출제경향분석

기사 출제비율 %

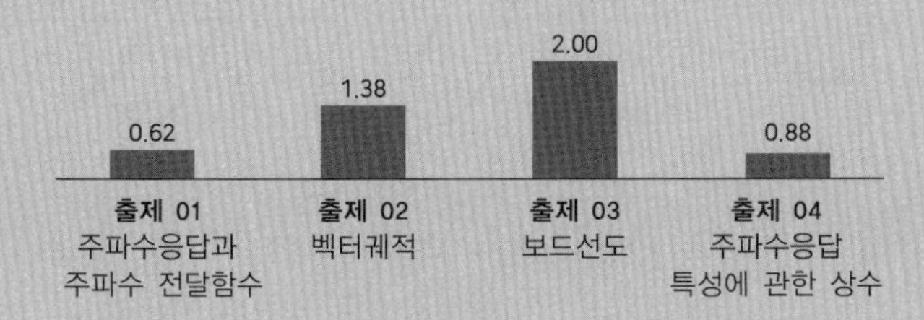

출제포인트

- ☑ 시간영역해석법과 주파수영역해석법의 차이에 대해서 이해할 수 있다.
- ☑ 주파수 전달함수의 크기와 위상을 구할 수 있다.
- ☑ 제어요소에 따른 벡터궤적을 이해할 수 있다.
- ☑ 제어요소에 따른 보드선도를 이해할 수 있다.
- ☑ 보드선도에서 이득곡선의 기울기, 절점주파수 등을 이해할 수 있다.
- ☑ 주파수응답 특성에 관한 상수(대역폭, 공진정점 등)에 대해서 이해할 수 있다.

CHAPTER 04

주파수영역(frequency domain)해석법

기사 4.88% 출제

기사 0.62% 출제

출제 01 주파수응답과 주파수 전달함수

콕! Tip의 내용을 반드시 확인하세요.

1 주파수응답

(1) 주파수응답의 개요

① 전달함수 $G(s)$의 복소 s함수를 $j\omega$의 정현파신호로 바꾸어 입력에 정현파입력을 가했을 때 출력에 나타나는 정현파함수의 진폭비와 위상비를 구하는 것을 주파수응답이라 한다.

② 폐루프제어계에서 진폭특성과 위상특성을 이용하여 과도 및 정상상태 성능을 모두 예측할 수 있는 장점이 있다.

(2) 주파수 이득과 위상차

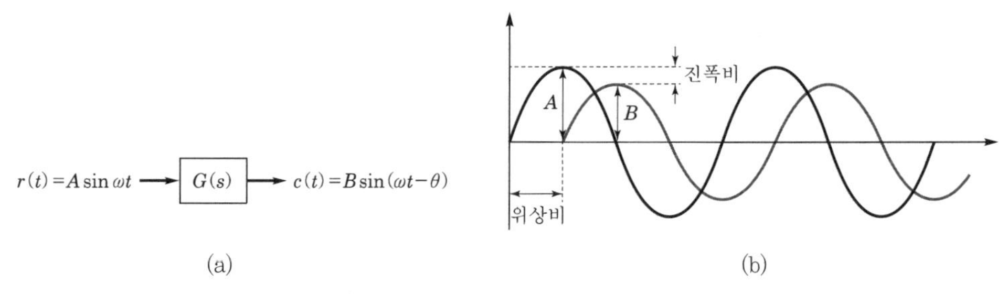

(a) (b)

▌그림 4-1 ▌주파수응답

① 출력 $C(s)=G(s)R(s)$의 관계에서 정현파입력을 가하면 s를 $j\omega$로 대치하여 해석한다. 즉, $C(j\omega)=G(j\omega)R(j\omega)$로 대치할 수 있다.
여기서, $G(j\omega)$를 주파수 전달함수라 하며, $G(j\omega)=\alpha+j\beta$에서 주파수 이득과 위상차는 다음과 같다.

㉠ 주파수 이득 : $|G(j\omega)|=\sqrt{\alpha^2+\beta^2}$ ······ [식 4-1]

㉡ 위상차 : $\angle G(j\omega)=\tan^{-1}\dfrac{\beta}{\alpha}$ ······ [식 4-2]

② 주파수 ω를 0에서 ω까지 변화시킬 때의 $|G(j\omega)|$의 변화를 이득특성 또는 진폭특성, $\angle G(j\omega)$의 변화를 위상특성이라 하며 이 두 가지를 합하여 주파수특성이라 한다.

2 복소수(complex number)의 연산

(1) 복소수의 가감승제

① 복소수의 가감

㉠ 가감법은 실수는 실수끼리, 허수는 허수끼리의 합 또는 차를 구하면 된다.

㉡ $\dot{A} + \dot{B} = (a + jb) + (c + jd) = (a + c) + j(b + d)$ ······ [식 4-3]

㉢ $\dot{A} - \dot{B} = (a + jb) - (c + jd) = (a - c) + j(b - d)$ ······ [식 4-4]

② 복소수의 곱하기(乘法)

㉠ 승법 계산에서 허수의 단위크기 j는 $\sqrt{-1}$ 이므로 $j^2 = -1$을 기본으로 승법을 구하면 된다.

㉡ $\dot{A} \times \dot{B} = (a + jb) \times (c + jd) = ac + j(ad + bc) + j^2 bd$

$= (ac - bd) + j(ad + bc)$ ······ [식 4-5]

③ 복소수의 나누기(除法)

㉠ 공액 복소수(conjugate complex number)

ⓐ 복소평면(complex plane)에서 실수축에 대해 대칭관계에 있는 두 복소수, 즉 $a + jb$와 $a - jb$상의 관계를 공액이라 하며, $\dot{A}$의 공액 복소수는 $\dot{A}^*$로 표시한다.

ⓑ $\dot{A} + \dot{A}^* = (a + jb) + (a - jb) = 2a$

ⓒ $\dot{A} - \dot{A}^* = (a + jb) - (a - jb) = j2b$

ⓓ $\dot{A} \times \dot{A}^* = (a + jb) \times (a - jb) = a^2 + b^2$

㉡ $\dfrac{\dot{A}}{\dot{B}} = \dfrac{a + jb}{c + jd} = \dfrac{(a + jb) \times (c - jd)}{(c + jd) \times (c - jd)} = \dfrac{ac + j(bc - ad) - j^2 bd}{c^2 + d^2}$

$= \dfrac{ac + bd}{c^2 + d^2} + j\dfrac{bc - ad}{c^2 + d^2}$ ······ [식 4-6]

(2) 오일러의 급수

① 지수함수(exponential function)

㉠ 지수함수 e를 사용하면 삼각함수연산을 보다 손쉽게 구할 수 있다.

㉡ 지수함수 $e = \lim_{x \to \infty}\left(1 + \dfrac{1}{x}\right)^2 \simeq 2.71828\cdots$ ······ [식 4-7]

② 매클로린급수(Maclaurin series)

㉠ $e^x = 1 + x + \dfrac{x^2}{2!} + \dfrac{x^3}{3!} + \cdots + \dfrac{x^n}{n!}$ ······ [식 4-8]

㉡ $\sin x = x - \dfrac{x^3}{3!} + \dfrac{x^5}{5!} - \dfrac{x^7}{7!} + \cdots$ ······ [식 4-9]

㉢ $\cos x = 1 - \dfrac{x^2}{2!} + \dfrac{x^4}{4!} - \dfrac{x^6}{6!} + \cdots$ ······ [식 4-10]

③ 오일러의 정리

㉠ $e^{j\theta} = 1 + j\theta + \dfrac{(j\theta)^2}{2!} + \dfrac{(j\theta)^3}{3!} + \cdots + \dfrac{(j\theta)^n}{n!}$

$= \left(1 - \dfrac{\theta^2}{2!} + \dfrac{\theta^4}{4!} - \cdots\right) + j\left(\theta - \dfrac{\theta^3}{3!} + \dfrac{\theta^5}{5!} - \cdots\right)$

$= \cos\theta + j\sin\theta$ ······ [식 4-11]

㉡ $A\angle\theta_1 \times B\angle\theta_2 = A(\cos\theta_1 + j\sin\theta) \times B(\cos\theta + j\sin\theta)$

$= Ae^{j\theta_1} \times Be^{j\theta_2} = AB\,e^{j(\theta_1+\theta_2)} = AB\angle\theta_1 + \theta_2$ ······ [식 4-12]

㉢ $\dfrac{A\angle\theta_1}{B\angle\theta_2} = \dfrac{A\,e^{j\theta_1}}{B\,e^{j\theta_2}} = \dfrac{A}{B}\,e^{j\theta_1 - \theta_2} = \dfrac{A}{B}\angle\theta_1 - \theta_2$ ······ [식 4-13]

(3) 페이저의 표시

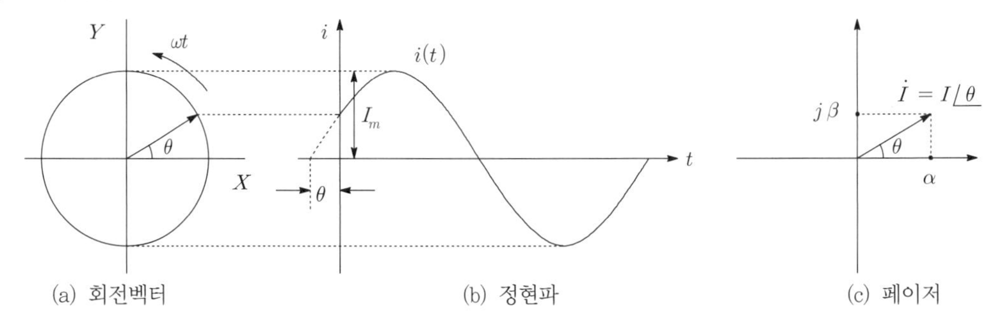

▌그림 4-2▌ 정현파의 페이저 표시

① 순시값 표현 : $i(t) = I_m \sin(\omega t + \theta) = I\sqrt{2}\sin(\omega t + \theta)$[A] ······ [식 4-14]

여기서, I_m : 전류의 최대값, I : 전류의 실효값, θ : 위상각

② 페이저 표현 : $\dot{I} = I\angle\theta$[A] $= \sqrt{\alpha^2 + \beta^2}\angle\tan^{-1}\dfrac{\beta}{\alpha}$[A] ······ [식 4-15]

③ 복소수 표현 : $\dot{I} = \alpha + j\beta = I(\cos\theta + j\sin\theta) = Ie^{j\theta}$[A] ······ [식 4-16]

콕! Tip

1. $G(j\omega) = \dfrac{K}{1 + j\omega T}$ 주파수 전달함수의 크기와 위상

① $G(j\omega) = \dfrac{K}{1+j\omega T} = \dfrac{K\angle 0°}{\sqrt{1^2 + (\omega T)^2}\angle\tan^{-1}(\omega T)} = \dfrac{K}{\sqrt{1^2+(\omega T)^2}}\angle -\tan^{-1}(\omega T)$

② 크기 : $|G(j\omega)| = \dfrac{K}{\sqrt{1^2 + (\omega T)^2}}$

③ 위상 : $\angle G(j\omega) = -\tan^{-1}(\omega T)$

2. 계산기(CASIO fx-570ES PLUS) 사용법

① 복소수 모드(complex mode) 설정

복소수의 계산은 CMPLX 모드(MODE 2)로 지정합니다.

② 복소수 입력방법

complex 모드에서는 'ENG'버튼을 누르면 허수(i)가 입력된다.

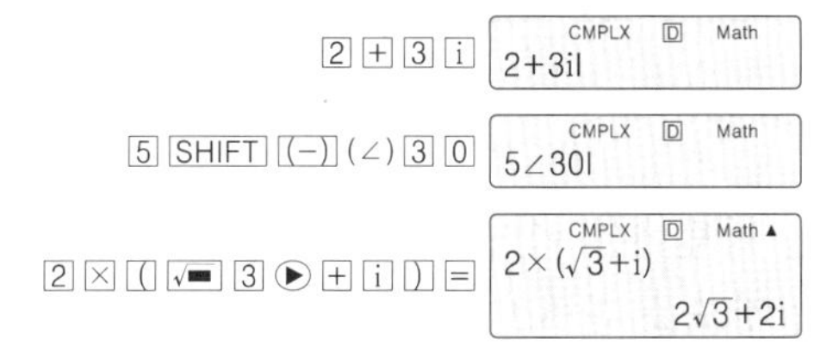

③ 결과 표시방법

• 수치입력

• 결과 표시방법 변경

SHIFT 2 (CMPLX) 3 (▶$r\angle\theta$)

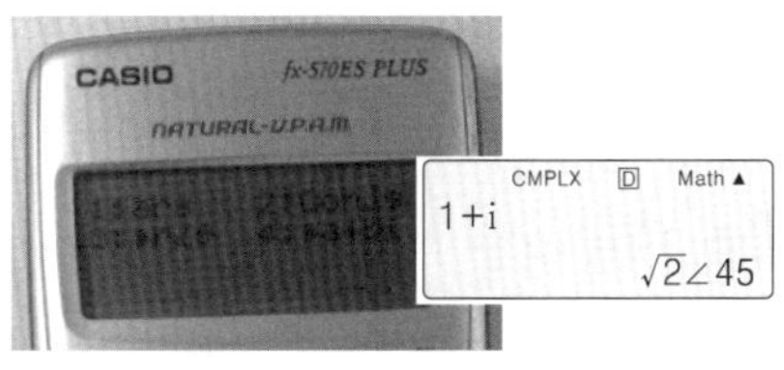

기사 1.38% 출제

출제 02 벡터궤적

벡터궤적을 일일이 풀이할 수 없다. 따라서 시험에서는 다음과 같은 패턴만 적용하면 90% 이상을 맞출 수 있다.

$G(s)=\dfrac{K}{T_1 s+1}$	$G(s)=\dfrac{K}{(T_1 s+1)(T_2 s+1)}$	$G(s)=\dfrac{K}{s(T_1 s+1)}$

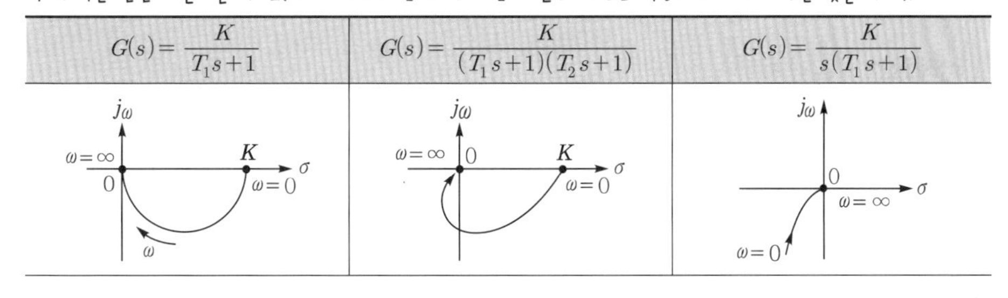

$G(s)=\dfrac{K}{s(T_1 s+1)(T_2 s+1)}$	$\dfrac{K}{s(T_1 s+1)(T_2 s+1)(T_3 s+1)}$	$G(s)=Ke^{-Ls}$
$j\omega$, σ, 0, $\omega=0$, $\omega=\infty$	$j\omega$, σ, 0, $\omega=0$, $\omega=\infty$	$j\omega$, σ, 0

1 개요

① **주파수응답을 도시하는 방법에는 벡터궤적, 보드선도, 이득선도, 위상선도 등이 있으며 이를 통해 제어계의 안정도를 판별할 수 있다.**

② **벡터궤적이란 복소평면(s평면)에서 입력주파수를 0에서 무한대까지 변화시켰을 때 주파수 이득 $|G(j\omega)|$와 위상 $\angle G(j\omega)$의 궤적을 나타낸 것으로 나이퀴스트선도라고도 한다.**

③ 여기에서는 벡터궤적 작성방법에 대해서 알아본다.

2 제어요소에 따른 벡터궤적

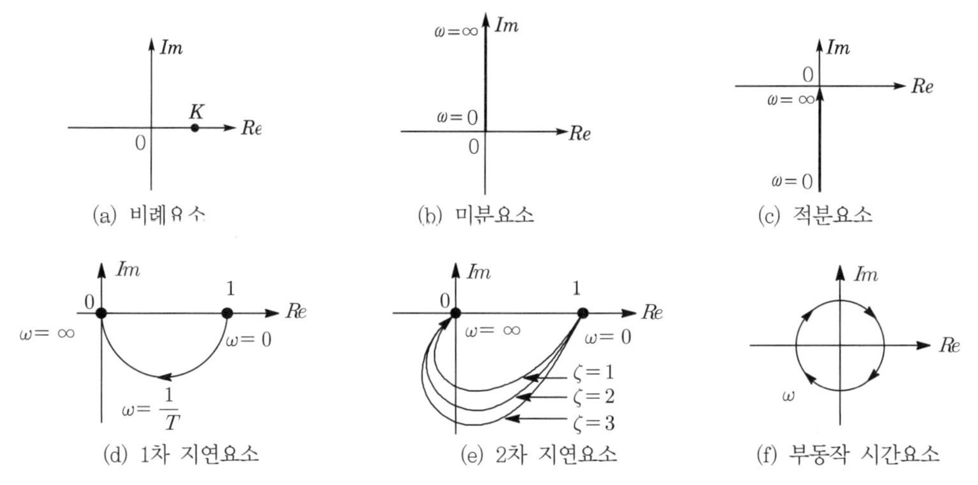

(a) 비례요소 (b) 미분요소 (c) 적분요소
(d) 1차 지연요소 (e) 2차 지연요소 (f) 부동작 시간요소

▎그림 4-3 ▎ 제어요소에 따른 벡터궤적

(1) 비례요소 $G(s)=K$

① 주파수 전달함수 $G(j\omega)=K$

② 비례요소는 주파수에 관계없는 함수이므로 [그림 4-3 (a)]와 같이 하나의 점으로 그려진다.

(2) 미분요소 $G(s) = s$

① 주파수 전달함수 $G(j\omega) = j\omega = \omega\angle 90°$

② 미분요소의 주파수특성

㉠ $\lim_{\omega \to 0} G(j\omega) = 0\angle 90°$

㉡ $\lim_{\omega \to \infty} G(j\omega) = \infty\angle 90°$

③ 벡터궤적은 주파수특성과 같이 [그림 4-3 (b)]와 같이 그려진다.

(3) 적분요소 $G(s) = \frac{1}{s}$

① 주파수 전달함수 $G(j\omega) = \frac{1}{j\omega} = \frac{1}{\omega}\angle -90°$

② 적분요소의 주파수특성

㉠ $\lim_{\omega \to 0} G(j\omega) = \infty\angle -90°$

㉡ $\lim_{\omega \to \infty} G(j\omega) = 0\angle -90°$

③ 벡터궤적은 주파수특성과 같이 [그림 4-3 (c)]와 같이 그려진다.

(4) 1차 지연요소 $G(s) = \frac{1}{Ts+1}$

① 주파수 전달함수 $G(j\omega) = \frac{1}{1+j\omega T} = \frac{1}{\sqrt{1+(\omega T)^2}}\angle -\tan^{-1}\omega T$

② 1차 지연요소의 주파수특성

㉠ $\lim_{\omega \to 0} G(j\omega) = 1\angle 0°$

㉡ $\lim_{\omega \to \frac{1}{T}} G(j\omega) = \frac{1}{\sqrt{2}}\angle -45°$

㉢ $\lim_{\omega \to \infty} G(j\omega) = 0\angle -90°$

③ 벡터궤적은 주파수특성과 같이 [그림 4-3 (d)]와 같이 그려진다.

(5) 2차 지연요소 $G(s) = \frac{\omega_n^2}{s^2 + 2\zeta\omega_n s + \omega_n^2}$

① 주파수 전달함수 $G(j\omega) = \frac{\omega_n^2}{-\omega^2 + j2\zeta\omega_n\omega + \omega_n^2}$

$$= \left.\frac{1}{1-\left(\frac{\omega}{\omega_n}\right)^2 + j2\zeta\frac{\omega}{\omega_n}}\right|_{\frac{\omega}{\omega_n}=\lambda} = \frac{1}{(1-\lambda^2) + j2\zeta\lambda}$$

$$\therefore\ G(j\omega)=\frac{1}{\sqrt{(1-\lambda^2)^2+(2\zeta\lambda)^2}}\angle -\tan^{-1}\frac{2\zeta\lambda}{1-\lambda^2}$$

② 2차 지연요소의 주파수특성

㉠ $\lim_{\lambda\to 0} G(j\omega)=1\angle 0°$

㉡ $\lim_{\lambda\to 1} G(j\omega)=\frac{1}{2\zeta}\angle -90°$

㉢ $\lim_{\lambda\to \infty} G(j\omega)=0\angle -180°$

③ 벡터궤적은 주파수특성과 같이 [그림 4-3 (e)]와 같이 그려진다.

(6) 부동작 시간요소 $G(s)=e^{-Ts}$

① 주파수 전달함수 $G(j\omega)=e^{-j\omega T}=1\angle -\omega T$

② 부동작 시간요소의 주파수특성

㉠ $\lim_{\omega\to 0} G(j\omega)=1\angle 0°$

㉡ $\lim_{\omega\to 90} G(j\omega)=1\angle -90°$

㉢ $\lim_{\omega\to 180} G(j\omega)=1\angle -180°$

㉣ $\lim_{\omega\to 270} G(j\omega)=1\angle -270°$

③ 벡터궤적은 주파수특성과 같이 [그림 4-3 (f)]와 같이 그려진다.

단원 확인 기출문제

★★★★ 기사 92년 3회, 10년 1회

01 $G(j\omega)=\frac{K}{j\omega(j\omega+1)}$ 의 나이퀴스트선도는? (단, $K>0$ 이다.)

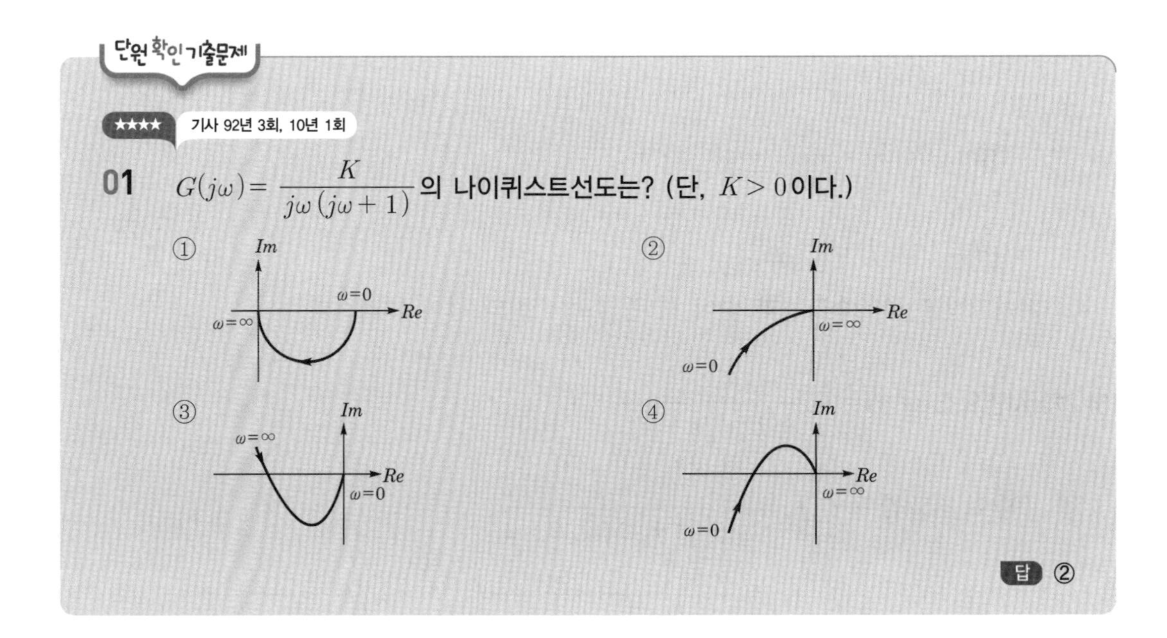

답 ②

기사 2.00% 출제

출제 03 보드선도

보드선도에서는 단원확인기출문제와 같이 특정 주파수 ω를 주어진 상태에서 이득 g[dB]과 기울기 g[dB/dec] 그리고 절점주파수를 물어보는 문제만 출제된다. 특히 이득을 구하는 문제는 출제율이 50% 이상이 되니 반드시 이해하도록 하자.

1 개요

① **보드선도란 횡축에 주파수 ω의 대수눈금으로 주어지며, 종축에 이득 g[dB]을 취하여 그래프상에 나타난 이득곡선과 위상곡선을 구하는 선도를 말한다.**

㉠ 이득 $g = 20\log_{10}|G(j\omega)|$

$= K + 20\log_{10}\omega^n$

$= K + 20n\log_{10}\omega$ [dB] ······ [식 4-17]

여기서, K : 이득상수

$20n$: 이득곡선의 기울기[dB/dec]

㉡ **절점주파수 : 보드 이득선도의 기울기가 변하는 점을 의미하며, 주파수 전달함수 $G(j\omega) = A + j\omega B$에서 $\omega = \dfrac{A}{B}$[rad/sec]를 절점주파수라 하고, 실수부와 허수부의 크기가 같아지는 주파수를 말한다.**

② 보드선도를 통해 이득여유와 위상여유를 구하여 안정도를 판별할 수 있다.

③ 여기에서는 보드선도 작성방법에 대해서 알아본다.

2 로그함수공식 정리

(1) 로그의 정의

$y = a^x \Leftrightarrow \log_a y = x$

(2) 로그의 공식

① $\log_{10} 1 = 0$

② $\log_{10} 10 = 1$

③ $\log_{10} a + \log_{10} b = \log_{10} ab$

④ $\log_{10} a - \log_{10} b = \log_{10}\dfrac{a}{b}$

⑤ $\log_{10} a^b = b\log_{10} a$

3 제어요소에 따른 벡터궤적

(1) 미분요소 $G(s) = s$

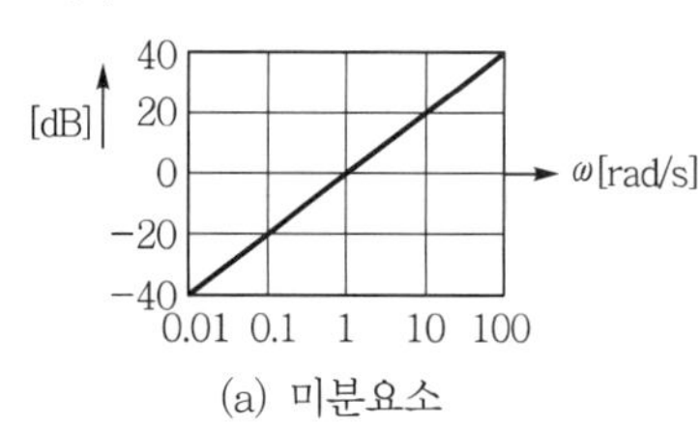

(a) 미분요소

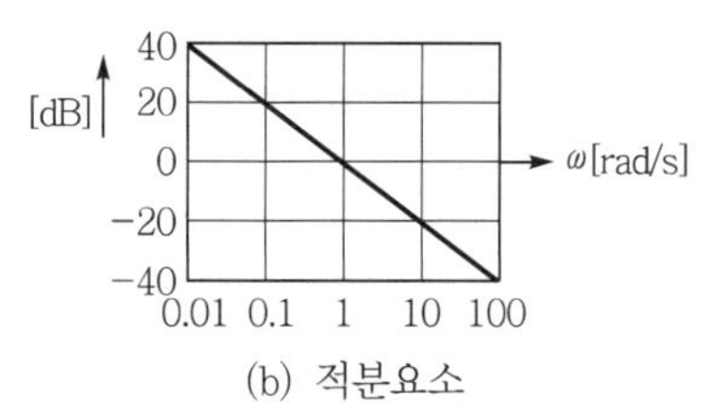

(b) 적분요소

▌그림 4-4▌ 보드 이득곡선

① 주파수 전달함수 $G(j\omega) = j\omega = \omega\angle 90°$

② 이득 $g = 20\log|G(j\omega)| = 20\log\omega$[dB]

㉠ $\lim\limits_{s \to 10^{-2}} g = 20\log 10^{-2} = -40$[dB]

㉡ $\lim\limits_{s \to 10^{-1}} g = 20\log 10^{-1} = -20$[dB]

㉢ $\lim\limits_{s \to 1} g = 20\log 1 = 0$[dB]

㉣ $\lim\limits_{s \to 10} g = 20\log 10 = 20$[dB]

㉤ $\lim\limits_{s \to 10^{2}} g = 20\log 10^{2} = 40$[dB]

㉥ $\lim\limits_{s \to 10^{3}} g = 20\log 10^{3} = 60$[dB]

③ 주파수 ω의 대수눈금으로 이득곡선을 그리면 [그림 4-4 (a)]와 같이 그려진다. 즉, 이득곡선은 1[decade, 디게이드]당 20[dB]의 기울기를 갖는다.

(2) 적분요소 $G(s) = \dfrac{1}{s}$

① 주파수 전달함수 $G(j\omega) = \dfrac{1}{j\omega} = \dfrac{1}{\omega}\angle -90°$

② 이득 $g = 20\log|G(j\omega)| = 20\log\dfrac{1}{\omega} = 20\log\omega^{-1} = -20\log\omega$[dB]

㉠ $\lim\limits_{s \to 10^{-2}} g = -20\log 10^{-2} = 40$[dB]

㉡ $\lim\limits_{s \to 10^{-1}} g = -20\log 10^{-1} = 20$[dB]

㉢ $\lim\limits_{s \to 1} g = -20\log 1 = 0$[dB]

㉣ $\lim\limits_{s \to 10} g = -20\log 10 = -20$[dB]

㉤ $\lim\limits_{s \to 10^{2}} g = -20\log 10^{2} = -40$[dB]

ⓑ $\lim_{s \to 10^3} g = -20\log 10^3 = -60[\text{dB}]$

③ 주파수 ω의 대수눈금으로 이득곡선을 그리면 [그림 4-4 (b)]와 같이 그려진다. 즉, 이득곡선은 1[decade, 디케이드]당 −20[dB]의 기울기를 갖는다.

(3) 1차 지연요소 $G(s) = \dfrac{1}{Ts+1}$

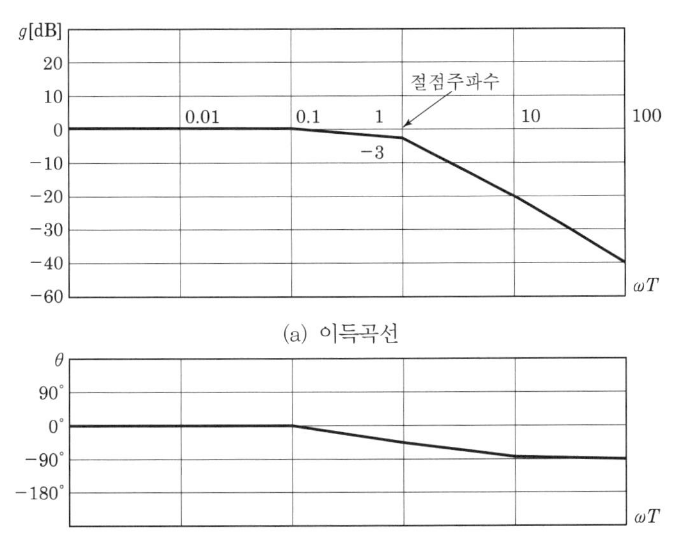

(a) 이득곡선

(b) 위상곡선

┃그림 4-5┃ 보드 이득-위상곡선

① 주파수 전달함수 $G(j\omega) = \dfrac{1}{1+j\omega T} = \dfrac{1}{\sqrt{1+(\omega T)^2}} \angle -\tan^{-1}\omega T$

② 이득 $g = 20\ \log_{10}\dfrac{1}{\sqrt{1+(\omega T)^2}} = -20\ \log_{10}\sqrt{1+(\omega T)^2}$

$$= -20\ \log_{10}[1+(\omega T)^2]^{\frac{1}{2}} = -10\ \log_{10}\ 1+(\omega T)^2[\text{dB}]$$

㉠ $\omega T = 0.01$의 경우

ⓐ $G(j\omega) = \dfrac{1}{1+j0.01} = 1\angle -0.57°$

ⓑ $g = 20\log 1 = 0[\text{dB}]$

㉡ $\omega T = 0.1$의 경우

ⓐ $G(j\omega) = \dfrac{1}{1+j0.1} = 1\angle -5.7°$

ⓑ $g = 20\log 1 = 0[\text{dB}]$

㉢ $\omega T = 1$의 경우

ⓐ $G(j\omega) = \dfrac{1}{1+j} = 0.707\angle -45°$

ⓑ $g = 20\log 0.707 = -3$[dB]

㉣ $\omega T = 10$의 경우

ⓐ $G(j\omega) = \dfrac{1}{1+j10} = 0.1\angle -84.3°$

ⓑ $g = 20\log 10^{-1} = -20$[dB]

㉤ $\omega T = 100$의 경우

ⓐ $G(j\omega) = \dfrac{1}{1+j100} = 0.01\angle -89.3°$

ⓑ $g = 20\log 10^{-2} = -40$[dB]

단원확인기출문제

★★★ 산업 98년 7회

02 $G(s) = \dfrac{1}{1+10s}$ 인 1차 지연요소의 g[dB]은? (단, $\omega = 0.1$[rad/sec]이다.)

① 약 3[dB] ② 약 -3[dB]

③ 약 10[dB] ④ 약 20[dB]

해설 **주파수 전달함수**

$$G(j\omega) = \left.\frac{1}{1+j10\omega}\right|_{\omega=0.1} = \frac{1}{1+j} = \frac{1}{\sqrt{1^2+1^2}\angle \tan^{-1}\frac{1}{1}} = \frac{1}{\sqrt{2}\angle 45°} = 0.707\angle -45°$$

∴ 이득 $g = 20\log|G(j\omega)| = 20\log 0.707 = -3$[dB]

답 ②

기사 0.88% 출제

출제 04 주파수응답 특성에 관한 상수

최근 10년 동안 6번밖에 출제가 되지 않을 정도로 출제빈도가 매우 낮다. 따라서 대역폭의 정의 정도만 정리하고 넘어가도록 한다.

1 개요

주파수영역에서 선형 제어계의 특성을 나타내는 상수로 대역폭, 공진정점, 공진주파수 등을 사용한다.

2 용어 정리

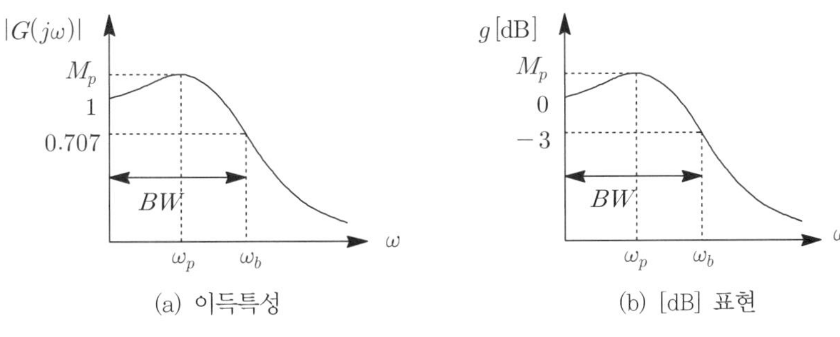

▌그림 4-6▌ 대역폭과 공진정점

(1) 영이득(M_0)

① 영주파수에서의 이득으로서 최종값 정리에 의하여 구할 수 있으므로 전달함수에서 $s=0$으로 놓아 얻을 수 있는 정상값이다.

② 여기서, $1-M_0$의 값을 정상오차라 한다.

(2) 대역폭(BW)

① **대역폭은 크기가 $0.707M_0$ 또는 이득이 3[dB]로 떨어질 때의 주파수로 정의하고 이때의 주파수 ω_b를 차단주파수라 한다.**

② **대역폭이 넓으면 넓을수록 속응성(응답속도)이 빨라진다.**

(3) 공진정점(M_p, peak resonance value)

① $|G(j\omega)|$의 최대값으로 정의하며 M_p가 너무 크면 과도응답의 오버슈트가 커진다. 그러므로 M_p는 안정도의 척도가 됨을 알 수 있다.

② M_p는 1.1~1.5의 값으로 주로 제어계를 설계한다.

(4) 공진주파수(ω_p, resonance frequency)

① 공진정점이 주파수응답곡선과 만나는 점의 주파수로서 응답시간을 알 수 있는 값으로 정의된다.

② $\dfrac{d|G(j\omega)|}{d\omega}=0$의 식을 통해 공진주파수를 구할 수 있다.

3 2차 제어계의 상수

(1) 2차 제어계의 전달함수

① 전달함수 $G(s)=\dfrac{C(s)}{R(s)}=\dfrac{\omega_n^2}{s^2+2\zeta\omega_n s+\omega_n^2}$

② 주파수 전달함수 $G(j\omega)=\dfrac{\omega_n^2}{-\omega^2+j2\zeta\omega_n\omega+\omega_n^2}$

$$=\frac{1}{1-\left(\dfrac{\omega}{\omega_n}\right)^2+j2\zeta\dfrac{\omega}{\omega_n}}\Bigg|_{\frac{\omega}{\omega_n}=\lambda}=\frac{1}{(1-\lambda^2)+j2\zeta\lambda}$$

③ 전달함수의 크기 $|G(j\omega)|=\dfrac{1}{\sqrt{(1-\lambda^2)^2+(2\zeta\lambda)^2}}$ ………… [식 4-18]

$$=\frac{1}{\left[(1-\lambda^2)^2+(2\zeta\lambda)^2\right]^{\frac{1}{2}}}$$

$$=\left[(1-\lambda^2)^2+(2\zeta\lambda)^2\right]^{-\frac{1}{2}}$$

$$=\left(\lambda^4-2\lambda^2+1+4\zeta^2\lambda^2\right)^{-\frac{1}{2}}$$

④ 위상 $\angle G(j\omega)=-\tan^{-1}\dfrac{2\zeta\lambda}{1-\lambda^2}$

(2) 공진주파수(ω_p)

① 공진주파수는 ω에 대하여 $|G(j\omega)|$의 미분치를 0으로 하여 구할 수 있다.

② $\dfrac{d}{d\omega}|G(j\omega)|=-\dfrac{1}{2}\left(\lambda^4-2\lambda^2+1+4\zeta^2\lambda^2\right)^{-\frac{3}{2}}(4\lambda^3-4\lambda+8\zeta^2\lambda)=0$

③ 위 식에서 $4\lambda^3-4\lambda+8\zeta^2\lambda=4\lambda(\lambda^2-1+2\zeta^2)=0$을 만족해야 하며 근의 공식을 통하여 λ를 구하면 다음과 같다.

㉠ $\lambda=\sqrt{1-2\zeta^2}=\dfrac{\omega_p}{\omega_n}$ ………… [식 4-19]

㉡ 공진주파수 $\omega_p=\omega_n\sqrt{1-2\zeta^2}$ ………… [식 4-20]

④ $\lambda=0$이라는 의미는 $\omega=0$에 대한 $|G(j\omega)|$의 기울기가 0이라는 의미이다.

⑤ [식 4-20]에서 $1-2\zeta^2\geq 0$에 대해서만 유효하므로 $\zeta\leq 0.707$에서만 의미하고, $\zeta\geq 0.707$에서는 $\omega_p=0$이고 $M_p=1$이라는 것을 의미한다.

(3) 공진정점

① [식 4-19]를 [식 4-18]에 대입하여 공진정점을 구할 수 있다.

② 공진정점 $M_p=\dfrac{1}{2\zeta\sqrt{1-\zeta^2}}$ ………… [식 4-21]

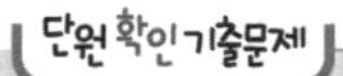

★ 기사 15년 3회

03 전달함수의 크기가 주파수 0에서 최대값을 갖는 저역통과필터가 있다. 최대값의 70.7[%] 또는 −3[dB]로 되는 크기까지의 주파수로 정의되는 것은?

① 공진주파수 ② 첨두 공진점
③ 대역폭 ④ 분리도

답 ③

단원 핵심정리 한눈에 보기

1. 벡터궤적

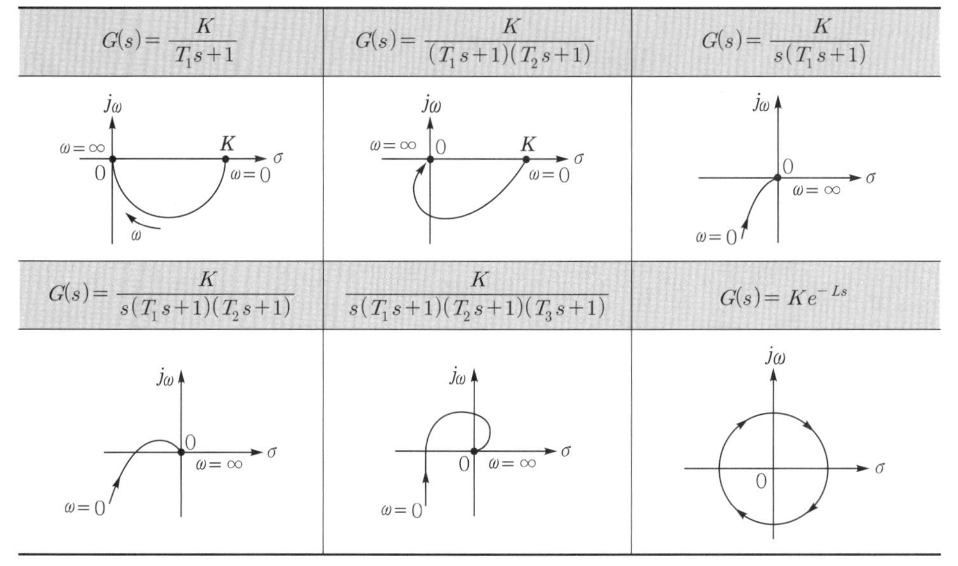

① $G(s)=\dfrac{K}{s^0(\quad)}$의 경우 실수 K에서 궤적이 시작되어, 분모의 괄호 수만큼 $-90°$로 꺾여 원점으로 끝나게 된다.

② $G(s)=\dfrac{K}{s(\quad)}$의 경우 $-j\infty$에서 궤적이 시작되어, 분모의 괄호 수만큼 $-90°$로 꺾여 원점으로 끝나게 된다.

③ 부동작 시간요소(Ke^{-Ls})는 반지름 K인 원으로 궤적이 그려진다.

2. 보드선도

① 이득과 이득의 기울기

㉠ 이득 $g=20\log_{10}|M(j\omega)|$[dB]

여기서, $M(j\omega)$: 종합 전달함수

㉡ 이득 $g=20n\log_{10}\omega$[dB]에서 $20n$을 보드선도의 기울기 g[dB/dec]라 한다.

㉢ decade : 가로축 대수눈금에서 각주파수가 1 : 10인 간격

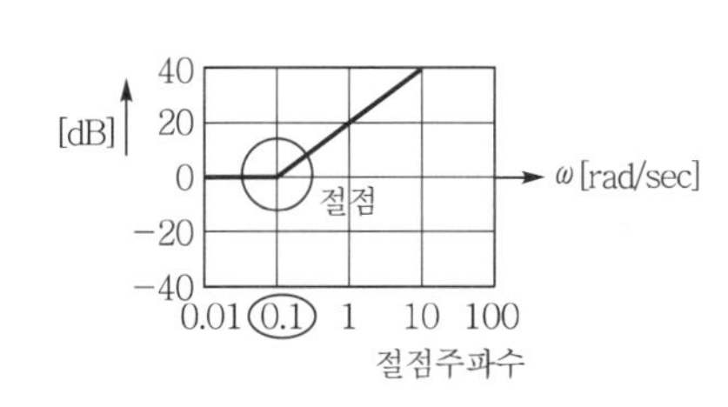

② 절점주파수

㉠ 보드선도의 굴곡점을 절점이라 한다.

㉡ 절점주파수란 “실수부=허수부”를 만족하는 주파수를 말한다.

㉢ $G(j\omega)=1+j10\omega$ → 절점주파수 $\omega=0.1$

단원 자주 출제되는 기출문제

출제 01 주파수응답과 주파수 전달함수

★★★ 기사 10년 2회

01 다음 $G(j\omega)=\dfrac{K}{1+j\omega T}$일 때 $|G(j\omega)|$와 $\angle G(j\omega)$는?

① $|G(j\omega)|=\dfrac{K}{\sqrt{1+(\omega T)^2}}$
$\angle G(j\omega)=-\tan^{-1}(\omega T)$

② $|G(j\omega)|=-\dfrac{K}{\sqrt{1+(\omega T)}}$
$\angle G(j\omega)=-\tan(\omega T)$

③ $|G(j\omega)|=-\dfrac{K}{\sqrt{1+(\omega T)}}$
$\angle G(j\omega)=-\tan^{-1}(\omega T)$

④ $|G(j\omega)|=\dfrac{K}{\sqrt{1+(\omega T)^2}}$
$\angle G(j\omega)=\tan(\omega T)$

해설

$$G(j\omega)=\frac{K}{1+j\omega T}=\frac{K\angle 0°}{\sqrt{1^2+(\omega T)^2}\angle \tan^{-1}(\omega T)}=\frac{K}{\sqrt{1^2+(\omega T)^2}}\angle -\tan^{-1}(\omega T)$$

$$\therefore\ |G(j\omega)|=\frac{K}{\sqrt{1+(\omega T)^2}}$$

$$\angle G(j\omega)=-\tan^{-1}(\omega T)$$

★★★ 기사 94년 2회, 99년 5회, 00년 6회

02 $G(j\omega)=\dfrac{1}{1+j2T}$이고, $T=2$[sec]일 때 크기 $|G(j\omega)|$와 위상 $\angle G(j\omega)$는 각각 얼마인가?

① 0.44, -36°
② 0.44, 36°
③ 0.24, -76°
④ 0.24, 76°

해설

$$G(j\omega)=\frac{1}{1+j2T}\bigg|_{T=2}=\frac{1}{1+j4}=\frac{1}{\sqrt{1^2+4^2}\angle \tan^{-1}\frac{4°}{1}}=0.24\angle -76°$$

Comment

손으로 풀려고 하지 말고 계산기(복소수 모드에서 사용)를 활용하자.

★ 기사 94년 3회

03 $G(j\omega)=\dfrac{1}{1+j\omega T}$에서 $\omega=3$[rad/sec], $|G(j\omega)|=0.1$일 때 시정수 T의 값은 약 얼마인가?

① 2.5
② 3.3
③ 5.0
④ 7.5

해설

주파수 전달함수의 절대값

$$|G(j\omega)|=\frac{1}{\sqrt{1+(3T)^2}}=0.1$$

$\therefore\ T=3.3$[sec]

정답 01. ① 02. ③ 03. ②

★★★ 기사 96년 5회

04 RC저역여파기 회로의 전달함수 $G(j\omega)$에서 $\omega=\dfrac{1}{RC}$인 경우 $|G(j\omega)|$의 값은?

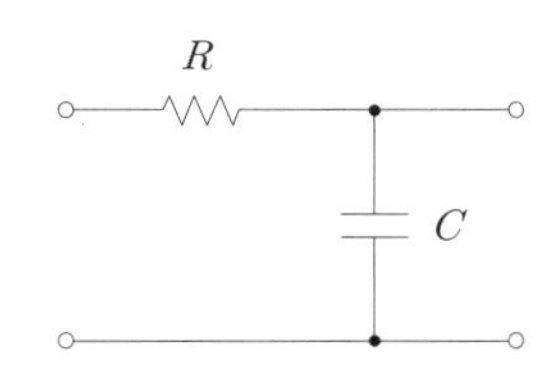

① 1　　　② 0.5
③ 0.707　　④ 0

해설

전달함수 $G(s)=\dfrac{\dfrac{1}{Cs}}{R+\dfrac{1}{Cs}}=\dfrac{1}{RCs+1}$

∴ 주파수 전달함수

$$G(j\omega)=\left.\frac{1}{1+j\omega RC}\right|_{\omega=\frac{1}{RC}}$$

$$=\frac{1}{1+j}=\frac{1}{\sqrt{2}\angle 45^\circ}=0.707\angle -45^\circ$$

출제 02 벡터궤적

★★★★ 기사 04년 6회, 08년 7회, 00년 5회, 12년 2·3회, 15년 1회

05 $G(j\omega)=\dfrac{K}{j\omega(j\omega+1)}$의 나이퀴스트선도는? (단, $K>0$이다.)

①

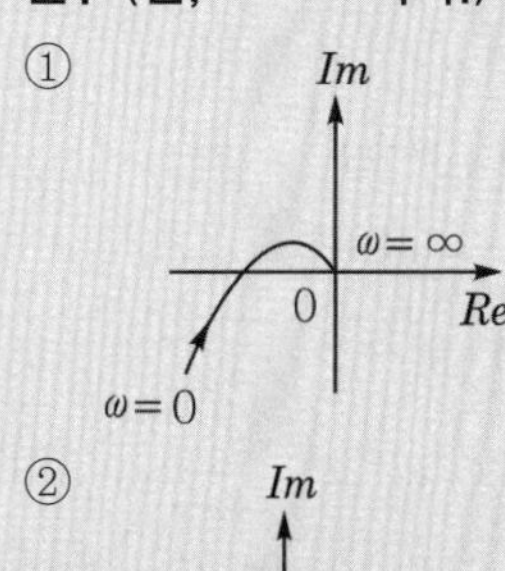

②

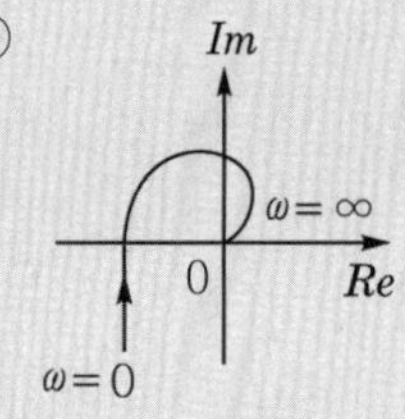

③ ④

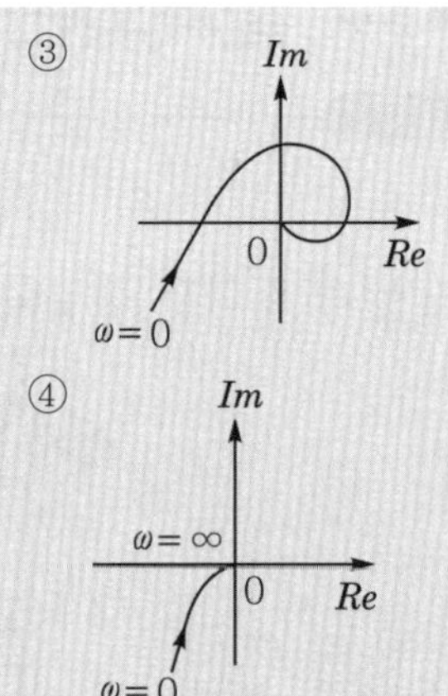

해설 제어계의 벡터궤적

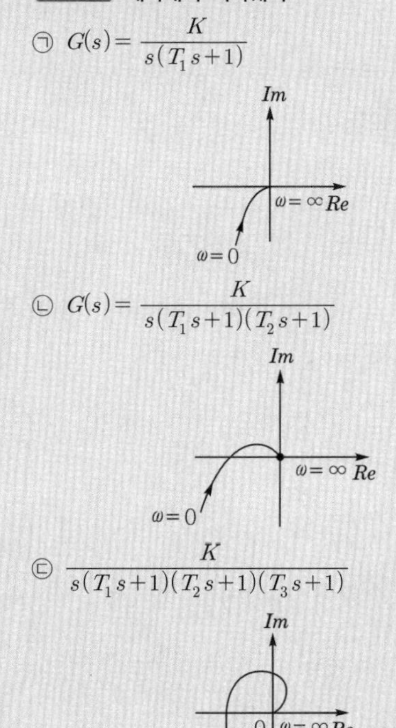

㉠ $G(s)=\dfrac{K}{s(T_1s+1)}$

㉡ $G(s)=\dfrac{K}{s(T_1s+1)(T_2s+1)}$

㉢ $\dfrac{K}{s(T_1s+1)(T_2s+1)(T_3s+1)}$

Comment

벡터궤적 문제는 해설과 같이 분모의 괄호수에 따라 벡터궤적 모양을 기억하면 된다.

정답 04. ③ 05. ④

★★★★ 기사 03년 3회

06 그림과 같은 극좌표선도를 갖는 계통의 전달함수는?

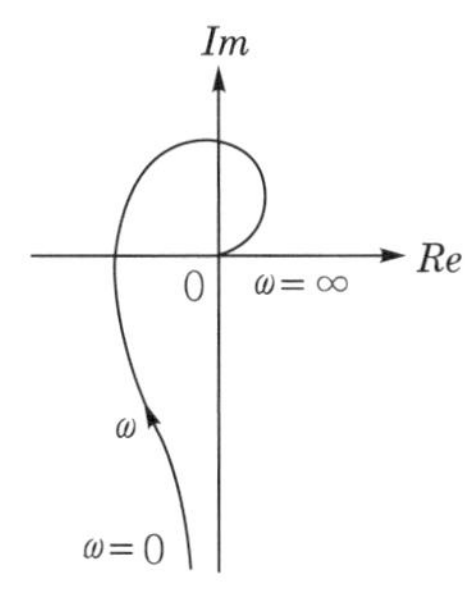

① $G(s) = \dfrac{K_0}{1+sT}$

② $G(s) = \dfrac{K_0}{s(1+sT)}$

③ $G(s) = \dfrac{K_0}{s(1+sT_1)(1+sT_2)}$

④ $G(s) = \dfrac{K_0}{s(1+sT_1)(1+sT_2)(1+sT_3)}$

★★★★ 기사 03년 4회, 16년 1회

07 벡터궤적이 다음과 같이 표시되는 요소는?

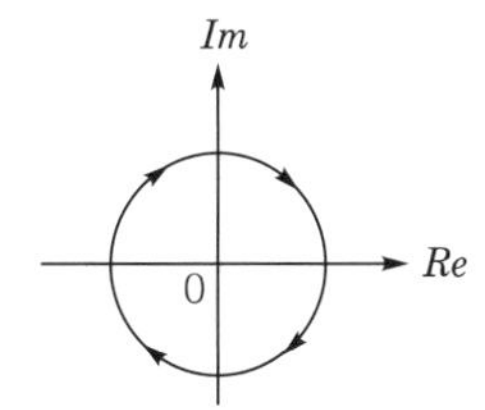

① 비례요소
② 1차 지연요소
③ 부동작 시간요소
④ 2차 지연요소

해설

부동작 시간요소의 전달함수 $G(s) = Ke^{-Ls}$에서 주파수 전달함수 $G(j\omega) = Ke^{-j\omega L} = K\angle -\omega L^{\circ}$ 되므로 $\omega = 0 \sim \infty$까지 변화를 주면 $G(j\omega)$의 크기는 K이면서 시계방향으로 벡터궤적이 그려진다.

★★★★ 기사 95년 6회

08 그림과 같은 궤적(주파수응답)을 나타내는 계의 전달함수는?

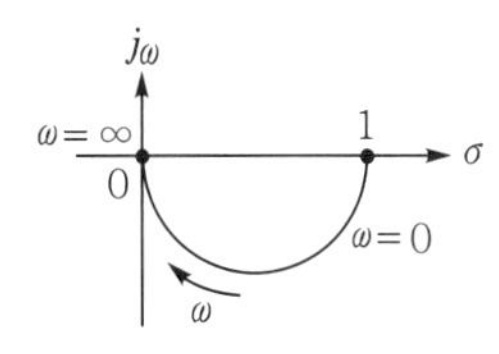

① s　　② $\dfrac{1}{s}$

③ $\dfrac{1}{1+Ts}$　　④ $\dfrac{\omega_n^2}{s^2+2\zeta\omega_n s+\omega_n^2}$

해설

반원궤적의 주파수응답곡선으로 그려지는 전달함수의 요소는 1차 지연요소$\left(\dfrac{1}{1+Ts}\right)$이다.

★★ 기사 01년 2회, 10년 1회

09 그림과 같은 벡터궤적을 갖는 계의 주파수 전달함수는?

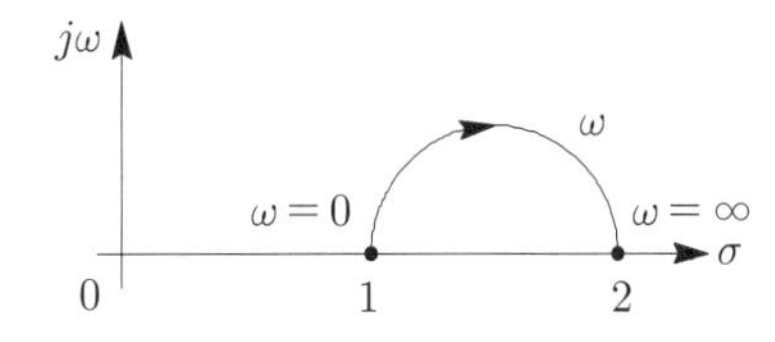

① $\dfrac{1}{j\omega+1}$

② $\dfrac{1}{j2\omega+1}$

③ $\dfrac{j\omega+1}{j2\omega+1}$

④ $\dfrac{j2\omega+1}{j\omega+1}$

해설

$\omega = 0$일 때 $|G(j\omega)| = 1$, $\omega = \infty$일 때 $|G(j\omega)| = \dfrac{T_2}{T_1} = 2$이므로 $T_2 > T_1$이고 위상값이 +값이 되기 때문에 주파수 전달함수는 다음과 같다.

$G(j\omega) = \dfrac{1+j2\omega}{1+j\omega}$

정답 06. ④ 07. ③ 08. ③ 09. ④

출제 03 ▶ 보드선도

★★ 기사 98년 3회, 08년 2회

10 전달함수 $G(s)=\dfrac{10}{s^2+3s+2}$ 으로 표시되는 제어계통에서 직류이득은 얼마인가?

① 1　② 2
③ 3　④ 5

해설

직류이득인 경우에는 주파수와 무관한($\omega=0$) 전달함수 크기를 의미한다.

∴ 주파수 전달함수

$$G(j\omega)=\left.\frac{10}{(j\omega)^2+j3\omega+2}\right|_{\omega=0}=\frac{10}{2}=5$$

★★ 기사 03년 4회

11 1[mV]의 입력을 인가 0.1[V]의 출력이 나오는 4단자회로의 이득은 몇 [dB]인가?

① 10[dB]　② 20[dB]
③ 30[dB]　④ 40[dB]

해설

주파수 전달함수 $G(j\omega)=\dfrac{V_o(j\omega)}{V_i(j\omega)}=\dfrac{0.1}{10^{-3}}=10^2$

∴ 이득 $g=20\log|G(j\omega)|=20\log 10^2$
$=40\log 10=40[\text{dB}]$

Comment

- $\log_{10}1=0$
- $\log_{10}10=1$
- $\log_{10}a+\log_{10}b=\log_{10}ab$
- $\log_{10}a-\log_{10}b=\log_{10}\dfrac{a}{b}$
- $\log_{10}a^b=b\log_{10}a$

★★ 기사 97년 7회, 04년 3회, 16년 3회

12 전압비 10^7일 때 감쇠량으로 표시하면 몇 [dB]인가?

① 7[dB]　② 70[dB]
③ 100[dB]　④ 140[dB]

해설

이득 $g=20\log|G(j\omega)|$
$=20\log 10^7$
$=140\log 10$
$=140[\text{dB}]$

★★★★ 기사 94년 4회, 98년 4회, 04년 4회, 06년 1회, 08년 1회, 15년 4회

13 $G(j\omega)=j0.1\omega$ 에서 $\omega=0.01$[rad/sec]일 때 계의 이득은 얼마인가?

① −100[dB]　② −80[dB]
③ −60[dB]　④ −40[dB]

해설

주파수 전달함수 $G(j\omega)=j0.1\omega|_{\omega=0.01}$
$=j0.001=j10^{-3}$
$=10^{-3}\angle 90°$

∴ 이득 $g=20\log|G(j\omega)|=20\log 10^{-3}$
$=-60\log 10=-60[\text{dB}]$

★★★★ 기사 96년 6·7회, 99년 6회

14 $G(s)=0.1s$ 일 때 $\omega=100$[rad/sec]일 때 계의 이득은 얼마인가?

① 20[dB]　② 30[dB]
③ 40[dB]　④ 50[dB]

해설

주파수 전달함수 $G(j\omega)=j0.1\omega|_{\omega=100}$
$=j10=10\angle 90°$

∴ 이득 $g=20\log|G(j\omega)|=20\log 10$
$=20\log 10=20[\text{dB}]$

★★ 기사 93년 2·5회, 16년 4회

15 $G(s)=e^{-Ls}$ 에서 $\omega=100$[rad/sec]일 때 이득 g[dB]은?

① 0[dB]　② 20[dB]
③ 30[dB]　④ 40[dB]

해설

주파수 전달함수 $G(j\omega)=e^{-j\omega L}=1\angle -\omega L°$

∴ 이득 $g=20\log|G(j\omega)|=20\log 1=0[\text{dB}]$

Comment

이득 문제에서 0[dB] 또는 −3[dB]이 보기에 있으면 정답이 될 확률이 높다.

정답 10. ④ 11. ④ 12. ④ 13. ③ 14. ① 15. ①

★★★ 기사 95년 7회

16 $G(s) = \frac{1}{s}$ 에서 $\omega = 10$[rad/sec]일 때 이득[dB]은?

① −50[dB]
② −40[dB]
③ −30[dB]
④ −20[dB]

해설

주파수 전달함수 $G(j\omega) = \frac{1}{j\omega}\Big|_{\omega=10}$

$= \frac{1}{j10} = \frac{1}{10\angle 90°}$

$= 10^{-1}\angle -90°$

$\therefore$ 이득 $g = 20\log|G(j\omega)| = 20\log 10^{-1}$

$= -20\log 10 = -20$[dB]

집중공략

★★★★★ 기사 91년 2회, 94년 4회, 96년 4회, 99년 4회, 02년 4회, 08년 3회, 09년 2회

17 주파수 전달함수 $G(j\omega) = \frac{1}{j100\omega}$ 인 계에서 $\omega = 0.1$[rad/s]일 때의 이득[dB]과 위상각 θ[deg]는 얼마인가?

① −20, −90°　　② −40, −90°
③ 20, 90°　　④ 40, 90°

해설

주파수 전달함수 $G(j\omega) = \frac{1}{j100\omega}\Big|_{\omega=0.1}$

$= \frac{1}{j10} = \frac{1}{10\angle 90°}$

$= 10^{-1}\angle -90°$

$\therefore$ 이득 $g = 20\log|G(j\omega)| = 20\log 10^{-1}$

$= -20\log 10 = -20$[dB]

★★★ 산업 91년 5회

18 전달함수 $G(s) = \frac{1}{1+Ts}$ 에서 $\omega = 0$에서의 이득은 얼마인가?

① 10[dB]　　② 1[dB]
③ 20[dB]　　④ 0[dB]

해설

주파수 전달함수 $G(j\omega) = \frac{1}{1+j\omega T}\Big|_{\omega=0} = \frac{1}{1} = 1$

$\therefore$ 이득 $g = 20\log|G(j\omega)| = 20\log 1 = 0$[dB]

★★★ 산업 95년 2회, 96년 4회, 05년 2회, 13년 1회

19 전달함수 $G(s) = \frac{1}{s(s+10)}$ 에 $\omega = 0.1$ 인 정현파입력을 주었을 때 보드선도의 이득은?

① −40[dB]　　② −20[dB]
③ 0[dB]　　④ 20[dB]

해설

주파수 전달함수 $G(j\omega) = \frac{1}{j\omega(j\omega+10)}\Big|_{\omega=0.1}$

$= \frac{1}{j0.1(j0.1+10)}$

$\fallingdotseq 1\angle -90°$

$\therefore$ 이득 $g = 20\log|G(j\omega)| = 20\log 1 = 0$[dB]

★ 산업 95년 6회

20 $G(j\omega) = 4j\omega^2$의 계의 이득이 0[dB]이 되는 각주파수는?

① 1[rad/s]
② 0.5[rad/s]
③ 4[rad/s]
④ 2[rad/s]

해설

이득 $g = 20\log|G(j\omega)| = 0$이 되기 위해서는 $|G(j\omega)| = 1$이 되어야 한다.

$\therefore |G(j\omega)| = 4\omega^2 = 1$

$\omega = \sqrt{\frac{1}{4}} = \frac{1}{2} = 0.5$[rad/s]

★ 기사 91년 2회

21 20[dB]과 40[dB]의 전압이득을 갖는 증폭기 두 개를 종속접속하면 종합이득은? (단, 증폭기의 입력임피던스는 매우 크다고 생각한다.)

① 60[dB]　　② 80[dB]
③ 800[dB]　　④ 20[dB]

해설

이득 $g = g_1 + g_2 = 20 + 40 = 60$[dB]

정답 16. ④ 17. ① 18. ④ 19. ③ 20. ② 21. ①

★★★ 기사 94년 2회, 96년 2회, 02년 2회, 09년 3회, 10년 2회

22 $G(s) = \dfrac{1}{5s+1}$ **일 때, 보드선도에서 절점 주파수 ω_0는?**

① 0.2[rad/sec]
② 0.5[rad/sec]
③ 2[rad/sec]
④ 5[rad/sec]

해설

㉠ 1차 제어계 $G(j\omega) = \dfrac{K}{1+j\omega T}$에서 $\omega = \dfrac{1}{T}$인 주파수를 절점주파수(break frequency)라 한다. 즉, 실수부와 허수부의 크기가 같아지는 주파수를 말한다.

㉡ 주파수 전달함수 $G(j\omega) = \dfrac{1}{1+j5\omega}$

∴ 절점주파수 $\omega_0 = \dfrac{1}{5} = 0.2$[rad/sec]

★★★ 기사 09년 2회

23 $G(j\omega) = 10(j\omega) + 1$**에서 절점 각주파수 ω_0[rad/sec]는?**

① 0.1[rad/sec]
② 1[rad/sec]
③ 10[rad/sec]
④ 100[rad/sec]

해설

절점 각주파수는 전달함수의 실수부와 허수부의 크기가 같아야 하므로 $\omega = 0.1$[rad/sec]가 된다.

★★★ 기사 92년 2회, 96년 2회, 99년 5회, 01년 1회, 05년 4회

24 $G(s) = \dfrac{1}{1+Ts}$ **인 제어계에서 절점주파수의 이득은?**

① -5[dB]
② 4[dB]
③ -3[dB]
④ 2[dB]

해설

주파수 전달함수 $G(j\omega) = \left.\dfrac{1}{1+j\omega T}\right|_{\omega = \frac{1}{T}}$

$= \dfrac{1}{1+j} = \dfrac{1}{\sqrt{2}\,\angle 45°}$

$= 0.707 \angle -45°$

∴ 이득 $g = 20\log|G(j\omega)| = 20\log 0.707 = -3$[dB]

★★★★ 기사 93년 6회

25 $G(s) = \dfrac{1}{s}$ **의 보드선도는?**

① +20[dB]의 경사를 가지며 위상각 90°
② +40[dB]의 경사를 가지며 위상각 180°
③ -40[dB]의 경사를 가지며 위상각 -180°
④ -20[dB]의 경사를 가지며 위상각 -90°

해설

㉠ 주파수 전달함수

$G(j\omega) = \dfrac{1}{j\omega} = \dfrac{1}{\omega\angle 90°} = \omega^{-1}\angle -90°$

㉡ 이득

$g = 20\log|G(j\omega)| = 20\log\omega^{-1} = -20\log\omega$[dB]

∴ 보드선도의 기울기(경사) -20[dB/dec]가 되고, 위상각 $\theta = -90°$가 된다.

Comment

이득 $g = K\log\omega$[dB]에서 K를 보드선도의 기울기(경사)라 하고, [dB/dec]의 단위를 사용한다.

★★★★ 기사 00년 3회, 15년 3회

26 $G(s) = \dfrac{K}{s}$ **인 적분요소의 보드선도에서 이득곡선의 1[decade]당 기울기는?**

① 10[dB]
② 20[dB]
③ -10[dB]
④ -20[dB]

해설

㉠ 주파수 전달함수

$G(j\omega) = \dfrac{K}{j\omega} = \dfrac{K}{\omega\angle 90°} = \dfrac{K}{\omega}\angle -90°$

정답 22. ① 23. ① 24. ③ 25. ④ 26. ④

ⓛ 이득

$g = 20\log|G(j\omega)| = 20\log\frac{K}{\omega}$

$= 20\log K - 20\log\omega = K' - 20\log\omega$[dB]

∴ 보드선도의 기울기(경사) −20[dB/dec]가 되고, 위상각 $\theta = -90°$가 된다.

★★★★ 기사 96년 5회, 97년 2회, 00년 3회, 01년 3회, 09년 3회

27 $G(j\omega) = K(j\omega)^3$**의 보드선도는?**

① 20[dB/dec]의 경사를 가지며 위상각은 90°
② 40[dB/dec]의 경사를 가지며 위상각은 −90°
③ 60[dB/dec]의 경사를 가지며 위상각은 −90°
④ 60[dB/dec]의 경사를 가지며 위상각은 270°

해설

㉠ 주파수 전달함수

$G(j\omega) = K(j\omega)^3 = j^3 K\omega^3 = K\omega^3\angle 270°$

ⓛ 이득

$g = 20\log|G(j\omega)|$

$= 20\log K\omega^3$

$= 20\log K + 20\log\omega^3$

$= K' + 60\log\omega$[dB]

∴ 보드선도의 기울기(경사) 60[dB/dec]가 되고, 위상각 $\theta = 270°$가 된다.

★ 기사 91년 7회

28 $G(j\omega) = \dfrac{1}{j\omega(j\omega+1)}$**에 있어서** $\omega \to 0$**에서의** $|G(j\omega)|$**의 경사와 위상각은?**

① −40[dB], 180°
② −40[dB], −90°
③ −20[dB], 180°
④ −20[dB], −90°

해설

㉠ 주파수 전달함수

$$G(j\omega) = \left.\frac{1}{j\omega(1+j\omega T)}\right|_{\omega\to 0}$$

$$\fallingdotseq \frac{1}{j\omega\times 1} = \frac{1}{j\omega}$$

$$= \omega^{-1}\angle -90°$$

ⓛ 이득

$g = 20\log|G(j\omega)| = 20\log\omega^{-1} = -20\log\omega$[dB]

∴ 보드선도의 기울기(경사) −20[dB/dec]가 되고, 위상각 $\theta = -90°$가 된다.

Comment

- 복소수 $r = a + jb$에서 $a \gg b$인 경우 $|r| \fallingdotseq a$가 된다.
- 복소수 $r = a + jb$에서 $a \ll b$인 경우 $|r| \fallingdotseq jb$가 된다.

★ 기사 05년 3회

29 $G(s) = \dfrac{1}{s(1+Ts)}$**로 표시되는 제어계에서** ω**가 아주 클 때** $|G(j\omega)|$**의 경사와 위상각은?**

① −40[dB], −180°
② −40[dB], −90°
③ −20[dB], −180°
④ −20[dB], −90°

해설

㉠ 주파수 전달함수

$$G(j\omega) = \left.\frac{1}{j\omega(1+j\omega T)}\right|_{\omega\to\infty}$$

$$\fallingdotseq \frac{1}{j\omega\times j\omega}$$

$$= \frac{1}{j^2\omega^2}$$

$$= \omega^{-2}\angle -180°$$

ⓛ 이득

$g = 20\log|G(j\omega)|$

$= 20\log\omega^{-2}$

$= -40\log\omega$[dB]

∴ 보드선도의 기울기(경사) −40[dB/dec]가 되고, 위상각 $\theta = -180°$가 된다.

정답 27. ④ 28. ④ 29. ①

집중공략

★★ 기사 92년 6회

30 $G(s) = \dfrac{10}{(s+1)(10s+1)}$ 의 보드(bode)선도의 이득곡선은?

①

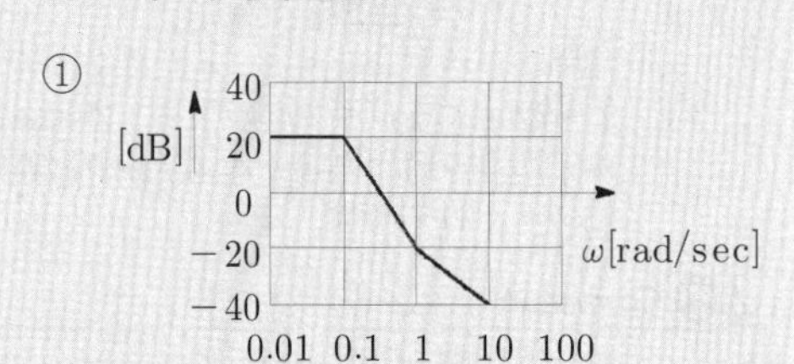

②

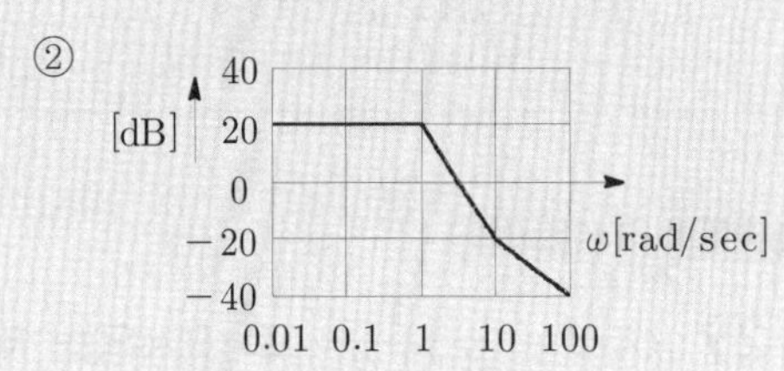

③

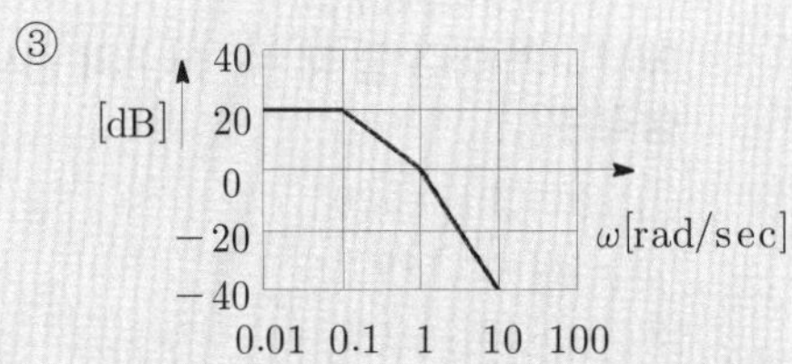

④

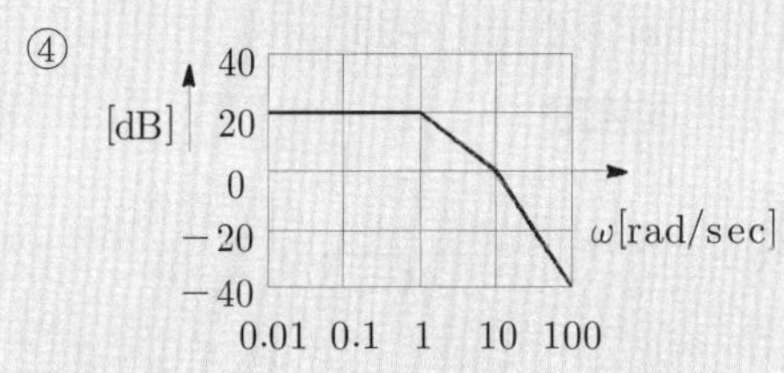

해설

㉠ 주파수 전달함수 $G(j\omega) = \dfrac{10}{(j\omega+1)(j10\omega+1)}$ 에서 절점주파수는 $\omega_1 = 1$, $\omega_2 = 0.1$이 된다.

㉡ $\omega = 0.1$[rad/sec]일 때 이득

• 주파수 전달함수

$$G(j\omega) = \left.\frac{10}{(j\omega+1)(j10\omega+1)}\right|_{\omega=0.1} = 7\angle -50.7°$$

• 이득

$g = 20\log|G(j\omega)| = 20\log 7 = 17$[dB]

㉢ $\omega = 1$[rad/sec]일 때 이득

• 주파수 전달함수

$$G(j\omega) = \left.\frac{10}{(j\omega+1)(j10\omega+1)}\right|_{\omega=1} = 0.7\angle -129°$$

• 이득

$g = 20\log|G(j\omega)| = 20\log 0.7 = -3$[dB]

∴ $\omega = 0.1$, $\omega = 1$[rad/sec]를 각각 대입했을 때의 이득을 만족하는 것은 ③항이 된다.

Comment

보드선도를 그릴 때 근사치로 나타내는 경우가 많아 계산의 결과가 다소 다르게 나올 때가 많으니 비슷한 답을 체크하자.

★★ 기사 97년 7회, 01년 1회

31 $G(s) = 1 + 10s$ 의 보드(bode)선도의 이득곡선은?

①

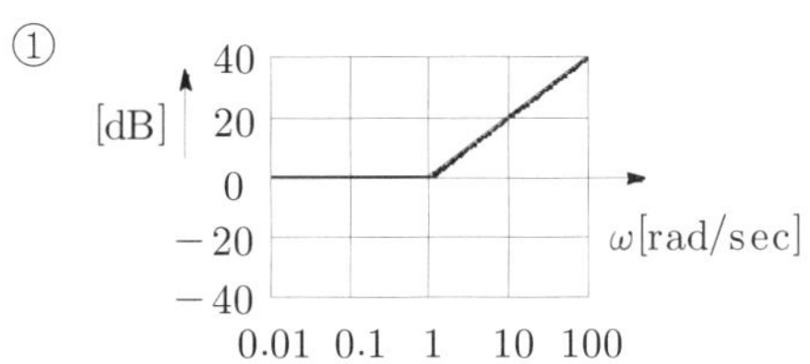

②

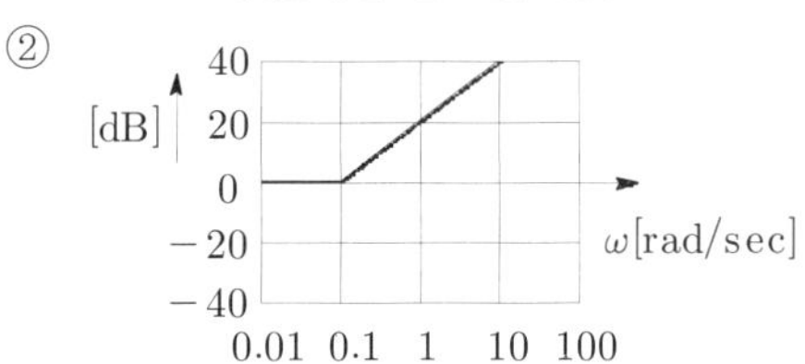

③

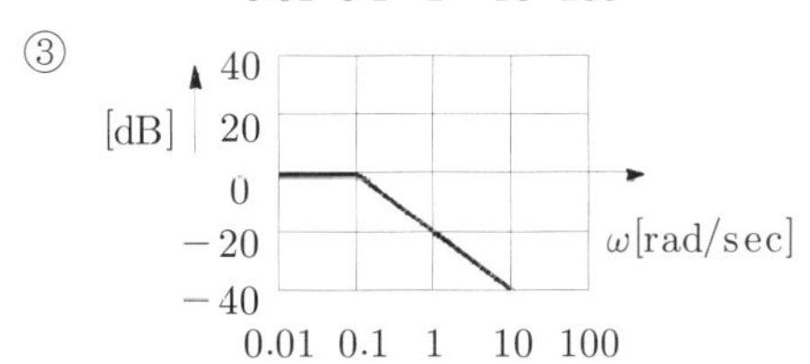

④

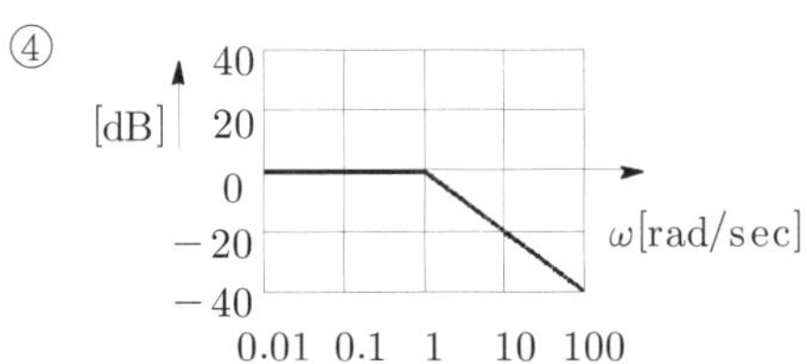

해설

㉠ 주파수 전달함수 $G(j\omega) = 1 + j10\omega$에서 절점주파수는 $\omega = 0.1$이 된다.

㉡ $\omega = 0.1$[rad/sec]일 때 이득

• 주파수 전달함수

$$G(j\omega) = 1 + j10\omega|_{\omega=0.1} = 1 + j = \sqrt{2}\angle 45°$$

정답 30. ③ 31. ②

• 이득
$g = 20\log|G(j\omega)|$
$= 20\log\sqrt{2}$
$= 3[\text{dB}]$

ⓒ $\omega = 1[\text{rad/sec}]$일 때 이득

• 주파수 전달함수
$G(j\omega) = 1 + j10\omega|_{\omega=1}$
$= 1 + j10 = 10\angle 84.2°$

• 이득
$g = 20\log|G(j\omega)|$
$= 20\log 10$
$= 20[\text{dB}]$

∴ $\omega = 0.1$, $\omega = 1[\text{rad/sec}]$를 각각 대입했을 때의 이득을 만족하는 것은 ②항이 된다.

★★ 기사 98년 5회, 00년 4회, 05년 1회, 16년 4회

32 그림과 같은 보드선도를 갖는 계의 전달함수는?

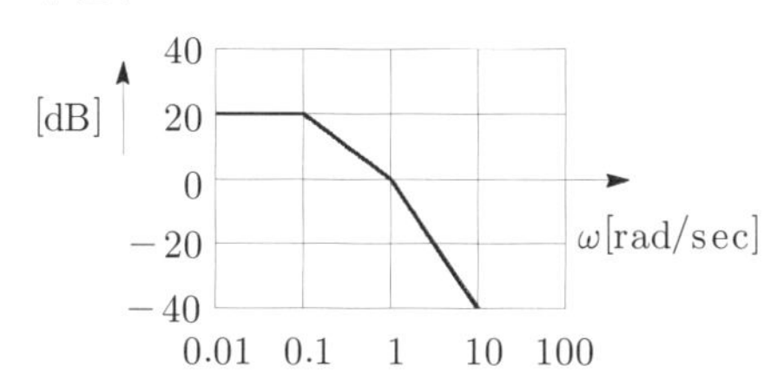

① $G(s) = \dfrac{10}{(s+1)(10s+1)}$

② $G(s) = \dfrac{5}{(s+1)(10s+1)}$

③ $G(s) = \dfrac{10}{(s+1)(s+1)}$

④ $G(s) = \dfrac{20}{(s+1)(5s+1)}$

해설

㉠ 절점주파수 $\omega_1 = 0.1$, $\omega_2 = 10$이므로

$G(j\omega) = \dfrac{K}{(j\omega+1)(j10\omega+1)}$ 의 식을 만족하게 된다.

㉡ $\omega = 0.1$일 때 $g = 20\log|G(j\omega)| = 20[\text{dB}]$이 되어야 하므로 $|G(j\omega)| = 10$이 된다.

㉢ $G(j\omega) = \left.\dfrac{K}{(j\omega+1)(j10\omega+1)}\right|_{\omega=0.1}$

$= \dfrac{K}{(1+j0.1)(1+j)}$

$= 0.7K\angle -0.88°$

㉣ $K = \dfrac{10}{0.7} = 14.28$

∴ $G(s) = \dfrac{14.28}{(s+1)(10s+1)}$

참고

$G(j\omega) = \left.\dfrac{10}{(j\omega+1)(j10\omega+1)}\right|_{\omega=0.1}$

$= \dfrac{10}{(1+j0.1)(1+j)}$

위의 이득을 구하면 17[dB]이 나온다.

Comment

보드선도를 그릴 때 근사치로 나타내는 경우가 많아 계산의 결과가 다소 다르게 나올 때가 많으니 비슷한 답을 체크하자.

출제 04 주파수응답 특성에 관한 상수

★ 기사 97년 7회, 16년 1회

33 주파수응답에 의한 위치제어계의 설계에서 계통의 안정도척도와 관계가 적은 것은 어느 것인가?

① 공진값　② 고유주파수
③ 위상여유　④ 이득여유

★ 기사 96년 7회

34 2차 지연요소의 보드선도에서 이득곡선의 두 점근선이 만나는 점의 주파수는?

① 고유주파수　② 차단주파수
③ 영주파수　④ 공진주파수

★ 기사 93년 2회, 94년 6회, 02년 2회, 14년 2회

35 2차 제어계에서 공진주파수 ω_p, 고유주파수 ω_n, 제동비 δ간의 관계가 옳게 표시된 식은?

① $\omega_p = \omega_n\sqrt{1-\delta^2}$

② $\omega_p = \omega_n\sqrt{1+\delta^2}$

③ $\omega_p = \omega_n\sqrt{1-2\delta^2}$

④ $\omega_p = \omega_n\sqrt{1+2\delta^2}$

해설

㉠ 공진주파수 $\omega_p = \omega_n\sqrt{1-2\zeta^2}$

㉡ 공진정점 $M_p = \dfrac{1}{2\zeta\sqrt{1-\zeta^2}}$

여기서, $\zeta = \delta$: 제동비, ω_n : 고유각주파수

정답 32. ① 33. ② 34. ① 35. ③

★ 기사 96년 4회

36 폐루프 전달함수 $G(s) = \dfrac{\omega_n^2}{s^2 + 2\delta\omega_n s + \omega_n^2}$ 인 2차계에 대해서 공진치 M_p는?

① $M_p = \omega_n\sqrt{1-2\delta^2}$

② $M_p = \dfrac{1}{2\delta\sqrt{1-\delta^2}}$

③ $M_p = \omega_n\sqrt{1-\delta^2}$

④ $M_p = \dfrac{1}{\delta\sqrt{1-2\delta^2}}$

★ 기사 13년 1회

37 2차계의 주파수응답과 시간응답 간의 관계 중 잘못된 것은?

① 안정된 제어계에서 높은 대역폭은 큰 공진 첨두값과 대응된다.

② 최대 오버슈트와 공진 첨두값은 ζ(감쇠율)만의 함수로 나타낼 수 있다.

③ ω_n(고유주파수) 일정시 ζ(감쇠율)가 증가하면 상승시간과 대역폭은 증가한다.

④ 대역폭은 영주파수이득보다 3[dB] 떨어지는 주파수로 정의된다.

★ 기사 99년 7회, 01년 2회, 02년 4회

38 분리도가 예리(sharp)해질수록 나타나는 현상은?

① 정상오차가 감소한다.

② 응답속도가 빨라진다.

③ M_p의 값이 감소한다.

④ 제어계가 불안정해진다.

해설

분리도가 예리해지면 M_p가 커져 오버슈트가 증가해 제어계가 불안정해진다.

★ 기사 93년 4회, 96년 4회, 00년 3회

39 2차 제어계에 있어서 공진정점 M_p가 너무 크면 제어계의 안정도는 어떻게 되는가?

① 불안정하게 된다.

② 안정하게 된다.

③ 불변이다.

④ 조건부 안정이 된다.

해설

공진정점이 너무 크면 오버슈트가 너무 증가하게 되므로 제어계는 불안정한 제어계가 된다.

★ 기사 03년 1회

40 폐루프 전달함수 $\dfrac{C(s)}{R(s)} = \dfrac{1}{2s+1}$ 인 계에서 대역폭(BW)은 몇 [rad]인가?

① 0.5[rad] ② 1[rad]

③ 1.5[rad] ④ 2[rad]

해설

㉠ 주파수 전달함수 $G(j\omega) = \dfrac{1}{j2\omega+1}$ 에서

$$|G(j\omega)| = \frac{1}{\sqrt{(2\omega)^2+1^2}} = \frac{1}{\sqrt{1+4\omega^2}}$$

㉡ 대역폭을 구하기 위하여 차단주파수를 ω_b라 하면

$$\frac{1}{\sqrt{1+4\omega_b^2}} = \frac{1}{\sqrt{2}}$$

∴ 차단주파수 $\omega_b = \dfrac{1}{2} = 0.5$

정답 36. ② 37. ③ 38. ④ 39. ① 40. ①

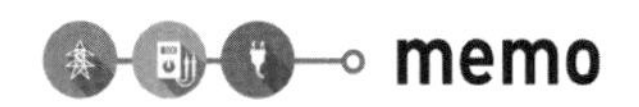

CHAPTER 05

안정도 판별법

전기기사
7.75% 출제

- 출제 01 루스-후르비츠 안정도 판별법
- 출제 02 나이퀴스트 안정도 판별법
- 출제 03 보드선도 안정도 판별법

이렇게 공부하세요!!

출제경향분석

기사 출제비율 %

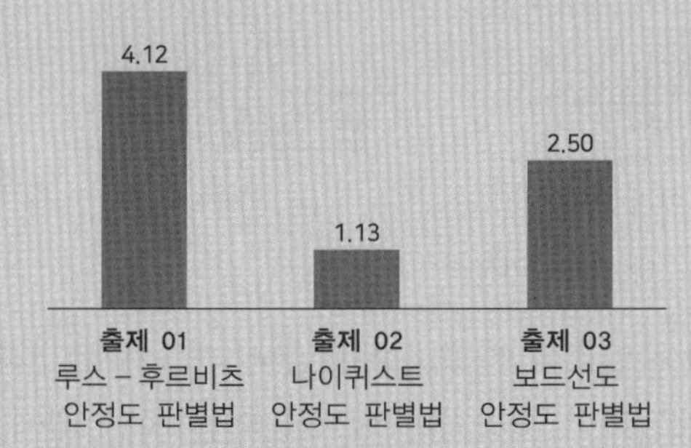

출제포인트

☑ 절대안정도와 상대안정도의 차이점에 대해서 이해할 수 있다.
☑ 루스표에 의한 안정도 판별법에 대해서 이해할 수 있다.
☑ 특수한 경우의 안정도 판별법에 대해서 이해할 수 있다.
☑ 후르비츠 판별법에 대해서 이해할 수 있다.
☑ 나이퀴스트 판별법에 대해서 이해할 수 있다.
☑ 보드선도에서 이득여유와 위상여유를 구할 수 있다.
☑ 보드선도에 의한 안정도 판별법에 대해서 이해할 수 있다.

CHAPTER

05 안정도 판별법(network analysis)

기사 7.75% 출제

기사 4.12% 출제

출제 01 루스 – 후르비츠 안정도 판별법

후르비츠 판별법은 최근 10년 동안 3번밖에 출제가 되지 않을 정도로 출제빈도가 매우 낮다. 따라서 후르비츠에 의한 안정도 문제가 나와도 루스표에 의한 방법으로 문제를 해결하면 된다.

1 안정도(stability)의 개요

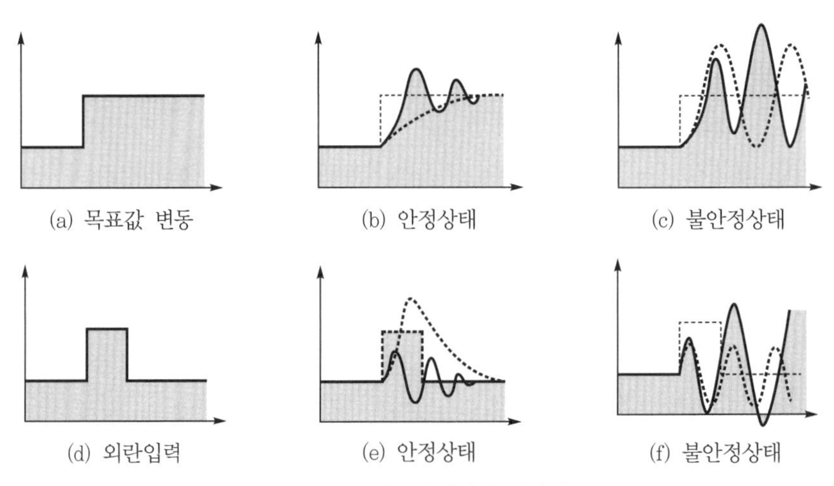

┃그림 5-1┃ 제어계의 안정성

① 목표값이 변하든가 또는 제어대상에 외란입력이 가해져 목표값에 편차가 발생하더라도 목표값이 다시 일정해지거나 또는 외란입력이 사라지면 되도록 빠른 시간 내에 편차가 없어져야 한다. 이와 같이 특성이 강할수록 그 제어계는 안정하다고 할 수 있다.

② 이에 반대로 제어량이 목표값에 도달하지 않고 지속적으로 진동이 발생하든가 아님 발산을 하게 되면 그 제어계는 불안정하다고 할 수 있다.

③ **안정도는 복소평면(s-plane)에서 특성방정식의 근(특성근)에 의해 결정할 수 있는데, 특성근이 복소평면 좌반평면에 위치하면 안정, 복소평면 우반평면에 위치하면 불안정이 되고, 허수축에 위치하게 되면 임계안정(안정한계)이 된다.**

④ **특성근은 3차 이상의 특성방정식에서는 구하기가 매우 어렵다. 따라서 특성근을 구하지 않고 안정도를 판별하는 방법으로 루스-후르비츠 안정도 판별법에 대해서 알아본다.**

⑤ 여기서, 루스-후르비츠 안정도 판별법은 절대안정도(absolute stability)가 된다. 즉, 안정과 불안정만을 판단하는 것이지 상대안정도(relative stability)와 같이 안정하다면 얼마나 안정한지까지는 알 수 없다.

2 루스(Routh)표에 의한 안정도 판별법

(1) 안정조건

① 특성방정식의 모든 차수가 존재할 것

② 모든 차수의 계수의 부호가 동일(+)할 것

(2) 루스표 작성법

① 특성방정식 $F(s)=a_0S^n+a_1S^{n-1}+a_2S^{n-2}+a_3S^{n-3}+a_4S^{n-4}+\cdots$

② 루스표 또는 루스배열

수열의 제1열

	제1열				
s^n	a_0	a_2	a_4	a_6	$\cdots$
s^{n-1}	a_1	a_3	a_5	a_7	$\cdots$
s^{n-2}	b_1	b_2	b_3	b_4	$\cdots$
s^{n-3}	c_1	c_2	c_3	c_4	$\cdots$
s^{n-4}	d_1	d_2	d_3	d_4	$\cdots$
s^{n-5}	e_1	e_2	e_3	e_4	$\cdots$

┃그림 5-2┃ 루스표

	부호					
s^n	+		a_2	a_4	a_6	$\cdots$
s^{n-1}	+	변환	a_3	a_5	a_7	$\cdots$
s^{n-2}	−		b_2	b_3	b_4	$\cdots$
s^{n-3}	−	변환	c_2	c_3	c_4	$\cdots$
s^{n-4}	+		d_2	d_3	d_4	$\cdots$
s^{n-5}	+		e_2	e_3	e_4	$\cdots$

┃그림 5-3┃ 불안정조건

㉠ $b_1=\dfrac{\begin{bmatrix}a_0 & a_2\\ a_1 & a_3\end{bmatrix}}{-a_1},\ b_2=\dfrac{\begin{bmatrix}a_0 & a_4\\ a_1 & a_5\end{bmatrix}}{-a_1},\ b_3=\dfrac{\begin{bmatrix}a_0 & a_6\\ a_1 & a_7\end{bmatrix}}{-a_1}$ ………………………… [식 5-1]

㉡ $c_1=\dfrac{\begin{bmatrix}a_1 & a_3\\ b_1 & b_2\end{bmatrix}}{-b_1},\ c_2=\dfrac{\begin{bmatrix}a_1 & a_5\\ b_1 & b_3\end{bmatrix}}{-b_1},\ c_3=\dfrac{\begin{bmatrix}a_1 & a_7\\ b_1 & b_4\end{bmatrix}}{-b_1}$ ………………………… [식 5-2]

㉢ $d_1=\dfrac{\begin{bmatrix}b_1 & b_2\\ c_1 & c_2\end{bmatrix}}{-c_1},\ d_2=\dfrac{\begin{bmatrix}b_1 & b_3\\ c_1 & c_3\end{bmatrix}}{-c_1},\ d_3=\dfrac{\begin{bmatrix}b_1 & b_4\\ c_1 & c_4\end{bmatrix}}{-c_1}$ ………………………… [식 5-3]

㉣ $e_1=\dfrac{\begin{bmatrix}c_1 & c_2\\ d_1 & d_2\end{bmatrix}}{-d_1},\ e_2=\dfrac{\begin{bmatrix}c_1 & c_3\\ d_1 & d_3\end{bmatrix}}{-d_1},\ e_3=\dfrac{\begin{bmatrix}c_1 & c_4\\ d_1 & d_4\end{bmatrix}}{-d_1}$ ………………………… [식 5-4]

③ 루스표의 제1열(a_0, a_1, b_1, c_1, d_1, e_1)의 모든 값의 부호가 변하지 않으면 안정이다.

④ 제1열의 부호가 변하는 횟수만큼 특성방정식의 근이 복소평면 우반평면에 존재하는 근(불안정한 근)의 수가 된다.

⑤ 즉, [그림 5-3]과 같이 제1열의 결과값의 부호가 다음과 같은 경우 부호변환이 2번 발생했으므로 우반평면에 존재하는 근의 수는 2개가 된다.

(3) $F(s) = As^2 + Bs + C = 0$일 때 안정도 판별

① 루스표 작성

s^2	A	C
s^1	B	0
s^0	b_1	b_2

$$b_1 = \frac{\begin{bmatrix} A & C \\ B & 0 \end{bmatrix}}{-B} = \frac{A \times 0 - BC}{-B} = C$$

② **모든 계수 A, B, C가 동일 부호(+)가 되면 안정한 제어계가 된다.**

(4) $F(s) = As^3 + Bs^2 + Cs + D = 0$일 때 안정도 판별

① 루스표 작성

s^3	A	C	0
s^2	B	D	0
s^1	b_1	b_2	b_3
s^0	c_1	c_2	c_3

$$b_1 = \frac{\begin{bmatrix} A & C \\ B & D \end{bmatrix}}{-B} = \frac{AD - BC}{-B} = \frac{BC - AD}{B}$$

$$b_2 = \frac{\begin{bmatrix} A & 0 \\ B & 0 \end{bmatrix}}{-B} = 0$$

$$c_1 = \frac{\begin{bmatrix} B & D \\ b_1 & 0 \end{bmatrix}}{-b_1} = \frac{B \times 0 - b_1 \times D}{-b_1} = D$$

② 루스표에서와 같이 $c_1 = D$가 되므로 A, B, C, D가 동일 부호(+)가 되면 b_1이 0보다 클 경우 안정한 제어계가 된다.

③ **즉, $BC - AD > 0$의 조건을 만족하면 안정이 된다.**

3 특수한 경우의 안정도 판별법

루스표의 어느 한 행에서 제1열의 요소가 0인 경우 보조방정식을 통해서 이를 해결할 수 있다. $F(s) = s^5 + 4s^4 + 8s^3 + 8s^2 + 7s + 4 = 0$**에서 안정도 판별을 살펴보면 다음과 같다.**

① 루스표 작성

s^5	1	8	7	0
s^4	4	8	4	0
s^3	6	b_2	0	0
s^2	4	4	0	0
s^1	0	0	0	0
s^0	4	0	0	0

➡

s^5	1	8	7	0
s^4	4	8	4	0
s^3	6	b_2	0	0
s^2	4	4	0	0
s^1	8	0	0	0
s^0	4	0	0	0

② s^1행의 요소가 전부 0인 경우 바로 위인 s^2행에 포함된 계수들을 사용하여 보조방정식을 만든다.

③ 보조방정식 : $A(s) = c_1 s^2 + c_2 = 4s^2 + 4 = 0$ ······ [식 5-5]

④ s^1의 계수 d_1은 보조방정식을 s에 관하여 미분하여 $\frac{dA(s)}{ds}$의 계수로 구할 수 있다.

$\therefore \frac{dA(s)}{ds} = 2c_1 s = 8s$ ······ [식 5-6]

⑤ 즉, s^1의 계수 $d_1 = 8$이 된다.

4 후르비츠(Hurwitz) 판별법

(1) 개요

① 후르비츠 판별법은 루스 판별법과 마찬가지로 특성방정식의 계수 간의 관계에서 안정, 불안정을 판별하고자 하는 것으로 행렬식을 이용하여 그 값에 따라 제어계의 안정성을 판별할 수 있는 방법이다.

② 이것은 여러 개의 행렬식의 매개변수를 만들어 그 값이 모두 양의 정수이면 안정이라 할 수 있지만 음의 부호가 나올 경우는 불안정으로 판별한다.

(2) 후르비츠 행렬 작성법

① 특성방정식 $F(s) = a_0 S^n + a_1 S^{n-1} + a_2 S^{n-2} + a_3 S^{n-3} + a_4 S^{n-4} + \cdots$

② 후르비츠 행렬식

$$H_{11} = |a_1|, \quad H_{22} = \begin{vmatrix} a_1 & a_3 \\ a_0 & a_2 \end{vmatrix}$$

$$H_{33} = \begin{vmatrix} a_1 & a_3 & a_5 \\ a_0 & a_2 & a_4 \\ 0 & a_1 & a_3 \end{vmatrix}$$

$$H_{44} = \begin{vmatrix} a_1 & a_3 & a_5 & a_7 \\ a_0 & a_2 & a_4 & a_6 \\ 0 & a_1 & a_3 & a_5 \\ 0 & a_0 & a_2 & a_4 \end{vmatrix}$$

$$H_{nn} = \begin{vmatrix} a_1 & a_3 & a_5 & a_7 & \ldots & a_n \\ a_0 & a_2 & a_4 & a_6 & \cdots & a_{n-1} \\ 0 & a_1 & a_3 & a_5 & \cdots & a_{n-2} \\ \vdots & \vdots & \vdots & \vdots & \cdots & \vdots \\ 0 & 0 & 0 & a_6 & \cdots & a_1 \end{vmatrix}$$ ······ [식 5-7]

③ 이때, H_{11}, H_{22}, $H_{33} \cdots H_{nn}$이 모두 양의 정수일 때 안정한 제어계라 판정하게 된다.

단원 확인 기출문제

★★★ 기사 94년 5회, 99년 4·7회, 15년 3회

01 특성방정식이 $s^4+7s^3+17s^2+17s+6=0$의 특성근 중에는 양의 실수부를 갖는 근이 몇 개가 있는가?

① 1 ② 2
③ 3 ④ 무근

해설 특성방정식 $F(s)=s^4+7s^3+17s^2+17s+6=0$을 루스표로 표현하면 다음과 같다.

s^4	a_0	a_2	a_4
s^3	a_1	a_3	a_5
s^2	b_1	b_2	b_3
s^1	c_1	c_2	c_3
s^0	d_1	d_2	d_3

➡

s^4	1	17	6
s^3	7	17	0
s^2	14.57	6	0
s^1	14.11	0	0
s^0	6	0	0

㉠ $b_1=\dfrac{a_0a_3-a_1a_2}{-a_1}=\dfrac{1\times17-7\times17}{-7}=14.57$

㉡ $b_2=\dfrac{a_0a_5-a_1a_4}{-a_1}=\dfrac{1\times0-7\times6}{-7}=6$

㉢ $c_1=\dfrac{a_1b_2-b_1a_3}{-b_1}=\dfrac{7\times6-14.57\times17}{-14.57}=14.11$

㉣ $c_2=\dfrac{a_1b_3-b_1a_5}{-b_1}=0$

㉤ $d_1=\dfrac{b_1c_2-c_1b_2}{-c_1}=\dfrac{b_1\times0-c_1b_2}{-c_1}=b_2=6$

∴ 수열 제1열이 모두 동일 부호이므로 안정하고, 불안정한 근(양의 실수부의 근)은 없다.

답 ④

기사 1.13% 출제

출제 02 나이퀴스트 안정도 판별법

나이퀴스트 안정도 판별법은 내용이 다소 복잡하고 출제율 또한 매우 낮으므로 출제빈도가 높은 문제 위주로 공부하자.

1 개요

① 앞서 정리한 루스-후르비츠 안정도 판별법은 절대안정도로서 안정과 불안정만을 판단하지만 나이퀴스트 안정도 판별법은 상대안정도로 제어계의 안정에 미치는 영향 등을 판단할 수 있다.

② 나이퀴스트 안정도 판별법은 벡터궤적을 그려 특성방정식의 근이 복소평면 우반평면에 존재하는지에 대한 여부를 판단할 수 있다.

③ **나이퀴스트 안정도 판별법은 안정도평가의 척도는 될 수 있으나 오차 판별은 어려운 단점이 있다.**

2 안정도 판별법

① 개루프 전달함수 $G(s)H(s)$에 있어서 $s=j\omega$로 두고, $\omega=-\infty \sim +\infty$에 대한 벡터궤적을 그린다.

② 임계점 $(-1,\ j0)$인 점에서 이 궤적상의 점에 이르는 벡터(즉, $1+G(s)H(s)$인 벡터)가 ω를 $-\infty$에서부터 $+\infty$까지 변할 때 $(-1,\ j0)$인 점을 끼고 몇 회전하는가를 조사한다. 이때 시계 반대방향으로 회전하는 회전수를 N회라 한다.

③ $G(s)H(s)$의 극 중에서 s 평면의 우반평면에 존재하는 근의 개수를 조사하고 이때 이것을 P개라고 한다.

④ 만일 $N=P$이면 이 제어계는 안정하다고 할 수 있다.

⑤ 나이퀴스트(Nyquist)의 판별법이 적용될 수 있으려면 개루프 전달함수 $G(s)H(s)$가 극한 $\lim_{s\to 0} G(s)H(s)$에 있어서 영 혹은 일정한 값으로 수렴하여야 한다.

단원 확인 기출문제

★★★ 기사 10년 3회

02 **나이퀴스트(Nyquist)의 안정론에서는 벡터궤적과 점 $(X,\ Y)$의 상대적 관계로 안정 판별이 결정되는데 이때 $X,\ Y$의 값으로 옳은 것은?**

① $(1,\ j0)$
② $(-1,\ j0)$
③ $(0,\ j0)$
④ $(\infty,\ j0)$

해설 나이퀴스트(Nyquist) 안정도 판별법은 $G(s)H(s)$의 벡터궤적을 그려 그 궤적이 $(-1,\ j0)$인 점을 포위하는지, 포위하지 않는지를 통해 제어계의 안정을 결정한다.

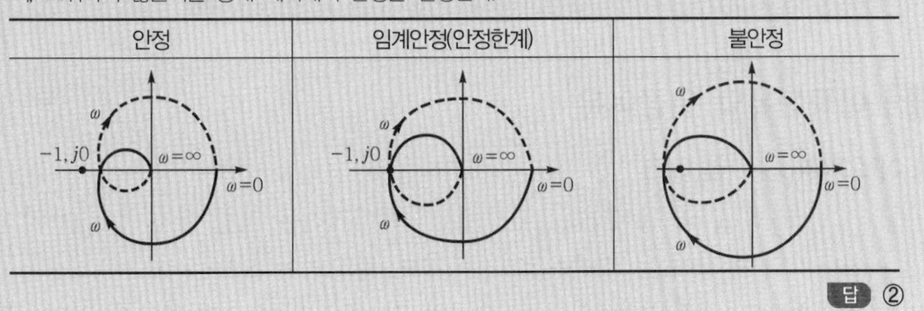

답 ②

기사 2.50% 출제

출제 03 보드선도 안정도 판별법

여기에서는 이득여유 g_m [dB]를 구하는 문제가 대부분이다. 따라서 이득여유공식만 암기해서 기출문제 풀이 위주로 학습하도록 하자.

1 보드선도에 의한 안정도 판별법

(1) 개요

개루프 전달함수 $G(s)H(s)$가 s평면의 우반평면에 특성방정식의 근을 갖지 않는 경우, 벡터궤적이 [그림 5-4]와 같이 그려진다면 이득여유와 위상여유값에 의하여 안정도를 판단할 수 있다.

(2) 안정도 판별법

① 안정 : $g_m > 0$, $\theta_m > 0$

② 임계안정(안정한계) : $g_m = 0$, $\theta_m = 0$

③ 불안정 : $g_m < 0$, $\theta_m < 0$

④ **이득여유 g_m과 위상여유 θ_m이 크면 안정도는 좋지만 제어계의 속응성이 저하되므로 위상여유는 40~60°, 이득여유는 10~20[dB]이 적절하다.**

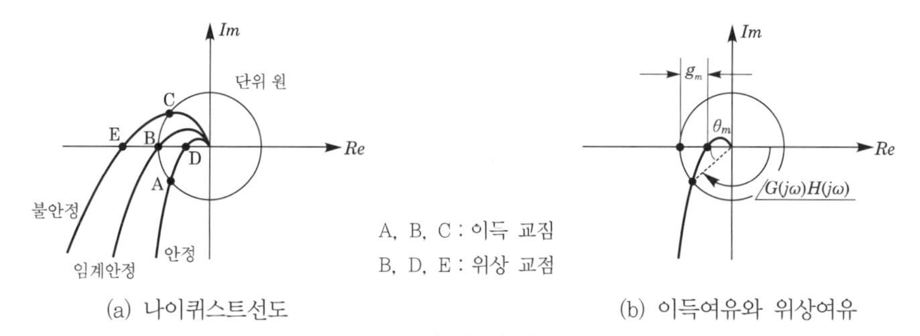

(a) 나이퀴스트선도 (b) 이득여유와 위상여유

▌그림 5-4▐ $G(j\omega)H(j\omega)$의 벡터궤적

2 이득여유와 위상여유

(1) 이득여유(gain margin)

① [그림 5-4 (a)]와 같이 $G(j\omega)H(j\omega)$의 벡터궤적을 그릴 때 $(-1,\ j0)$의 임계점 우측으로 지나가면 안정이고, 좌측으로 지나가면 불안정이 된다.

② 안정한 벡터궤적은 [그림 5-4 (b)]와 같이 g_m만큼 이득여유를 나타내고 있다. 따라서 이득여유를 구하면 다음과 같다.

g_m = B점의 이득 − D점의 이득 $= 20\log 1 - 20\log|G(j\omega)H(j\omega)|$

$= 20\log \dfrac{1}{|G(j\omega)H(j\omega)|}$ [dB] ······ [식 5-8]

③ **이득여유는 $G(j\omega)H(j\omega)$의 허수가 0인 점에서 구해야 한다.**

(2) 위상여유(phase margin)

① [그림 5-4 (b)]와 같이 단위 원과 $G(j\omega)H(j\omega)$의 벡터궤적이 만나는 점의 위상을 말한다.

② 위상여유 $\theta_m = \angle G(j\omega)H(j\omega) + 180°$ ······ [식 5-9]

3 보드선도 안정도 판별

(1) 이득선도와 위상선도에 의한 안정도 판별

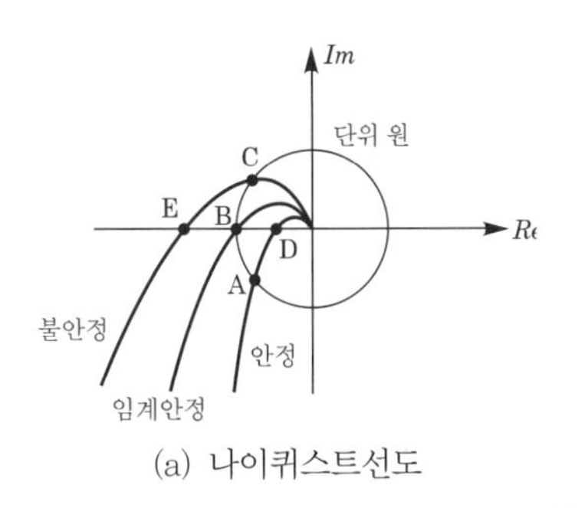

(a) 나이퀴스트선도

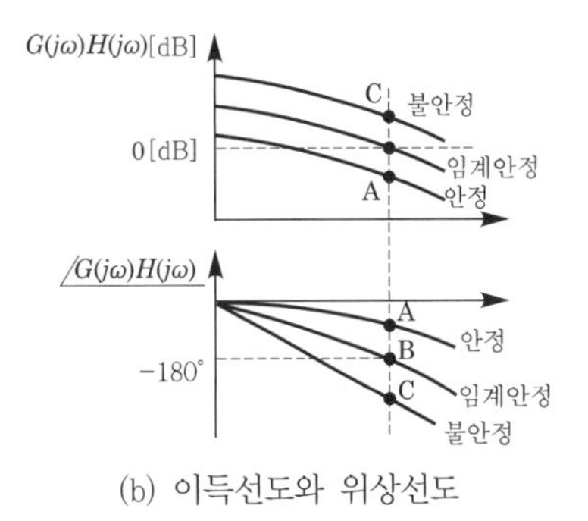

(b) 이득선도와 위상선도

▌그림 5-5▐ 안정도 판별

① **이득 0[dB]축과 위상 −180°축을 일치시킬 때 위상곡선이 위에 있으면 안정한 제어계가 된다.**

② **이득 0[dB]축과 위상 −180°축을 일치시킬 때 위상곡선이 아래에 있으면 불안정한 제어계가 된다.**

(2) 이득여유와 위상여유의 대응관계

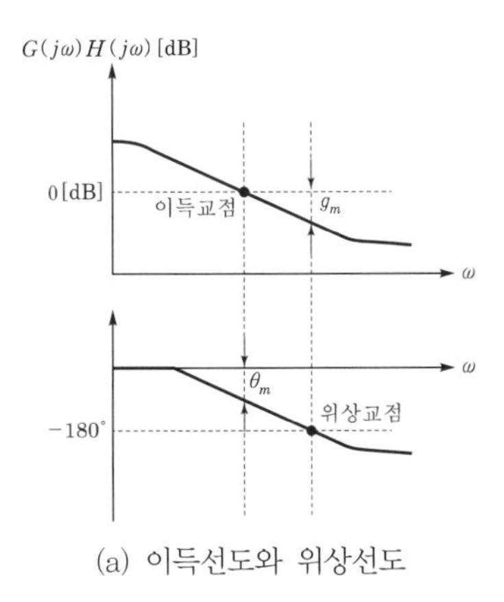

(a) 이득선도와 위상선도

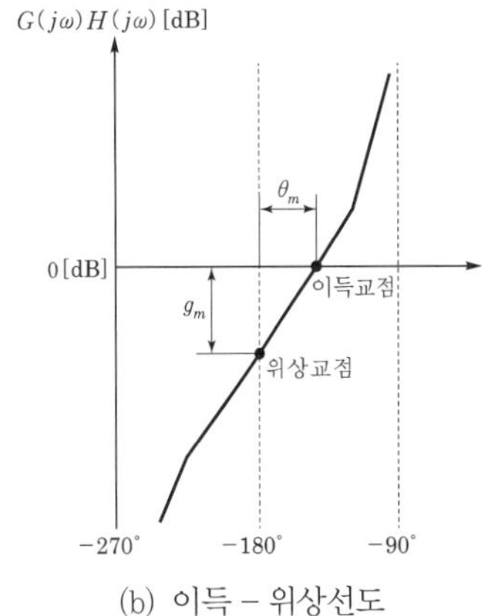

(b) 이득 − 위상선도

▌그림 5-6▐ 이득여유와 위상여유의 대응관계

단원 확인 기출문제

★★★ 기사 92년 5회

03 나이퀴스트(Nyquist)선도로부터 결정된 이득여유는 4~12[dB], 위상여유 30~40°일 때 이 제어계는?

① 불안정
② 임계안정
③ 시간이 지날수록 진동은 확대
④ 안정

해설 이득여유와 위상여유가 0보다 크면 안정이다.

답 ④

★★★★ 기사 97년 5회, 98년 5회, 99년 4회, 00년 4·5회

04 $G(j\omega)H(j\omega) = \dfrac{20}{(j\omega+1)(j\omega+2)}$ 의 이득여유는?

① 0[dB]　　② 10[dB]
③ 20[dB]　　④ −20[dB]

해설 ㉠ 이득여유는 개루프 전달함수 $G(j\omega)H(j\omega)$의 허수를 0으로 하여 구해야 한다.

㉡ 개루프 전달함수 $G(j\omega)H(j\omega) = \left.\dfrac{20}{(j\omega+1)(j\omega+2)}\right|_{\omega=0} = \dfrac{20}{2} = 10$

∴ 이득여유 $g_m = 20\log\dfrac{1}{|G(j\omega)H(j\omega)|} = 20\log\dfrac{1}{10} = -20[\text{dB}]$

단원 핵심정리 한눈에 보기

1. 루스표에 의한 안정도 판별법

① 안정조건

㉠ 특성방정식의 모든 차수가 존재할 것

㉡ 모든 차수의 계수의 부호가 동일(+)할 것

② 루스표에 의한 안정도 판별

㉠ 2차 방정식

- 모든 차수가 존재하고, 각 계수가 동일 부호이면 안정
- $F(s)=as^2+bs+c=0$에서 $a,\ b,\ c>0$이면 안정

㉡ 3차 방정식

- 모든 차수가 존재하고, 각 계수가 동일 부호이면서 다음 식을 만족해야 안정
- $F(s)=as^3+bs^2+cs+d=0$에서 $bc>ad$이면 안정

㉢ 4차 방정식

- 특성방정식 $F(s)=as^4+bs^3+cs^2+ds+e=0$
- 루스표 작성

s^4	a	c	e
s^3	b	d	
s^2	b_1	e	
s^1	c_1		
s^0	e		

$$b_1=\frac{\begin{bmatrix} a & c \\ b & d \end{bmatrix}}{-b}=\frac{ad-cb}{-b}=\frac{cb-ad}{b}$$

$$c_1=\frac{\begin{bmatrix} b & d \\ b_1 & e \end{bmatrix}}{-b_1}=\frac{be-db_1}{-b_1}=\frac{db_1-be}{b_1}$$

- 수열의 제1열 $a,\ b,\ b_1,\ c_1,\ e$가 모두 0보다 크면 안정

㉣ 수열의 제1열 요소의 부호변환은 불안정근(복소평면 우반면에 존재하는 근)의 수를 의미하지만, 시험에서 제어계가 불안정한 경우 불안정근의 수는 2개가 된다. 이를 정리하면 다음과 같다.

∴ 특성방정식 $F(s)=s^4+3s^2-s+3=0\begin{cases}\text{불안정}\\ \text{우반면의 근 : 2개}\end{cases}$

㉤ 특성방정식에서 상수항이 존재하지 않을 경우에는 임계안정상태가 된다.

2. 나이퀴스트 판정법

① 안정도 판별

㉠ $Z-P=N$: $(-1,\ j0)$점을 시계방향으로 N번 둘러싼다.

㉡ $Z-P=0$: $(-1,\ j0)$점을 둘러싸지 않는다.

㉢ $Z-P=-N$: $(-1,\ j0)$점을 반시계방향으로 N번 둘러싼다.

∴ $N=Z-P=2-3=-1$이므로 반시계방향으로 1번 둘러싼다.

여기서, Z : s평면의 우반면에 존재하는 영점의 개수

P : s평면의 우반면에 존재하는 극점의 개수

② 특징 : 안정도 판별에 관한 정보를 지시해 주지만 오차를 구할 수는 없다.

3. 보드선도에 의한 안정도 판별법

① 안정도 판별

㉠ $g_m > 0$, $\theta_m > 0$: 안정

㉡ $g_m = 0$, $\theta_m = 0$: 임계안정(안정한계)

㉢ $g_m < 0$, $\theta_m < 0$: 불안정

㉣ 이득여유와 위상여유가 크면 안정도는 좋지만 제어계의 속응성이 저하되므로 위상여유는 $40 \sim 60°$, 이득여유는 $10 \sim 20$[dB]이 적절하다.

② 이득여유 $g_m = 20 \log \dfrac{1}{|G(j\omega)H(j\omega)|}$[dB]

(단, g_m은 개루프 전달함수 $G(j\omega)H(j\omega)$의 허수를 0으로 하여 구해야 한다.)

단원 자주 출제되는 기출문제

출제 01 루스-후르비츠 안정도 판별법

★★★★ 기사 92년 7회, 93년 5회, 98년 5회, 00년 4회

01 특성방정식의 근이 모두 복소 s평면의 좌반부에 있으면 이 계의 안정 여부는?

① 안정 ② 중안정
③ 조건부 안정 ④ 불안정

해설
특성근이 복소평면 좌반부에 위치하면 안정, 우반부에 위치하면 불안정 상태가 된다.

★★★ 기사 95년 6회, 01년 2회

02 루스-후르비츠(Routh-Hurwitz)표를 작성할 때 제1열 요소의 부호변환은 무엇을 의미하는가?

① s-평면의 좌반면에 존재하는 근의 수
② s-평면의 우반면에 존재하는 근의 수
③ s-평면의 허수축에 존재하는 근의 수
④ s-평면의 원점에 존재하는 근의 수

해설
제1열(기준열) 요소의 부호변환은 불안정근의 수를 의미하므로 s평면에서 우반평면에 존재하는 근의 수를 의미한다.

★ 기사 89년 6회

03 특성방정식 $F(s) = s^3 + s^2 + s = 0$일 때 이 계통은?

① 안정하다. ② 불안정하다.
③ 임계상태이다. ④ 조건부 안정이다.

해설
특성방정식 s^0차항(상수)이 0이면 임계안정이 된다. 단, 부호는 동일 부호이어야 하며, s^0차항을 제외한 모든 항이 존재하여야 한다.
∴ 상수항이 없으면 임계상태가 된다.

집중공략

★★★ 기사 95년 5회, 99년 6회, 01년 3회, 08년 2회

04 특성방정식 $F(s) = s^2 + Ks + 2K - 1 = 0$인 계가 안정될 K의 범위는?

① $K > 0$ ② $K > \frac{1}{2}$
③ $K < \frac{1}{2}$ ④ $0 < K < \frac{1}{2}$

해설
특성방정식 $F(s) = s^2 + Ks + 2K - 1 = 0$을 루스표로 표현하면 다음과 같다.

s^2	a_0	a_2
s^1	a_1	a_3
s^0	b_1	b_2

➡

s^2	1	$2K-1$
s^1	K	0
s^0	b_1	0

㉠ $b_1 = \frac{a_0 a_3 - a_1 a_2}{-a_1} = \frac{a_0 \times 0 - a_1 a_2}{-a_1} = a_2$

㉡ 루스선도에서 제1열(a_0, a_1, b_1)의 부호가 모두 같으면(+) 안정이 되므로
- $K > 0$
- $b_1 = 2K - 1 > 0$에서 $K > \frac{1}{2}$

∴ 안정하기 위한 K값 : $K > \frac{1}{2}$

Comment

$F(s) = as^2 + bs + c = 0$(2차 방정식)에서 $a,\ b,\ c > 0$를 만족하면 안정된 제어계가 된다.

★★★ 기사 92년 3회

05 그림과 같은 제어계가 안정하기 위한 K의 범위는?

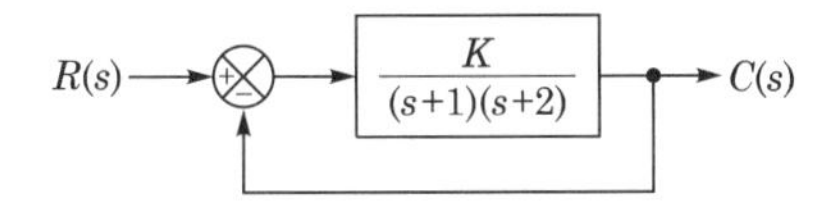

① $K > 0$ ② $K < -2$
③ $K > -2$ ④ $K < 1$

정답 01. ① 02. ② 03. ③ 04. ② 05. ③

해설

㉠ 종합 전달함수

$$M(s) = \frac{\text{전향경로이득}}{1-\text{폐루프이득}} = \frac{\frac{K}{(s+1)(s+2)}}{1+\frac{K}{(s+1)(s+2)}} = \frac{K}{(s+1)(s+2)+K}$$

㉡ 특성방정식

$$F(s) = (s+1)(s+2)+K = s^2+3s+2+K=0$$

㉢ $F(s)=as^2+bs+c=0$(2차 방정식)에서 $a, b, c > 0$를 만족하면 안정된 제어계가 된다.

∴ 안정될 K의 범위 : $K > -2$

★★★ 기사 94년 4회

06 그림과 같은 폐루프제어계의 안정도는?

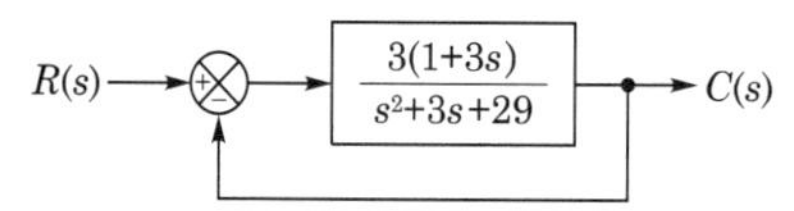

① 안정　② 불안정
③ 임계안정　④ 조건부 안정

해설

㉠ 종합 전달함수

$$M(s) = \frac{\text{전향경로이득}}{1-\text{폐루프이득}} = \frac{\frac{3(1+3s)}{s^2+3s+29}}{1+\frac{3(1+3s)}{s^2+3s+29}} = \frac{3(1+3s)}{s^2+3s+29+3(1+3s)}$$

㉡ 특성방정식

$$F(s) = as^2+bs+c = s^2+12s+32=0$$

∴ 2차 방정식에서 $a, b, c>0$의 조건을 만족하므로 안정된 제어계가 된다.

★★★ 기사 94년 5회, 16년 3회

07 특성방정식 $F(s) = s^3+3s^2+3s+1+K=0$에서 계가 안정되기 위한 K의 값은?

① $-1 < K < 0$
② $0 < K < 8$
③ $-1 < K < 8$
④ $1 < K < 8/3$

해설

특성방정식 $F(s) = s^3+3s^2+3s+1+K=0$을 루스표로 표현하면 다음과 같다.

s^3	a_0	a_2	➡	s^3	1	3
s^2	a_1	a_3		s^2	3	$1+K$
s^1	b_1	b_2		s^1	b_1	0
s^0	c_1	c_2		s^0	c_1	0

㉠ $b_1 = \frac{a_0a_3-a_1a_2}{-a_1} = \frac{(1+K)-9}{-3} = \frac{8-K}{3}$

㉡ $c_1 = \frac{a_1b_2-b_1a_3}{-b_1} = \frac{a_1\times 0-b_1a_3}{-b_1} = a_3 = 1+K$

㉢ 루스선도에서 제1열(a_0, a_1, b_1, c_1)의 부호가 모두 같으면(+) 안정이 되므로

• $b_1 = \frac{8-K}{3} > 0$에서 $K<8$

• $c_1 = 1+K > 0$에서 $K > -1$

∴ 안정하기 위한 K값 : $-1<K<8$

★★★★★ 기사 92년 2·6회, 93년 6회, 97년 2회, 99년 3회, 00년 5회

08 특성방정식 $F(s) = s^3+2s^2+Ks+5=0$으로 주어지는 제어계가 안정하기 위한 K의 값은?

① $K>0$　② $K<0$
③ $K>\frac{5}{2}$　④ $K<\frac{5}{2}$

해설

특성방정식 $F(s) = s^3+2s^2+Ks+5=0$을 루스표로 표현하면 다음과 같다.

s^3	a_0	a_2	➡	s^3	1	K
s^2	a_1	a_3		s^2	2	5
s^1	b_1	b_2		s^1	b_1	0
s^0	c_1	c_2		s^0	c_1	0

㉠ $b_1 = \frac{a_0a_3-a_1a_2}{-a_1} = \frac{5-2K}{-2} = \frac{2K-5}{2}$

㉡ $c_1 = \frac{a_1b_2-b_1a_3}{-b_1} = \frac{a_1\times 0-b_1a_3}{-b_1} = a_3 = 5$

㉢ 루스선도에서 제1열(a_0, a_1, b_1, c_1)의 부호가 모두 같으면(+) 안정이 되므로 $b_1 = \frac{2K-5}{2} > 0$에서 $2K>5$로 한다.

∴ 안정하기 위한 K값 : $K>\frac{5}{2}$

Comment

3차 방정식의 경우 $F(s) = as^3+bs^2+cs+d=0$에서 다음 두 조건을 만족하면 안정이 된다.
• 조건 1 : $a, b, c, d>0$
• 조건 2 : $bc>ad$

정답 06. ① 07. ③ 08. ③

★★★★ 기사 89년 2회, 12년 3회

09 **특성방정식 $F(s) = s^3 + 34.5s^2 + 7500s + 7500K = 0$으로 표시되는 계통이 안정되려면 K의 범위는?**

① $0 < K < 34.5$ ② $K < 0$
③ $K > 34.5$ ④ $0 < K < 69$

해설

특성방정식 $F(s) = s^3 + 34.5s^2 + 7500s + 7500K = 0$을 루스표로 표현하면 다음과 같다.

			→			
s^3	a_0	a_2		s^3	1	7500
s^2	a_1	a_3		s^2	34.5	$7500K$
s^1	b_1	b_2		s^1	b_1	0
s^0	c_1	c_2		s^0	c_1	0

㉠ $b_1 = \dfrac{a_0a_3 - a_1a_2}{-a_1} = \dfrac{7500K - 34.5 \times 7500}{-34.5}$

㉡ $c_1 = \dfrac{a_1b_2 - b_1a_3}{-b_1} = \dfrac{a_1 \times 0 - b_1a_3}{-b_1} = a_3 = 7500K$

㉢ 루스선도에서 제1열(a_0, a_1, b_1, c_1)의 부호가 모두 같으면(+) 안정이 되므로

- $b_1 = \dfrac{34.5 \times 7500 - 7500K}{34.5} > 0$에서 $K < 34.5$
- $c_1 = 7500K > 0$에서 $K > 0$

∴ 안정하기 위한 K값 : $0 < K < 34.5$

Comment

3차 방정식이므로 다음 두 조건을 만족하면 안정이 된다.
- $a,\ b,\ c,\ d > 0$를 만족해야 하므로 $K > 0$이 된다.
- $bc > ad$를 만족해야 하므로 $34.5 \times 7500 > 7500K$이므로 $K < 34.5$가 된다.

∴ 안정하기 위한 K값 : $0 < K < 34.5$

★★★★ 기사 04년 2회, 15년 2회

10 **특성방정식 $F(s) = 2s^3 + 3s^2 + (1 + 5KT)s + 5K = 0$으로 주어질 때 이 계가 안정되기 위해서는 K와 T 사이에는 어떤 관계가 있는가? (단, K와 T는 정(正)의 실수이다.)**

① $K > T$
② $15KT > 10K$
③ $3 + 15KT > 10K$
④ $3 - 15KT > 10K$

해설

3차 방정식($F(s) = as^3 + bs^2 + cs + d = 0$)이므로 다음 두 조건을 만족하면 안정이 된다.

㉠ $a,\ b,\ c,\ d > 0$를 만족해야 하므로 $K > 0$이 된다.

㉡ $bc > ad$를 만족해야 하므로 $3(1 + 5KT) > 10K$이므로 $3 + 15KT > 10K$가 된다.

∴ 안정하기 위한 K값 : $3 + 15KT > 10K$

★ 기사 92년 6회, 00년 3회

11 **특성방정식 $F(s) = s^3 + 3Ks^2 + (K+2)s + 4 = 0$으로 주어질 때 안정하기 위한 K의 범위를 루스(Routh)의 판정조건은?**

① $K < -2.528$
② $K > 0.528$
③ $-2.528 < K < 0.528$
④ $K = 1$

해설

㉠ 특성방정식이 3차 방정식이므로 $K > 0$, $K + 2 > 0$와 $3K(K+2) > 4$이면 이 계는 안정이 된다.

㉡ 여기서 $3K(K+2) > 4$를 정리하면 다음과 같다.

$3K^2 + 6K - 4 > 0$

근의 공식으로 K값을 구하면

$$K = \frac{-b \pm \sqrt{b^2 - 4ac}}{2a} = \frac{-6 \pm \sqrt{6^2 - 4 \times 3 \times (-4)}}{2 \times 3} = -1 \pm 1.58$$

∴ 안정이 되려면 특성방정식이 모두 +가 되어야 하므로 $K > 0.528$이 된다.

Comment

$K = 0.528$보다 작으면 $3K(K+2) > 4$가 성립할 수 없어 안정이 될 수 없다. 따라서 $K > 0$, $K > -2$는 안정될 조건이 될 수 없다.

★★★★ 기사 99년 7회, 02년 4회, 15년 2회

12 **특성방정식 중 안정될 필요조건을 갖춘 것은?**

① $s^4 + 3s^2 + 10s + 10 = 0$
② $s^3 + s^2 - 5s + 10 = 0$
③ $s^3 + 2s^2 + 4s - 1 = 0$
④ $s^3 + 9s^2 + 20s + 12 = 0$

정답 09. ① 10. ③ 11. ② 12. ④

해설

① s^3항이 없으므로 불안정하다.
② 특성방정식에 −가 있어 불안정하다.
③ 특성방정식에 −가 있어 불안정하다.
④ a, b, c, $d>0$와 $bc>ad$를 만족하므로 안정하다.

★★★★ 기사 95년 2회, 03년 4회, 10년 2회, 12년 3회

13 불안정한 제어계의 특성방정식은 다음 중 어느 것인가?

① $s^3+7s^2+14s+8=0$
② $s^3+2s^2+3s+6=0$
③ $s^3+5s^2+11s+15=0$
④ $s^3+2s^2+2s+2=0$

해설

특성방정식 $F(s)=as^3+bs^2+cs+d=0$에서 a, b, c, $d>0$와 $bc>ad$를 만족해야 안정된 제어계가 된다. 따라서 이를 만족하지 않는 것은 ②항이 된다.

★★★ 기사 93년 4회, 05년 4회

14 특성방정식 $2s^3+5s^2+3s+1=0$으로 주어진 계의 안정도를 판정하고 우반평면상의 근을 구하면?

① 임계상태이며 허수축상에 근이 2개 존재한다.
② 안정하고 우반평면에 근이 없다.
③ 불안정하며 우반평면상에 근이 2개이다.
④ 불안정하며 우반평면상에 근이 1개이다.

해설

$F(s)=as^3+bs^2+cs+d=0$에서 a, b, c, $d>0$와 $bc>ad$를 만족해야 안정된 제어계가 된다.
$bc=15$, $ad=2$이므로 $bc>ad$를 만족한다.
∴ 안정하고 불안정한 근도 없다.

★ 기사 89년 6회

15 특성방정식 $s^3-4s^2-5s+6=0$으로 주어지는 계는 안정한가? 불안정한가? 또 우반평면에 근을 몇 개 가지고 있는가?

① 안정하다, 0개
② 불안정하다, 1개
③ 불안정하다, 2개
④ 임계상태이다, 0개

해설

특성방정식 $F(s)=s^3-4s^2-5s+6=0$을 루스표로 표현하면 다음과 같다.

s^3	a_0	a_2
s^2	a_1	a_3
s^1	b_1	b_2
s^0	c_1	c_2

➡

s^3	1	−5
s^2	−4	6
s^1	b_1	0
s^0	c_1	0

㉠ $b_1=\dfrac{a_0a_3-a_1a_2}{-a_1}=\dfrac{6-20}{4}=-3.5$

㉡ $c_1=\dfrac{a_1b_2-b_1a_3}{-b_1}=\dfrac{a_1\times 0-b_1a_3}{-b_1}=a_3=6$

㉢ 루스선도에서 제1열(a_0, a_1, b_1, c_1)의 부호가 변하면 불안정한 제어계가 되며 변화된 개수가 제어계의 불안정한 근의 개수가 된다.

∴ 루스선도에서 제1열의 부호가 2번 변했으므로 불안정한 근은 2개가 된다.

Comment

제어계가 불안정하면 대부분 불안정한 근의 수는 2개가 된다.

★★★ 기사 90년 2회, 99년 3회, 12년 2회, 13년 1회

16 특성방정식 $F(s)=s^3+11s^2+2s+40=0$인 경우, 양의 실수부를 갖는 근은 몇 개인가?

① 0
② 1
③ 2
④ 3

해설

특성방정식 $F(s)=s^3+11s^2+2s+40=0$을 루스표로 표현하면 다음과 같다.

s^3	a_0	a_2
s^2	a_1	a_3
s^1	b_1	b_2
s^0	c_1	c_2

➡

s^3	1	2
s^2	11	40
s^1	b_1	0
s^0	c_1	0

㉠ $b_1=\dfrac{a_0a_3-a_1a_2}{-a_1}=\dfrac{40-22}{-11}=-\dfrac{18}{11}$

㉡ $c_1=\dfrac{a_1b_2-b_1a_3}{-b_1}=\dfrac{a_1\times 0-b_1a_3}{-b_1}=a_3=40$

㉢ 루스선도에서 제1열(a_0, a_1, b_1, c_1)의 부호가 변하면 불안정한 제어계가 되며 변화된 개수가 제어계의 불안정한 근의 개수가 된다.

∴ 루스선도에서 제1열의 부호가 2번 변했으므로 불안정한 근은 2개가 된다.

정답 13. ② 14. ② 15. ③ 16. ③

★★★ 기사 94년 3회, 10년 3회

17 특성방정식 $F(s) = Ks^3 + s^2 - 2s + 5 = 0$인 제어계가 안정하기 위한 K의 값을 구하면?

① $K < 0$ 이면 불안정하다.

② $K < -\frac{2}{5}$ 이면 안정하다.

③ $K > \frac{2}{5}$ 이면 안정하다.

④ K의 값에 관계없이 불안정하다.

해설

$F(s) = as^3 + bs^2 + cs + d = 0$에서 $a, b, c, d > 0$와 $bc > ad$를 만족해야 안정된 제어계가 된다.

∴ $a, b, c, d > 0$를 만족하지 않으므로 불안정한 제어계가 된다.

★★★ 기사 09년 2회, 12년 2회, 15년 3회

18 어떤 제어계의 전달함수가 다음과 같다면 이 계의 안정성을 판정하면?

$$G(s) = \frac{s}{(s+2)(s^2+2s+2)}$$

① 안정하다. ② 불안정하다.
③ 임계상태이다. ④ 알 수 없다.

해설

특성방정식 $F(s) = (s+2)(s^2+2s+2)$
$= s^3 + 4s^2 + 6s + 4$

$as^3 + bs^2 + cs + d = 0$에서 $a, b, c, d > 0$와 $bc > ad$를 만족해야 안정된 제어계가 된다. $bc = 24$, $ad = 4$이므로 $a, b, c, d > 0$, $bc > ad$를 만족한다.

∴ 안정한 제어계가 된다.

집중공략

★★★ 기사 95년 6회, 97년 6회, 03년 2회, 04년 4회, 10년 2회, 15년 1회

19 다음 중 루스(Routh) 안정도 판별법에서 그림과 같은 제어계가 안정되기 위한 K의 값으로 적합한 것은?

$R(s)$ → ⊗ → $\frac{2K}{s(s+1)(s+2)}$ → $C(s)$ (단위 피드백)

① 1 ② 3
③ 5 ④ 7

해설

㉠ 종합 전달함수 $M(s) = \dfrac{\text{전향경로이득}}{1-\text{폐루프이득}}$

$$= \frac{\frac{2K}{s(s+1)(s+2)}}{1+\frac{2K}{s(s+1)(s+2)}} = \frac{2K}{s(s+1)(s+2)+2K}$$

㉡ 특성방정식 $F(s) = as^3 + bs^2 + cs + d$
$= s(s+1)(s+2) + 2K$
$= s^3 + 3s^2 + 2s + 2K = 0$

㉢ $a, b, c, d > 0$와 $bc > ad$를 만족해야 안정된 제어계가 된다.

- $a, b, c, d > 0$에서 $K > 0$
- $bc > ad$에서 $6 > 2K$이므로 $K < 3$

∴ 안정될 K의 범위 $0 < K < 3$이므로 $K = 1$이 된다.

★★ 기사 98년 6회, 00년 6회

20 $G(s)H(s) = \dfrac{K(1+sT_2)}{s^2(1+sT_1)}$를 갖는 제어계의 안정조건은? (단, K, T_1, $T_2 > 0$)

① $T_2 = 0$ ② $T_1 > T_2$
③ $T_2 = T_1$ ④ $T_1 < T_2$

해설

㉠ 특성방정식

$F(s) = 1 + G(s)H(s) = 1 + \dfrac{K(1+sT_2)}{s^2(1+sT_1)} = 0$

이를 정리하면 다음과 같다.

$F(s) = as^3 + bs^2 + cs + d$
$= s^2(1+sT_1) + K(1+sT_2)$
$= T_1 s^3 + s^2 + KT_2 s + K = 0$

㉡ $bc > ad$의 조건을 만족해야 하므로 $KT_2 > KT_1$이 되어야 한다.

∴ 안정하기 위한 조건 : $T_1 < T_2$

★★ 기사 98년 3회

21 계의 특성방정식이 $2s^4 + 4s^2 + 3s + 6 = 0$일 때 이 계통은?

① 안정하다. ② 불안정하다.
③ 임계상태이다. ④ 조건부 안정이다.

정답 17. ④ 18. ① 19. ① 20. ④ 21. ②

해설

s^3 계수가 0이므로 안정 필요조건에 만족하지 못하므로 불안정한 제어계가 된다.

★★★ 기사 93년 5회, 98년 5회, 01년 2회, 16년 4회

22 주어진 계통의 특성방정식이 $s^4+6s^3+11s^2+6s+K=0$이다. 안정하기 위한 K의 범위는?

① $K<0,\ K>20$ ② $0<K<20$
③ $0<K<10$ ④ $K<20$

해설

특성방정식 $F(s)=s^4+6s^3+11s^2+6s+K=0$을 루스표로 표현하면 다음과 같다.

s^4	a_0	a_2	a_4
s^3	a_1	a_3	a_5
s^2	b_1	b_2	b_3
s^1	c_1	c_2	c_3
s^0	d_1	d_2	d_3

➡

s^4	1	11	K
s^3	6	6	0
s^2	10	K	0
s^1	$6-0.6K$	0	0
s^0	K	0	0

㉠ $b_1=\dfrac{a_0a_3-a_1a_2}{-a_1}=\dfrac{1\times6-6\times11}{-6}=10$

㉡ $b_2=\dfrac{a_0a_5-a_1a_4}{-a_1}=\dfrac{1\times0-6\times K}{-6}=K$

㉢ $c_1=\dfrac{b_1a_3-a_1b_2}{b_1}=\dfrac{10\times6-6\times K}{10}=6-0.6K$

㉣ $c_2=\dfrac{a_1b_3-b_1a_5}{-b_1}=0$

㉤ $d_1=\dfrac{b_1c_2-c_1b_2}{-c_1}=\dfrac{b_1\times0-c_1b_2}{-c_1}=b_2=K$

㉥ $c_1=6-0.6K>0$에서 $K<\dfrac{6}{0.6}=10$, $d_1=K>0$의 조건을 만족해야 한다.

∴ 안정하기 위한 조건 : $0<K<10$

★★★ 기사 99년 7회

23 특성방정식이 $s^4+s^3+3s^2+Ks+2=0$인 제어계가 안정하기 위한 K의 범위는?

① $0<K<3$
② $2<K<3$
③ $1<K<2$
④ $3<K$

해설

특성방정식 $F(s)=s^4+s^3+3s^2+Ks+2=0$을 루스표로 표현하면 다음과 같다.

s^4	a_0	a_2	a_4
s^3	a_1	a_3	a_5
s^2	b_1	b_2	b_3
s^1	c_1	c_2	c_3
s^0	d_1	d_2	d_3

➡

s^4	1	3	2
s^3	1	K	0
s^2	$3-K$	2	0
s^1	$\dfrac{K(3-K)-2}{3-K}$	0	0
s^0	2	0	0

㉠ $b_1=\dfrac{a_0a_3-a_1a_2}{-a_1}=\dfrac{1\times K-1\times3}{-1}=3-K$

㉡ $b_2=\dfrac{a_0a_5-a_1a_4}{-a_1}=\dfrac{1\times0-1\times2}{-1}=2$

㉢ $c_1=\dfrac{a_1b_2-b_1a_3}{-b_1}=\dfrac{1\times2-(3-K)\times K}{-(3-K)}$
$=\dfrac{K(3-K)-2}{3-K}$

㉣ $c_2=\dfrac{a_1b_3-b_1a_5}{-b_1}=0$

㉤ $d_1=\dfrac{b_1c_2-c_1b_2}{-c_1}=\dfrac{b_1\times0-c_1b_2}{-c_1}=b_2=2$

㉥ 수열 제1열이 모두 동일 부호가 되어야 안정이 되므로
- b_1 항에서 $3-K>0$이므로 $3>K$
- c_1 항에서 $\dfrac{K(3-K)-2}{3-K}>0$에서

$K(3-K)-2>0$이므로 $-K^2+3K-2>0$
이를 인수분해하면 $(-K+2)(K-1)>0$
즉, $K<2$ 또는 $K>1$이 된다.

∴ 안정하기 위한 조건 : $1<K<2$

★★ 기사 97년 5회, 02년 4회, 05년 1회

24 특성방정식이 $s^4+2s^3+s^2+4s+2=0$일 때, 이 계의 후르비츠 방법으로 안정도를 판별하면?

① 불안정 ② 안정
③ 임계안정 ④ 조건부 안정

해설

㉠ 특성방정식 $F(s)=as^4+bs^3+cs^2+ds+e$
$=s^4+2s^3+s^2+4s+2=0$

㉡ 후르비츠 행렬식
- $H_{11}=|a|=|1|=1$
- $H_{22}=\begin{vmatrix}b&d\\a&c\end{vmatrix}=\begin{vmatrix}2&4\\1&1\end{vmatrix}=2-4=-2$
- $H_{33}=\begin{vmatrix}b&d&0\\a&c&e\\0&b&d\end{vmatrix}=\begin{vmatrix}2&4&0\\1&1&2\\0&2&4\end{vmatrix}=8-8-16=-16$

정답 22. ③ 23. ③ 24. ①

ⓒ H_{11}, H_{22}, H_{33} 모두가 양의 정수일 경우 안정한 제어계가 된다.

∴ H_{22}, $H_{33} < 0$이므로 불안정한 제어계가 된다.

Comment

본 문제는 루스선도에 의해서 구하면 된다.

★ 기사 96년 2회

25 **특성방정식 $s^5+4s^4-3s^3+2s^2+6s+K=0$으로 주어진 제어계의 안정성은?**

① $K=-2$
② 절대 불안정
③ $K=-3$
④ $K>0$

해설

s^3계수의 부호가 −가 되므로 불안정 제어계가 된다.

★★★ 기사 08년 1회

26 **특성방정식 $s^5+2s^4+2s^3+3s^2+4s+1=0$을 루스-후르비츠(Routh-Hurwitz) 판별법으로 분석한 결과이다. 옳은 것은?**

① s-평면의 우반면에 근이 존재하지 않기 때문에 안정한 시스템이다.
② s-평면의 우반면에 근이 1개 존재하기 때문에 불안정한 시스템이다.
③ s-평면의 우반면에 근이 2개 존재하기 때문에 불안정한 시스템이다.
④ s-평면의 우반면에 근이 3개 존재하기 때문에 불안정한 시스템이다.

해설

특성방정식 $F(s)=s^5+2s^4+2s^3+3s^2+4s+1=0$을 루스표로 표현하면 다음과 같다.

s^5	a_0	a_2	a_4	a_6
s^4	a_1	a_3	a_5	a_7
s^3	b_1	b_2	b_3	b_4
s^2	c_1	c_2	c_3	c_4
s^1	d_1	d_2	d_3	d_4
s^0	e_1	e_2	e_3	e_4

➡

s^5	1	2	4	0
s^4	2	3	1	0
s^3	0.5	3.5	0	0
s^2	−11	1	0	0
s^1	3.54	0	0	0
s^0	1	0	0	0

㉠ $b_1=\dfrac{a_0a_3-a_2a_1}{-a_1}=\dfrac{1\times3-2\times2}{-2}=0.5$

㉡ $b_2=\dfrac{a_0a_5-a_4a_1}{-a_1}=\dfrac{1\times1-4\times2}{-2}=3.5$

㉢ $c_1=\dfrac{a_1b_2-a_3b_1}{-b_1}=\dfrac{2\times3.5-3\times0.5}{-0.5}=-11$

㉣ $c_2=\dfrac{a_1b_3-a_5b_1}{-b_1}=\dfrac{a_1\times0-a_5b_1}{-b_1}=a_5=1$

㉤ $d_1=\dfrac{b_1c_2-b_2c_1}{-c_1}=\dfrac{0.5\times1-3.5\times(-11)}{-11}=3.54$

㉥ $e_1=\dfrac{c_1d_2-c_2d_1}{-d_1}=\dfrac{c_1\times0-c_2d_1}{-d_1}=c_2=1$

∴ 수열 제1열의 부호가 2번 있으므로 양의 실수를 갖는 불안정한 근이 2개가 된다.

출제 02 나이퀴스트 안정도 판별법

★★★ 기사 89년 2회, 97년 4회, 16년 2회

27 **나이퀴스트(Nyquist) 판정법의 설명으로 틀린 것은?**

① 나이퀴스트(Nyquist)선도는 제어계의 오차응답에 관한 정보를 준다.
② 계의 안정을 개선하는 방법에 대한 정보를 제시해 준다.
③ 안정성을 판정하는 동시에 안정도를 지시해 준다.
④ 루스-후르비츠(Routh-Hurwitz) 판정법과 같이 계의 안정 여부를 직접 판정해 준다.

해설

나이퀴스트(Nyquist) 판정법은 안정도 판별에 관한 정보를 지시해 주지만 오차를 구할 수는 없다.

★ 기사 95년 7회

28 **나이퀴스트(Nyquist)선도에서 얻을 수 있는 자료 중 틀린 것은?**

① 계통의 안정도 개선법을 알 수 있다.
② 상태안정도를 알 수 있다.
③ 정상오차를 알 수 있다.
④ 절대안정도를 알 수 있다.

해설

문제 27번 해설 참조

정답 25. ② 26. ③ 27. ① 28. ③

★ 기사 95년 7회, 16년 2회

29 2차 제어계 $G(s)H(s)$의 나이퀴스트선도 특징이 아닌 것은?

① 부의 실축과 교차하지 않는다.
② 이득여유는 ∞이다.
③ 교차량 $|G(s)H(s)| = 0$이다.
④ 불안정한 제어계이다.

해설
2차 제어계 $G(s)H(s)$가 모두 불안정한 것은 아니다.

★ 기사 05년 3회

30 3차인 이산치 시스템의 특성방정식의 근이 −0.3, −0.2, +0.5로 주어져 있다. 이 시스템의 안정도는?

① 이 시스템은 안정한 시스템이다.
② 이 시스템은 임계안정한 시스템이다.
③ 이 시스템은 불안정한 시스템이다.
④ 위 정보로서는 이 시스템의 안정도를 알 수 없다.

해설
특성방정식의 근이 양의 실수를 가지면 불안정한 제어계가 된다.

Comment
이산치 시스템이란 불연속적인 시스템으로 디지털 시스템을 말한다.

★★ 기사 93년 6회, 94년 3회, 00년 2회, 01년 3회, 09년 1회

31 나이퀴스트(Nyquist) 경로에 포위되는 영역에 특성방정식의 근이 존재하지 않으면 제어계는 어떻게 되는가?

① 불안정 ② 안정
③ 진동 ④ 발산

해설
$(-1,\ j0)$인 점을 포위하지 않으면 안정한 제어계가 된다.

★★ 기사 16년 2회

32 2차 제어계 $G(s)H(s)$의 나이퀴스트선도의 특징이 아닌 것은?

① 이득여유는 ∞이다.
② 교차량 $|GH| = 0$이다.
③ 모두 불안정한 제어계이다.
④ 부의 실축과 교차하지 않는다.

해설
나이퀴스트선도는 ω를 0부터 ∞까지 변화시켰을 때 그려지는 벡터궤적에 따라 안정과 불안정제어계로 구분된다.

★ 기사 03년 3회

33 다음은 s평면에 극점(×)과 영점(○)을 도시한 것이다. 나이퀴스트 안정도 판별법으로 안정도를 알아내기 위하여 Z, P의 값을 알아야 한다. 이를 바르게 나타낸 것은?

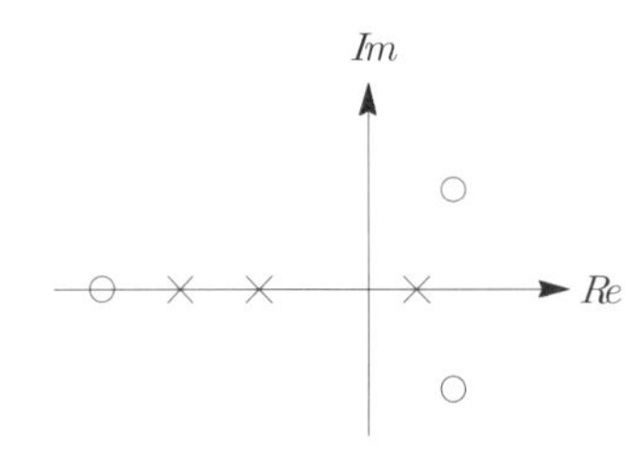

① $Z=3,\ P=3$ ② $Z=1,\ P=2$
③ $Z=2,\ P=1$ ④ $Z=1,\ P=3$

해설
나이퀴스트 판별법은 특성방정식의 근이 복소평면 우반면에 존재 여부를 수식적으로 판단하지 않고 벡터궤적에 의하여 판단하는 방법이다.

Comment
P는 극점, Z는 영점으로 복소평면에 극점은 ×, 영점은 ○으로 표시한다. 안정도 판별을 하려면 복소평면 좌반부를 가지고 판정한다.

★ 기사 03년 2회

34 s평면의 우반면에 3개의 극점이 있고, 2개의 영점이 있다. 이때 다음과 같은 설명 중 어느 나이퀴스트선도일 때 시스템이 안정한가?

① $(-1,\ j0)$점을 반시계방향으로 1번 감쌌다.
② $(-1,\ j0)$점을 시계방향으로 1번 감쌌다.
③ $(-1,\ j0)$점을 반시계방향으로 5번 감쌌다.
④ $(-1,\ j0)$점을 시계방향으로 5번 감쌌다.

정답 29. ④ 30. ③ 31. ② 32. ③ 33. ③ 34. ①

해설 나이퀴스트 안정조건

㉠ $Z-P=N$: $(-1,\ j0)$점을 시계방향으로 N번 둘러싼다.

㉡ $Z-P=0$: $(-1,\ j0)$점을 둘러싸지 않는다.

㉢ $Z-P=-N$: $(-1,\ j0)$점을 반시계방향으로 N번 둘러싼다.

여기서, Z : s평면의 우반면에 존재하는 영점의 개수

P : s평면의 우반면에 존재하는 극점의 개수

∴ $N=Z-P=2-3=-1$이므로 반시계방향으로 1번 둘러싼다.

★ 기사 97년 7회

35 $G(s)H(s)=\dfrac{K}{(T_1 s+1)(T_2 s+1)}$의 개루프 전달함수에 대한 나이퀴스트 안정도 판별의 설명 중 옳은 것은?

① K, T_1 및 T_2의 값에 관계없이 안정

② K, T_1 및 T_2의 모든 양의 값에 대하여 안정

③ K에 대하여 조건부 안정

④ T_1 및 T_2의 값에 대하여 조건부 안정

해설

특성방정식 $F(s)=1+G(s)H(s)$

$=T_1 T_2 s^2+(T_1+T_2)s+K+1$

$=0$

$T_1 T_2>0$, $T_1+T_2>0$, $K+1>0$이 세 가지 모든 조건을 만족하기 위해서는 T_1, T_2, K 모두 양의 값에 대하여 안정할 수 있다.

★ 기사 02년 1회

36 전달함수가 다음과 같은 시스템에 대하여 특성방정식의 나이퀴스트선도를 그리려 한다. 다음 중 나이퀴스트선도를 그리기 위한 루프 전달함수는?

$$\frac{K(s+6)}{s^4+8s^3+24s^2+(32+K)s+6K+1}$$

① $\dfrac{K(32s+1)}{s^4+8s^3+24s^2+s+6}$

② $\dfrac{K}{(s^4+8s^3+24s^2+s+6)+(32s+1)}$

③ $\dfrac{K(s+6)}{s^4+8s^3+24s^2+32s+1}$

④ $\dfrac{K}{[s^4+8s^3+24s^2+(32+K)s+6K+1](s+6)}$

출제 03 보드선도 안정도 판별법

★★★ 기사 93년 5회, 12년 1회, 16년 1회

37 나이퀴스트 임계점$(-1,\ j0)$에 대응하는 보드선도상의 점은 이득이 A[dB], 위상이 B되는 점이다. A, B에 알맞은 것은?

① $A=0$[dB], $B=-180°$

② $A=0$[dB], $B=0°$

③ $A=1$[dB], $B=0°$

④ $A=1$[dB], $B=90°$

해설

임계점의 크기는 1이므로 이득은 $g=20\log 1=0$[dB]이 되고 위상은 $-180°$가 된다.

★★★ 기사 92년 5회

38 어떤 제어계의 보드선도에 있어서 위상여유(phose margin)가 45°일 때 이 계통은?

① 안정하다. ② 불안정하다.

③ 조건부 안정이다. ④ 지속 안정이다.

해설 보드선도에 따른 안정도 판별법

여기서, g_m : 이득여유, θ_m : 위상여유

㉠ 안정 : $g_m>0$, $\theta_m>0$

㉡ 임계안정(안정한계) : $g_m=0$, $\theta_m=0$

㉢ 불안정 : $g_m<0$, $\theta_m<0$

∴ 이득여유와 위상여유가 크면 안정도는 좋지만 제어계의 속응성이 저하되므로 위상여유는 40~60°, 이득여유는 10~20[dB]이 적절하다.

★★★ 기사 14년 2회

39 보드선도상의 안정조건을 옳게 나타낸 것은? (단, g_m은 이득여유, ϕ_m은 위상여유이다.)

① $g_m>0$, $\phi_m>0$ ② $g_m<0$, $\phi_m<0$

③ $g_m<0$, $\phi_m>0$ ④ $g_m>0$, $\phi_m<0$

정답 35. ② 36. ③ 37. ① 38. ① 39. ①

★★★ 기사 02년 2회, 16년 4회

40 보드선도에서 이득곡선이 0[dB]인 선을 지날 때의 주파수에서 양의 위상여유가 생기고 위상곡선이 −180°를 지날 때 양의 이득여유가 생긴다면 이 폐루프시스템의 안정도는 어떻게 되겠는가?

① 항상 안정
② 항상 불안정
③ 조건부 안정
④ 안정성 여부를 판가름할 수 없다.

해설 **개루프 전달함수 $G(j\omega)H(j\omega)$에 따른 안정도 판별법**

㉠ 벡터궤적

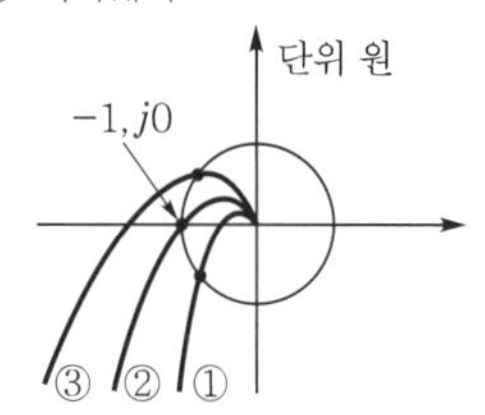

㉡ 이득여유 g_m와 위상여유 θ_m

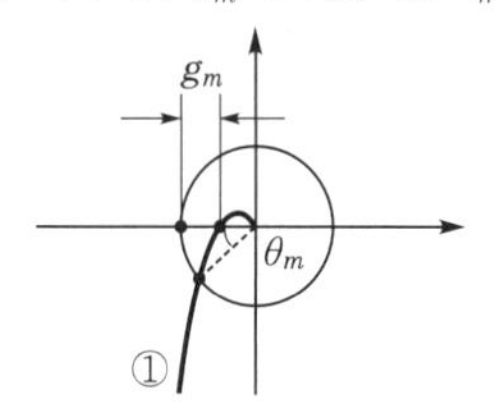

㉢ 보드선도와 위상선도

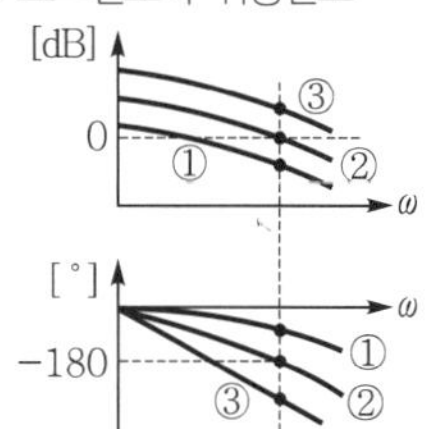

∴ $G(j\omega)H(j\omega)$에 따른 벡터궤적, 보드선도, 위상선도를 그리면 위와 같고, ①은 안정, ②는 임계안정(안정한계), ③은 불안정이 된다.

Comment

이득여유와 위상여유가 0보다 크면 무조건 안정으로 판단한다.

★★★ 기사 93년 3회, 94년 3회, 99년 3회, 06년 1회

41 보드선도의 안정 판정의 설명 중 옳은 것은?

① 위상곡선이 −180° 점에서 이득값이 양이다.
② 이득(0[dB])축과 위상(−180°)축을 일치시킬 때 위상곡선이 위에 있다.
③ 이득곡선의 0[dB]점에서 위상차가 −180°보다 크다.
④ 이득여유는 음의 값, 위상여유는 양의 값이다.

Comment

보드선도의 안정도 판별에서 보기 중에 −180°가 있으면 대부분 정답이 된다.

★★★ 기사 94년 2회, 03년 4회, 04년 4회, 05년 3회

42 보드선도에서 이득여유는 어떻게 구하는가?

① 크기선도에서 0~20[dB] 사이에 있는 크기선도의 길이이다.
② 위상선도가 축과 교차되는 점에 대응되는 [dB]값의 크기이다.
③ 위상선도가 −180°축과 교차하는 점에 대응되는 이득의 크기[dB]값이다.
④ 크기선도에서 −20~20[dB] 사이에 있는 크기[dB]값이다.

★★★ 기사 05년 2회

43 다음 중 위상여유의 정의는 무엇인가?

① 이득교차 주파수에서의 위상각이다.
② 크기는 이득교차 주파수에서의 위상각이고 부호는 반대이다.
③ 이득교차 주파수에서의 위상각에서 90°를 더한 것이다.
④ 이득교차 주파수에서의 위상각에서 180°를 더한 것이다.

해설

㉠ 이득여유 : 벡터궤적이 실수축과 만나는 점의 크기에 의한 $20\log\dfrac{1}{|G(j\omega)H(j\omega)|}$[dB]이다.

㉡ 위상여유 : 단위 원과 벡터궤적이 만나는 점의 위상으로 $180° + \angle G(j\omega)H(j\omega)$[°]이다.

정답 40. ① 41. ② 42. ③ 43. ④

★★★★ 기사 93년 3회, 00년 2회, 10년 2회, 17년 1회

44 $G(s)H(s)=\dfrac{2}{(s+1)(s+2)}$ 의 이득여유는?

① 20[dB] ② −20[dB]
③ 0[dB] ④ ∞[dB]

해설

㉠ 이득여유는 개루프 전달함수 $G(j\omega)H(j\omega)$의 허수를 0으로 하여 구해야 한다.

㉡ 개루프 전달함수

$$G(j\omega)H(j\omega)=\left.\frac{2}{(j\omega+1)(j\omega+2)}\right|_{\omega=0}=\frac{2}{2}=1$$

∴ 이득여유

$$g_m=20\log\frac{1}{|G(j\omega)H(j\omega)|}=20\log 1=0[\text{dB}]$$

Comment

이득여유 g_m을 구할 때 대부분 주파수 전달함수에서 $\omega=0$으로 이득여유 공식에 대입하여 풀이하면 된다.

집중공략

★★★★ 기사 96년 6회, 09년 1회, 12년 1회

45 $G(j\omega)=\dfrac{K}{(1+2j\omega)(1+j\omega)}$ 인 계의 이득여유가 20[dB]이면 이때 K의 값은?

① 0 ② 1
③ 10 ④ $\dfrac{1}{10}$

해설

㉠ 이득여유는 개루프 전달함수 $G(j\omega)H(j\omega)$의 허수를 0으로 하여 구해야 한다.

㉡ 개루프 전달함수

$$G(j\omega)H(j\omega)=\left.\frac{K}{(1+2j\omega)(1+j\omega)}\right|_{\omega=0}=K$$

여기서, $H(j\omega)=1$인 제어계를 단위궤환 시스템이라 한다.

㉢ 이득여유 $g_m=20\log\dfrac{1}{|G(j\omega)H(j\omega)|}$

$$=20\log\frac{1}{K}$$

$g_m=20$[dB]이 되려면 $\dfrac{1}{K}=10$이 되어야 한다.

∴ $K=\dfrac{1}{10}$

★★★★ 기사 90년 6회, 98년 3·4회

46 $G(s)H(s)=\dfrac{K}{(s+1)(s-2)}$ 인 계의 이득여유가 40[dB]이면 이때 K의 값은?

① −50 ② $\dfrac{1}{50}$
③ −20 ④ $\dfrac{1}{40}$

해설

㉠ 이득여유는 개루프 전달함수 $G(j\omega)H(j\omega)$의 허수를 0으로 하여 구해야 한다.

㉡ 개루프 전달함수

$$G(j\omega)H(j\omega)=\left.\frac{K}{(j\omega+1)(j\omega-2)}\right|_{\omega=0}=-\frac{K}{2}$$

㉢ 이득여유 $g_m=20\log\dfrac{1}{|G(j\omega)H(j\omega)|}$

$$=20\log\frac{2}{K}$$

$g_m=40$[dB]이 되려면 $\dfrac{2}{K}=10^2$이 되어야 한다.

∴ $K=\dfrac{2}{10^2}=\dfrac{2}{100}=\dfrac{1}{50}$

★★★ 기사 94년 7회

47 $G(j\omega)H(j\omega)=\dfrac{10}{(j\omega+1)(j\omega+T)}$ 에서 이득여유를 20[dB]보다 크게 하기 위한 T의 범위는?

① $T>0$
② $T>10$
③ $T<0$
④ $T>100$

해설

㉠ 이득여유는 개루프 전달함수 $G(j\omega)H(j\omega)$의 허수를 0으로 하여 구해야 한다.

㉡ 개루프 전달함수

$$G(j\omega)H(j\omega)=\left.\frac{10}{(j\omega+1)(j\omega+T)}\right|_{\omega=0}=\frac{10}{T}$$

㉢ 이득여유 $g_m=20\log\dfrac{1}{|G(j\omega)H(j\omega)|}$

$$=20\log\frac{T}{10}$$

$g_m=20$[dB]보다 크게 하려면 $\dfrac{T}{10}>10$로 되어야 한다.

∴ $T>100$

정답 44. ③ 45. ④ 46. ② 47. ④

★ 기사 92년 5회

48 $G(s)H(s)$가 다음과 같이 주어지는 계의 이득여유(gain margin)는 얼마인가?

$$G(s)H(s)=\frac{20}{s(s-1)(s+2)}$$

① −20[dB] ② −10[dB]
③ 10[dB] ④ 20[dB]

해설

㉠ 개루프 전달함수

$$G(j\omega)H(j\omega)=\frac{20}{j\omega(j\omega-1)(j\omega+2)}=\frac{20}{j\omega(-\omega^2+j\omega-2)}=\frac{20}{j\omega(-\omega^2-2)-\omega^2}$$

㉡ 이득여유는 $G(j\omega)H(j\omega)$의 허수를 0으로 하여 구해야 하므로 $\omega^2=-2$를 대입해야 한다.

∴ 이득여유

$$g_m=20\log\frac{1}{|G(j\omega)H(j\omega)|}\bigg|_{\omega^2=-2}=20\log\frac{1}{10}=20\log 10^{-1}=-20[\text{dB}]$$

Comment

이득여유를 구할 때 허수부를 0으로 만들기 위한 조건으로 대부분 ω에 0을 대입시킨다. 하지만 문제 48번과 같이 $\omega\neq 0$인 경우 문제 풀이가 복잡하고 출제율이 매우 낮다. 따라서 이러한 변칙적인 문제는 정답만 암기하고 넘어가는 것이 좋을 듯하다.

★★★ 기사 94년 2회, 03년 4회, 04년 4회, 05년 3회

49 보드선도의 설명으로 틀린 것은?

① 안정성을 판별하는 동시에 안정도를 지시해 준다.
② $G(j\omega)$의 인수는 선도장에서 길이의 합으로 표시된다.
③ 대부분 함수의 보드선도는 직선의 점근선으로 실제 도선에 근사시킬 수 있다.
④ 극좌표 표시에 필요한 데이터와 위상각 대 크기의 관계를 보드선도로부터 직접 얻을 수 있다.

해설

직선의 점근선으로 실제 도선에 근사시킬 수 있는 경우는 근궤적이다.

★ 기사 91년 2회, 02년 1회, 03년 1회

50 다음 안정도 판별법 중 $G(s)H(s)$의 극점과 영점이 우반평면에 있을 경우 판정 불가능한 방법은?

① 루스-후르비츠(Routh-Hurwitz) 판별법
② 보드(bode)선도
③ 나이퀴스트(Nyquist) 판별법
④ 근궤적법

★★ 기사 04년 2회, 06년 1회, 08년 3회, 16년 2회

51 다음 설명 중 틀린 것은?

① 최소 위상함수는 양의 위상여유이면 안정하다.
② 최소 위상함수는 위상여유가 0이면 임계안정하다.
③ 최소 위상함수의 상대안정도는 위상각의 증가와 함께 작아진다.
④ 이득교차 주파수는 진폭비가 1이 되는 주파수이다.

해설

최소 위상함수의 상대안정도는 위상각이 증가하면 안정도는 커진다.

★ 기사 94년 4회, 00년 5회, 02년 2회, 13년 1회

52 계의 특성상 감쇠계수가 크면 위상여유가 크고 감쇠성이 강하여 (A)는 좋으나 (B)는 나쁘다. A, B를 올바르게 묶은 것은?

① 이득여유, 안정도
② 오프셋, 안정도
③ 응답성, 이득여유
④ 안정도, 응답성

정답 48. ① 49. ③ 50. ② 51. ③ 52. ④

CHAPTER

06

근궤적법

전기기사
4.25% 출제

이렇게 공부하세요!!

출제경향분석

기사 출제비율 %

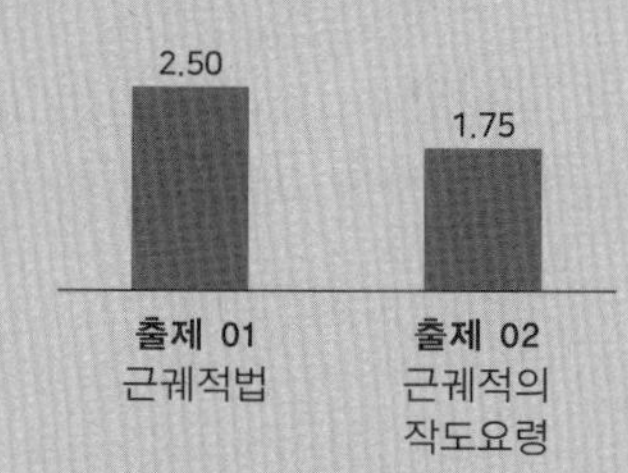

출제포인트

- ☑ 근궤적법의 사용 목적에 대해서 이해할 수 있다.
- ☑ 근궤적의 성질에 대해서 이해할 수 있다.
- ☑ 근궤적의 점근선을 작도할 수 있다.
- ☑ 실수축상에 존재하는 근궤적의 구간을 결정할 수 있다.
- ☑ 근궤적이 실수축에서 벗어나는 점(이탈점)을 구할 수 있다.
- ☑ 근궤적의 허수축과의 교차점을 구할 수 있다.

CHAPTER 06

근궤적법(root-locus method)

기사 4.25% 출제

기사 2.50% 출제

출제 01 근궤적법

이번 출제 이의 단원은 근궤적법의 개요를 정리한 것으로 시험에 출제된 적은 없으니 근궤적법의 사용 목적만 정리하고 넘어가자.

1 개요

① 제어계의 안정도를 판별하기 위해서는 특성근의 위치가 중요하다. 즉, 특성근이 복소평면 좌반부에 위치하면 안정, 우반부에 위치하면 불안정이 된다.

② 이와 같이 안정도 판별을 위해서 특성근을 구해야 하는데 3차 이상의 특성방정식의 근을 구하는 것은 매우 어렵기 때문에 컴퓨터를 이용하여 이를 해결하지만 이 또한 큰 의미가 없다. 그 이유는 개루프 전달함수의 이득 K가 변하면 특성방정식의 근도 같이 변하기 때문이다.

③ 따라서 이러한 문제를 해결하기 위해 근궤적법이 개발되었다. 여태껏 학습한 안정도 판별법은 제어계가 안정한가, 아닌가를 판단하는 절대안정도 판별을 했지만 근궤적법은 제어계가 안정하다면 얼마나 안정한지를 판단하는 상대안정도까지 판단할 수 있어서 제어계의 특성 및 설계를 하는 데 가장 유용한 방법이 된다.

④ **근궤적법은 특성근을 구하지 않고 복소평면 위에 개루프 전달함수 $G(s)H(s)$의 K를 0부터 무한대까지 변화시켜 K의 값에 따른 특성방정식의 근의 궤적을 그려 시스템을 해석하는 방법이다.**

2 근궤적 작도

(1) 개요

근궤적의 특징을 알아보기 위해 다음과 같은 개루프 전달함수의 근궤적을 그려보고자 한다.

① 개루프 전달함수 $G(s)H(s)=\dfrac{K}{s(s+2)}$

② 특성방정식 $F(s)=1+G(s)H(s)=1+\dfrac{K}{s(s+2)}=s(s+2)+K=s^2+2s+K=0$

③ 특성근 $s=-1\pm\sqrt{1-K}$

(2) 특성근의 K 값은 0부터 무한대까지 변화

① $K=0$: $s_1=0$, $s_2=-2$

② $0<K<1$: 두 개의 서로 다른 음의 실수근

$\rightarrow K=0.5$: $s_1=-0.29$, $s_2=-1.7$

③ $K=1$: 음의 실수를 갖는 중근,

$s_1 = s_2 = -1$

④ $1 < K < \infty$: 두 개의 음의 실수부를 갖는 공액 복소수근

$\rightarrow K=3$: $s_1 = -1 + j\sqrt{2}$, $s_2 = -1 - j\sqrt{2}$

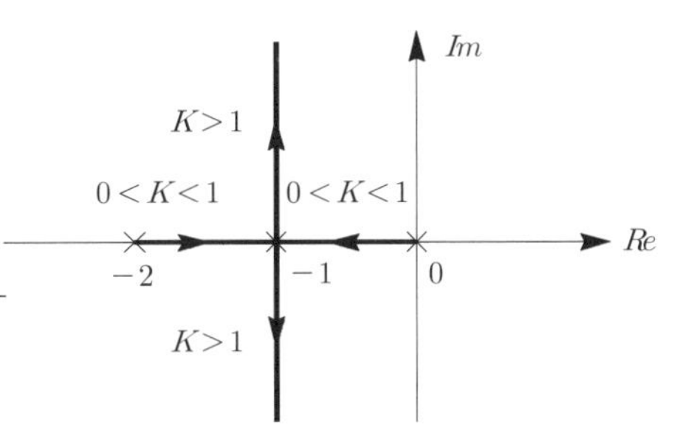

▎그림 6-1 ▎ 근궤적

(3) 안정도 판별

① $K \geq 0$: 특성근이 복소평면 좌반부에 존재하므로 안정이 된다.

② $0 < K < 1$: 제어계는 과제동 상태가 된다.

③ $K=1$: 제어계는 임계제동 상태가 된다.

④ $1 < K < \infty$: 제어계는 부족제동 상태가 된다.

(4) 근궤적 기법

위와 같이 특성근을 구하면 근궤적을 그리기는 간단하지만 3차 이상의 특성방정식에서는 근궤적을 그리는 것이 매우 곤란하다. 따라서 특성근을 구하지 않고 특성방정식의 일반적인 성질을 이용해서 특성근의 궤적을 개략적으로 그리는 방법이 근궤적 기법이다.

기사 1.75% 출제

출제 02 근궤적의 작도요령

근궤적은 매 회차마다 시험에 출제되고 있으며, 복잡한 내용보다는 근궤적의 성질과 근궤적의 교차점 등 기본적인 부분에 대해서만 출제되고 있다. 따라서 이탈점이나, 허수축과의 교차점과 같이 복잡한 문제는 넘어가도 합격에 지장이 없다.

1 근궤적의 성질

(1) 근궤적의 출발점과 도착점

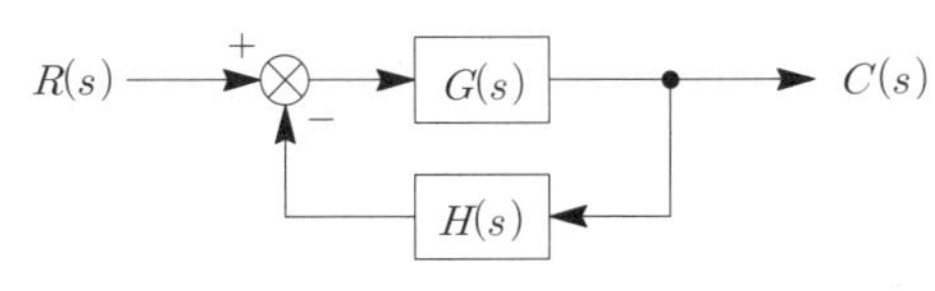

▎그림 6-2 ▎ 폐루프제어계

① 전달함수 $M(s) = \dfrac{G(s)}{1 + G(s)H(s)}$ ·························· [식 6-1]

② 특성방정식 $F(s) = 1 + G(s)H(s)$

$$= 1 + K\frac{N(s)}{D(s)} = D(s) + KN(s) = 0 \quad \text{[식 6-2]}$$

여기서, $G(s)H(s) = K\frac{(s-Z_1)(s-Z_2)\cdots(s-Z_n)}{(s-P_1)(s-P_2)\cdots(s-P_n)} = K\frac{N(s)}{D(s)}$

③ $K=0$일 때 $D(s)$가 0이 되므로 특성근의 위치는 극점이 된다.

④ $K=\infty$일 때 $N(s)$가 0이 되므로 특성근의 위치는 영점이 된다.

⑤ 이와 같이 K를 0부터 무한대까지 변화시키면 특성근 극점에서 출발하여 영점에서 끝나게 된다.

(2) 근궤적의 특징

① [그림 6-2]와 같이 특성근은 실수근 또는 두 개의 공액 복소수근을 가지므로 실수축에 대하여 대칭이다.

② 근궤적의 수는 개루프 전달함수의 극점과 영점의 개수 중 큰 것과 같으며 또는 특성방정식의 근의 개수와 같다고 할 수 있다.

2 근궤적의 점근선 작도

(1) 근궤적의 구간 설정

① 특성방정식의 극점과 영점을 구하여 실수축에 존재하는 근의 구간을 설정한다.

② 특성방정식 $F(s)=s(s+1)(s+2)+K=0$

③ 극점 : $P_1=0$, $P_2=-1$, $P_3=-2$(여기서, 영점은 없음)

(2) 점근선의 각도(α)

① 점근선이 실수축과 이루는 각을 의미하며 근궤적을 도시하기 전에 근궤적의 영역을 나눌 수 있는 점근선의 각도를 구하여 점근선을 작도하여야 한다.

② **점근선의 각도** $\alpha_K = \frac{(2K+1)\pi}{P-Z}$ ………………………… [식 6-3]

여기서, $K=0,\ 1,\ 2,\ 3\ \cdots = P-Z$

P : 극점의 개수

Z : 영점의 개수

③ $P-Z=3-0=3$이 되므로 $K=0,\ 1,\ 2$가 된다.

㉠ $\alpha_0 = \frac{(2\times0+1)\times180°}{3-0} = 60°$

㉡ $\alpha_1 = \frac{(2\times1+1)\times180°}{3-0} = 180°$

㉢ $\alpha_2 = \frac{(2\times2+1)\times180°}{3-0} = 300°$

(3) 점근선의 교차점(σ)

① 점근선이 실수축에서 만나는 점을 의미하며 점근선수는 $N=P-Z$가 된다.

② 점근선의 교차점

$$\sigma = \frac{\sum P - \sum Z}{P - Z} = \frac{(0-1-2)-0}{3-0} = -1 \quad \cdots\cdots \text{[식 6-4]}$$

여기서, $\sum P$: 극점의 총합

$\sum Z$: 영점의 총합

(4) 점근선의 작도

$G(s)H(s) = \dfrac{K}{s(s+1)(s+2)}$ 에서 점근선을 작도하면 다음과 같다.

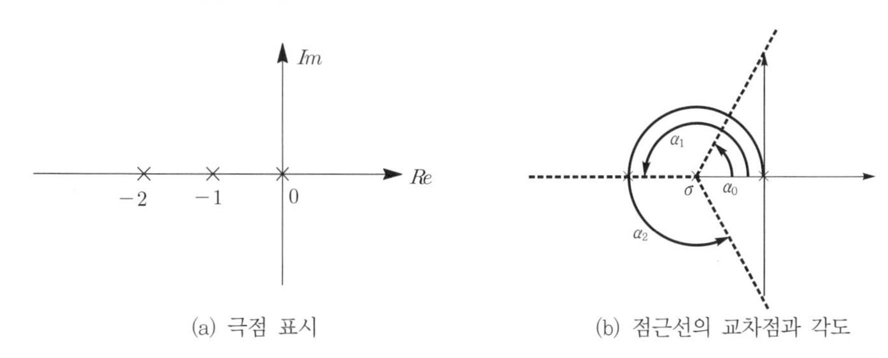

(a) 극점 표시 (b) 점근선의 교차점과 각도

▌그림 6-3▐ 근궤적 작도

3 실수축상의 근궤적 결정

(1) 개요

① $-\infty$ 에서 실영점까지의 범위에서 실수축에 놓여 있는 극점과 영점의 경계구간을 각각 나눈다.

② 이때, 특정 경계구간에서 실영점까지 실수축상에 놓여 있는 영점과 극점의 수를 헤아려 갈 때 그 총수가 홀수이면 근궤적이 존재하고, 짝수이면 존재하지 않는다.

(2) 실수축상의 근궤적 구간

$G(s)H(s) = \dfrac{K}{s(s+1)(s+2)}$ 에서 실수축상의 근궤적 구간은 다음과 같다.

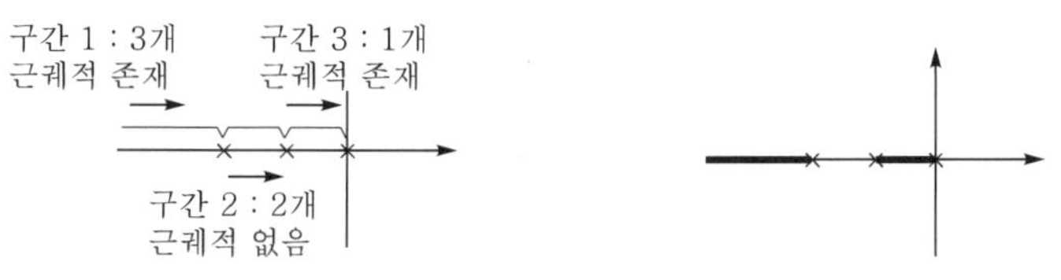

(a) 실수축상의 근궤적 판단 (b) 실수축상의 근궤적 범위

▌그림 6-4▐ 실수축상의 근궤적

4 근궤적의 이탈점(breakaway point)

(1) 개요

① 근궤적이 실수축에서 시작할 때 그 실수축을 벗어나는 점을 의미하며 이탈점은 반드시 근궤적의 구간에 포함되어야 한다.

② 이탈점을 실수축상에서의 분지점이라고도 한다.

③ 이탈점은 [그림 6-4]에서와 같이 기울기가 0인 점이므로 $\frac{dK}{ds}=0$을 만족하는 s값으로 구하면 된다.

(2) $G(s)H(s)=\frac{K}{s(s+1)(s+2)}$에서 이탈점 결정

① 특성방정식 $F(s)=s(s+1)(s+2)+K=s^3+3s^2+2s+K=0$

② 전달함수 이득 : $K=-(s^3+3s^2+2s)$

③ $\frac{dK}{ds}=-3s^2-6s-2=0 \rightarrow \frac{dK}{ds}=s^2+2s+\frac{2}{3}=0$

④ 특성근 : $s_1=-1+\sqrt{1-\frac{2}{3}}=-0.423$, $s_2=-1-\sqrt{1-\frac{2}{3}}=-1.577$

⑤ s_2는 근궤적의 범위가 아니므로 이탈점은 s_1이 된다.

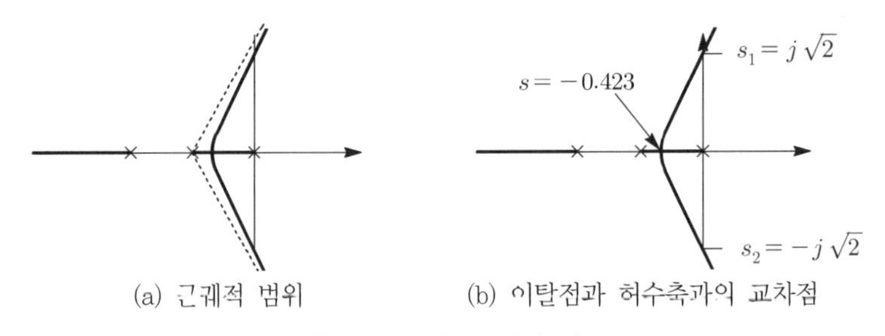

【그림 6-5】 근궤적 작도

5 근궤적의 허수축과의 교차점

(1) 개요

① 근궤적이 허수축과 만나는 점은 특성방정식의 근이 안정구간에서 불안정구간으로 벗어나는 순간의 점, 즉 임계안정점인 값을 의미한다.

② 허수축과의 교차점을 구하는 방법은 루스선도와 $s=j\omega$를 대입하는 방법, 이렇게 두 가지가 있다.

(2) 루스선도에 의한 방법

① 개루프 전달함수 $G(s)H(s)=\frac{K}{s(s+1)(s+2)}$

② 특성방정식 $F(s) = s^3 + 3s^2 + 2s + K = 0$

③ 루스선도

$$\begin{array}{c|cc} s^3 & a_0 & a_2 \\ s^2 & a_1 & a_3 \\ \hline s^1 & b_1 & b_2 \\ s^0 & c_1 & c_2 \end{array} \Rightarrow \begin{array}{c|cc} s^3 & 1 & 2 \\ s^2 & 3 & K \\ \hline s^1 & \frac{6-K}{3} & 0 \\ s^0 & K & 0 \end{array}$$

④ s^1항의 $\frac{6-K}{3}$가 0이 되는 K의 값은 6이 된다.

⑤ 허수축과의 교차점은 s^2행으로부터 얻어지는 보조방정식을 통해 구할 수 있다.
$3s^2 + K = 3s^2 + 6 = 0$이 되고 이를 만족하는 s는 다음과 같다.
$\therefore$ 특성근 : $s = \pm j\sqrt{2}$

(3) $s = j\omega$에 의한 방법

① 특성방정식
$$\begin{aligned} F(j\omega) &= (j\omega)^3 + 3(j\omega)^2 + 2(j\omega) + K \\ &= -j\omega^3 - 3\omega^2 + j2\omega + K \\ &= (K - 3\omega^2) + j(2\omega - \omega^3) \\ &= 0 \end{aligned}$$

② 특성근 $s = \pm\sqrt{2}$, $K = 6$

단원 확인 기출문제

★★★ 기사 01년 3회, 09년 1회, 10년 1회, 15년 1회, 16년 1·3회

01 $G(s)H(s) = \frac{K(s+1)}{s(s+2)(s+3)}$ 에서 근궤적의 수는?

① 4
② 3
③ 2
④ 1

해설 ㉠ 근궤적의 수는 개루프 전달함수의 극점과 영점의 개수 중 큰 것과 같으며 또는 특성방정식의 근의 개수와 같다고 할 수 있다.
㉡ 영점 : $Z_1 = -1$, 극점 : $p_1 = 0$, $p_2 = -2$, $p_3 = -3$
$\therefore$ 영점의 수가 1개, 극점의 수가 3개가 되므로 근궤적 수는 3개가 된다.

답 ②

★★★★ 기사 04년 3회, 05년 3·4회, 16년 3회

02 근궤적을 그리려 한다. $G(s)H(s)=\dfrac{K(s-2)(s-3)}{s^2(s+1)(s+2)(s+4)}$ 에서 점근선의 교차점은 얼마인가?

① -6　　② -4

③ 6　　④ 4

해설 ㉠ 극점 $s_1=0$(중근), $s_2=-1$, $s_3=-2$, $s_4=-4$에서 극점의 수 $P=5$개가 되고, 극점의 총합 $\Sigma P=-7$이 된다.

㉡ 영점 $s_1=2$, $s_2=3$에서 영점의 수 $Z=2$개가 되고, 영점의 총합 $\Sigma Z=5$가 된다.

∴ 점근선의 교차점 $\sigma=\dfrac{\Sigma P-\Sigma Z}{P-Z}=\dfrac{-7-5}{5-2}=\dfrac{-12}{3}=-4$

단원 핵심정리 한눈에 보기

1. 근궤적의 성질

① 근궤적은 실수축에 대하여 대칭이다.

② 근궤적은 항상 극점에서 출발하여 영점에서 끝난다.

③ 근궤적의 수는 극점과 영점의 수 중 큰 것 또는 특성방정식의 차수에 의해 결정된다.

2. 점근선의 교차점

① 점근선의 교차점 : $\sigma = \dfrac{\Sigma P - \Sigma Z}{P-Z}$

여기서, ΣP : 극점의 총합

ΣZ : 영점의 총합

② 점근선의 각도 : $\alpha_K = \dfrac{(2K+1)\pi}{P-Z}$

㉠ $P-N=3$의 경우 : $60°$, $180°$, $300°$

㉡ $P-N=4$의 경우 : $45°$, $135°$, $225°$, $315°$

3. 실수축상의 근궤적 결정

① 특정 경계구간에서 실영점까지 실수축상에 놓여 있는 영점과 극점의 수를 헤아려 갈 때 그 총수가 홀수이면 근궤적이 존재하고, 짝수이면 존재하지 않는다.

② $G(s)H(s) = \dfrac{K}{s(s+1)(s+2)}$에서 실수축상의 근궤적 구간은 다음과 같다.

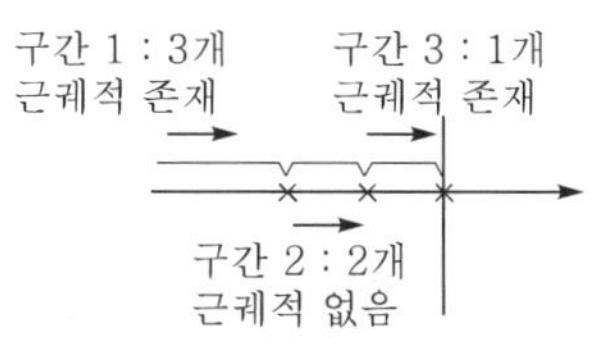

(a) 실수축상의 근궤적 판단

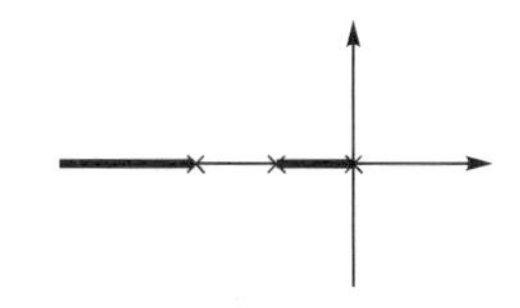

(b) 실수축상의 근궤적 범위

4. 근궤적의 이탈점(실수축을 벗어난 점)

① 기울기가 0인 점이므로 $\dfrac{dK}{ds} = 0$을 만족하는 s값으로 구하면 된다.

② 특성방정식 $F(s) = s(s+1)(s+2) + K = s^3 + 3s^2 + 2s + K = 0$에서 $K = -(s^3 + 3s^2 + 2s)$이 되므로 $\dfrac{dK}{ds} = 0$을 만족하는 s값을 구한다.

단원 자주 출제되는 기출문제

출제 01 근궤적법

Comment

출제 01은 근궤적법의 개요를 작성한 것으로 시험에 출제된 적도 없으며 기출문제도 없다.

출제 02 근궤적의 작도요령

★★ 기사 10년 1회

01 다음 중 어떤 계통의 파라미터가 변할 때 생기는 특성방정식의 근의 움직임으로 시스템의 안정도를 판별하는 방법은?

① 보드선도법
② 나이퀴스트 판별법
③ 근궤적법
④ 루스-후르비츠 판별법

★★ 기사 94년 5회

02 폐루프 전달함수 $\dfrac{G(s)}{1+G(s)H(s)}$의 극의 위치를 루프 전달함수 $G(s)H(s)$의 이득 상수 K의 함수로 나타내는 기법은?

① 근궤저법　② 주파수응답법
③ 보드선도법　④ 나이퀴스트 판정법

★★★★★ 기사 94년 5회

03 근궤적의 성질 중 옳지 않은 것은?

① 근궤적은 실수축에 대하여 대칭이다.
② 근궤적은 개루프 전달함수의 극으로부터 출발한다.
③ 근궤적의 가지수는 특성방정식의 차수와 같다.
④ 점근선은 실수축과 허수축상에서 교차한다.

해설
점근선의 교차점은 실수축상에서만 존재한다.

★★★★★ 기사 90년 2회, 94년 2회, 95년 2회, 99년 4회, 06년 1회, 08년 2회

04 근궤적은 무엇에 대하여 대칭인가?

① 원점　② 허수축
③ 실수축　④ 대칭점이 없다.

해설 근궤적의 성질
㉠ 근궤적은 실수축에 대하여 대칭이다.
㉡ 근궤적은 항상 극점에서 출발하여 영점에서 끝난다. 그러나 실수축에 존재하지 않는 극점은 무한원점으로 발산하고 만다.
㉢ 근궤적의 수는 전달함수의 극점과 영점의 개수 중 큰 것과 같으며 또는 특성방정식의 근의 개수와 같다고 할 수 있다.

★★★★★ 기사 93년 4회, 96년 2회, 04년 3회, 08년 3회

05 근궤적의 출발점 및 도착점과 관계되는 $G(s)H(s)$의 요소는? (단, $K>0$이다.)

① 영점, 분기점　② 극점, 영점
③ 극점, 분기점　④ 지지점, 극점

★★★★★ 기사 05년 4회

06 다음은 근궤적을 그리기 위한 규칙을 나열한 것이다. 잘못된 것은?

① 근궤적은 $K=0$일 때 극에서 출발하고 $K=\infty$일 때 영점에 도착한다.
② 실수축 위의 극과 영점을 더한 수가 홀수개가 되는 극 또는 영점에서 왼쪽의 실수축 위에 근궤적이 존재한다.
③ 극의 수가 영점보다 많을 경우, K가 무한에 접근하면 근궤적은 점근선을 따라 무한원점으로 간다.
④ 근궤적은 허수축에 대칭이다.

정답 01. ③ 02. ① 03. ④ 04. ③ 05. ② 06. ④

★★★ 기사 92년 5·6회

07 개루프 전달함수가 다음과 같을 때 근궤적의 가지수(개)는?

$$G(s)H(s) = \frac{K}{s(s+1)(s+2)}$$

① 1　② 2
③ 3　④ 4

해설
㉠ 근궤적의 수는 극점과 영점의 수 중 큰 것에 의해 결정된다. 또는 특성방정식의 차수에 의해 결정된다.
㉡ 영점의 수 : $Z=0$, 극점의 수 : $P=3$
∴ 근궤적의 수는 3개가 된다.

Comment
특성방정식 $F(s) = s(s+1)(s+2) + K$
$= s^3 + 3s^2 + 2s + K = 0$
특성방정식의 차수가 3차이므로 근궤적의 수는 3개가 된다.

★★★ 기사 93년 6회, 99년 6회, 01년 2회, 09년 3회

08 $G(s)H(s) = \dfrac{K}{s^2(s+1)^2}$ 에서 근궤적의 수는 몇 개인가?

① 4　② 2
③ 1　④ 없다.

해설
극점의 수가 4개가 되므로 근궤적의 수도 4개가 된다.

★★★ 기사 02년 4회, 10년 2회

09 $G(s)H(s) = \dfrac{K(s+3)}{s^2(s+2)(s+4)(s+5)}$ 일 때, 근궤적의 수는?

① 1　② 3
③ 5　④ 7

해설
영점의 수가 1개, 극점의 수가 5개가 되므로 근궤적의 수는 5개가 된다.

★★★ 기사 14년 3회

10 다음과 같은 특성방정식의 근궤적 가지수는?

$$F(s) = s(s+1)(s+2) + K(s+3) = 0$$

① 6　② 5
③ 4　④ 3

해설
근궤적의 수는 극점과 영점의 수 중 큰 것 또는 특성방정식의 차수에 의해 결정된다.
∴ 특성방정식이 3차가 되므로 근궤적의 수도 3개가 된다.

Comment
본 문제의 개루프 전달함수는 다음과 같다.
$G(s)H(s) = \dfrac{K(s+3)}{s(s+1)(s+2)}$

★ 기사 96년 6회

11 근궤적이란 s 평면에서 $G(s)H(s)$의 절대값이 어떤 점들의 집합인가?

① 0　② -1
③ ∞　④ 1

해설
특성방정식 $F(s) = 1 + G(s)H(s) = 0$에서
개루프 전달함수 $G(s)H(s) = -1$이므로
∴ $|G(s)H(s)| = 1$

★ 기사 95년 6회

12 폐루프 전달함수 $\dfrac{G(s)}{1+G(s)H(s)}$ 를 가지는 시스템의 근궤적 및 근궤적법에 대한 설명 중 맞는 것은?

① $|G(s)H(s)| = 1$을 만족한다.
② $G(s)H(s)$의 각은 $2n\pi(n=0,\ 1,\ 2\cdots)$이다.
③ 근궤적은 허수부에 대하여 대칭이다.
④ 특성방정식의 복소근은 반드시 공액 복소쌍을 이루는 것은 아니다.

정답 07. ③ 08. ① 09. ③ 10. ④ 11. ④ 12. ①

★★ 기사 95년 4회

13 시간영역 설계에서 주로 사용되는 방식은?

① 보드(bode)선도법
② 근궤적법
③ 나이퀴스트(Nyquist)선도법
④ 니컬스(Nichols)선도법

집중공략

★★★ 기사 98년 6회, 00년 6회, 04년 3회, 14년 2회, 17년 1회

14 근궤적 s 평면의 $j\omega$ 축과 교차할 때 폐루프의 제어계는?

① 안정
② 불안정
③ 임계상태
④ 알 수 없다.

해설

s 평면 좌반부는 안정, 우반부는 불안정, 경계점인 허수축은 임계상태(안정한계)가 된다.

★★★★ 기사 96년 5회, 01년 3회

15 $G(s)H(s)=\dfrac{K(s-1)}{s(s+1)(s-4)}$ 에서 점근선의 교차점을 구하면?

① -1 ② 1
③ -2 ④ 2

해설

㉠ 극점 $s_1=0,\ s_2=-1,\ s_3=4$에서 극점의 수 $P=3$개가 되고, 극점의 총합 $\Sigma P=3$이 된다.
㉡ 영점 $s_1=1$에서 영점의 수 $Z=1$개가 되고, 영점의 총합 $\Sigma Z=1$이 된다.
∴ 점근선의 교차점

$$\sigma=\frac{\Sigma P-\Sigma Z}{P-Z}=\frac{3-1}{3-1}=1$$

Comment

점근선의 교차점은 근궤적의 대표문제이다.

집중공략

★★★★ 기사 98년 6회, 99년 7회, 00년 4회, 05년 1회

16 개루프 전달함수
$G(s)H(s)=\dfrac{K(s-5)}{s(s-1)^2(s+2)^2}$ 일 때
주어지는 계에서 점근선의 교차점은?

① $-\dfrac{3}{2}$ ② $-\dfrac{7}{4}$
③ $\dfrac{5}{3}$ ④ $-\dfrac{1}{5}$

해설

㉠ 극점 $s_1=0,\ s_2=1$(중근), $s_3=-2$(중근)에서 극점의 수 $P=5$개가 되고, 극점의 총합 $\Sigma P=1+1-2-2=-2$가 된다.
㉡ 영점 $s_1=5$에서 영점의 수 $Z=1$개가 되고, 영점의 총합 $\Sigma Z=5$가 된다.
∴ 점근선의 교차점

$$\sigma=\frac{\Sigma P-\Sigma Z}{P-Z}=\frac{-2-5}{5-1}=-\frac{7}{4}$$

★★ 기사 04년 1회

17 개루프 전달함수가 다음과 같을 때 점근선의 실수축과의 교차점은?

- $G(s)H(s)=\dfrac{K(s+2)}{(s+1)(s^2+6s+10)}$
- $K>0$

① -1
② -1.5
③ -2
④ -2.5

해설

㉠ 극점 $s_1=-1,\ s_2=-3\pm\sqrt{3^2-10}=-3\pm\sqrt{-1}=-3\pm j$에서 극점의 수 $P=3$개가 되고, 극점의 총합 $\Sigma P=-7$이 된다.
㉡ 영점 $s_1=-2$에서 영점의 수 $Z=1$개가 되고, 영점의 총합 $\Sigma Z=-2$가 된다.
∴ 점근선의 교차점

$$\sigma=\frac{\Sigma P-\Sigma Z}{P-Z}=\frac{(-7)-(-2)}{3-1}=-\frac{5}{2}=-2.5$$

정답 13. ② 14. ③ 15. ② 16. ② 17. ④

★★★ 기사 97년 4회

18 **특성방정식 $s(s+4)(s^2+3s+3)+K(s+2)=0$의 $-\infty < K \le 0$인 근궤적의 점근선이 실수축과 이루는 각은 각각 몇 도인가?**

① 0°, 120°, 240°
② 45°, 135°, 225°
③ 60°, 180°, 300°
④ 90°, 180°, 270°

해설

전달함수 $G(s) = \dfrac{K(s+2)}{s(s+4)(s^2+3s+3)}$이므로 극점과 영점의 수는 $P=4$, $Z=1$이 된다.

이때 점근선이 이루는 각은 $\alpha = \dfrac{(2K+1)\pi}{P-Z}$이고 점근선의 수 $N=P-Z=3$개가 된다.

㉠ $K=0$일 때 $\alpha_0 = \dfrac{\pi}{4-1} = 60°$

㉡ $K=1$일 때 $\alpha_1 = \dfrac{3\pi}{4-1} = 180°$

㉢ $K=2$일 때 $\alpha_2 = \dfrac{5\pi}{4-1} = 300°$

Comment

점근선의 각도는 60°, 180°, 300° 또는 45°, 135°, 225°, 315°가 정답이 된다.

★★★ 기사 12년 1회

19 **개루프 전달함수 $G(s)H(s) = \dfrac{K}{s(s+1)(s+2)}$일 때 실수축상의 근궤적 범위는? (단, $K>0$)**

① 0~-1 사이의 실수축상
② -1~-2 사이의 실수축상
③ (-2)와 (+∞) 사이
④ 원점에서 (+2) 사이

해설

실수축상에 놓여진 극점과 영점을 경계구간으로 하여 특정 경계구간에서 실영점까지 실수축상에 놓여 있는 영점과 극점의 수를 헤아려 갈 때 그 총수가 홀수이면 근궤적이 존재하고, 짝수이면 존재하지 않는다.

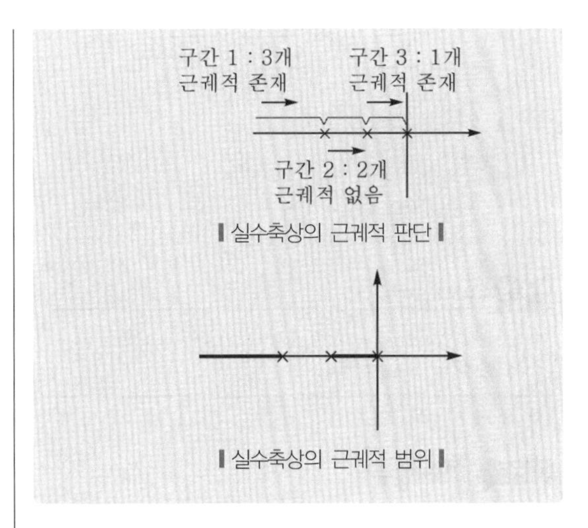

| 실수축상의 근궤적 판단 |

| 실수축상의 근궤적 범위 |

★★★ 기사 95년 4회, 10년 3회

20 **개루프 전달함수 $G(s)H(s) = \dfrac{K(s+1)}{s(s+2)}$일 경우, 실수축상의 근궤적 범위는?**

① 원점과 (-2) 사이
② 원점에서 점 (-1) 사이와 (-2)에서 (-∞) 사이
③ (-2)와 (+∞) 사이
④ 원점에서 (+2) 사이

해설

문제 19번에서 -1지점에 위치한 것이 극점에서 영점으로 변한 것 빼고는 전부 동일하게 해석하면 된다.

★ 기사 03년 3회, 14년 2회

21 **전달함수 $G(s)H(s) = \dfrac{K}{s(s+2)(s+8)}$인 $K \ge 0$의 근궤적에서 분지점은?**

① -0.93 ② -5.74
③ -1.25 ④ -9.5

해설

㉠ 특성방정식 $F(s) = 1 + G(s)H(s)$
$= s(s+2)(s+8)+K$
$= s^3+10s^2+16s+K=0$

㉡ 전달함수 이득 $K = -s^3-10s^2-16s$

㉢ $\dfrac{dK}{ds} = -3s^2-20s-16=0$에서

정답 18. ③ 19. ① 20. ② 21. ①

$$s = \frac{20 \pm \sqrt{20^2 - 4\times(-3)\times(-16)}}{2\times(-3)}$$
$$= \frac{20 \pm 14.42}{-6}$$

$s_1 = -5.73,\ s_2 = -0.93$

∴ 근궤적의 범위가 $0 \sim -2,\ -8 \sim -\infty$이므로 분지점 $s = -0.93$이 된다.

Comment

문제 21번 이후부터는 시험 출제빈도가 매우 낮으므로 그냥 넘어가도 좋을 듯하다.

★ 기사 02년 2회

22 개루프 전달함수 $G(s)H(s) = \dfrac{K(s+4)}{s(s+2)}$ 에서 이 계의 이탈점(break away point)은?

① $s = -1.172$
② $s = -6.828$
③ $s = -1.172,\ -6.828$
④ $s = 0,\ -2$

해설

㉠ 특성방정식 : $F(s) = 1 + G(s)H(s)$
$$= 1 + \frac{K(s+4)}{s(s+2)}$$
$$= s(s+2) + K(s+4)$$
$$= s^2 + 2s + K(s+4) = 0$$

㉡ 전달함수 이득 : $K = -\dfrac{s(s+2)}{s+4}$

㉢ $\dfrac{dK}{ds} = -\dfrac{d}{ds}\dfrac{s(s+2)}{s+4}$
$$= -\frac{(2s+2)(s+4) - s(s+2)}{(s+4)^2} = 0$$

㉣ 위 식을 간단히 하면 $s^2 + 8s + 8 = 0$이 되고 근의 공식을 이용해 풀면 다음과 같다.
$$s = \frac{-8 \pm \sqrt{8^2 - 4\times1\times8}}{2\times1}$$
$$= -4 \pm \sqrt{8} = -1.172,\ -6.828$$
∴ $s_1 = -1.172,\ s_2 = -6.828$

★ 기사 12년 3회

23 개루프 전달함수 $G(s)H(s) = \dfrac{K}{s(s+3)^2}$ 의 이탈점에 해당되는 것은?

① -2.5　　② -2
③ -1　　④ -0.5

해설

㉠ 특성방정식 $F(s) = 1 + G(s)H(s)$
$$= 1 + \frac{K}{s(s+3)^2}$$
$$= s(s+3)^2 + K$$
$$= s(s^2 + 6s + 9) + K$$
$$= s^3 + 6s^2 + 9s + K = 0$$

㉡ 전달함수 이득
$K = -s^3 - 6s^2 - 9s$

㉢ $\dfrac{dK}{ds} = -\dfrac{d}{ds}(s^3 + 6s^2 + 9s)$
$$= -3s^2 - 12s - 9 = 0$$
근의 공식을 대입해 풀면 다음과 같다.
$$s = \frac{12 \pm \sqrt{12^2 - 4\times(-3)\times(-9)}}{2\times(-3)}$$
$$= \frac{12 \pm \sqrt{144 - 108}}{-6} = -1,\ -3$$
∴ $s_1 = -1,\ s_2 = -3$

★ 기사 03년 3회

24 $G(s)H(s) = \dfrac{K}{s(s+2)(s+4)}$ 의 근궤적이 $j\omega$축과 교차하는 점은?

① $\omega = \pm 2.828$ [rad/sec]
② $\omega = \pm 1.414$ [rad/sec]
③ $\omega = \pm 5.657$ [rad/sec]
④ $\omega = \pm 14.14$ [rad/sec]

해설

㉠ 특성방정식 : $F(s) = s(s+2)(s+4) + k$
$$= s^3 + 6s^2 + 8s + k = 0$$

㉡ 루스표로 정리하면 다음과 같다.

s^3	1	8
s^2	6	k
s^1	$\frac{48-k}{6}$	0
s^0	k	0

㉢ s^1항의 $\dfrac{48-k}{6}$가 0이 되는 k의 값은 48이 된다.

㉣ 허수축과 교차점은 s^2행으로부터 얻어지는 보조방정식을 통해 구할 수 있다.
$6s^2 + k = 0$에 $k = 48$을 대입하면 $6s^2 + 48 = 0$
$s = \pm j2\sqrt{2} = \pm j2.828$이므로
∴ $\omega = \pm 2.828$[rad/sec]

정답 22. ③ 23. ③ 24. ①

★ 기사 95년 5회

25 개루프 전달함수가 다음과 같을 때 근궤적에 관한 설명 중 맞지 않는 것은?

$$G(s)H(s) = \frac{K}{s(s+1)(s+3)(s+4)}$$

① 근궤적의 가짓수는 4이다.
② 점근선의 각도는 ±45°, ±135°이다.
③ 이탈점은 -0.424, 0.2이다.
④ 근궤적이 허수축과 만날 때 $K=26$이다.

해설

㉠ 영점의 수가 0개, 극점의 수가 4개가 되므로 근궤적 수는 4개가 된다.
㉡ 근궤적의 범위는 0 ∼ -1, -3 ∼ -4가 된다.
㉢ 특성방정식 $F(s) = 1 + G(s)H(s)$

$$= s(s+1)(s+3)(s+4) + K$$
$$= s^4 + 8s^3 + 19s^2 + 12s + K = 0$$

$\frac{dK}{ds} = -4s^3 - 24s^2 - 38s - 12 = 0$에서 $s_1 = -2$, $s_2 = -0.49$, $s_3 = -3.581$이므로 근궤적의 범위에 이탈점이 있으므로 $s_1 = -0.49$, $s_2 = -3.581$이 된다.

★ 기사 16년 3회

26 근궤적에 대한 설명 중 옳은 것은?

① 점근선은 허수축에서만 교차한다.
② 근궤적이 허수축을 끊는 K의 값은 일정하다.
③ 근궤적은 절대안정도 및 상대안정도와 관계가 없다.
④ 근궤적의 개수는 극점의 수와 영점의 수 중에서 큰 것과 일치한다.

해설

① 점근선은 실수축에서 교차한다.
② 근궤적이 허수축을 끊는 K의 값은 변한다.
③ 근궤적은 상대안정도가 된다.

정답 25. ③ 26. ④

CHAPTER

07

상태방정식

전기기사
7.38% 출제

이렇게 공부하세요!!

출제경향분석

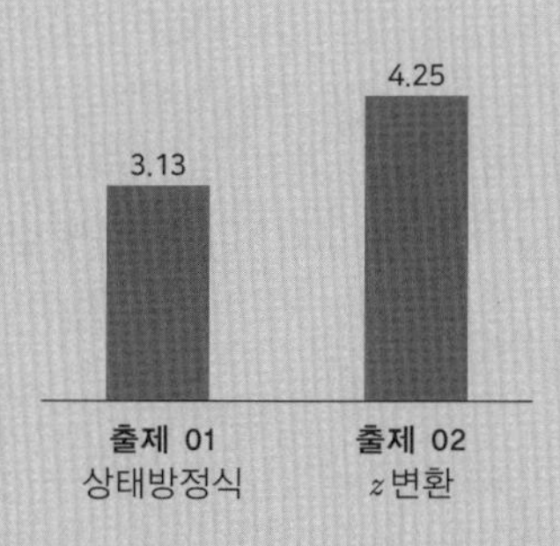

출제포인트

- ☑ 3차 이하의 미분방정식의 상태변수를 결정할 수 있다.
- ☑ 3차 이하의 미분방정식의 상태방정식을 구할 수 있다.
- ☑ 3차 이하의 미분방정식의 계수행렬 A, B를 구할 수 있다.
- ☑ 상태방정식의 특성방정식과 특성근을 구할 수 있다.
- ☑ 상태 천이방정식과 천이행렬을 구할 수 있다.
- ☑ 라플라스 변환과 z변환의 사용 목적에 대해서 이해할 수 있다.
- ☑ 함수들의 z변환을 구할 수 있다.
- ☑ 복소평면($s-$Plane)과 z평면($z-$Plane)에서 안정도를 판별할 수 있다.

CHAPTER 07

상태방정식(equation of state)

기사 7.38% 출제

기사 3.13% 출제

출제 01 상태방정식

여기에서는 단원확인기출문제와 같이 미분방정식을 상태방정식의 계수행렬 A를 구하는 것과 특성방정식 $F(s)=\det|sI-A|=0$에서 특성근(고유치)을 구하는 문제가 주를 이룬다. 또한 2년에 한 번씩 천이행렬 문제가 나오나 출제빈도 대비 내용이 복잡하여 그냥 넘기는 것이 좋다.

1 개요

① 계통을 해석하거나 설계를 하는 데 있어 계통의 특성은 고차 방정식으로 표현되나 상태 공간법에서의 계의 특성을 일련의 1차 미분방정식으로 표현된다. 이러한 방정식을 상태방정식이라 한다.

② 상태변수란 X_1, X_2, $X_3 \cdots X_n$에 따라 결정되는 행렬의 집합요소이다.

2 상태방정식

(1) 미분방정식의 상태변수

$\frac{d^n}{dt^n}c(t)+a_n\frac{d^{n-1}}{dt^{n-1}}c(t)+a_{n-1}\frac{d^{n-2}}{dt^{n-2}}c(t)+\cdots+a_1c(t)=b_nu(t)$의 미분방정식이 주어질 경우 미분방정식의 상태변수는 다음과 같이 결정된다.

① $x_1(t)=c(t)$

② $x_2(t)=\frac{d}{dt}x_1(t)=\dot{x}_1(t)=\dot{c}(t)$

③ $x_3(t)=\frac{d}{dt}x_2(t)=\frac{d^2}{dt^2}x_1(t)=\ddot{x}_1(t)=\ddot{c}(t)$

④ $\dot{x}_n(t)=\frac{d^n}{dt^n}x(t)=-a_1c(t)-a_2\frac{d}{at}c(t)-\cdots-a_n\frac{d^{n-1}}{dt^{n-1}}c(t)+b_nu(t)$

$=-a_1x_1(t)-a_2x_2(t)-a_3x_3(t)-\cdots-a_nx_n(t)+b_nu(t)$ ……………… [식 7-1]

(2) 상태방정식

① $\frac{d}{dt}x(t)=Ax(t)+Bu(t)$라는 상태방정식의 기본식에 따라 행렬로서 정의하고 제어계의 특성 행렬은 A로 표현하게 된다.

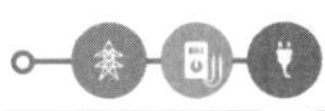

② 따라서, [식 7-1]을 상태방정식으로 표현하면 다음과 같게 된다.

$$\begin{bmatrix} \dot{x}_1(t) \\ \dot{x}_2(t) \\ \dot{x}_3(t) \\ \vdots \\ \dot{x}_n(t) \end{bmatrix} = \begin{bmatrix} 0 & 1 & 0 & 0 & \cdots & 0 \\ 0 & 0 & 1 & 0 & \cdots & 0 \\ 0 & 0 & 0 & 1 & \cdots & 0 \\ \vdots & \vdots & \vdots & \vdots & & \vdots \\ -a_1 & -a_2 & -a_3 & -a_4 & \cdots & -a_n \end{bmatrix} \begin{bmatrix} x_1(t) \\ x_2(t) \\ x_3(t) \\ \vdots \\ x_n(t) \end{bmatrix} + \begin{bmatrix} 0 \\ 0 \\ 0 \\ \vdots \\ b_n \end{bmatrix} u(t) \quad \cdots\cdots \text{[식 7-2]}$$

3 천이행렬

(1) 상태 천이방정식과 천이행렬

① 상태방정식 $\frac{d}{dt}x(t) = Ax(t) + Bu(t)$에서 라플라스 변환하면 다음과 같다.

$sX(s) - x(0^+) = AX(s) + BU(s)$

$\therefore X(s) = [sI - A]^{-1}x(0^+) + [sI - A]^{-1}BU(s)$ ········ [식 7-3]

② [식 7-3]을 라플라스 역변환하면 다음과 같다.

$\therefore x(t) = \Phi(t)x(0^+) + \int_t^0 \Phi(t-\tau)Bu(\tau)\,d\tau$ ········ [식 7-4]

③ [식 7-4]를 상태 천이방정식이라 하고 $\phi(t)$를 천이행렬이라 한다.

$\therefore \Phi(t) = \mathcal{L}^{-1}[sI - A]^{-1}$ ········ [식 7-5]

(2) 천이행렬의 성질

① $\Phi(0) = I$ ········ [식 7-6]

② $[\Phi(t)]^n = \Phi(nt)$(여기서, n : 정수) ········ [식 7-7]

③ $\Phi(t_2 - t_1)\phi(t_1 - t_0) = \Phi(t_2 - t_0)$ ········ [식 7-8]

④ $\Phi^{-1}(t) = \Phi(-t) = e^{-At}$ ········ [식 7-9]

단원 확인기출문제

★★★ 기사 95년 2회, 01년 2회, 14년 2회

01 미분방정식 $\ddot{x}(t) + 2\dot{x}(t) + 5x(t) = r(t)$로 표시되는 계의 상태방정식을 $\dot{x} = AX + BU$라 하면 계수행렬 A, B는? (단, $x_1 = x$, $x_2 = \dot{x}_1$이다.)

① $\begin{bmatrix} 0 & 1 \\ -5 & -2 \end{bmatrix}\begin{bmatrix} 0 \\ 1 \end{bmatrix}$　② $\begin{bmatrix} 1 & 0 \\ -5 & -2 \end{bmatrix}\begin{bmatrix} 1 \\ 0 \end{bmatrix}$

③ $\begin{bmatrix} 0 & 1 \\ -2 & -5 \end{bmatrix}\begin{bmatrix} 0 \\ 1 \end{bmatrix}$　④ $\begin{bmatrix} 1 & 0 \\ -2 & -5 \end{bmatrix}\begin{bmatrix} 1 \\ 0 \end{bmatrix}$

해설 ㉠ $x(t) = x_1(t)$

㉡ $\frac{d}{dt}x(t) = \frac{d}{dt}x_1(t) = \dot{x}_1(t) = x_2(t)$

㉢ $\frac{d^2}{dt^2}x(t) = \frac{d}{dt}x_2(t) = \dot{x}_2(t) = -5x_1(t) - 2x_2(t) + u(t)$

$\therefore \begin{bmatrix} \dot{x}_1 \\ \dot{x}_2 \end{bmatrix} = \begin{bmatrix} 0 & 1 \\ -5 & -2 \end{bmatrix} \begin{bmatrix} x_1(t) \\ x_2(t) \end{bmatrix} + \begin{bmatrix} 0 \\ 1 \end{bmatrix} u(t)$

답 ①

★★ 기사 95년 5회

02 $\begin{bmatrix} 3 & 4 \\ 1 & 3 \end{bmatrix}$의 고유치(eigen value)는?

① 2, 2　　② 1, 5
③ 1, 3　　④ 2, 1

해설 특성방정식 $F(s) = |sI - A| = 0$

$F(s) = \begin{bmatrix} s & 0 \\ 0 & s \end{bmatrix} - \begin{bmatrix} 3 & 4 \\ 1 & 3 \end{bmatrix} = \begin{bmatrix} s-3 & -4 \\ -1 & s-3 \end{bmatrix} = (s-3)^2 - 4 = s^2 - 6s + 5 = (s-1)(s-5) = 0$

∴ 고유값(특성근) : $s_1 = 1$, $s_2 = 5$

답 ②

기사 4.25% 출제

출제 02 z변환

z변환은 매 회차마다 시험에 출제되고 있으며, 시험유형은 [표 7-1]과 [표 7-2]에 대해서만 출제되고 있다. 따라서 비전공자의 경우 z변환의 의미와 증명을 공부하는 것보다는 표를 외워서 기출문제를 많이 풀어보는 것이 합격의 지름길이라고 볼 수 있다. 라플라스 변환이라든가 z변환을 사용하는 현장은 거의 없으니 z변환에 시간을 투자할 필요가 없을 듯하다.

1 개요

① **연속적인 함수를 다룰 때에는 라플라스 변환을 사용하고, 불연속인 함수를 다룰 때에는 z변환을 사용한다.**

② 라플라스 변환 : $F(s) = \int_0^\infty f(t)\, e^{-st}\, dt$ ········ [식 7-10]

③ z변환 : $F(z) = \sum_{n=0}^{\infty} f(t)\, e^{-sT} = \sum_{n=0}^{\infty} f(nT)\, z^{-n}$ ········ [식 7-11]

④ 따라서, $z = e^{Ts}$에서 양변에 자연로그 ln을 취해서 정리하면 다음과 같다.

$\therefore s = \frac{1}{T} \ln z$ ········ [식 7-12]

여기서, T : 샘플러의 주기

2 함수들의 z변환

(1) 단위계단함수 $f(t) = u(t)$

$$F(z) = \sum_{n=0}^{\infty} f(n)\, z^{-n} = 1 + z^{-1} + z^{-2} + z^{-3} + \cdots$$

$$= \frac{1}{1-z^{-1}} = \frac{z}{z-1}$$

$$\therefore\ u(t) \xrightarrow{z} \frac{1}{1-z^{-1}} = \frac{z}{z-1} \quad \text{[식 7–13]}$$

(2) 지수함수 $f(t) = e^{-at}$

$$F(z) = \sum_{n=0}^{\infty} f(nT)\, z^{-n} = 1 + e^{-aT}z^{-1} + e^{-2aT}z^{-2} + e^{-3aT}z^{-3} + \cdots$$

$$= \frac{1}{1-e^{-aT}z^{-1}} = \frac{z}{z-e^{-aT}}$$

$$\therefore\ e^{-at} \xrightarrow{z} \frac{1}{1-e^{-aT}z^{-1}} = \frac{z}{z-e^{-aT}} \quad \text{[식 7–14]}$$

(3) 단위램프함수 $f(t) = t\,u(t)$

$$F(z) = \sum_{n=0}^{\infty} f(t)^n\, z^{-n} = T(z^{-1} + 2z^{-2} + 3z^{-3} + \cdots)$$

$$= \frac{Tz}{(z-1)^2}$$

$$\therefore\ tu(t) \xrightarrow{z} \frac{Tz}{(z-1)^2} \quad \text{[식 7–15]}$$

(4) s변환과 z 변환의 정리

| 표 7–1 | s변환과 z변환의 정리

순번	구분	$f(t)$	$F(s)$	$F(z)$
1	단위임펄스함수	$\delta(t)$	1	1
2	단위계단함수	$u(t)$	$\frac{1}{s}$	$\frac{z}{z-1}$
3	지수함수	e^{-at}	$\frac{1}{s+a}$	$\frac{z}{z-e^{-aT}}$
4	단위램프함수	$tu(t)$	$\frac{1}{s^2}$	$\frac{Tz}{(z-1)^2}$
5	초기값의 정리	$\lim_{t\to\infty} f(t)$	$\lim_{s\to\infty} sF(s)$	$\lim_{z\to\infty} F(z)$
6	최종값의 정리	$\lim_{t\to 0} f(t)$	$\lim_{s\to 0} sF(s)$	$\lim_{z\to 1}\left(1-\frac{1}{z}\right)F(z)$

3 s-Plane과 z-Plane의 관계

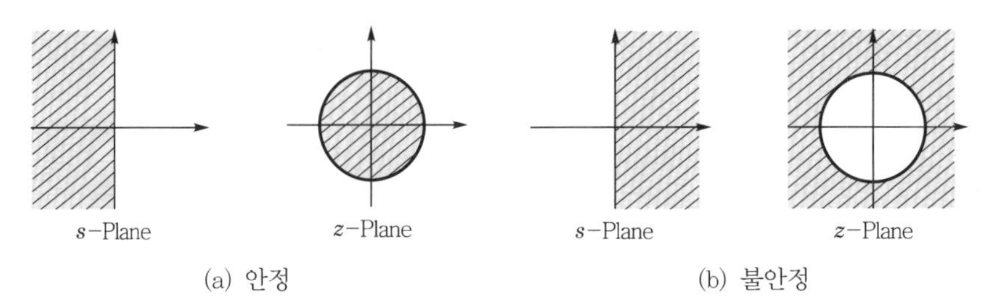

┃그림 7-1┃ s-Plane과 z-Plane의 관계

┃표 7-2┃ s변환과 z변환의 정리

구분	안정	불안정	임계안정
s평면	**좌반평면**	**우반평면**	**허수축**
z평면	**단위원 내부**	**단위원 외부**	**단위원 원주상**

① [그림 7-1 (a)]와 같이 s평면 좌반평면의 특성근은 z평면상의 원점에 중심을 둔 단위 원 내부에 사상(寫像)된다.

② [그림 7-1 (b)]와 같이 s평면 우반평면의 특성근은 z평면상의 원점에 중심을 둔 단위 원 외부에 사상(寫像)된다.

③ s평면 허수축의 특성근은 z평면상의 원점에 중심을 둔 단위 원 원주상에 사상(寫像)된다.

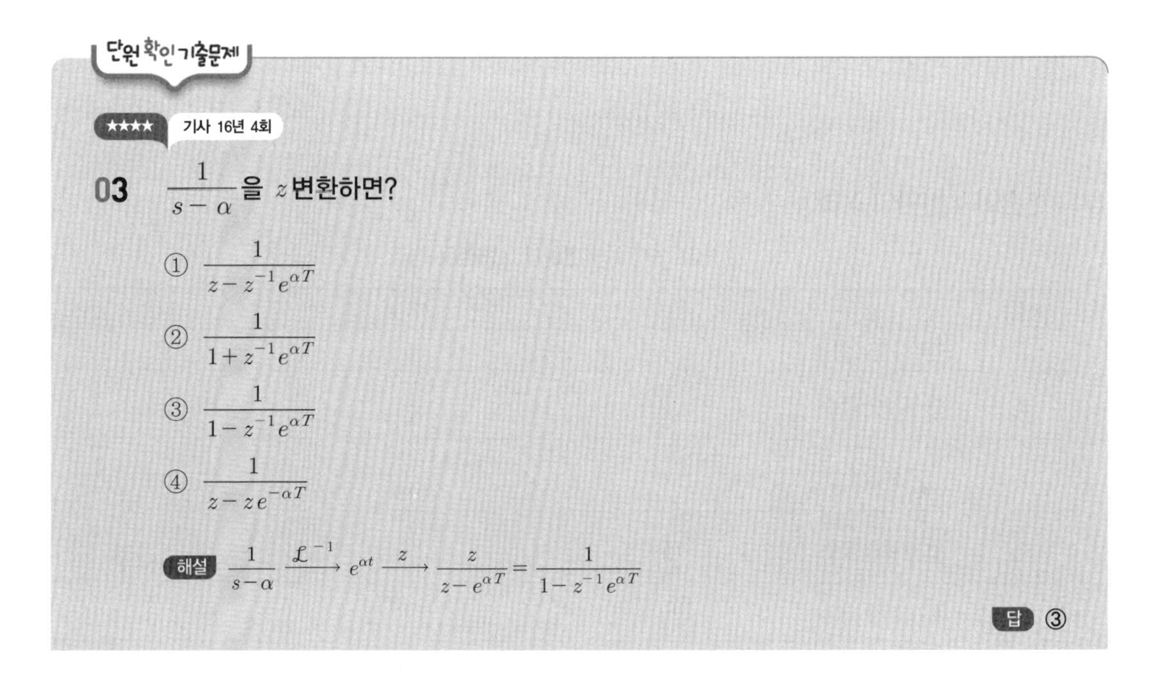

단원 확인 기출문제

★★★★ 기사 16년 4회

03 $\dfrac{1}{s-\alpha}$을 z변환하면?

① $\dfrac{1}{z-z^{-1}e^{\alpha T}}$

② $\dfrac{1}{1+z^{-1}e^{\alpha T}}$

③ $\dfrac{1}{1-z^{-1}e^{\alpha T}}$

④ $\dfrac{1}{z-ze^{-\alpha T}}$

해설 $\dfrac{1}{s-\alpha} \xrightarrow{\mathcal{L}^{-1}} e^{\alpha t} \xrightarrow{z} \dfrac{z}{z-e^{\alpha T}} = \dfrac{1}{1-z^{-1}e^{\alpha T}}$

답 ③

★★★★★ 기사 98년 5·7회, 00년 5회

04 계통의 특성방정식 $1+G(s)H(s)=0$의 음의 실근은 z평면의 어느 부분으로 사상(mapping)되는가?

① z평면의 좌반평면
② z평면의 우반평면
③ z평면의 원점을 중심으로 한 단위 원 외부
④ z평면의 원점을 중심으로 한 단위 원 내부

해설

구분	안정	불안정	임계안정
s평면	좌반평면	우반평면	허수축
z평면	단위원 내부	단위원 외부	단위원 원주상

답 ④

단원 핵심정리 한눈에 보기

1. 상태방정식

① 계의 특성을 일련의 1차 미분방정식으로 표현한 식

② 특성방정식 : $F(s) = \det|sI - A| = 0$

여기서, I : 단위행렬 $\begin{bmatrix} 1 & 0 \\ 0 & 1 \end{bmatrix}$, $sI = \begin{bmatrix} s & 0 \\ 0 & s \end{bmatrix}$, A : 상태방정식의 계수행렬

2. 미분방정식을 상태방정식으로 변환

① $\dfrac{d^2c(t)}{dt^2} + K_1 \dfrac{dc(t)}{dt} + K_2\, c(t) = K_3 u(t) \rightarrow \begin{bmatrix} \dot{x}_1 \\ \dot{x}_2 \end{bmatrix} = \begin{bmatrix} 0 & 1 \\ -K_2 & -K_1 \end{bmatrix} \begin{bmatrix} x_1(t) \\ x_2(t) \end{bmatrix} + \begin{bmatrix} 0 \\ K_3 \end{bmatrix} u(t)$

② $\dfrac{d^3c(t)}{dt^3} + K_1 \dfrac{d^2c(t)}{dt^2} + K_2 \dfrac{dc(t)}{dt} + K_3\, c(t) = K_4 r(t)$

$$\rightarrow \begin{bmatrix} \dot{x}_1 \\ \dot{x}_2 \\ \dot{x}_3 \end{bmatrix} = \begin{bmatrix} 0 & 1 & 0 \\ 0 & 0 & 1 \\ -K_3 & -K_2 & -K_1 \end{bmatrix} \begin{bmatrix} x_1(t) \\ x_2(t) \\ x_3(t) \end{bmatrix} + \begin{bmatrix} 0 \\ 0 \\ K_4 \end{bmatrix} u(t)$$

3. s 변환과 z 변환의 정리

구분	$f(t)$	$F(s)$	$F(z)$
단위임펄스함수	$\delta(t)$	1	1
단위계단함수	$u(t)$	$\dfrac{1}{s}$	$\dfrac{z}{z-1}$
지수함수	e^{-at}	$\dfrac{1}{s+a}$	$\dfrac{z}{z-e^{-aT}}$
단위램프함수	$t\,u(t)$	$\dfrac{1}{s^2}$	$\dfrac{Tz}{(z-1)^2}$
초기값의 정리	$\lim\limits_{t \to \infty} f(t)$	$\lim\limits_{s \to \infty} sF(s)$	$\lim\limits_{z \to \infty} F(z)$
최종값의 정리	$\lim\limits_{t \to 0} f(t)$	$\lim\limits_{s \to 0} sF(s)$	$\lim\limits_{z \to 1} \left(1 - \dfrac{1}{z}\right) F(z)$

4. s-Plane과 z-Plane의 관계

구분	안정	불안정	임계안정
s 평면	좌반평면	우반평면	허수축
z 평면	단위원 내부	단위원 외부	단위원 원주상

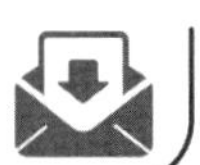

단원 자주 출제되는 기출문제

출제 01 상태방정식

★★ 기사 89년 6회, 97년 7회, 03년 1회, 12년 2회

01 상태방정식 $\frac{d}{dt}x(t) = Ax(t) + Br(t)$인 제어계의 특성방정식은?

① $|sI-B| = I$　② $|sI-A| = I$
③ $|sI-B| = 0$　④ $|sI-A| = 0$

★★★ 기사 95년 4회, 00년 2회, 14년 3회

02 $\frac{d^2x(t)}{dt^2} + \frac{dx(t)}{dt} + 2x(t) = 2u(t)$의 상태변수를 $x_1(t) - x(t)$, $x_2(t) = \frac{dx(t)}{dt}$라 할 때 시스템 매트릭스(system matrix)는?

① $\begin{bmatrix} 0 & 1 \\ 1 & 1 \end{bmatrix}$　② $\begin{bmatrix} 0 & 1 \\ 2 & 1 \end{bmatrix}$
③ $\begin{bmatrix} 0 & 1 \\ -2 & -1 \end{bmatrix}$　④ $\begin{bmatrix} 0 \\ 2 \end{bmatrix}$

해설

㉠ $x(t) = x_1(t)$

㉡ $\frac{d}{dt}x(t) = \frac{d}{dt}x_1(t) = \dot{x}_1(t) = x_2(t)$

㉢ $\frac{d^2}{dt^2}x(t) = \frac{d}{dt}x_2(t) = \dot{x}_2(t)$

$= -2x_1(t) - x_2(t) + 2u(t)$

$\therefore \begin{bmatrix} \dot{x}_1 \\ \dot{x}_2 \end{bmatrix} = \begin{bmatrix} 0 & 1 \\ -2 & -1 \end{bmatrix}\begin{bmatrix} x_1(t) \\ x_2(t) \end{bmatrix} + \begin{bmatrix} 0 \\ 2 \end{bmatrix}u(t)$

Comment

$\frac{d^2x(t)}{dt^2} + A\frac{dx(t)}{dt} + Bx(t) = Cu(t)$의 경우

$\begin{bmatrix} \dot{x}_1 \\ \dot{x}_2 \end{bmatrix} = \begin{bmatrix} 0 & 1 \\ -B & -A \end{bmatrix}\begin{bmatrix} x_1(t) \\ x_2(t) \end{bmatrix} + \begin{bmatrix} 0 \\ C \end{bmatrix}u(t)$로 구성된다.

★★★ 기사 94년 6회

03 $A = \begin{bmatrix} 0 & 1 \\ -3 & -2 \end{bmatrix}$, $B = \begin{bmatrix} 4 \\ 5 \end{bmatrix}$인 상태방정식 $\frac{dx}{dt} = Ax + Br$에서 제어계의 특성방정식은?

① $s^2+4s+3=0$　② $s^2+3s+2=0$
③ $s^2+3s+4=0$　④ $s^2+2s+3=0$

해설

특성방정식 $F(s) = |sI-A| = 0$에서

$\therefore F(s) = \begin{bmatrix} s & 0 \\ 0 & s \end{bmatrix} - \begin{bmatrix} 0 & 1 \\ -3 & -2 \end{bmatrix} = \begin{bmatrix} s & -1 \\ 3 & s+2 \end{bmatrix}$

$= s(s+2)+3 = s^2+2s+3 = 0$

★★ 기사 04년 3회, 04년 4회

04 다음 상태방정식 $\dot{X} = AX + BU$에서 $A = \begin{bmatrix} 0 & 1 \\ -2 & -3 \end{bmatrix}$, $B = \begin{bmatrix} 0 \\ 1 \end{bmatrix}$일 때 고유값은?

① $-1,\ -2$　② $1,\ 2$
③ $-2,\ -3$　④ $2,\ 3$

해설

특성방정식 $F(s) = |sI-A| = 0$에서

$F(s) = \begin{bmatrix} s & 0 \\ 0 & s \end{bmatrix} - \begin{bmatrix} 0 & 1 \\ -2 & -3 \end{bmatrix} = \begin{bmatrix} s & -1 \\ 2 & s+3 \end{bmatrix}$

$= s(s+3)+2 = s^2+3s+2 = (s+1)(s+2) = 0$

$\therefore$ 고유값(특성근) : $s_1 = -1$, $s_2 = -2$

★★★ 기사 09년 2회

05 선형 시불변시스템의 상태방정식 $\frac{d}{dt}x(t) = Ax(t) + Bu(t)$에서 $A = \begin{bmatrix} 1 & 3 \\ 1 & -2 \end{bmatrix}$, $B = \begin{bmatrix} 0 \\ 1 \end{bmatrix}$일 때, 특성방정식은?

① $s^2+s-5=0$　② $s^2-s-5=0$
③ $s^2+3s+1=0$　④ $s^2-3s+1=0$

정답 01. ④ 02. ③ 03. ④ 04. ① 05. ①

해설

특성방정식 $F(s)=|sI-A|=0$에서

$$\therefore F(s)=\begin{bmatrix} s & 0 \\ 0 & s \end{bmatrix}-\begin{bmatrix} 1 & 3 \\ 1 & -2 \end{bmatrix}$$
$$=\begin{bmatrix} s-1 & -3 \\ -1 & s+2 \end{bmatrix}$$
$$=(s-1)\times(s+2)-(-3)\times(-1)$$
$$=s^2+s-2-3=s^2+s-5=0$$

집중공략

★★ 기사 10년 1회, 15년 4회

06 상태방정식 $\frac{d}{dt}x(t)=Ax(t)+Bu(t)$에서 $A=\begin{bmatrix} -6 & 7 \\ 2 & -1 \end{bmatrix}$이라면 A의 고유값은?

① 1, −8 ② 1, −5
③ 2, −8 ④ 2, −5

해설

특성방정식 $F(s)=|sI-A|=0$에서

$$F(s)=\begin{bmatrix} s & 0 \\ 0 & s \end{bmatrix}-\begin{bmatrix} -6 & 7 \\ 2 & -1 \end{bmatrix}=\begin{bmatrix} s+6 & -7 \\ -2 & s+1 \end{bmatrix}$$
$$=(s+6)\times(s+1)-14$$
$$=s^2+7s-8=(s+8)(s-1)=0$$

∴ 고유값(특성근) : $s_1=1,\ s_2=-8$

★★ 기사 97년 5회, 16년 2회

07 다음과 같은 상태방정식의 고유치 λ_1과 λ_2는?

$$\begin{bmatrix} \dot{x}_1 \\ \dot{x}_2 \end{bmatrix}=\begin{bmatrix} 1 & -2 \\ -3 & 2 \end{bmatrix}\begin{bmatrix} x_1 \\ x_2 \end{bmatrix}+\begin{bmatrix} 2 & -3 \\ -4 & 3 \end{bmatrix}\begin{bmatrix} r_1 \\ r_2 \end{bmatrix}$$

① 4, −1 ② −4, 1
③ 6, −1 ④ −6, 1

해설

특성방정식 $F(s)=|sI-A|=0$에서

$$F(s)=\begin{bmatrix} s & 0 \\ 0 & s \end{bmatrix}-\begin{bmatrix} 1 & -2 \\ -3 & 2 \end{bmatrix}=\begin{bmatrix} s-1 & 2 \\ 3 & s-2 \end{bmatrix}$$
$$=(s-1)(s-2)-6$$
$$=s^2-3s-4=(s-4)(s+1)=0$$

∴ 고유값(특성근) : $s_1=4,\ s_2=-1$

★★ 기사 12년 1회

08 상태방정식 $\dot{x}=Ax(t)+Bu(t)$에서 $A=\begin{bmatrix} 0 & 1 \\ -2 & -3 \end{bmatrix}$인 시스템의 안정도는 어떠한가?

① 안정 ② 불안정
③ 임계안정 ④ 판정 불능

해설

특성방정식 $F(s)=|sI-A|$

$$=\begin{bmatrix} s & 0 \\ 0 & s \end{bmatrix}-\begin{bmatrix} 0 & 1 \\ -2 & -3 \end{bmatrix}$$
$$=\begin{bmatrix} s & -1 \\ 2 & s+3 \end{bmatrix}=s(s+3)+2$$
$$=s^2+3s+2=0$$

∴ 2차 방정식에서는 모든 차수의 계수가 존재하고 동일 부호(+)가 되면 안정이다.

★★★ 기사 05년 4회, 16년 4회

09 $\frac{d^3}{dt^3}c(t)+8\frac{d^2}{dt^2}c(t)+19\frac{d}{dt}c(t)+12c(t)=6u(t)$의 미분방정식을 상태방정식인 $\frac{dx(t)}{dt}=Ax(t)+Bu(t)$로 표현할 때 옳은 것은?

① $A=\begin{bmatrix} 0 & 1 & 0 \\ 0 & 0 & 1 \\ -12 & -19 & -8 \end{bmatrix},\ B=\begin{bmatrix} 0 \\ 0 \\ 6 \end{bmatrix}$

② $A=\begin{bmatrix} 0 & 1 & 0 \\ 0 & 0 & 1 \\ -8 & -19 & -12 \end{bmatrix},\ B=\begin{bmatrix} 0 \\ 0 \\ 6 \end{bmatrix}$

③ $A-\begin{bmatrix} 0 & 1 & 0 \\ 0 & 0 & 1 \\ -12 & -19 & -8 \end{bmatrix},\ B=\begin{bmatrix} 6 \\ 0 \\ 0 \end{bmatrix}$

④ $A=\begin{bmatrix} 0 & 1 & 0 \\ 0 & 0 & 1 \\ -12 & -19 & -8 \end{bmatrix},\ B=\begin{bmatrix} 6 \\ 0 \\ 1 \end{bmatrix}$

해설

㉠ $x(t)=x_1(t)$

㉡ $\frac{d}{dt}x(t)=\frac{d}{dt}x_1(t)=\dot{x}_1(t)=x_2(t)$

㉢ $\frac{d^2}{dt^2}x(t)=\frac{d}{dt}x_2(t)=\dot{x}_2(t)=x_3(t)$

㉣ $\frac{d^3}{dt^3}x(t)=\frac{d}{dt}x_3(t)=\dot{x}_3(t)$
$=-12x_1(t)-19x_2(t)-8x_3(t)+6u(t)$

정답 06. ① 07. ① 08. ① 09. ①

$$\therefore \begin{bmatrix} \dot{x}_1 \\ \dot{x}_2 \\ \dot{x}_3 \end{bmatrix} = \begin{bmatrix} 0 & 1 & 0 \\ 0 & 0 & 1 \\ -12 & -19 & -8 \end{bmatrix} \begin{bmatrix} x_1(t) \\ x_2(t) \\ x_3(t) \end{bmatrix} + \begin{bmatrix} 0 \\ 0 \\ 6 \end{bmatrix} u(t)$$

쌤 Comment

$\frac{d^3}{dt^3}c(t) + K_1 \frac{d^2}{dt^2}c(t) + K_2 \frac{d}{dt}c(t) + K_3 c(t)$
$= K_4 u(t)$의 경우 상태방정식은

$\begin{bmatrix} \dot{x}_1 \\ \dot{x}_2 \\ \dot{x}_3 \end{bmatrix} = \begin{bmatrix} 0 & 1 & 0 \\ 0 & 0 & 1 \\ -K_3 & -K_2 & -K_1 \end{bmatrix} \begin{bmatrix} x_1(t) \\ x_2(t) \\ x_3(t) \end{bmatrix} + \begin{bmatrix} 0 \\ 0 \\ K_4 \end{bmatrix} u(t)$가 된다.

★★★ 기사 91년 6회, 96년 4회, 02년 2회

10 다음 계통의 상태방정식을 유도하면? (단, 상태변수를 $x_1 = x'$, $x_2 = x''$, $x_3 = x'''$로 놓았다.)

$$x''' + 5x'' + 10x' + 5x = 2u$$

① $\begin{bmatrix} \dot{x}_1 \\ \dot{x}_2 \\ \dot{x}_3 \end{bmatrix} = \begin{bmatrix} 0 & 1 & 0 \\ 0 & 0 & 1 \\ -5 & -10 & -5 \end{bmatrix} \begin{bmatrix} x_1 \\ x_2 \\ x_3 \end{bmatrix} + \begin{bmatrix} 0 \\ 0 \\ 2 \end{bmatrix} u$

② $\begin{bmatrix} \dot{x}_1 \\ \dot{x}_2 \\ \dot{x}_3 \end{bmatrix} = \begin{bmatrix} 0 & 1 & 0 \\ 0 & 0 & 1 \\ -5 & -10 & -5 \end{bmatrix} \begin{bmatrix} x_1 \\ x_2 \\ x_3 \end{bmatrix} + \begin{bmatrix} 2 \\ 0 \\ 0 \end{bmatrix} u$

③ $\begin{bmatrix} \dot{x}_1 \\ \dot{x}_2 \\ \dot{x}_3 \end{bmatrix} = \begin{bmatrix} -5 & 0 & 0 \\ -10 & 1 & 0 \\ -5 & 0 & 1 \end{bmatrix} \begin{bmatrix} x_1 \\ x_2 \\ x_3 \end{bmatrix} + \begin{bmatrix} 2 \\ 0 \\ 0 \end{bmatrix} u$

④ $\begin{bmatrix} \dot{x}_1 \\ \dot{x}_2 \\ \dot{x}_3 \end{bmatrix} = \begin{bmatrix} -5 & 0 & 0 \\ -10 & 1 & 0 \\ -5 & 0 & 1 \end{bmatrix} \begin{bmatrix} x_1 \\ x_2 \\ x_3 \end{bmatrix} + \begin{bmatrix} 0 \\ 2 \\ 0 \end{bmatrix} u$

해설

㉠ $x(t) = x_1(t)$

㉡ $\frac{d}{dt}x(t) = \frac{d}{dt}x_1(t) = \dot{x}_1(t) = x_2(t)$

㉢ $\frac{d^2}{dt^2}x(t) = \frac{d}{dt}x_2(t) = \dot{x}_2(t) = x_3(t)$

㉣ $\frac{d^3}{dt^3}x(t) = \frac{d}{dt}x_3(t) = \dot{x}_3(t)$
$= -5x_1(t) - 10x_2(t) - 5x_3(t) + 2u(t)$

$$\therefore \begin{bmatrix} \dot{x}_1 \\ \dot{x}_2 \\ \dot{x}_3 \end{bmatrix} = \begin{bmatrix} 0 & 1 & 0 \\ 0 & 0 & 1 \\ -5 & -10 & -5 \end{bmatrix} \begin{bmatrix} x_1 \\ x_2 \\ x_3 \end{bmatrix} + \begin{bmatrix} 0 \\ 0 \\ 2 \end{bmatrix} u$$

★★★ 기사 05년 1회

11 상태방정식 $\frac{d}{dt}x(t) = Ax(t) + Bu(t)$, $y(t) = Cx(t)$에서 특성방정식을 구하면? (단, $A = \begin{bmatrix} 0 & 1 & 0 \\ 0 & 0 & 1 \\ -12 & -19 & -8 \end{bmatrix}$, $B = \begin{bmatrix} 0 \\ 0 \\ 6 \end{bmatrix}$, $C = [1\ 0\ 0]$)

① $s^3 + 8s^2 + 19s + 12 = 0$

② $s^3 + 12s^2 + 19s + 8 = 0$

③ $s^3 + 12s^2 + 19s + 8 = 6$

④ $s^3 + 8s^2 + 19s + 12 = 6$

해설

특성방정식 $F(s) = |sI - A|$

$= \begin{vmatrix} \begin{bmatrix} s & 0 & 0 \\ 0 & s & 0 \\ 0 & 0 & s \end{bmatrix} - \begin{bmatrix} 0 & 1 & 0 \\ 0 & 0 & 1 \\ -12 & -19 & -8 \end{bmatrix} \end{vmatrix}$

$= \begin{vmatrix} s & -1 & 0 \\ 0 & s & -1 \\ 12 & 19 & s+8 \end{vmatrix}$

$= s(s^2 + 8s + 19) + 12$

$= s^3 + 8s^2 + 19s + 12$

$= 0$

★ 기사 09년 1회

12 $\begin{bmatrix} 0 & 1 & 0 \\ 0 & -1 & 6 \\ -1 & -1 & -5 \end{bmatrix}$의 고유값은?

① −1, −2, −3

② −2, −3, −4

③ −1, −2, −4

④ −1, −3, −4

해설

㉠ 특성방정식 $F(s) = |sI - A|$

$= \begin{vmatrix} \begin{bmatrix} s & 0 & 0 \\ 0 & s & 0 \\ 0 & 0 & s \end{bmatrix} - \begin{bmatrix} 0 & 1 & 0 \\ 0 & -1 & 6 \\ -1 & -1 & -5 \end{bmatrix} \end{vmatrix}$

$= \begin{vmatrix} s & -1 & 0 \\ 0 & s+1 & -6 \\ 1 & 1 & s+5 \end{vmatrix}$

$= s(s^2 + 6s + 11) + 6$

$= s^3 + 6s^2 + 11s + 6$

$= 0$

㉡ 3차 방정식은 인수분해하면 다음과 같다.
$F(s) = (s+1)(s+2)(s+3) = 0$

정답 10. ① 11. ① 12. ①

$\therefore$ 고유값(특성근) : $s_1 = -1$
$s_2 = -2$
$s_3 = -3$

Comment

3차 방정식의 근을 구하기란 쉽지가 않다. 하지만 자격증 시험에서 3차 방정식의 근은 -1, -2, -3의 정답밖에 없으므로 그냥 답을 암기하자.

★ 기사 98년 4회

13 다음 계통의 고유치를 구하면?

$$\begin{bmatrix} \dot{X}_1 \\ \dot{X}_2 \\ \dot{X}_3 \end{bmatrix} = \begin{bmatrix} 0 & 1 & 0 \\ 3 & 0 & 2 \\ -12 & -7 & -6 \end{bmatrix} \begin{bmatrix} X_1 \\ X_2 \\ X_3 \end{bmatrix}$$

① $\lambda_1 = -1,\ \lambda_2 = -2,\ \lambda_3 = -3$
② $\lambda_1 = -1,\ \lambda_2 = -3,\ \lambda_3 = -5$
③ $\lambda_1 = 0,\ \lambda_2 = -2,\ \lambda_3 = -3$
④ $\lambda_1 = 0,\ \lambda_2 = -3,\ \lambda_3 = -5$

해설

㉠ 특성방정식
$F(s) = |sI - A|$
$$= \begin{vmatrix} \begin{bmatrix} s & 0 & 0 \\ 0 & s & 0 \\ 0 & 0 & s \end{bmatrix} - \begin{bmatrix} 0 & 1 & 0 \\ 3 & 0 & 2 \\ -12 & -7 & -6 \end{bmatrix} \end{vmatrix}$$
$$= \begin{vmatrix} s & -1 & 0 \\ -3 & s & -2 \\ 12 & 7 & s+6 \end{vmatrix}$$
$= s^3 + 6s^2 + 11s + 6 = 0$

㉡ 3차 방정식은 인수분해하면
$F(s) = (s+1)(s+2)(s+3) = 0$이 되므로
$\therefore$ 고유값(특성근) : $\lambda_1 = -1$
$\lambda_2 = -2$
$\lambda_3 = -3$

★ 기사 05년 1회

14 선형 시불변시스템의 상태방정식이 $\dfrac{d}{dt}x(t) = Ax(t) + Bu(t)$로 표시될 때, t, $t_0(t)$에 대한 상태 천이행렬(state transition equation)의 식이 올바르게 표시된 것은? (단, $\Phi(t)$는 일치하는 상태 천이행렬이다.)

① $x(t) = \Phi(t)x(t) + \Phi(t-t_0)Bu(t)dt$
② $x(t) = \Phi(t-t_0)x(0) + B(t-t_0)u(t)dt$
③ $x(t) = \Phi(t-t_0)x(t_0) + \Phi(t-t_0)Bu(t)dt$
④ $x(t) = \Phi(t-t_0)x(t) + \Phi(t-t_0)Bu(t)dt$

Comment

천이행렬에 관련된 문제는 그냥 넘어가도 합격에는 지장이 없다.

★ 기사 93년 1회, 94년 4회, 00년 2회, 03년 3회

15 상태방정식 $\dot{x}(t) = Ax(t)$로 표시되는 제어계가 있다. 이 방정식의 값은 어떻게 되는가? (단, $x(0)$은 초기상태 벡터이다.)

① $e^{-At}x(0)$
② $e^{At}x(0)$
③ $Ae^{-At}x(0)$
④ $Ae^{At}x(0)$

해설

상태방정식 $\dfrac{d}{dt}x(t) = Ax(t)$에서 라플라스 변환하면 다음과 같다.
$sX(s) - x(0^+) = AX(s)$
이를 정리하면 $X(s) = [sI - A]^{-1}x(0^+)$이 된다.
따라서 이를 라플라스 역변환하면 다음과 같다.
$\therefore$ 상태 천이방정식 : $x(t) = \Phi(t)\,x(0^+) = e^{At}x(0^+)$
여기서, $\Phi(t)$: 천이행렬

★ 기사 01년 1회

16 천이행렬(transition matrix)에 관한 서술이다. 이 중에서 잘못 서술된 것은? (단, $\dot{X} = Ax + Bu$)

① $\Phi(t) = e^{At}$
② $\Phi(t) = \mathcal{L}^{-1}[sI - A]$
③ 천이행렬은 기본행렬(fundamental matrix)이라고도 한다.
④ $\Phi(s) = [sI - A]^{-1}$

해설

㉠ 상태행렬 : $\Phi(s) = [sI - A]^{-1}$
㉡ 천이행렬 : $\phi(t) = \mathcal{L}^{-1}\Phi(s)$

정답 13. ① 14. ③ 15. ② 16. ②

★ 기사 01년 3회, 10년 3회

17 상태 천이행렬식(state transition matrix) $\Phi(t)=e^{At}$에서 $t=0$의 값은 몇인가?

① e ② I

③ e^{-1} ④ 0

해설

$\Phi(0)=I$

여기서, I : 단위행렬

★ 기사 03년 4회, 10년 3회

18 시스템의 특성이 $G(s)=\dfrac{C(s)}{U(s)}=\dfrac{1}{s^2}$과 같을 때 상태 천이행렬은?

① $\begin{bmatrix}1&0\\0&1\end{bmatrix}$ ② $\begin{bmatrix}1&t\\0&1\end{bmatrix}$

③ $\begin{bmatrix}1&-t\\0&1\end{bmatrix}$ ④ $\begin{bmatrix}-1&0\\0&1\end{bmatrix}$

해설

㉠ $G(s)=\dfrac{C(s)}{U(s)}=\dfrac{1}{s^2}$, $s^2C(s)=U(s)$, $\dfrac{d^2c(t)}{dt^2}=u(t)$이 된다.

㉡ 미분방정식을 상태방정식으로 표현하면

$\begin{bmatrix}0&1\\0&0\end{bmatrix}\begin{bmatrix}c_1(t)\\c_2(t)\end{bmatrix}=\begin{bmatrix}0\\1\end{bmatrix}u(t)$에서 $A=\begin{bmatrix}0&1\\0&0\end{bmatrix}$이 된다.

㉢ $|sI-A|=\begin{bmatrix}s&0\\0&s\end{bmatrix}-\begin{bmatrix}0&1\\0&0\end{bmatrix}=\begin{bmatrix}s&1\\0&s\end{bmatrix}$

㉣ $\Phi(s)=|sI-A|^{-1}=\dfrac{1}{\begin{bmatrix}s&-1\\0&s\end{bmatrix}}\begin{bmatrix}s&1\\0&s\end{bmatrix}$

$$=\frac{1}{s^2}\begin{bmatrix}s&1\\0&s\end{bmatrix}=\begin{bmatrix}\frac{1}{s}&\frac{1}{s^2}\\0&\frac{1}{s}\end{bmatrix}$$

∴ 천이행렬 : $\Phi(t)=\mathcal{L}^{-1}\Phi(s)=\begin{bmatrix}1&t\\0&1\end{bmatrix}$

★ 기사 93년 3회, 02년 1회

19 어떤 선형 시불변계의 상태방정식이 다음과 같을 때 상태 천이행렬은?

$$x(t)=Ax(t)+Bu(t),$$
$$A=\begin{bmatrix}0&0\\-1&-2\end{bmatrix},\ B=\begin{bmatrix}1\\1\end{bmatrix}$$

① $\begin{bmatrix}1&0\\e^{-2t}-1&1\end{bmatrix}$ ② $\begin{bmatrix}1&0\\e^{-2t}-1&e^{-2t}\end{bmatrix}$

③ $\begin{bmatrix}1&0\\2(e^{-2t-1})&1\end{bmatrix}$ ④ $\begin{bmatrix}1&0\\\frac{e^{-2t}-1}{2}&e^{-2t}\end{bmatrix}$

해설

상태행렬 $\Phi(s)=[sI-A]^{-1}=\begin{bmatrix}s&0\\1&s+2\end{bmatrix}^{-1}$

$$=\begin{bmatrix}\frac{s+2}{s(s+2)}&0\\-\frac{1}{s(s+2)}&\frac{s}{s(s+2)}\end{bmatrix}$$

$$=\begin{bmatrix}\frac{1}{s}&0\\-\frac{1}{s(s+2)}&\frac{1}{s+2}\end{bmatrix}$$

∴ 천이행렬

$$\Phi(t)=\mathcal{L}^{-1}[\Phi(s)]=\begin{bmatrix}1&0\\\frac{e^{-2t}-1}{2}&e^{-2t}\end{bmatrix}$$

★ 기사 94년 7회

20 행렬(또는 동반행렬) $A=\begin{bmatrix}0&1\\-1&-2\end{bmatrix}$일 때, 천이행렬은?

① $\begin{bmatrix}(t+1)e^{-t}&te^{-t}\\-te^{-t}&(-t+1)e^{-t}\end{bmatrix}$

② $\begin{bmatrix}(t+1)e^{t}&te^{-t}\\-te^{t}&(t+1)e^{t}\end{bmatrix}$

③ $\begin{bmatrix}(t+1)e^{-t}&-te^{-t}\\te^{-t}&(t+1)e^{-t}\end{bmatrix}$

④ $\begin{bmatrix}(t+1)e^{-t}&0\\0&(-t+1)e^{-t}\end{bmatrix}$

해설

㉠ 특성방정식

$$F(s)=[sI-A]=\begin{bmatrix}s&-1\\1&(s+2)\end{bmatrix}=0$$

㉡ 상태행렬

$$\Phi(s)=\frac{adj[sI-A]}{sI-A}=\frac{1}{(s+1)^2}\begin{bmatrix}(s+2)&1\\-1&s\end{bmatrix}$$

$$=\begin{bmatrix}\frac{s+2}{(s+1)^2}&\frac{1}{(s+2)^2}\\-\frac{1}{(s+1)^2}&\frac{s}{(s+1)^2}\end{bmatrix}$$

∴ 천이행렬

$$\Phi(t)=\mathcal{L}^{-1}\Phi(s)=\begin{bmatrix}(t+1)e^{-t}&te^{-t}\\-te^{-t}&(-t+1)e^{-t}\end{bmatrix}$$

정답 17. ② 18. ② 19. ④ 20. ①

★ 기사 93년 6회, 97년 2회, 96년 6회, 98년 3회, 99년 4회, 05년 3회

21 $\begin{bmatrix} \dot{x}_1 \\ \dot{x}_2 \end{bmatrix} = \begin{bmatrix} 0 & 1 \\ -2 & -3 \end{bmatrix}\begin{bmatrix} x_1 \\ x_2 \end{bmatrix}$ **로 표현되는 시스템의 상태 천이행렬(state transition matrix) $\Phi(t)$를 구하면?**

① $\begin{bmatrix} -2e^{t}+2e^{-2t} & e^{-t}+2e^{-2t} \\ 2e^{-t}-e^{-2t} & e^{-t}-e^{-2t} \end{bmatrix}$

② $\begin{bmatrix} e^{-2t}+2e^{-t} & e^{-2t}+e^{-t} \\ 2e^{-2t}+2e^{-t} & 2e^{-2t}-e^{-t} \end{bmatrix}$

③ $\begin{bmatrix} -2e^{-2t}+2e^{-t} & 2e^{-2t}+e^{-t} \\ e^{-2t}-2e^{-t} & e^{-2t}+e^{-t} \end{bmatrix}$

④ $\begin{bmatrix} 2e^{-t}-e^{-2t} & e^{-t}-e^{-2t} \\ -2e^{-t}+2e^{-2t} & -e^{-t}+2e^{-2t} \end{bmatrix}$

해설

㉠ $A = \begin{bmatrix} 0 & 1 \\ -2 & -3 \end{bmatrix}$행렬일 경우 상태 행렬식은 $\Phi(s) = [sI-A]^{-1}$이므로

$$\Phi(s) = \begin{bmatrix} s & 0 \\ 0 & s \end{bmatrix} - \begin{bmatrix} 0 & 1 \\ -2 & -3 \end{bmatrix} = \begin{bmatrix} s & -1 \\ 2 & s+3 \end{bmatrix}^{-1}$$

$$= \frac{1}{s(s+3)+2}\begin{bmatrix} s+3 & 1 \\ -2 & s \end{bmatrix}$$

$$= \begin{bmatrix} \frac{s+3}{(s+1)(s+2)} & \frac{1}{(s+1)(s+2)} \\ \frac{-2}{(s+1)(s+2)} & \frac{s}{(s+1)(s+2)} \end{bmatrix}$$

㉡ 천이행렬 $\Phi(t) = \mathcal{L}^{-1}\Phi(s)$이므로 각 행렬요소의 라플라스 역변환하면 다음과 같다.

$$\therefore \Phi(t) = \begin{bmatrix} 2e^{-t}-e^{-2t} & e^{-t}-e^{-2t} \\ -2e^{-t}+2e^{-2t} & -e^{-t}+2e^{-2t} \end{bmatrix}$$

★ 기사 97년 2회

22 **n차 선형 시불변시스템의 상태방정식을 $\frac{d}{dt}x(t) = Ax(t) + Br(t)$로 표시할 때 상태 천이행렬 $\Phi(t)$($n \times n$ 행렬)에 관하여 잘못 기술된 것은?**

① $\frac{d\Phi(t)}{dt} = A\Phi(t)$

② $\Phi(t) = \mathcal{L}^{-1}[(sI-A)^{-1}]$

③ $\Phi(t) = e^{At}$

④ $\Phi(t)$는 시스템의 정상상태 응답을 나타낸다.

해설

$\Phi(t)$는 시스템의 영상태 응답을 나타낸다.

★ 기사 93년 4회

23 **다음의 상태방정식에 대한 서술 중 바르지 못한 것은? (단, P, B는 상수행렬이다.)**

$$\dot{x}(t) = Px(t) + BU(t)$$

① 이 제어계의 영상태 응답 $x(t)$는 $x(t) = \phi(t)\,X(0_+)$이다.

② 이 제어계의 영입력 응답 $x(t)$는 $x(t) = \phi(t)\,X(0_+)$이다.

③ 이 제어계의 영입력 응답 $x(t)$는 $x(t) = e^{pt}\,X(0_+)$이다.

④ 이 제어계의 영상태 응답 $x(t)$는 $x(t) = \int_0^t \phi(t-Z)\,BU(Z) = q^2$이다.

★ 기사 12년 1회

24 **다음 설명 중 틀린 것은?**

① 상태공간해석법은 비선형・시변시스템에 대해서도 사용 가능하다.

② 상태방정식은 입력과 상태변수의 관계로 표현된다.

③ 상태변수는 시스템의 과거, 현재 그리고 미래조건을 나타내는 척도로 이용된다.

④ 상태방정식의 형태가 다르게 표현되면 시간응답 또는 주파수응답이 변한다.

★ 기사 95년 7회

25 **선형, 시불변제어계의 상태방정식 $\dot{X} = AX + BU$에 대한 다음의 서술 중 바르지 못한 것은?**

① A, B는 상수행렬이다.

② $\dot{X} = AX$의 해는 이 제어계의 영상태(領狀態) 응답을 뜻한다.

③ $\dot{X} = AX$의 해는 이 제어계의 영입력(嶺入力) 응답을 뜻한다.

④ 제어계의 특성방정식은 $|sI-A| = 0$이다.

정답 21. ④ 22. ④ 23. ④ 24. ④ 25. ②

★ 기사 03년 3회

26 다음의 상태방정식의 설명 중 옳은 것은?

$$X=\begin{bmatrix}-1&1&0\\0&-1&0\\0&0&-2\end{bmatrix}X+\begin{bmatrix}0\\1\\1\end{bmatrix}U$$
$$Y=[1\ 0\ 0]X$$

① 이 시스템의 가제어이다.
② 이 시스템의 가제어가 아니다.
③ 이 시스템의 가제어가 아니고 가관측이다.
④ 가제어성 여부를 따질 수 없다.

★ 기사 01년 3회, 08년 3회

27 상태방정식 $\frac{d}{dt}x(t) = Ax(t) + BU(t)$, 출력방정식 $y(t) = CX(t)$에서, $A = \begin{bmatrix}-1&1\\0&-3\end{bmatrix}$, $B=\begin{bmatrix}0\\1\end{bmatrix}$, $C=[0\ 1]$일 때 다음 설명 중 맞는 것은?

① 이 시스템은 가제어하고, 가관측하다.
② 이 시스템은 가제어하고, 가관측하지 않다.
③ 이 시스템은 가제어하지 않으나, 가관측하다.
④ 이 시스템은 가제어하지 않고, 가관측하지 않다.

★ 기사 01년 3회, 08년 3회

28 상태방정식 $\frac{d}{dt}x(t)=Ax(t)+BU(t)$, 출력방정식 $y(t)=CX(t)$에서,
$A=\begin{bmatrix}-1&2&3\\0&-4&0\\0&1&-5\end{bmatrix}$, $B=\begin{bmatrix}0\\0\\1\end{bmatrix}$,
$C=[1\ 0\ 0]$일 때, 다음 설명 중 맞는 것은?

① 이 시스템은 가제어하고(controllable), 가관측하다(observable).
② 이 시스템은 가제어하나(controllable), 가관측하지 않다(unobservable).
③ 이 시스템은 가제어하지 않으나(uncontrollable), 가관측하다(observable).
④ 이 시스템은 가제어하지 않고(uncontrollable), 가관측하지 않다(unobservable).

★ 기사 92년 7회, 08년 1회, 16년 1회

29 다음과 같은 상태방정식으로 표현되는 제어계에 대한 다음의 서술 중 바르지 못한 것은?

$$\dot{X}=\begin{bmatrix}0&1\\-2&-3\end{bmatrix}X+\begin{bmatrix}1&1\\0&-2\end{bmatrix}u$$

① 이 제어계는 2차 제어계이다.
② 이 제어계는 부족제동(under damped)된 상태에 있다.
③ X는 (2×1)의 계위(階位)를 갖는다.
④ $(s+1)(s+2)=0$이 특성방정식이다.

해설

㉠ 특성방정식

$$F(s)=|sI-A| = \begin{bmatrix}s&0\\0&s\end{bmatrix}-\begin{bmatrix}0&1\\-2&-3\end{bmatrix} = \begin{bmatrix}s&-1\\2&s+3\end{bmatrix} = s(s+3)+2 = s^2+3s+2 = 0$$

㉡ 2차 제어계의 특성방정식

$$F(s)=s^2+3s+2 = s^2+2\zeta\omega_n s+\omega_n^2 = 0$$

㉢ 특성방정식의 상수항에서 $\omega_n^2=2$이므로 고유각주파수는 $\omega_n=\sqrt{2}$가 된다.

㉣ 1차항에서 $3s=2\zeta\omega_n s$이므로

제동비 $\zeta=\frac{3s}{2\omega_n s} = \frac{3}{2\sqrt{2}} = 1.06$

∴ 제동비의 범위가 $\zeta>1$이므로 과제동 상태가 된다.

정답 26. ① 27. ② 28. ③ 29. ②

출제 02 ▶ z 변환

★★★★ 기사 93년 3·6회, 94년 3회, 97년 4·7회, 98년 3회, 14년 3회, 16년 2회

30 단위계단함수의 z 변환은 어느 것인가?

① 1　② $\dfrac{1}{z-1}$

③ $\dfrac{z}{z-1}$　④ $\dfrac{z}{(z-1)^2}$

해설 z 변환과 s 변환의 관계

시간의 함수 $f(t)$	s 변환	z 변환
임펄스함수 : $\delta(t)$	1	1
단위계단함수 : $u(t)=1$	$\dfrac{1}{s}$	$\dfrac{1}{1-z^{-1}}=\dfrac{z}{z-1}$
지수함수 : e^{-at}	$\dfrac{1}{s+a}$	$\dfrac{1}{1-z^{-1}e^{-at}}=\dfrac{z}{z-e^{-at}}$
램프함수 : t	$\dfrac{1}{s^2}$	$\dfrac{Tz}{(z-1)^2}$

Comment

z 변환은 출제빈도는 매우 높으면서 문제가 단순하므로 반드시 맞추도록 노력하자.

★★★★ 기사 02년 1회, 08년 1회, 10년 1회, 15년 1·2회

31 $f(k)=e^{-at}$의 z 변환은?

① $\dfrac{1}{z-c^{-at}}$

② $\dfrac{1}{z+e^{-at}}$

③ $\dfrac{z}{z-e^{-at}}$

④ $\dfrac{z}{z+e^{-at}}$

★★★★ 기사 91년 2회, 93년 1회, 95년 2회, 98년 6회, 00년 4회, 08년 3회

32 다음 중 라플라스 변환값과 z 변환값이 같은 함수는?

① t^2　② t

③ $u(t)$　④ $\delta(t)$

★★★★ 기사 99년 6회

33 z 변환함수 $\dfrac{z}{(z-1)}$에 대응되는 라플라스 변환함수는?

① $\dfrac{1}{(s+1)}$　② $\dfrac{1}{s}$

③ $\dfrac{1}{(s+1)^2}$　④ $\dfrac{1}{s^2}$

해설

$$\frac{z}{z-1}\xrightarrow{z^{-1}}u(t)\xrightarrow{\mathcal{L}}\frac{1}{s}$$

★★★★ 기사 91년 2회, 93년 1회, 95년 2회, 98년 6회, 00년 4회, 08년 3회

34 z 변환함수 $\dfrac{z}{(z-e^{-at})}$에 대응되는 라플라스 변환과 이에 대응되는 시간함수는?

① $\dfrac{1}{(s+a)^2}$, te^{-at}

② $\dfrac{1}{(1-e^{-ts})}$, $\sum_{n=0}^{\infty}\delta(T-nT)$

③ $\dfrac{a}{s(s+a)}$, $1-e^{-at}$

④ $\dfrac{1}{(s+a)}$, e^{-at}

해설

$$\frac{z}{z-e^{-at}}\xrightarrow{z^{-1}}e^{-at}\xrightarrow{\mathcal{L}}\frac{1}{s+a}$$

★★★ 기사 04년 2회

35 z 변환함수 $\dfrac{Tz}{(z-1)^2}$에 대응되는 라플라스 변환함수는? (단, T는 이상적인 샘플러의 샘플주기이다.)

① $\dfrac{1}{s^2}$　② $\dfrac{2}{s^2}$

③ $\dfrac{1}{(s-3)^2}$　④ $\dfrac{2}{(s-3)^2}$

해설

$$\frac{Tz}{(z-1)^2}\xrightarrow{z^{-1}}t\xrightarrow{\mathcal{L}}\frac{1}{s^2}$$

정답 30. ③　31. ③　32. ④　33. ②　34. ④　35. ①

★★★ 기사 10년 2회

36 다음 중 z변환함수 $\dfrac{3z}{(z-e^{-3t})}$에 대응되는 라플라스 변환함수는?

① $\dfrac{1}{(s+3)}$ ② $\dfrac{3}{(s-3)}$

③ $\dfrac{1}{(s-3)}$ ④ $\dfrac{3}{(s+3)}$

해설

$$\frac{3z}{(z-e^{-3t})} \xrightarrow{z^{-1}} 3e^{-3t} \xrightarrow{\mathcal{L}} \frac{3}{s+3}$$

★ 기사 10년 2회

37 $R(z)=\dfrac{(1-e^{-at})z}{(z-1)(z-e^{-at})}$의 역변환은?

① $1-e^{-at}$ ② $1+e^{-at}$

③ te^{-at} ④ te^{at}

해설

$$R(z)=\frac{z-ze^{-at}}{(z-1)(z-e^{-at})}$$
$$=\frac{z^2-ze^{-at}-z^2+z}{(z-1)(z-e^{-at})}$$
$$=\frac{z(z-e^{-at})-z(z-1)}{(z-1)(z-e^{-at})}$$
$$=\frac{z}{z-1}-\frac{z}{z-e^{-at}}$$
$$\therefore\ r(t)=1-e^{-at}$$

★ 기사 10년 3회

38 라플라스 변환된 함수 $X(s)=\dfrac{1}{s(s+1)}$에 대한 z변환은?

① $\dfrac{z(1-e^{-t})}{(z-1)(z-e^{-t})}$

② $\dfrac{z(1-e^{-t})}{(z+1)(z+e^{-t})}$

③ $\dfrac{z(1-e^{-t})}{(z+1)(z-e^{-t})}$

④ $\dfrac{z(1+e^{-t})}{(z+1)(z-e^{-t})}$

해설

㉠ $X(s)=\dfrac{1}{s(s+1)}$의 라플라스 역변환을 하면 헤비사이드 부분분수 전개식에 의해서

$$\frac{1}{s(s+1)}=\frac{A}{s}+\frac{B}{s+1} \xrightarrow{\mathcal{L}^{-1}} A+Be^{-t}$$

에서 A와 B는 각각 다음과 같다.

$$A=\lim_{s\to 0} s\times\frac{1}{s(s+1)}=1$$
$$B=\lim_{s\to -1}(s+1)\times\frac{1}{s(s+1)}=-1$$
$$\therefore\ x(t)=1-e^{-t}$$

㉡ $x(t)=1-e^{-t}$를 z변환을 하면 다음과 같다.

$$z[1-e^{-t}]=\frac{z}{z-1}-\frac{z}{z-e^{-t}}$$
$$=\frac{z(z-e^{-t})-z(z-1)}{(z-1)(z-e^{-t})}$$
$$=\frac{z^2-ze^{-t}-z^2+z}{(z-1)(z-e^{-t})}$$
$$\therefore\ z[1-e^{-t}]=\frac{z(1-e^{-t})}{(z-1)(z-e^{-t})}$$

★ 기사 90년 6회, 94년 4·5회, 99년 3회, 15년 3회

39 $e(t)$의 z변환을 $E(z)$라 했을 때, $e(t)$의 초기값은?

① $\lim\limits_{z\to 0} zE(z)$ ② $\lim\limits_{z\to 0} E(z)$

③ $\lim\limits_{z\to \infty} zE(z)$ ④ $\lim\limits_{z\to \infty} E(z)$

해설 초기값과 최종값의 정리

항목	초기값의 정리	최종값의 정리
z변환	$f(0)=\lim\limits_{z\to\infty}F(z)$	$f(\infty)=\lim\limits_{z\to 1}\left(1-\frac{1}{z}\right)F(z)$
라플라스 변환	$f(0)=\lim\limits_{s\to\infty}sF(s)$	$f(\infty)=\lim\limits_{s\to 0}sF(s)$

★ 기사 09년 2회

40 다음 중 z변환에서 최종치 정리를 나타낸 것은?

① $x(0)=\lim\limits_{z\to\infty}X(z)$

② $x(0)=\lim\limits_{z\to 0}X(z)$

③ $x(\infty)=\lim\limits_{z\to 1}(1-z)X(z)$

④ $x(\infty)=\lim\limits_{z\to 1}(1-z^{-1})X(z)$

정답 36. ④ 37. ① 38. ① 39. ④ 40. ④

★★★ 기사 93년 5회, 96년 2회

41 다음 그림의 폐루프 샘플치 제어계의 z 변환 전달함수는?

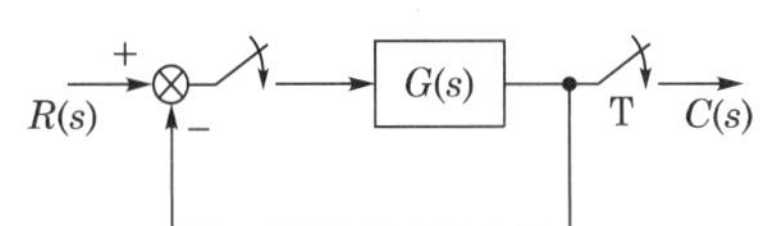

① $\dfrac{1}{1+G(z)}$　　② $\dfrac{1}{1-G(z)}$

③ $\dfrac{G(z)}{1+G(z)}$　　④ $\dfrac{G(z)}{1-G(z)}$

해설

$G(z) = \dfrac{\text{전향경로이득}}{1-\text{폐루프이득}}$

$= \dfrac{G(z)}{1+G(z)}$

Comment

z변환의 전달함수는 출제빈도가 매우 낮다.

★★★ 기사 94년 2회, 97년 6회, 16년 1회

42 다음 그림과 같은 이산치계의 z변환 전달함수 $\dfrac{C(z)}{R(z)}$를 구하면? $\left(단, \left[\dfrac{1}{s+a}\right] = \dfrac{X}{z-e^{-aT}}이다.\right)$

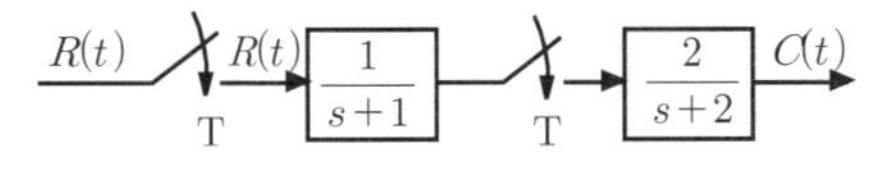

① $\dfrac{2z}{z-e^{-T}} - \dfrac{2z}{z-e^{-2T}}$

② $\dfrac{2z}{z-e^{-2T}} - \dfrac{2z}{z-e^{-T}}$

③ $\dfrac{2z^2}{(z-e^{-T})(z-e^{-2T})}$

④ $\dfrac{2z}{(z-e^{-T})(z-e^{-2T})}$

해설

㉠ $\dfrac{1}{s+1} \xrightarrow{\mathcal{L}^{-1}} e^{-t} \xrightarrow{z} \dfrac{z}{z-e^{-T}}$

㉡ $\dfrac{2}{s+2} \xrightarrow{\mathcal{L}^{-1}} 2e^{-2t} \xrightarrow{z} \dfrac{2z}{z-e^{-2T}}$

$\therefore G(z) = \dfrac{C(z)}{R(z)} = \dfrac{z}{z-e^{-T}} \times \dfrac{2z}{z-e^{-2T}}$

$= \dfrac{2z^2}{(z-e^{-T})(z-e^{-2T})}$

★★★ 기사 95년 4회, 01년 2회, 03년 2회

43 T를 샘플주기라고 할 때 z변환은 라플라스 변환함수의 s 대신 다음의 어느 것을 대입하여야 하는가?

① $\dfrac{1}{T}\ln\dfrac{1}{z}$　　② $\dfrac{1}{T}\ln z$

③ $T\ln z$　　④ $T\ln\dfrac{1}{z}$

해설

$z = e^{Ts}$로 정의하므로 양변 ln를 취하면 다음과 같다.

$\therefore s = \dfrac{1}{T}\ln z$

★★★★★ 기사 89년 2회, 95년 6회, 13년 1회, 15년 2회

44 z변환법을 사용한 샘플치 제어계가 안정되려면 $1+GH(z)=0$의 근의 위치는?

① z평면의 좌반면에 존재하여야 한다.
② z평면의 우반면에 존재하여야 한다.
③ $|z|=1$인 단위원 내에 존재하여야 한다.
④ $|z|=1$인 단위원 밖에 존재하여야 한다.

해설 s평면과 z평면의 관계

극점의 위치에 따른 안정도 판별

구분	안정	불안정	임계안정 (안정한계)
s평면	좌반부	우반부	$j\omega$ 축
z평면	단위원 내부에 사상	단위원 외부에 사상	단위원 원주상 으로 사상

★★★★★ 기사 89년 6회, 93년 2·4회, 94년 7회, 98년 4·6회, 00년 6회

45 z평면상의 원점에 중심을 둔 단위원 원주상에 사상(寫像)되는 것은 s평면의 어느 성분인가?

① 양의 반평면　　② 음의 반평면
③ 실수축　　④ 허수축

정답 41. ③ 42. ③ 43. ② 44. ③ 45. ④

★★★★★ 기사 97년 5회, 01년 1회

46 샘플치(sampled-date) 제어계통이 안정되기 위한 필요충분 조건은?

① 전체(over-all) 전달함수의 모든 극점이 z평면의 원점에 중심을 둔 단위원 내부에 위치해야 한다.
② 전체(over-all) 전달함수의 모든 영점이 z평면의 원점에 중심을 둔 단위원 내부에 위치해야 한다.
③ 전체(over-all) 전달함수의 모든 극점이 z평면 좌반면에 위치해야 한다.
④ 전체(over-all) 전달함수의 모든 영점이 z평면 우반면에 위치해야 한다.

★★★★★ 기사 97년 2회, 08년 3회

47 s평면의 허수축의 점은 z 평면의 어느 부분에 사상(寫像)되는가?

① 원점을 중심으로 하여 $1\angle 0°$에서 $1\angle 180°$로 반시계 방향인 반원상
② 원점을 중심으로 하여 $1\angle 180°$에서 $1\angle 0°$로의 시계방향인 반원상
③ 원점을 중심으로 한 단위원 원주상
④ 원점을 중심으로 한 무한 소원주상

★★★★★ 기사 96년 7회, 98년 7회, 00년 4회, 03년 1·4회, 05년 1회, 08년 1회, 12년 2·3회

48 샘플러의 주기를 T라 할 때 s평면상의 모든 점은 식 $z=e^{sT}$에 의하여 z평면상에 사상된다. s평면의 좌반평면상의 모든 점은 z평면상 단위원의 어느 부분으로 사상되는가?

① 내점
② 외점
③ 원주상의 점
④ z평면 전체

정답 46. ① 47. ③ 48. ①

CHAPTER

08

시퀀스회로의 이해

전기기사
4.50% 출제

이렇게 공부하세요!!

출제경향분석

기사 출제비율 %

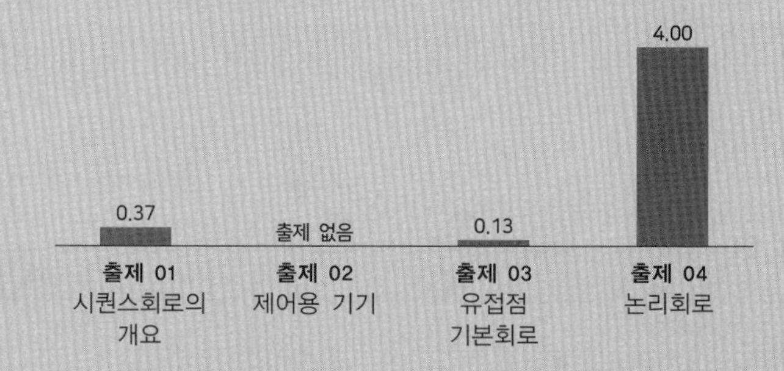

출제포인트

- ☑ 시퀀스제어의 정의 및 용어에 대해서 이해할 수 있다.
- ☑ 시퀀스제어의 접점상태에 따른 표시방법(a접점, b접점)에 대해서 이해할 수 있다.
- ☑ 시퀀스제어의 입력기구와 출력기구에 대해서 이해할 수 있다.
- ☑ 시퀀스제어용 계전기의 종류 및 특징에 대해서 이해할 수 있다.
- ☑ 유접점 기본회로(자기유지회로, 인터록회로 등)에 대해서 이해할 수 있다.
- ☑ 논리회로의 종류(AND, OR, ONT, NAND, NOR, XOR 등) 및 특징에 대해서 이해할 수 있다.
- ☑ 불대수와 드 모르간의 정리를 이용하여 회로를 간략화시킬 수 있다.

시퀀스회로의 이해(sequence circuit)

기사 4.50% 출제

기사 0.37% 출제

출제 01 시퀀스회로의 개요

여기에서는 접점의 상태를 나타내는 a접점과 b접점의 용어 정리만 하고 넘어가면 된다.

1 시퀀스의 정의

① 시퀀스제어는 기계나 장치의 기동, 운전상태의 변경 등 제어계에서 얻고자 하는 목표값 등을 미리 정해진 순서에 따라서 제어의 각 단계를 순차적으로 진행해 나가는 것으로 개루프제어라고 한다.

② 시퀀스제어는 인터폰, 화재방지설비, 가로등 자동점멸, 아파트 복도의 자동조명시설, 에스컬레이터, 엘리베이터, 교통신호기, 전동기제어 등에 사용된다.

③ 시퀀스제어에는 계전기(relay)를 이용한 유접점 시퀀스와 반도체소자를 이용한 무접점 시퀀스회로 등이 있다.

2 제어용 문자기호

(1) 기능을 나타내는 문자기호

▌표 8-1▐ 기능을 나타내는 문자기호

명칭	기호	영어명	명칭	기호	영어명
자동	AUT	automatic	고	H	high
수동	MA	manual	저	L	low
개로(차단)	OFF	off	전	FW	forward
폐로(연결)	ON	on	후	BW	backward
기동(시동)	ST	start	증	INC	increase
운전	RN	run	감	DEC	decrease
정지	STP	stop	개	OP	open
복귀	RST	reset	폐	CL	close
정회전	F	forward	우	R	right
역회전	R	reverse	좌	L	left

(2) 전원의 문자기호

❙ 표 8-2 ❙ 전원의 문자기호

명칭	기호	영어명	명칭	기호	영어명
교류	AC	alternating current	고압	HV	high-voltage
직류	DC	direct current	방전	D	discharge
단상	1ϕ	single-phase	접지	E	earth
삼상	3ϕ	three-phase	지락	G	ground fault
저압	LV	low-voltage	단락	–	short-circuit

(3) 계기의 문자기호

❙ 표 8-3 ❙ 계기의 문자기호

명칭	기호	영어명	명칭	기호	영어명
전류계	A	ammeter	주파수계	F	frequency meter
전압계	V	voltmeter	온도계	TH	thermometer
전력계	W	wattmeter	압력계	PG	pressure gauge
전력량계	Wh	watt-hour meter	시간계	HRM	hour meter

(4) 스위치 및 차단기류 문자기호

❙ 표 8-4 ❙ 스위치 및 차단기류 문자기호

명칭	기호	영어명	명칭	기호	영어명
스위치	S	switch	레벨스위치	LVS	level switch
제어스위치	CS	control switch	전자개폐기	MS	electromagnetic switch
텀블러스위치	TS	tumbler switch	단로기	DS	disconnecting switch
로터리스위치	RS	rotary switch	전력퓨즈	PF	power fuse
절환스위치	COS	selector switch	차단기	CB	circuit-breaker
비상스위치	EMS	emergency switch	유입차단기	OCB	oil circuit-breaker
플로트스위치	FLTS	float switch	기중차단기	ACB	air circuit-breaker

(5) 계전기의 문자기호

❙ 표 8-5 ❙ 계전기의 문자기호

명칭	기호	영어명	명칭	기호	영어명
계전기	R	relay	주파수계전기	FR	frequency relay
전압계전기	VR	voltage relay	과전류계전기	OCR	over current relay
전류계전기	CR	current relay	부족전압계전기	UVR	under voltage relay
지락계전기	GR	ground relay	열동계전기	THR	thermal relay

(6) 회전기의 문자기호

| 표 8-6 | 회전기의 문자기호

명칭	기호	영어명	명칭	기호	영어명
발전기	G	generator	직류발전기	DG	DC generator
전동기	M	motor	직류전동기	DM	DC motor
전동발전기	MG	motor-generator set	동기전동기	SM	synchronous motor

(7) 기타의 문자기호

| 표 8-7 | 기타의 문자기호

명칭	기호	영어명	명칭	기호	영어명
저항	R	resistor	전지	B	battery
콘덴서	C	capacitor	히터	H	heater
인덕터	L	inductor	표시등	SL	signal lamp

3 자동제어기구의 번호

(1) 기본번호

| 표 8-8 | 자동제어기구의 번호

번호	기구이름	기능
2	시동 또는 닫아 주는 한시계전기	시동 또는 닫아 주어 개시 전에 시간의 여유를 주는 것
3	조작개폐기	기기를 조작하는 것
4	주제어회로용 접촉기 또는 계전기	계전기를 동작시켜 주는 것
5	정지스위치 또는 계전기	기기를 정지하는 것
20	보조기계밸브	보조기계의 주요 밸브
21	주기계밸브	주기계의 주요 밸브
27	교류 부족 전압계전기	교류전압기 부족할 때 동작하는 것
33	위치스위치 또는 위치검출기	위치와 관련하여 개폐하는 것
42	운전차단기, 접촉기	기계를 운전회로에 접속하는 것
43	제어회로 전환접촉기, 개폐기 또는 차단기	자동에서 수동으로 바꾸는 것과 같이 제어회로를 전환하는 것
49	회전기의 온도계전기	회전기의 온도가 변화하면 동작하는 것
52	교류차단기 또는 접촉기	교류회로를 차단하는 것
62	정지 또는 열어 주는 한시계전기	정지 또는 열어 주어 개시 전에 시간의 여유를 주는 것
88	보조기계용 접촉기 또는 개폐기	보조기계의 운전용 접촉기 또는 개폐기

(2) 기구번호의 구성

① 기본번호만의 구성
- ㉠ 3 : 조작개폐기
- ㉡ 52 : 교류차단기 또는 접촉기

② 기본번호 + 기본번호의 구성
- ㉠ 3-52 : 교류차단기용 조작개폐기
- ㉡ 43-50 : 지락 선택 보호 전환접촉기

③ 기본번호 + 보조부호(1개 이상)의 구성
- ㉠ 51M : 전동기용 교류 과전류계전기
- ㉡ 52-2 : 교류 전자접촉기 중의 2번째 접촉기
- ㉢ 88WG : 가스(G) 냉각수(W) 펌프용 전자접촉기
- ㉣ 27×1 : 교류 부족 전압계전기(27)로 동작하는 보조계전기 중의 1개

4 시퀀스 용어 정리

┃표 8-9┃ 시퀀스 용어 정리

용어	의미
개로(開路, open, off)	스위치 및 계전기의 접점이 열려있는 상태
폐로(閉路, close, on)	스위치 및 계전기의 접점이 닫혀있는 상태
기동(起動, starting)	기기 또는 장치를 정지상태에서 운전상태로 변화하는 것
정지(停止, stop)	기기 또는 장치를 운전상태에서 정지상태로 변화하는 것
동작(動作, actuation)	어떤 원인이 주어져서 소정의 작용하는 것
복귀(復歸, restting)	동작 이전의 상태로 되돌리는 것
여자(勵磁), 부세(付勢)	코일에 전류를 흘려 전자력을 갖게 되는 것
소자(逍磁), 소세(逍勢)	코일에 전류를 차단시켜 전자력을 잃게 하는 것
촌동(寸動, inching, JOG)	기계의 순간동작을 얻기 위해서 미소시간의 조작을 1회 또는 반복해서 행하는 것
쇄정(鎖錠, inter locking)	복수의 동작을 관련시키는 것으로 어떤 조건이 갖추기까지 타동작을 저지시키는 것
연동(連動)	복수의 동작을 관련시키는 것으로 어떤 조건이 갖추어졌을 때 동작을 진행하는 것
트리핑(tripping)	유지기구를 분리시키는 것
순시(瞬時)동작	시간에 고려하지 않고 즉시 동작하는 것
한시(限時)동작	타이머가 여자(부세)되면 설정 시간 경과 후에 동작하는 것

5 제어회로의 접점

(1) 접점상태 표시

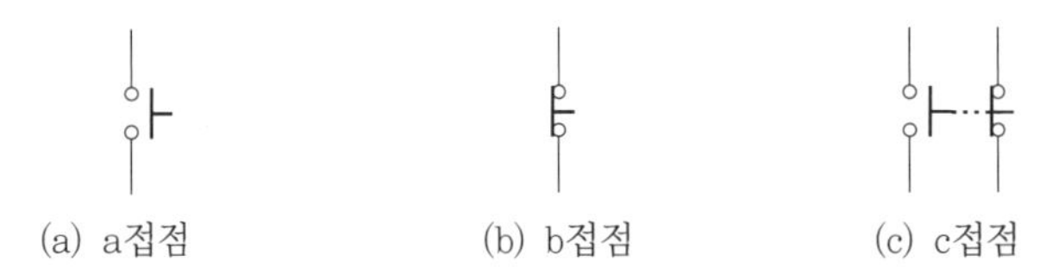

▍그림 8-1▍ 접점의 상태 표시

① 접점의 구분 : 접점에는 스위치상태가 개로 및 폐로상태에 따라 a접점, b접점, c접점 등으로 구분된다.

② 접점의 구성

㉠ **a접점 : 평상시에는 접점이 떨어져 있고, 스위치를 조작할 때에만 접점이 붙는다.**

㉡ **b접점 : 평상시에는 접점이 붙어 있고, 스위치를 조작할 때에만 접점이 떨어진다.**

㉢ **c접점 : a접점과 b접점이 하나의 케이스 안에 있는 것으로, 필요에 따라서 a접점과 b접점을 선택하여 사용할 수 있다.**

(2) 접점의 용어 정리

① a접점(normal open) : arbeit contact의 약어로 '일하는 접점'이라는 의미를 갖는다.

② b접점(normal close) : break contact의 약어로 '끊어지는 접점'이라는 의미를 갖는다.

③ c접점 : change-over contact의 약어로 'a접점과 b접점의 연동'이라는 의미를 갖는다.

(3) 접점 사용규칙

▍표 8-10▍ 접점 사용규칙

접점의 명칭		a접점		b접점		비고
		횡서	종서	횡서	종서	
수동조작	수동조작 자동복귀접점					손을 떼면 복귀하는 접점(누름형, 인장형, 비틀림형에 공통)이며, 버튼스위치 등의 접점에 쓰인다.
	수동조작 수동복귀접점					조작스위치 잔류 접점
순시동작	순시동작 순시복귀접점					릴레이 접점
	순시동작 수동복귀접점					열동계전기 접점

접점의 명칭		a접점		b접점		비고
		횡서	종서	횡서	종서	
한시 동작	한시동작 순시복귀접점					ON – Delay Timer
	순시동작 한시복귀접점					OFF – Delay Timer
	한시동작 한시복귀접점					ON – OFF Delay Timer

기사 출제 없음

출제 02 제어용 기기

여기에서는 릴레이와 타이머의 순시접점과 한시접점의 차이점에 대해서만 이해하고 넘어가도록 하자.
출제 01, 02는 거의 시험에 나오지 않는다. 그나마 [표 8-14] 정도만 출제된 적이 있지만, 이 문제 또한 출제율이 매우 낮다.

1 개요

① 시퀀스제어에서 사용하는 기기 및 기구를 제어요소라고 한다.

② 제어요소는 입력기구, 출력기구, 보조기구로 나누어지며, 접점기구, 수동기구, 표시기구로 나누기도 한다.

2 입력기구

| 표 8-11 | 입력기구

명칭	외형	기호	특징
누름버튼스위치 (push button switch)			복귀형 누름버튼스위치로 버튼을 누르고 있을 때 접점이 열리거나 닫히고, 버튼에서 손을 떼면 즉시 원래의 상태로 복귀한다.
셀렉터스위치 (selector switch)			유지형 스위치로 조작방법에 따라 2단 또는 3단용이 있으며 운전과 정지, 수동과 자동 등의 조작방법 전환에 주로 사용된다.

명칭	외형	기호	특징
리밋스위치 (limit switch)			기계적 동작을 접점동작으로 변환하여 주는 것으로 접촉자에 어떤 물체가 닿게 되면 접촉자가 움직여서 접점이 동작한다.
광전스위치 (photo electric switch)		PHS	투광부와 수광부 사이의 광로를 물체가 차단하거나, 빛의 일부를 반사함으로써 광량의 변화를 광전 변환소자에 의하여 전기량으로 변환시켜 회로를 동작한다.
플로트스위치 (float switch)		FLS	액면의 상하에 따라 움직이는 플로트(부자)의 작용에 의해 전기접점을 개폐하는 스위치를 말한다.
토글스위치 (toggle switch)			전자기기에서 많이 사용되는 스위치로 스냅스위치라고도 한다.

3 출력기구

❙ 표 8-12 ❙ 출력기구

명칭	외형	기호	특징
리셉터클 (receptacle)		R	소켓의 일종으로 벽이나 천장에 전구를 끼워 설치하여 사용한다. 보통 노출형으로 많이 사용된다.
파일럿램프 (pilot lamp)		PL	전기회로・기기에서 부하, 운전 등의 상황을 나타내는 램프, 표시등이라고도 한다. RL(운전표시), GL(정지표시), WL(전원표시), YL(고장표시), OL(경보표시)가 있다.
버저 (buzzer)		Bz Bz	노출형과 매입형이 있으며, 주로 과부하나 회로에 문제가 발생하였을 때 작업자가 알 수 있도록 경보를 소리로 낸다.
유도전동기 (induction motor)		M	전동기의 일종으로 현재 사용되고 있는 대부분에 쓰이고 있다. 그 구조는 회전자계를 만드는 고정자와 고정자 내에서 베어링으로 지지된 회전자로 구성되어 있다.

4 제어용 계전기

(1) 개요

① 전자계전기(electro magnetic relay)는 [그림 8-2]와 같이 전자력에 의하여 접점을 개폐하는 스위치로 [그림 8-3]과 같이 소켓과 접속하여 사용한다.

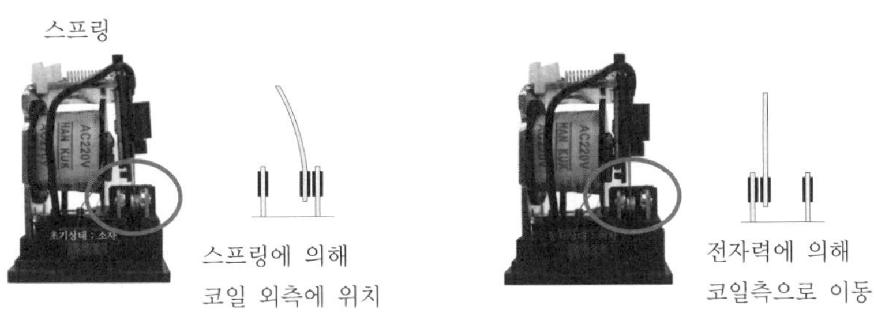

(a) 계전기 소자상태 (b) 계전기 여자상태

▌그림 8-2▌ 전자계전기

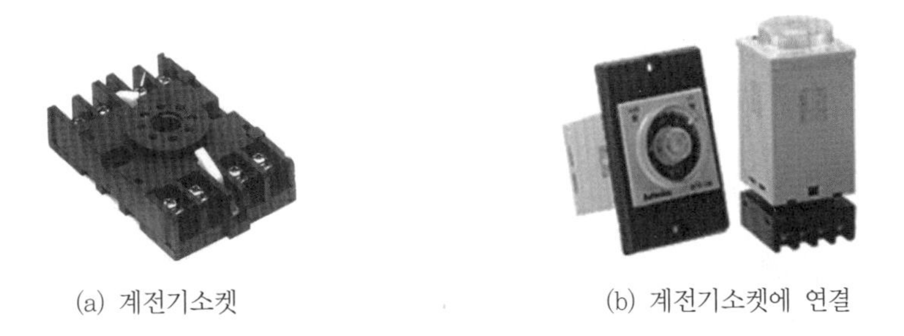

(a) 계전기소켓 (b) 계전기소켓에 연결

▌그림 8-3▌ 계전기소켓

② 용어 정리

㉠ 동작시간 : 코일에 전압을 가한 후(여자된 후) a접점이 닫힐 때까지의 시간을 의미한다.

㉡ 복귀시간 : 코일의 전압을 제거한 후(소자된 후) b접점이 닫힐 때까지의 시간을 의미한다.

㉢ 채터링(chattering) : 코일에 전압을 인가한 후 가동철심이 동작하기까지의 시간에 지연이 발생하는데(10~20[ms] 정도) 이때 계전기에서 회로를 개폐할 때 접점과 접촉시 불안정한 상태가 나타나는 현상을 말한다.

(2) 릴레이(relay)

① 가장 기초적인 보조계전기로 순시접점으로만 구성되어 접점의 수에 따라 8핀, 11핀, 14핀 등이 있다.

② 릴레이 동작 특성

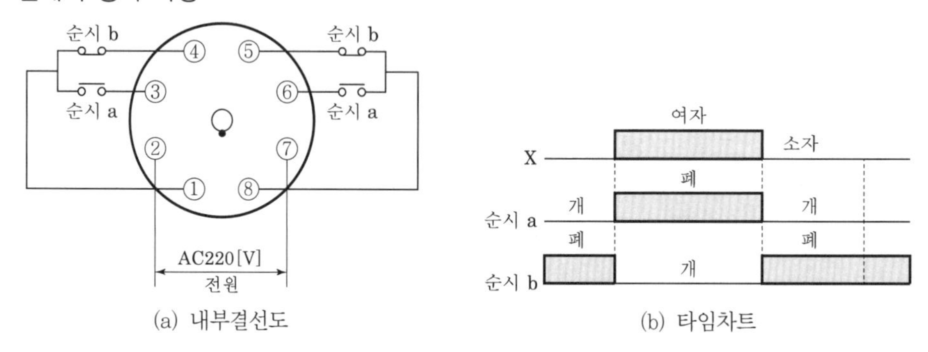

❙그림 8-4❙ 릴레이 동작 특성

(3) 타이머(timer)

① 시퀀스회로에서 입력신호값이 주어지면 시간 뒤짐을 갖고 출력신호값이 변화되는 회로를 시간지연회로(time delay circuit)라고 하는데 이를 한시계전기 또는 타이머라고 한다.

② 접점동작 형식에 따라 한시동작 순시복귀 타이머(on delay timer), 순시동작 한시복귀 타이머(off delay timer), 한시동작 한시복귀 타이머(on/off delay timer)가 있다.

③ 타이머 동작 특성

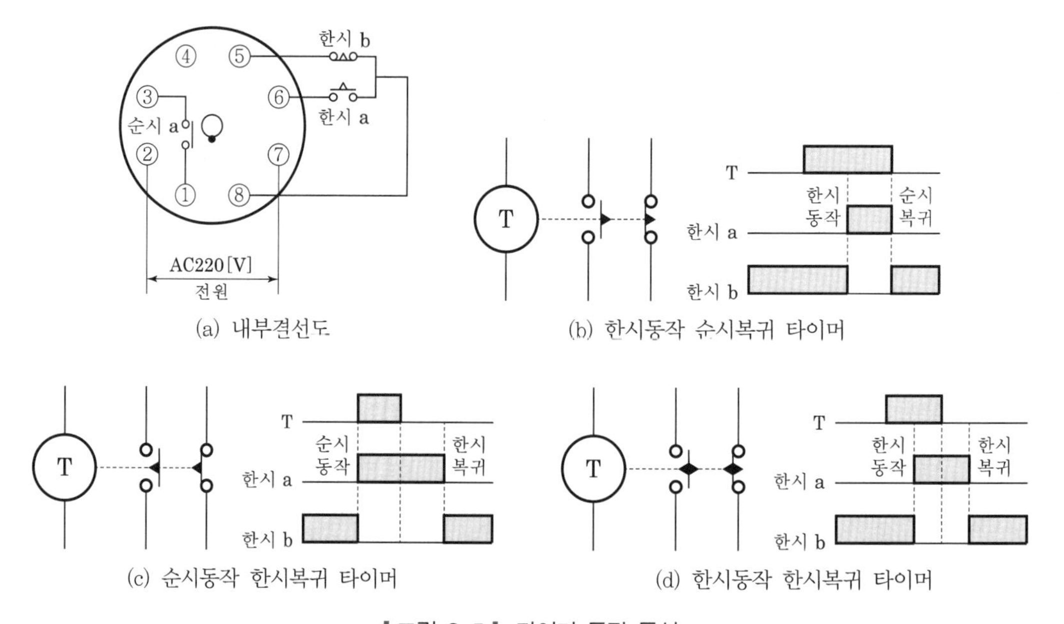

❙그림 8-5❙ 타이머 동작 특성

5 타임차트 작성법

(1) 타임차트

시간의 흐름에 따라 부하, 스위치, 계전기 등 각종 기기의 동작상태를 H 또는 L로 표현한 차트를 말한다.

(2) 타임차트 신호에 따른 동작상태

표 8-13 타임차트 신호에 따른 동작상태

종류	신호	동작상태
부하	H	동작
	L	정지
계전기	H	여자
	L	소자
접점	H	폐로
	L	개로
스위치	H	폐로 또는 스위치를 누름
	L	개로 또는 스위치를 누르지 않음

6 전자릴레이와 무접점릴레이와의 비교

(1) 전자릴레이

코일에 전류가 흐르면 철심이 전자석으로 되어(여자되어) 철심을 끌어당겨 접점을 개폐하는 장치([그림 8-2])를 말한다.

(2) 무접점릴레이

전자릴레이와는 달리 트랜지스터, 다이오드, IC(Integrated Circuit : 직접회로) 등과 같이 접점을 가지지 않는 소자로 이루어진 전자회로에서도 전자릴레이와 같이 제어할 수 있는 회로를 말하며, 트랜지스터와 다이오드를 조합하여 AND, OR, NOT, NAND, NOR, XOR 등을 만들어 회로를 구성한다.

표 8-14 전자릴레이의 장단점

장점	단점
• 과부하 내량이 크다. • 개폐 부하용량이 크다. • 전기적 노이즈에 대해 안정하다. • 온도 특성이 양호하다. • 독립한 다수의 출력회로를 동시에 얻을 수 있다. • 입력과 출력을 분리할 수 있다. • 동작상태의 확인이 용이하다.	• 동작속도가 늦다. 수[ms]가 한계이다. • 소비전력이 비교적 크다. • 접점의 소모나 마모가 있기 때문에 수명에 한계가 있다. • 기계적 진동, 충격, 인화성 가스 등에 비교적 약하다. • 외형의 소형화에 한계가 있다.

기사 0.13% 출제

출제 03 유접점 기본회로

2차 실기에서 출제되는 내용이다. 1차 필기에서는 거의 출제가 되지 않기 때문에 그냥 넘어가도록 하자.

1 자기유지회로

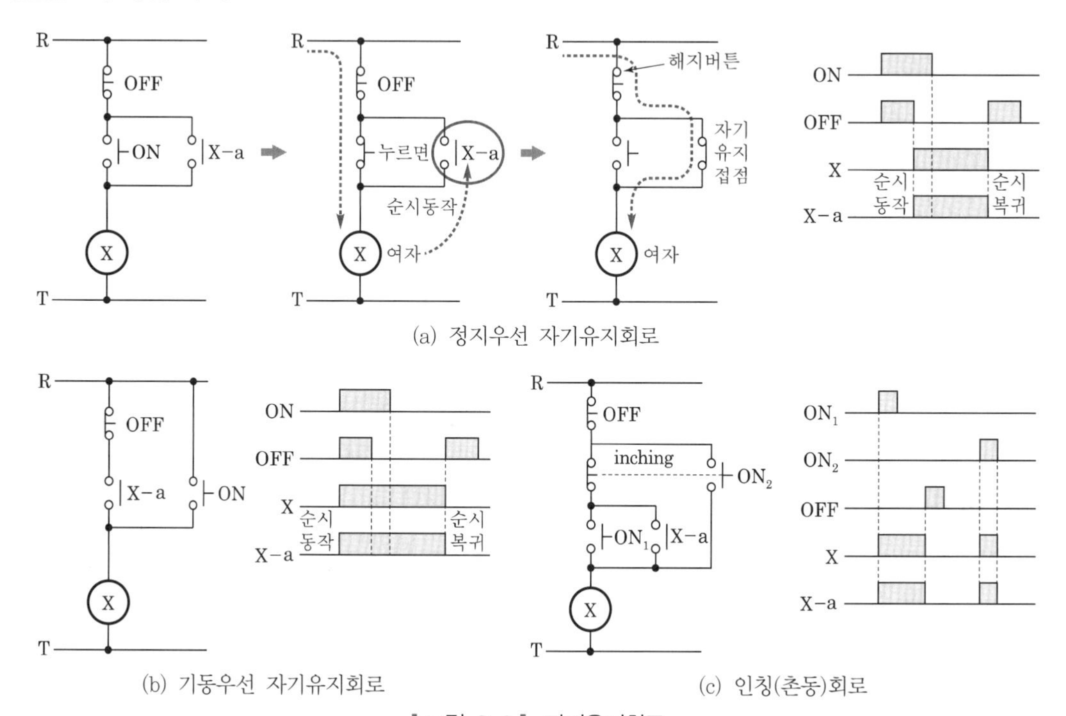

▌그림 8-6▐ 자기유지회로

① 시퀀스회로에는 단로스위치와 같은 유지형 스위치를 사용할 수 없다. 따라서 계전기의 여자상태를 유지하기 위해서는 반드시 자기유지회로가 필요하다. 여기서 자기유지회로는 전자계전기(X) 자신의 a접점(X−a)을 입력스위치(누름버튼스위치, ON버튼)와 병렬로 연결한 회로를 말한다.

② 입력신호(누름버튼스위치, ON버튼)가 한 번이라도 주어지게 되면 전자계전기는 여자상태가 되어 계전기의 a접점이 바로 닫히기 때문에 입력신호가 끊어져도 X−a접점에 의해 여자상태를 유지할 수 있다.

③ 자기유지회로는 정지우선과 기동우선회로가 있는데 시퀀스제어의 범용회로에서는 안전을 고려하여 정지우선회로를 주로 사용한다.

2 인칭회로

① [그림 8-6 (c)]와 같은 회로를 인칭(inching, JOG 또는 촌동)회로 또는 조깅회로라고 한다.

② 회전기를 전기적인 조작에 의해서 그 회전부를 근소한 각도만큼 회전시키는 것이나 이것을 단속적으로 반복하여 서서히 회전하는 것, 수점제어, 보수 등의 목적으로 회전자의 위치를 소정위치로 가져오는 경우 등에 사용된다.

3 우선회로

(1) 인터록회로

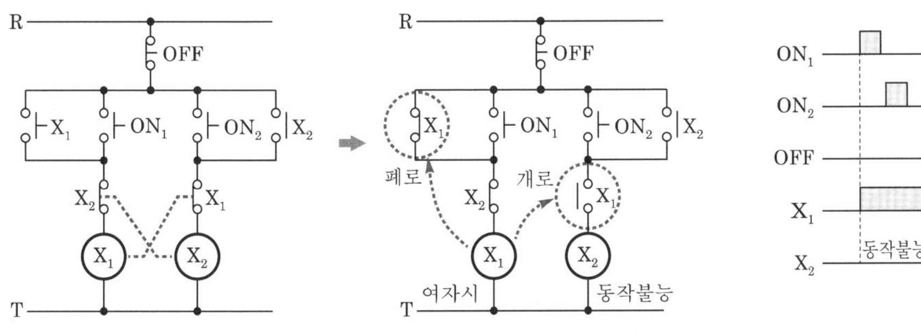

▌그림 8-7▐ 인터록회로

① 인터록(interlock)회로란 복수로 구성된 회로에서 타회로의 동작을 제한하기 위해서 사용되며, 전동기의 정·역회로 및 Y-△ 기동회로 등 회로의 동시 투입을 방지하기 위해서 사용된다.

② 인터록회로를 '병렬우선회로, 선(先)입력 우선회로, 순차별 우선회로, 순서별 우선회로'라고도 부른다.

③ 인터록회로는 동작시키고자 하는 계전기의 b접점을 상대방 계전기 코일 위에 직렬로 설치하여 해당 계전기 동작시 b접점이 떨어져 타 계전기의 동작을 제한시킨다.

(2) 후 선택 우선회로

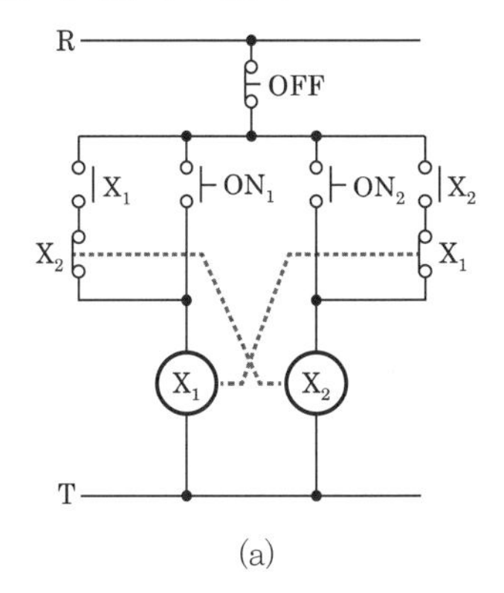

(a)

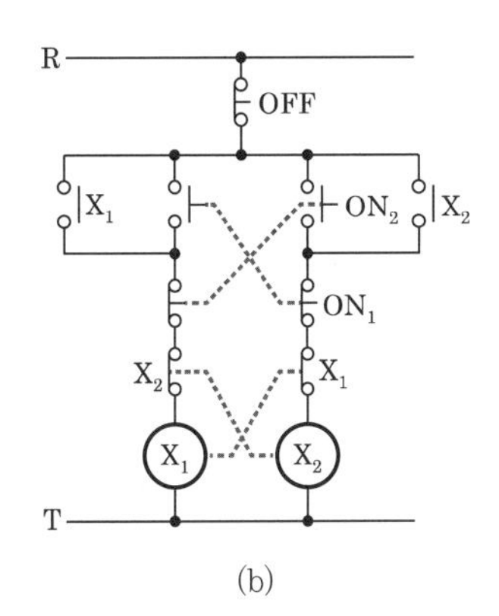

(b)

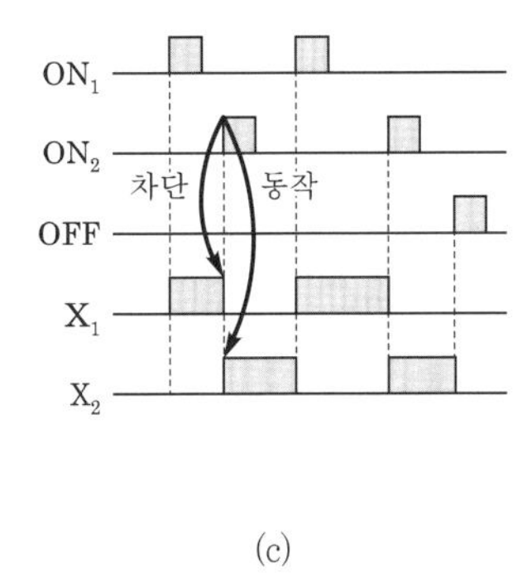

(c)

▌그림 8-8▐ 후 선택 우선회로

① 후 선택 우선회로(과거 : 신입력 우선회로)란 기존에 동작하던 계전기(X_1)가 정지되면서 새롭게 입력된 계전기(X_2)만을 동작시키는 회로를 말한다.

② 후 선택 우선회로는 [그림 8-8] (a)와 같이 ON_1을 눌렀을 때 X_1의 b접점에 의해서 X_2를 소자시키면서 자신의 X_1의 회로만 동작시킬 수 있도록 구성하거나 [그림 8-8] (b)와 같이 누름버튼스위치(ON_1 또는 ON_2)를 c접점으로 사용하여 스위치를 조작 시 타 계전기를 소자시키면서 자신의 계전기만을 동작시킬 수 있도록 회로를 구성한다.

③ [그림 8-8] (a), (b) 두 회로의 타임차트는 [그림 8-8] (c)로 동일하다.

4 한시회로

(1) 한시동작회로 Ⅰ

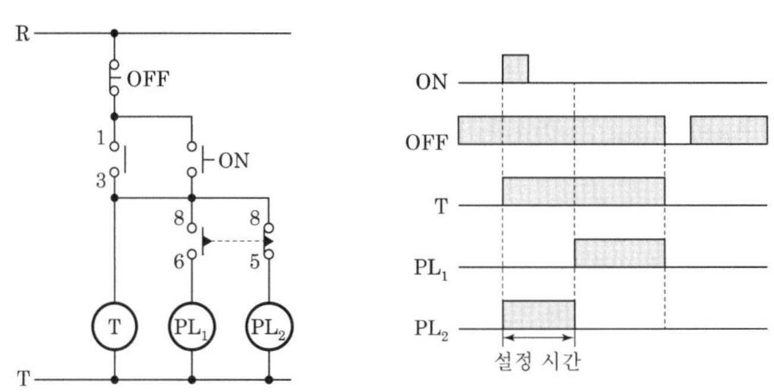

▌그림 8-9▌ 한시동작회로 Ⅰ

① 타이머를 이용하여 램프 또는 부하의 동작상태를 시간지연 동작 또는 시작지연 복귀를 시킬 수 있다.

② ON버튼을 누르면 타이머 순시접점 그림 8-5 (a)의 (1-3접점)에 의해 타이머의 자기유지가 됨과 동시에 PL_2가 점등된다. 이때 타이머의 설정 시간이 지나면 한시접점이 동작해(8-5접점 개방, 8-6접점 폐로) PL_2는 소등, PL_1이 점등된다.

③ 이때 타이머가 소자되면 한시와 순시접점 모두 순시 복귀된다.

(2) 한시동작회로 Ⅱ

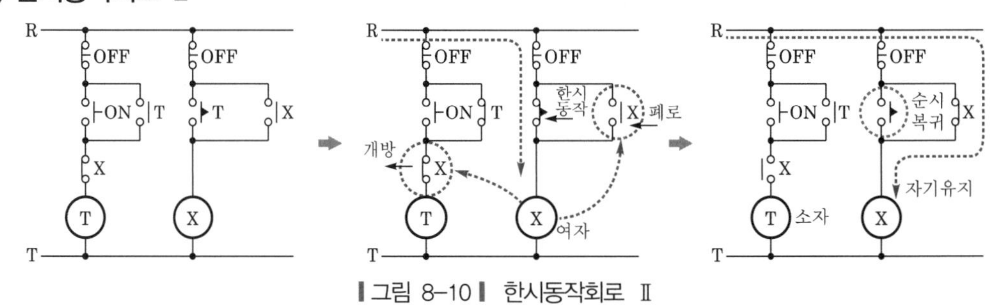

▌그림 8-10▌ 한시동작회로 Ⅱ

① ON버튼을 누르면 타이머의 순시접점에 의해 자기유지가 되며 타이머의 설정된 시간이 지나면 타이머 한시접점에 의해 릴레이(X)가 자기유지된다.

② 이때 릴레이(X) b접점에 의해 타이머는 소자되어 순시접점과 한시접점 모두 순시 복귀된다.
③ 여기서 타이머의 역할은 일정 시간 후 릴레이가 자동으로 운전될 수 있도록 하는 것이므로 릴레이가 기동되면 더 이상 타이머는 필요 없게 된다. 따라서 릴레이가 동작 후 릴레이 b접점에 의해 타이머가 소자되도록 회로를 구성한다.

(3) 한시동작회로 Ⅲ

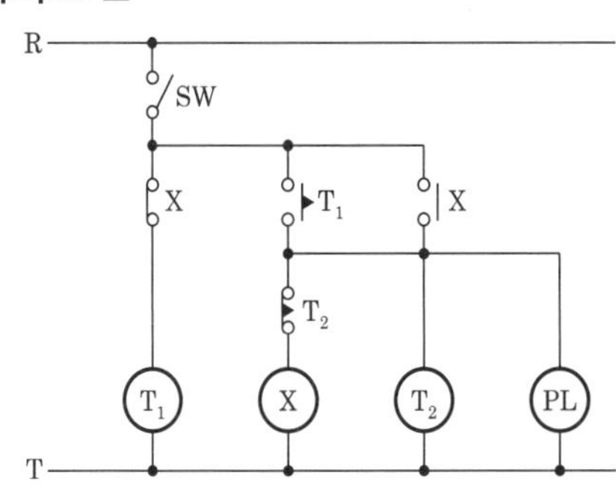

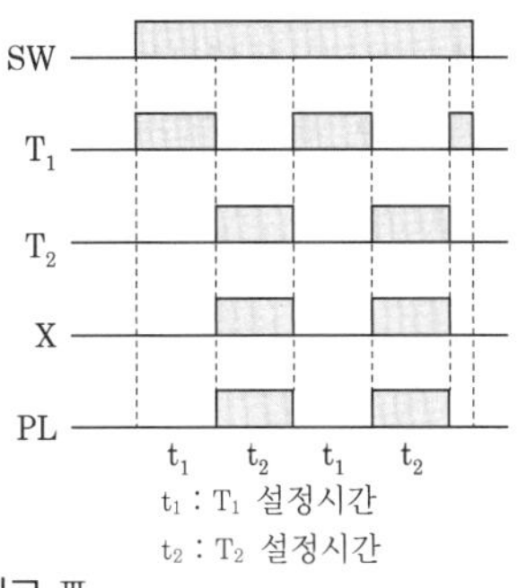

▍그림 8-11 ▍ 한시동작회로 Ⅲ

① [그림 8-11]과 같이 타이머 2개를 이용하여 무한반복 동작회로를 구성할 수 있다.
② 타이머 1이 동작 중(여자상태)에는 부하가 소등상태, 타이머 2가 동작 중(여자상태)에는 부하는 동작상태가 되며 스위치(SW)가 개방될 때까지 반복된다.

5 버튼 스위치 한 개로 기동, 정지 반복회로

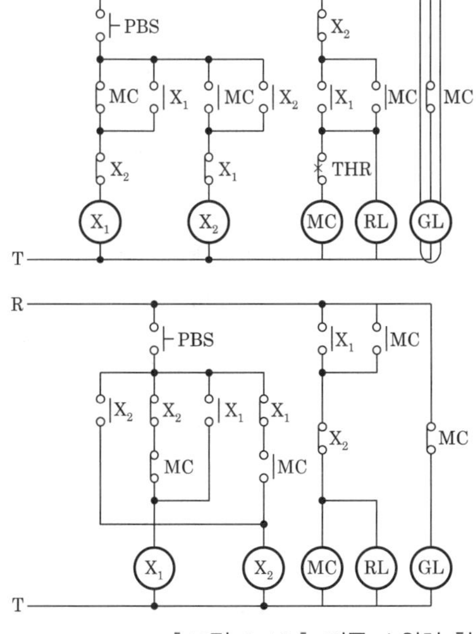

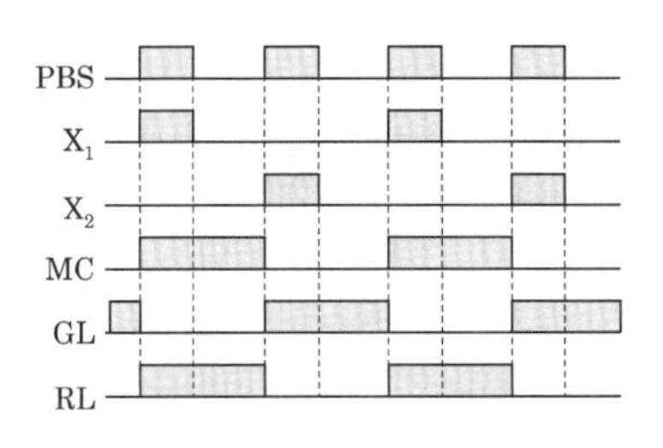

▍그림 8-12 ▍ 버튼 스위치 한 개로 기동, 정지 반복회로

① 누름버튼스위치(PBS) 1개를 통하여 전자접촉기(MC)의 ON, OFF를 동시에 할 수 있는 회로를 말한다.

② 최초 PBS를 누르면 X_1에 의하여 전자접촉기(MC)는 ON이 되고 다시 PBS를 누르면 X_2에 의하여 전자접촉기(MC)는 OFF가 된다.

쌤 Comment

MC란 전자접촉기로 전동기 부하를 ON/OFF하기 위한 개폐기를 말한다. X나 T의 개폐용량은 5A, 10A로 작기 때문에 전동기 부하와 같이 대전류를 개폐하면 접점이 소손될 우려가 있다.

기사 4.00% 출제

출제 04 논리회로

8장 대부분의 문제가 '출제 04 논리회로'에서 출제되고 있으며 매 회차마다 출제되고 있다. 본 문제는 2차 실기시험에서도 출제가 자주 되고 있으니 반드시 이해하고 넘어가길 바란다.

1 AND 회로(논리적 회로)

입력단자 A, B 중 모두 ON이 되어야 출력이 ON이 되고, 그 어느 한 단자라도 OFF가 되면 출력이 OFF가 되는 회로를 말한다.

| 표 8-15 | AND 회로의 표현법

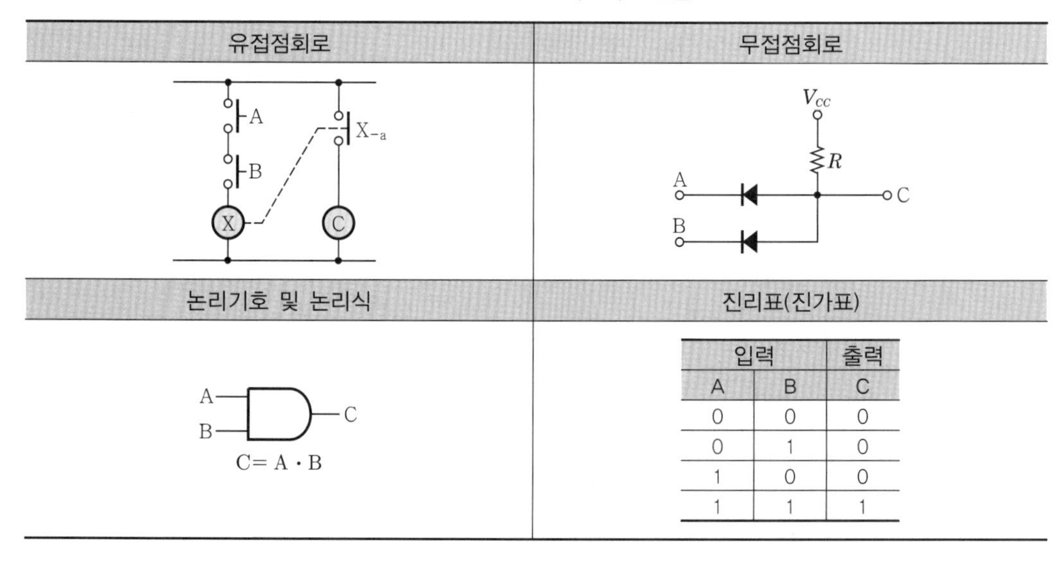

입력		출력
A	B	C
0	0	0
0	1	0
1	0	0
1	1	1

2 OR 회로(논리화 회로)

입력단자 A, B 중 어느 하나라도 ON이 되면 출력이 ON이 되고, A, B 모든 단자가 OFF가 되어야 출력이 OFF가 되는 회로를 말한다.

| 표 8-16 | OR 회로의 표현법

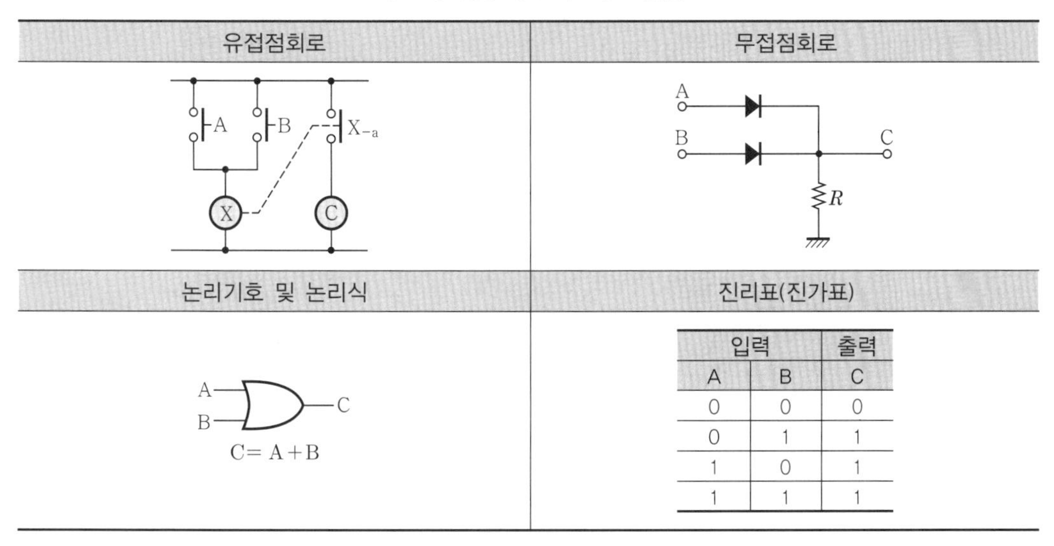

유접점회로	무접점회로

논리기호 및 논리식	진리표(진가표)
C= A+B	

입력		출력
A	B	C
0	0	0
0	1	1
1	0	1
1	1	1

3 NOT 회로(부정회로)

입력이 ON이 되면 출력이 OFF가 되고, 입력이 OFF가 되면 출력이 ON이 되는 회로를 말한다.

| 표 8-17 | NOT 회로의 표현법

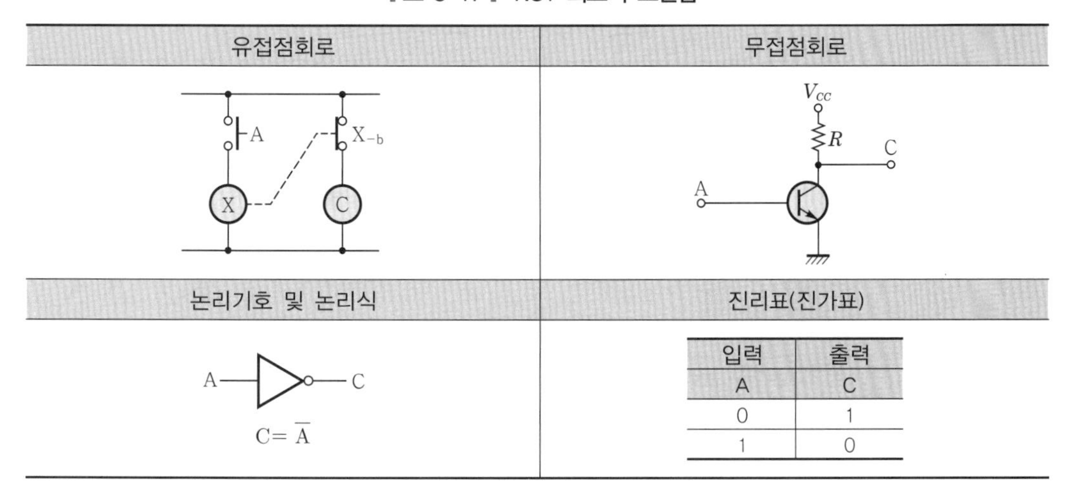

유접점회로	무접점회로

논리기호 및 논리식	진리표(진가표)
$C=\overline{A}$	

입력	출력
A	C
0	1
1	0

4 NAND 회로(논리적 부정회로)

입력단자 A, B 모두가 ON이 되어야 출력이 OFF가 되고 그중 어느 하나라도 OFF가 되면 출력이 ON이 되는 회로를 말한다.

| 표 8-18 | NAND 회로의 표현법

유접점회로	무접점회로
A, B, X_{-b}, X, C	V_{cc}, R_b, R_a, A, B, C
논리기호 및 논리식	**진리표(진가표)**
A, B, C $\overline{C} = A \cdot B$ $\overline{\overline{C}} = \overline{A \cdot B}$ $C = \overline{A \cdot B} = \overline{A} + \overline{B}$	입력 A, B / 출력 C (아래 표)

입력		출력
A	B	C
0	0	1
0	1	1
1	0	1
1	1	0

5 NOR 회로(논리화 부정회로)

입력 A, B 중 어느 하나라도 ON이 되면 출력이 OFF가 되고 입력 A, B 모두가 OFF가 되면 출력이 ON이 되는 회로를 말한다.

| 표 8-19 | NOR 회로의 표현법

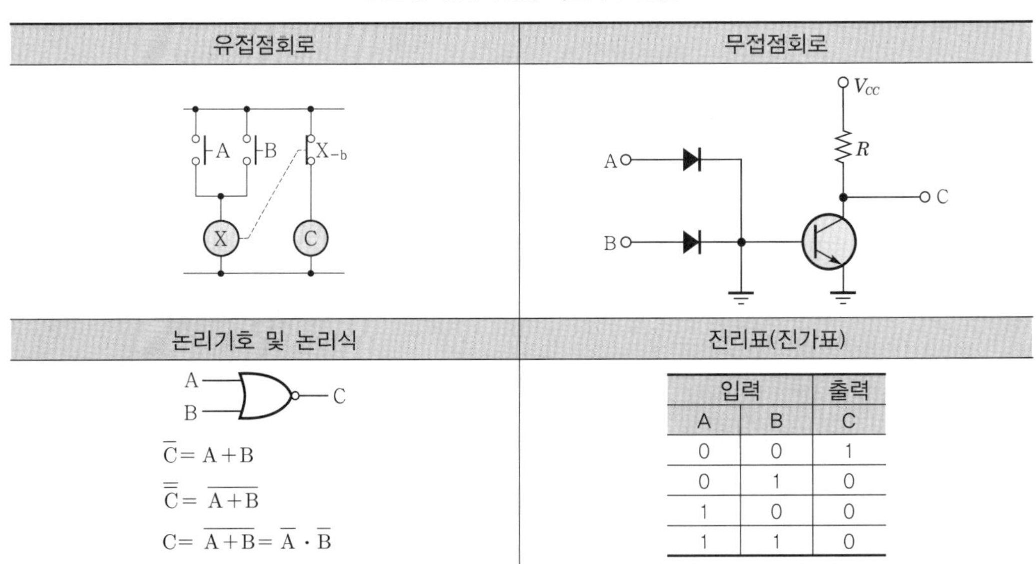

유접점회로	무접점회로
A, B, X_{-b}, X, C	V_{cc}, R, A, B, C
논리기호 및 논리식	**진리표(진가표)**
A, B, C $\overline{C} = A + B$ $\overline{\overline{C}} = \overline{A + B}$ $C = \overline{A + B} = \overline{A} \cdot \overline{B}$	입력 A, B / 출력 C (아래 표)

입력		출력
A	B	C
0	0	1
0	1	0
1	0	0
1	1	0

6 Exclusive OR 회로(배타적인 논리회로)

A, B 두 개의 입력 중 어느 하나만 입력할 때 출력이 ON 상태가 나오는 회로를 Exclusive OR 회로라 한다.

| 표 8-20 | XOR 회로의 표현법

유접점회로	논리기호 및 논리식
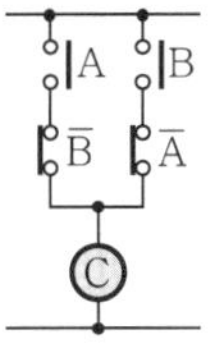	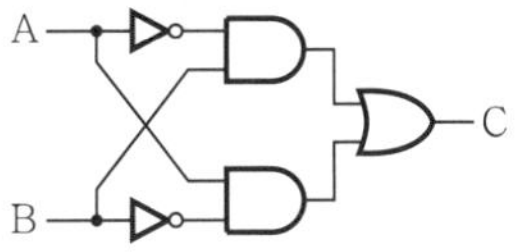 $C=\overline{A}B+A\overline{B}$
간이화 논리기호 및 논리식	**진리표(진가표)**
 $C=A\oplus B$	

입력		출력
A	B	C
0	0	0
0	1	1
1	0	1
1	1	0

7 불대수

(1) 개요

① 불대수에서 사용되는 모든 변수(variable)는 두 가지 상태로 취급하고, 이러한 논리체계를 2진 변수(binary variable)라고 한다.

② 두 가지의 상태를 참(true) 또는 거짓(false)이라 하고 두 가지 상태는 다음 표와 같이 “1”과 “0”으로 취급하여 표시한다.

| 표 8-21 | 불대수의 변수

구분	1	0
신호	있다.	없다.
부하	동작	정지
개폐기	폐로(ON)	개방(OFF)
계전기	여자	소자
접점	a접점	b접점

| 표 8-22 | 논리기호의 표현

구분	기호		비고
논리곱(AND)	•	∩	직렬접속
논리합(OR)	+	∪	병렬접속
부정(NOT)	$\overline{A}$	A'	쌍대관계

(2) 불대수의 공리와 연산

불대수는 다음과 같은 4가지 공리(公理, postulate)에 의해 기본연산이 정의된다.

① 불대수에서 사용되는 모든 변수는 2개의 값 “0” 또는 “1” 중 하나만 가질 수 있다.

㉠ A=1이 아니면 A=0(회로접점이 폐로 아니면 개로상태)

㉡ A=0이 아니면 A=1(회로접점이 개로 아니면 폐로상태)

② 부정의 동작은 "–"로 표시하고, 다음과 같이 정의된다.

㉠ "1"의 부정은 "0"이고, "0"의 부정은 "1"이 된다.

㉡ "AND"의 부정은 "OR"이고, "OR"의 부정은 "AND"가 된다.

③ "AND"의 논리기호는 · 으로 나타내고, 다음과 같이 정의된다.

㉠ 1·1=1 : 두 개의 입력신호를 동시에 주므로 출력이 있다.

㉡ 1·0=0 : 두 개의 입력신호를 동시에 주지 않으므로 출력이 없다.

④ "OR"의 논리기호는 +로 나타내고, 다음과 같이 정의된다.

㉠ 1+1=1 : 두 개의 입력신호를 동시에 주므로 출력이 있다.

㉡ 1+0=1 : 한 개의 입력신호만으로도 출력이 있다.

(3) 불대수의 정리

▌표 8-23▌ 불대수의 정리

법칙	논리식
교환법칙	A+B=B+A 또는 A·B=B·A
결합법칙	(A+B)+C=A+(B+C) 또는 (A·B)·C=A·(B·C)
분배법칙	A·(B+C)=(A·B)+(A·C) A+(B·C)=(A+B)·(A+C)

8 드 모르간의 정리와 쌍대관계

(1) 드 모르간의 정리(De Morgan's theorem)

드 모르간의 정리는 복잡한 논리연산을 간략화하기 위해 사용된다.

① 모든 "AND" 연산은 "OR"로, "OR" 연산은 "AND" 연산으로 바꾼다.

② 모든 신호 "1"은 "0"으로, "0"은 "1"로 바꾼다.

③ 모든 변수는 그의 보수로 나타낸다.

④ $\overline{A+B}=\overline{A}\cdot\overline{B}$ 또는 $\overline{A\cdot B}=\overline{A}+\overline{B}$가 된다.

(2) 쌍대(duality)관계

동일 법칙에서 서로 다른 두 관계를 쌍대라 한다. 예를 들면 회로에는 직렬회로(AND)와 병렬회로(OR)가 있다. 이 관계를 쌍대관계라 하며 직렬회로(AND)의 쌍대를 병렬회로(OR)라 한다. 또한 신호에서도 "1"과 "0"은 쌍대의 관계를 갖는다.

① 모든 "AND" 연산은 "OR"로, "OR" 연산은 "AND" 연산으로 바꾼다.

② 모든 신호 "1"은 "0"으로, "0"은 "1"로 바꾼다.

③ 모든 변수는 보수를 만들지 않고 그대로 둔다.

9 불대수의 논리식과 등가접점회로

| 표 8-24 | 불대수의 논리식과 등가접점회로

법칙	정리	논리식	등가접점회로
공리③	1	$A \cdot A = A$(누승법칙)	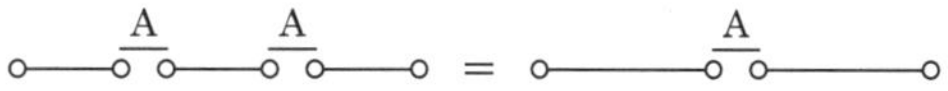 A A = A
	2	$A \cdot \overline{A} = 0$(보원법칙)	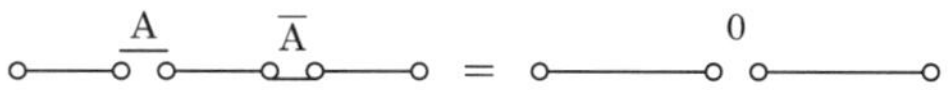 A $\overline{A}$ = 0
	3	$A \cdot 1 = A$	 A 1 = A
	4	$A \cdot 0 = 0$	 A 0 = 0
공리④	5	$A + A = A$(누승법칙)	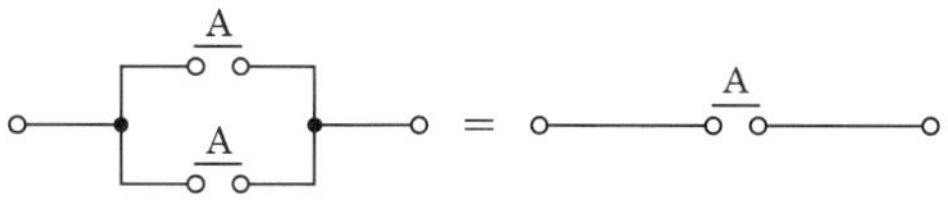 A A = A
	6	$A + \overline{A} = 1$(보원법칙)	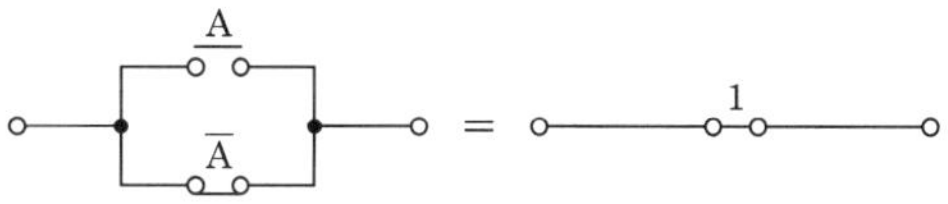 A $\overline{A}$ = 1
	7	$A + 1 = 1$	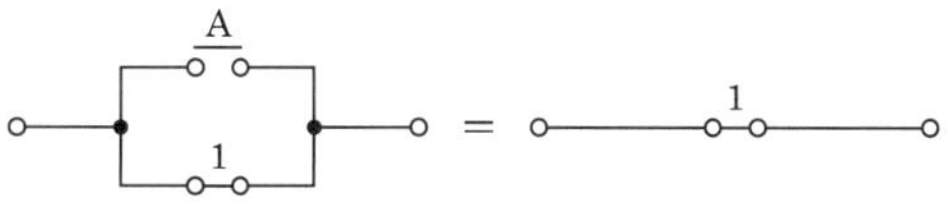 A 1 = 1
	8	$A + 0 = A$(보원법칙)	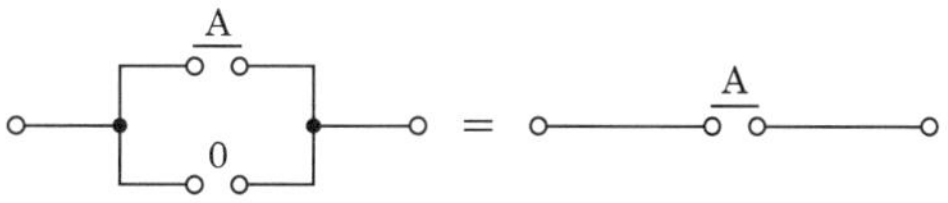 A 0 = A
흡수의 법칙	9	$A + A \cdot B = A$	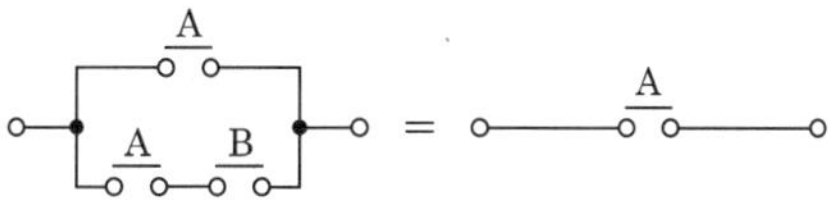 A A B = A
	10	$A \cdot (A + B) = A$	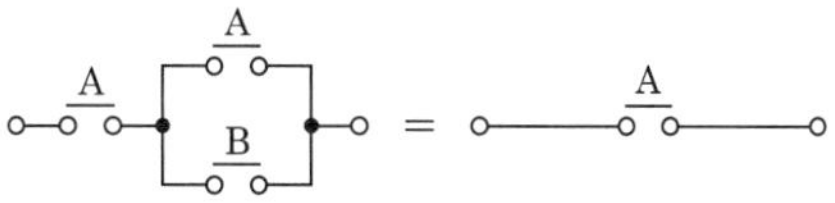 A A B = A
	11	$(A + B) \cdot (A + C)$ $= A + B \cdot C$	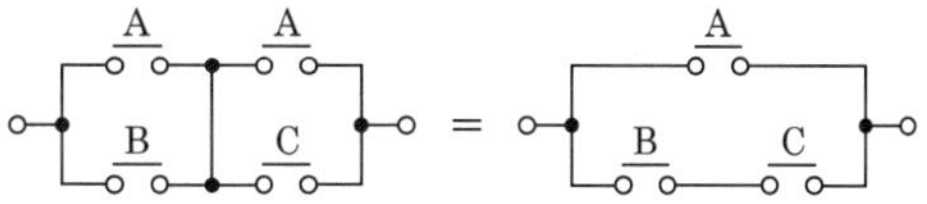 A A B C = A B C
	12	$(A + \overline{B}) \cdot B = A \cdot B$	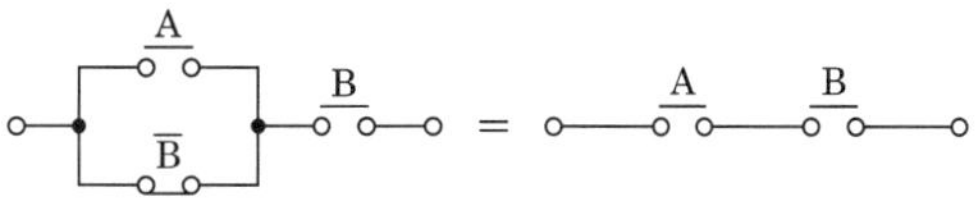 A $\overline{B}$ B = A B
	13	$A \cdot \overline{B} + B = A + B$	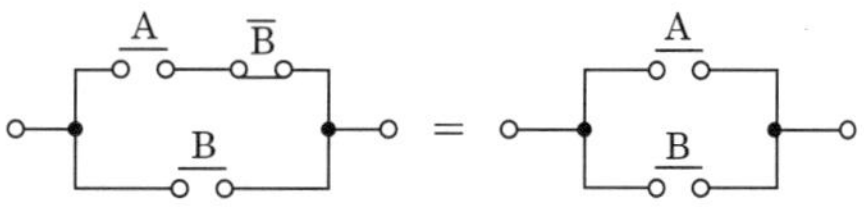 A $\overline{B}$ B = A B

법칙	정리	논리식	등가접점회로
흡수의 법칙	14	$A \cdot B + A \cdot \overline{B} = A$	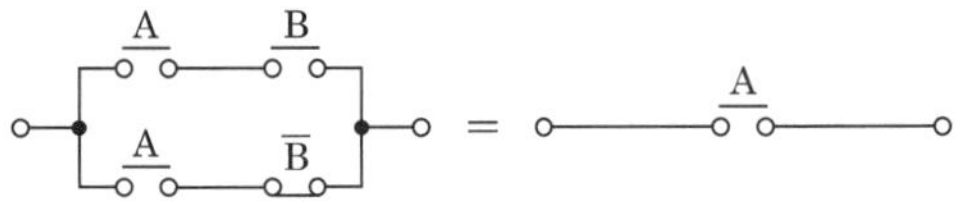
	15	$(A+B) \cdot (A+\overline{B}) = A$	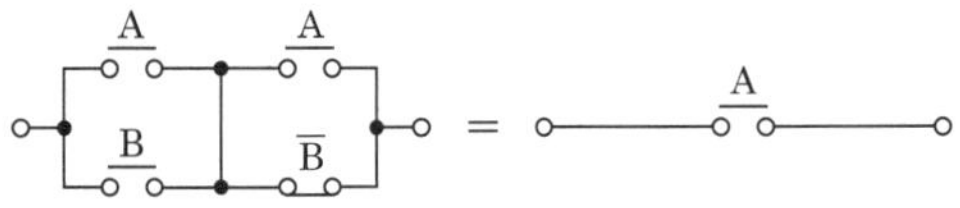
	16	$A \cdot C + \overline{A} \cdot B \cdot C$ $= A \cdot C + B \cdot C$	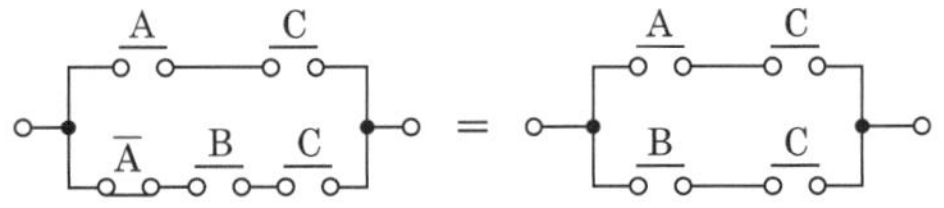
	17	$(A+C) \cdot (\overline{A}+B+C)$ $= (A+C) \cdot (B+C)$	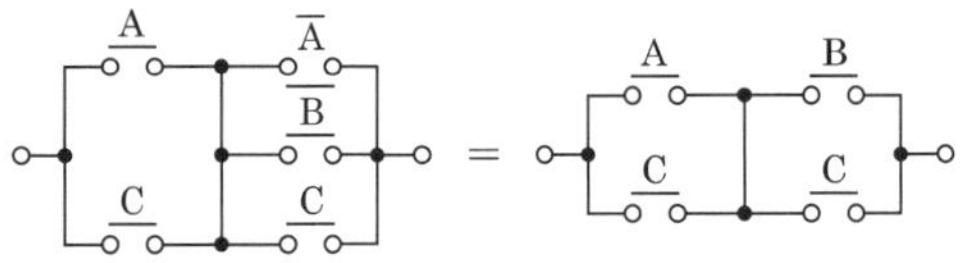
	18	$A \cdot C + \overline{A} \cdot C$ $= (A+C) \cdot (\overline{A}+B)$	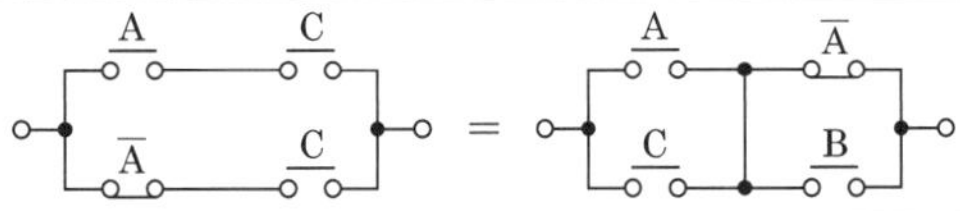
	19	$(A+C) \cdot (\overline{A}+C)$ $= A \cdot C + \overline{A} \cdot B$	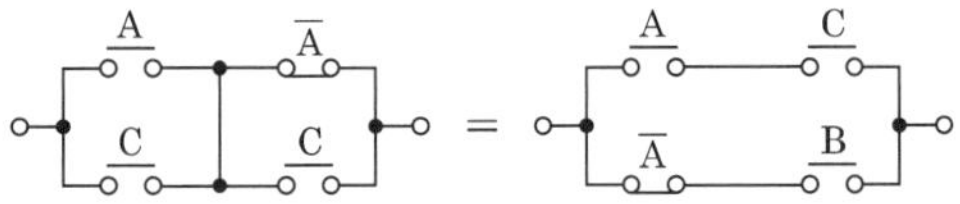
드 모르간의 정리	20	$\overline{\overline{A}} = A$	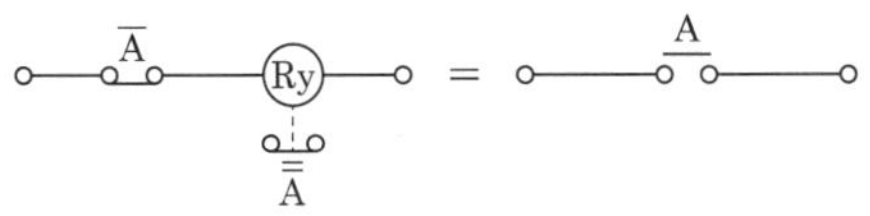
	21	$\overline{(A+B)} = \overline{A} \cdot \overline{B}$	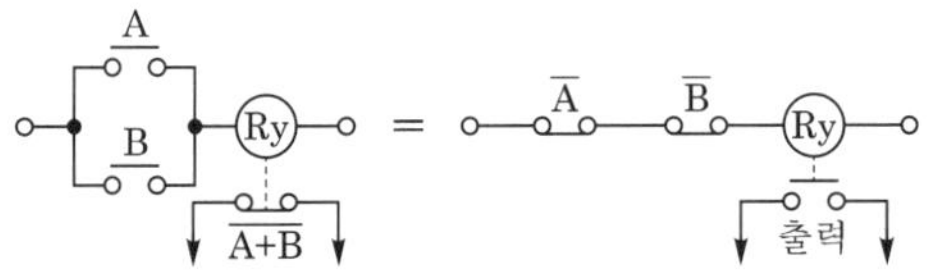
	22	$\overline{A \cdot B} = \overline{A} + \overline{B}$	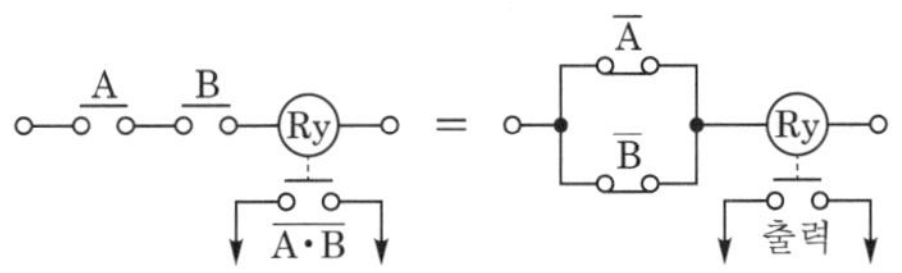
쌍대회로	23	$(A+B) \cdot (B+C) \cdot (A+C)$ $= A \cdot B + B \cdot C + A \cdot C$	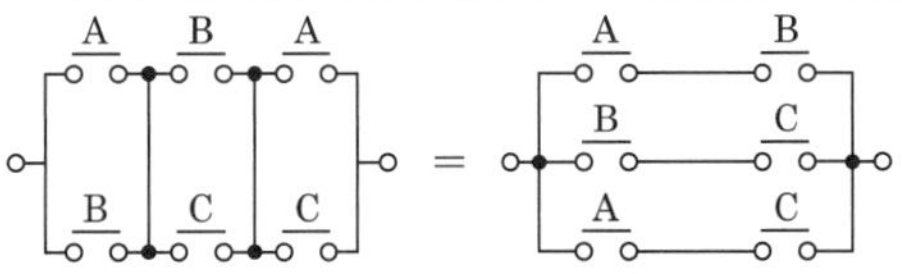

단원 확인 기출문제

★★ 기사 92년 5회, 03년 3회

01 다음의 불대수 계산에서 틀린 것은?

① $\overline{A \cdot B} = \overline{A} + \overline{B}$
② $\overline{A + B} = \overline{A} \cdot \overline{B}$
③ $A + A = A$
④ $A + A\overline{B} = 1$

해설 $A + A\overline{B} = A(1 + \overline{B}) = A \cdot 1 = A$

답 ④

★★ 기사 97년 2회

02 그림의 논리회로에서 출력 Y를 바르게 나타내지 못한 것은?

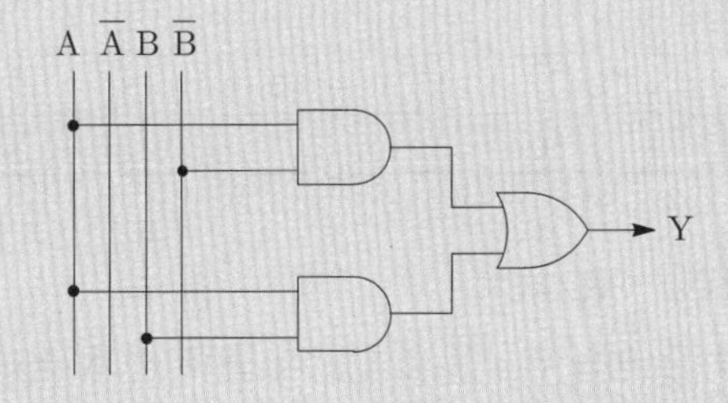

① $Y = A\overline{B} + AB$
② $Y = A(\overline{B} + B)$
③ $Y = A$
④ $Y = B$

해설 논리식 $Y = A\overline{B} + AB = A(\overline{B} + B) = A \cdot 1 = A$

답 ④

단원 핵심정리 한눈에 보기

1. 논리회로의 진리표

AND 회로			OR 회로			NAND 회로			NOR 회로			NOT 회로	
$C=A\cdot B$			$C=A+B$			$C=\overline{A\cdot B}=\overline{A}+\overline{B}$			$C=\overline{A+B}=\overline{A}\cdot\overline{B}$			$C=\overline{A}$	
입력		출력	입력		출력	입력		출력	입력		출력	입력	출력
A	B	C	A	B	C	A	B	C	A	B	C	A	C
0	0	0	0	0	0	0	0	1	0	0	1	0	1
0	1	0	0	1	1	0	1	1	0	1	0		
1	0	0	1	0	1	1	0	1	1	0	0	1	0
1	1	1	1	1	1	1	1	0	1	1	0		

2. 배타적 논리합(Exclusive OR, XOR)

① A, B 두 개의 입력 중 어느 하나만 입력할 때 출력이 ON 상태가 나오는 회로

② XOR 회로

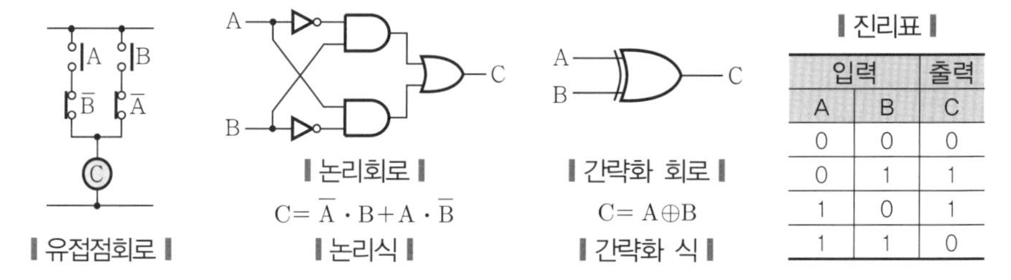

입력		출력
A	B	C
0	0	0
0	1	1
1	0	1
1	1	0

3. 드 모르간(De Morgan's theorem)의 정리

① 드 모르간의 정리는 회로 반전을 통해 복잡한 논리연산을 간략화하기 위해 사용된다.

② $\overline{A+B}=\overline{A}\cdot\overline{B}$ 또는 $\overline{A\cdot B}=\overline{A}+\overline{B}$ 가 된다.

③ ·는 회로의 직렬을, +는 회로의 병렬을 의미한다.

④ 접점의 경우 A는 개방된 접점(a접점)을, $\overline{A}$는 닫혀진 접점(b접점)을 의미한다.

⑤ 출력의 경우 A는 출력(1)을, $\overline{A}$는 출력이 없는(0) 것을 의미한다.

4. 불대수

① $A\cdot A=A$　　② $A\cdot\overline{A}=0$

③ $A\cdot 1=A$　　④ $A\cdot 0=0$

⑤ $A+A=A$　　⑥ $A+\overline{A}=1$

⑦ $A+1=1$　　⑧ $A+0=A$

단원 자주 출제되는 기출문제

출제 01 시퀀스회로의 개요

★ 기사 91년 2회, 94년 7회, 99년 6회

01 시퀀스(sequence)제어에서 다음 중 옳지 않은 것은?

① 조합 논리회로(組合 論理回路)도 사용된다.
② 기계적 계전기도 사용된다.
③ 전체 계통에 연결된 스위치가 일시에 동작할 수도 있다.
④ 시간지연요소도 사용된다.

해설
시퀀스제어는 미리 정해진 순서에 따라 순차적 제어로 운전되는 회로를 의미하므로 스위치의 일시적 동작은 일어날 수 없다.

출제 02 제어용 기기

★★ 기사 16년 4회

02 전자계전기를 사용할 때 장점이 아닌 것은?

① 온도 특성이 양호하다.
② 접점의 동작속도가 빠르다.
③ 과부하에 견디는 힘이 크다.
④ 동작상태의 확인이 용이하다.

해설 **전자릴레이(계전기)의 장단점**

구분	내용
장점	• 과부하 내량이 크다. • 개폐 부하용량이 크다. • 전기적 노이즈에 대해 안정하다. • 온도 특성이 양호하다. • 입력과 출력을 분리할 수 있다. • 동작상태의 확인이 용이하다. • 가격이 비교적 싸다.
단점	• 동작속도가 늦다. 수[ms]가 한계이다. • 소비전력이 비교적 크다. • 접점의 소모나 마모가 있기 때문에 수명에 한계가 있다. • 기계적 진동, 충격, 인화성 가스 등에 비교적 약하다. • 외형의 소형화에 한계가 있다.

출제 03 유접점 기본회로

Comment
유접점 기본회로에 대한 설명이 있어야 논리회로를 이해하기 편하다. 출제 01, 02, 03은 출제빈도가 매우 낮고, 출제 04에서 대부분의 문제가 출제된다.

출제 04 논리회로

★★ 기사 92년 6회

03 다음 그림과 같은 회로의 명칭은?

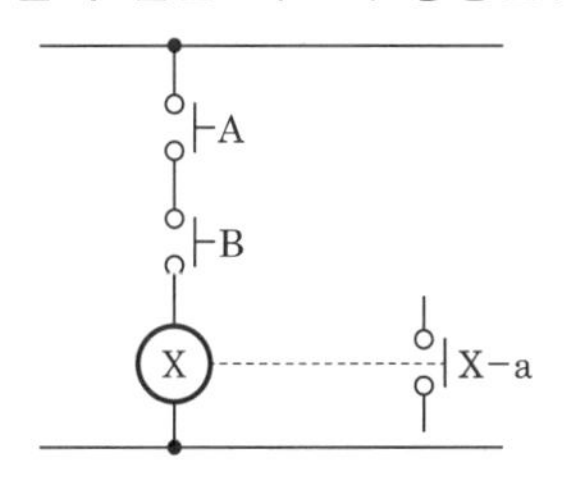

① OR 회로 ② AND 회로
③ NOT 회로 ④ NOR 회로

해설
입력접점이 직렬로 접속되어 있으면 AND 회로, 병렬로 접속되어 있으면 OR 회로가 된다. 단, 출력계전기(relay)의 접점이 X−a가 아니고 X−b이었다면 출력이 반전되므로 직렬접속의 경우 NAND 회로, 병렬의 경우 NOR 회로가 된다.

★★ 기사 94년 4회

04 다음 그림과 같은 회로의 명칭은?

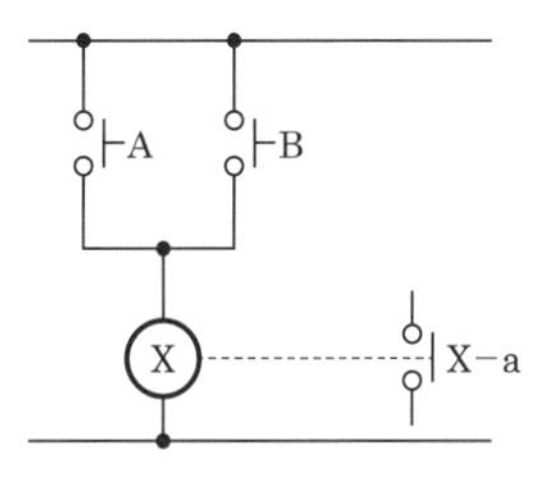

① OR 회로 ② AND 회로
③ NOT 회로 ④ NOR 회로

정답 01. ③ 02. ② 03. ② 04. ①

★★★ 기사 12년 2회, 14년 3회, 17년 1회

05 다음 진리표의 논리소자는?

입력		출력
A	B	C
0	0	1
0	1	0
1	0	0
1	1	0

① NOR　　② OR
③ AND　　④ NAND

해설 NOR

OR회로(A, B 중 어느 하나라도 ON이 되면 출력은 ON이 된다.)의 반전회로

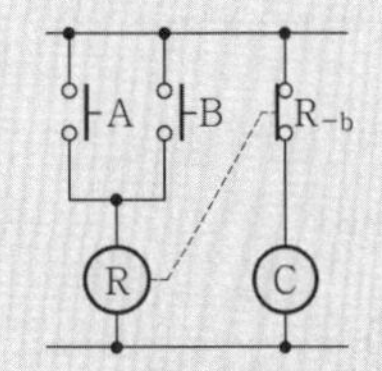

▌유접점회로▌

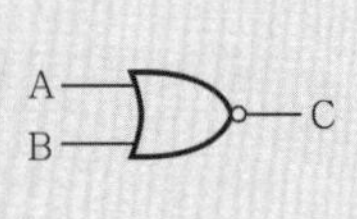

▌논리기호▌

▌논리식▌

$\overline{C} = A + B$

$\overline{\overline{C}} = \overline{A + B}$

$C = \overline{A + B} = \overline{A} \cdot \overline{B}$

▌진리표▌

입력		출력
A	B	C
0	0	1
0	1	0
1	0	0
1	1	0

★★★★ 기사 03년 2회, 08년 2회, 14년 1회

06 다음 회로는 무엇을 나타낸 것인가?

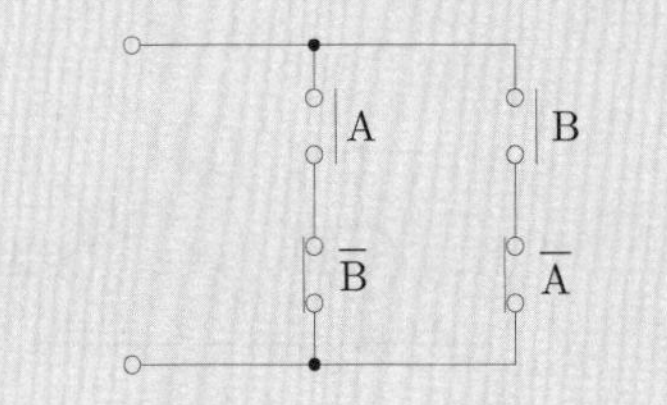

① OR 회로
② AND 회로
③ Exclusive OR 회로
④ NOR 회로

해설 XOR

A, B 두 개의 입력 중 어느 하나만 ON이 되면 출력이 ON 상태가 나오는 회로를 Exclusive OR(배타적 논리합) 회로라 한다.

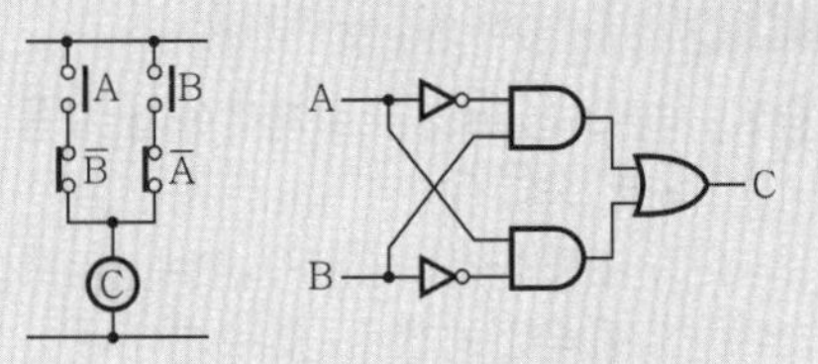

▌유접점회로▌　　▌논리기호▌

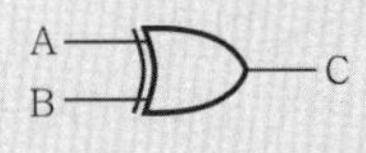

▌간략화 회로▌

▌논리식▌

$C = \overline{A} \cdot B + A \cdot \overline{B}$

▌간략화 식▌

$C = A \oplus B$

▌진리표▌

입력		출력
A	B	C
0	0	0
0	1	1
1	0	1
1	1	0

Comment

8장 시퀀스(논리회로) 문제는 2차 실기 때도 자주 출제되니 반드시 기억하자.

★ 기사 92년 3회, 08년 3회

07 그림의 회로는 어느 게이트(gate)에 해당되는가?

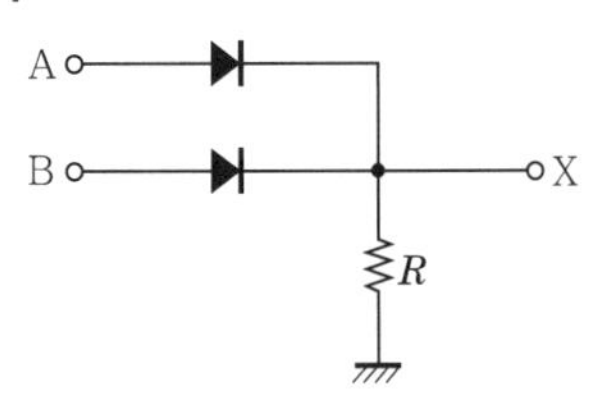

① OR 회로
② AND 회로
③ NOT 회로
④ NOR 회로

정답 05. ① 06. ③ 07. ①

해설 무접점회로

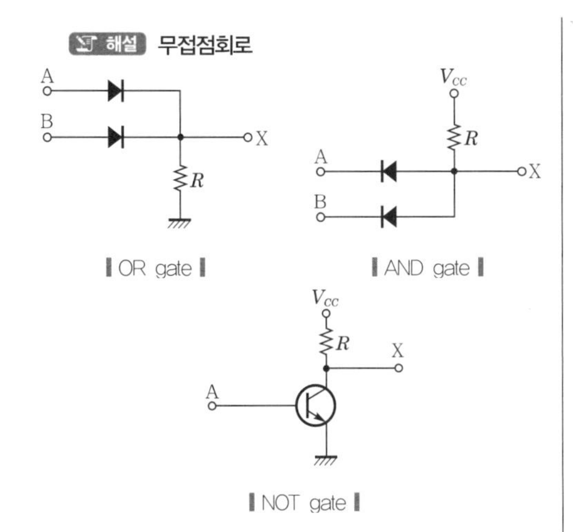

★ 기사 90년 2회, 95년 6회, 04년 1회, 08년 1회

08 다음 그림과 같은 회로는 어떤 논리회로인가?

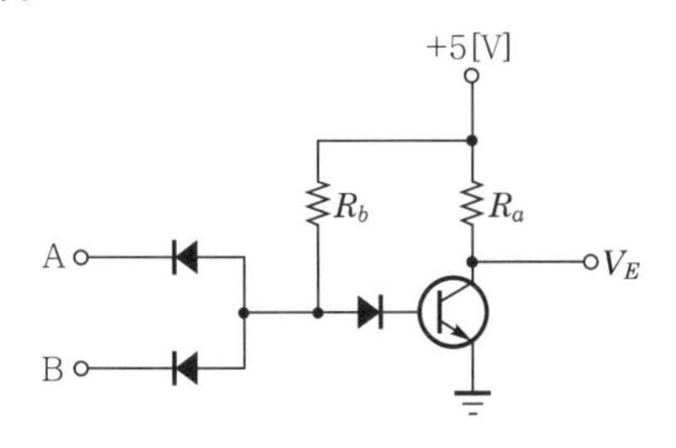

① AND 회로 ② NAND 회로
③ OR 회로 ④ NOR 회로

해설 무접점회로

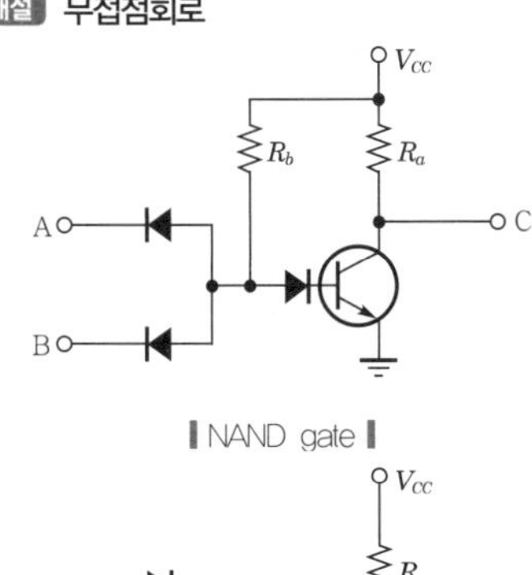

❙NAND gate❙

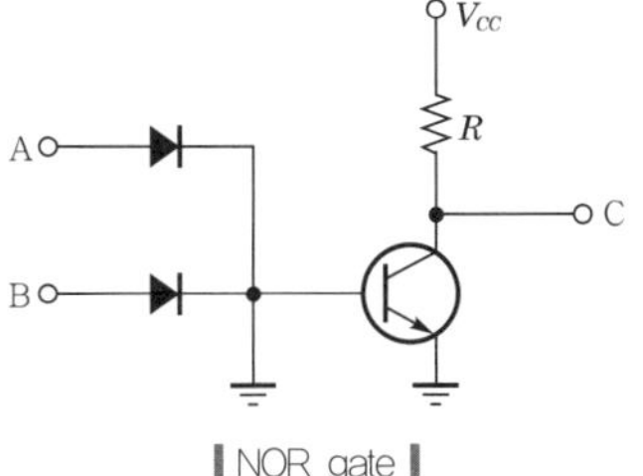

❙NOR gate❙

★ 기사 89년 2회, 96년 7회

09 논리회로의 종류에서 설명이 잘못된 것은?

① AND 회로 : 입력신호 A, B, C의 값이 모두 1일 때에만 출력신호 Z의 값이 1이 되는 회로로 논리식은 $A \cdot B \cdot C = Z$로 표시된다.
② OR 회로 : 입력신호 A, B, C 중 어느 한 값이 1이면 출력신호 Z의 값이 1이 되는 회로로, 논리식은 $A + B + C = Z$로 표시한다.
③ NOT 회로 : 입력신호 A와 출력신호 Z가 서로 반대가 되는 회로로, 논리식은 $\overline{A} = Z$로 표시한다.
④ NOR 회로 : AND 회로의 부정회로로, 논리식은 $A + B = C$로 표시한다.

해설

NOR 회로는 OR 회로의 부정회로로, 논리식은 다음과 같이 표시한다.

$\overline{A + B} = \overline{A} \cdot \overline{B} = C$

여기서, A, B : 입력, C : 출력

쌤 Comment

일반적으로 좌항에 출력을, 우항에 입력식으로 논리식을 작성한다. 즉, $C = \overline{A + B} = \overline{A} \cdot \overline{B}$

★ 기사 93년 1회, 00년 3회

10 그림과 같은 계전기 접점회로의 논리식은 어느 것인가?

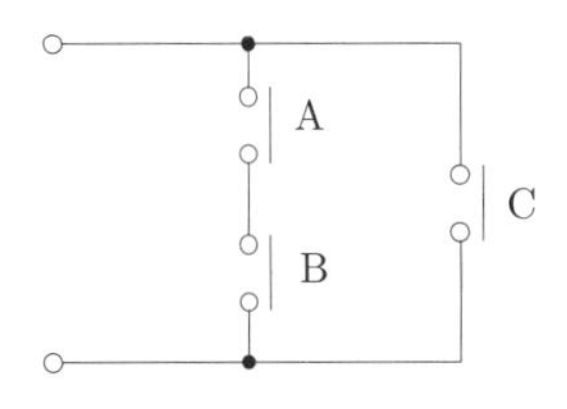

① $A + B + C$
② $(A + B)C$
③ $A \cdot B + C$
④ $A \cdot B \cdot C$

해설

직렬접속은 AND(·) 회로가 되고, 병렬접속은 OR(+) 회로가 된다.

정답 08. ② 09. ④ 10. ③

★ 기사 89년 6회

11 그림과 같은 계전기 접점회로의 논리식은 어느 것인가?

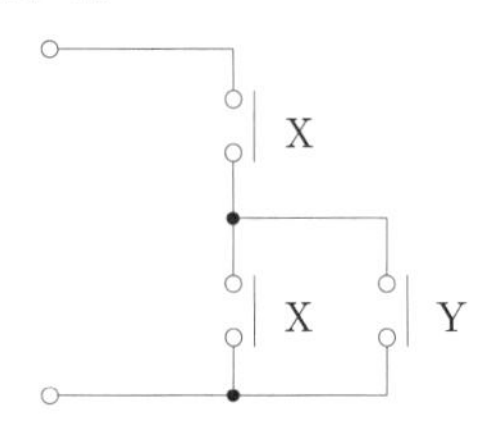

① $X(X-Y)$ ② $X+(XY)$
③ $X+(X+Y)$ ④ $X(X+Y)$

해설 논리식

$F = X(X+Y)$
$= XX + XY$
$= X + XY$
$= X(1+Y)$
$= X \cdot 1 = X$

★★★★ 기사 94년 5회, 99년 3회, 01년 1·3회, 12년 3회

12 다음 논리회로의 출력은?

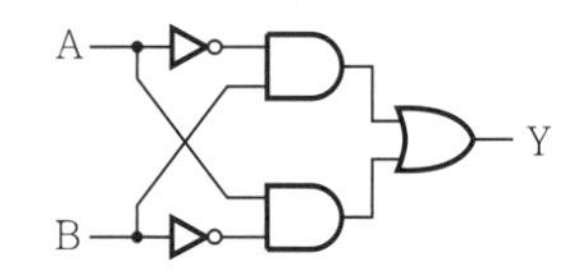

① $Y = A\overline{B} + \overline{A}B$
② $Y = \overline{A}\,\overline{B} + \overline{A}B$
③ $Y = A\overline{B} + \overline{A}\,\overline{B}$
④ $Y = \overline{A} + \overline{B}$

해설 XOR

A, B 두 개의 입력 중 어느 하나만 ON이 되면 출력이 ON 상태가 나오는 회로를 Exclusive OR(배타적 논리합) 회로라 한다.

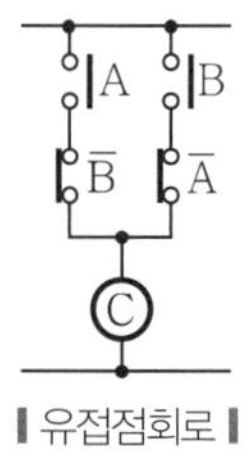

▌유접점회로▐

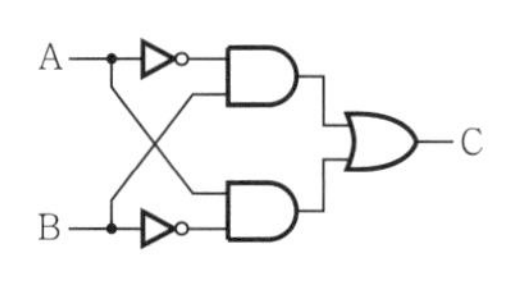

▌논리기호▐

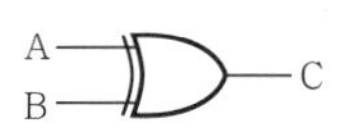

▌간략화 회로▐

▌논리식▐

$C = \overline{A} \cdot B + A \cdot \overline{B}$

▌간략화 식▐

$C = A \oplus B$

▌진리표▐

입력		출력
A	B	C
0	0	0
0	1	1
1	0	1
1	1	0

★★ 기사 93년 4회

13 그림과 같은 논리회로에서 A=1, B=1인 입력에 대한 출력 X, Y는 각각 얼마인가?

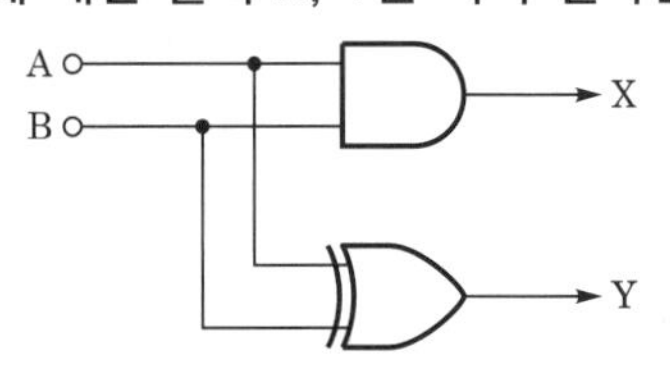

① $X=0,\ Y=0$ ② $X=0,\ Y=1$
③ $X=1,\ Y=0$ ④ $X=1,\ Y=1$

해설

X는 AND 회로, Y는 XOR 회로이고, 진리표는 다음과 같다.

AND 회로

입력		출력
A	B	C
0	0	0
0	1	0
1	0	0
1	1	1

OR 회로

입력		출력
A	B	C
0	0	0
0	1	1
1	0	1
1	1	1

NAND 회로

입력		출력
A	B	C
0	0	1
0	1	1
1	0	1
1	1	0

NOR 회로

입력		출력
A	B	C
0	0	1
0	1	0
1	0	0
1	1	0

XOR 회로

입력		출력
A	B	C
0	0	0
0	1	1
1	0	1
1	1	0

★★★ 기사 90년 6회, 96년 6회

14 다음 불대수식에서 바르지 못한 것은?

① $A+A=A$ ② $A \cdot A = A$
③ $A \cdot \overline{A} = 0$ ④ $A+1=A$

해설 불대수

㉠ $A \cdot A = A$ ㉡ $A \cdot \overline{A} = 0$
㉢ $A \cdot 1 = A$ ㉣ $A \cdot 0 = 0$
㉤ $A + A = A$ ㉥ $A + \overline{A} = 1$
㉦ $A + 1 = 1$ ㉧ $A + 0 = A$

정답 11. ④ 12. ① 13. ③ 14. ④

★★ 기사 95년 5회, 17년 1회

15 다음 식 중 드 모르간(De Morgan)의 정리를 나타낸 식은?

① $A+B=B+A$
② $A\cdot(B\cdot C)=(A\cdot B)\cdot C$
③ $\overline{A\cdot B}=\overline{A}\cdot\overline{B}$
④ $\overline{A\cdot B}=\overline{A}+\overline{B}$

해설

드 모르간의 정리는 다음과 같다.
㉠ $\overline{A\cdot B}=\overline{A}+\overline{B}$
㉡ $\overline{A+B}=\overline{A}\cdot\overline{B}$

★★★ 기사 96년 4회, 02년 1회

16 논리식 $\overline{A}+\overline{B}\cdot\overline{C}$를 간단히 계산한 결과는?

① $\overline{A+BC}$ ② $\overline{A(B+C)}$
③ $\overline{A\cdot B+C}$ ④ $\overline{A+B}+C$

해설

드 모르간의 정리를 이용하여 논리식을 간략화하면 다음과 같다.
$\therefore\ \overline{\overline{\overline{A}+(\overline{B}\cdot\overline{C})}}=\overline{A\cdot(B+C)}$

★★★★★ 기사 94년 6회, 95년 7회, 96년 2회, 06년 1회

17 다음 논리식 중 다른 값을 나타내는 논리식은?

① $XY+X\overline{Y}$
② $(X+Y)(X+\overline{Y})$
③ $X(X+Y)$
④ $X(\overline{X}+Y)$

해설

① $XY+X\overline{Y}=X(Y+\overline{Y})=X\cdot1=X$
② $(X+Y)(X+\overline{Y})=XX+X\overline{Y}+XY+Y\overline{Y}$
$=X+X\overline{Y}+XY+0$
$=X(1+\overline{Y}+Y)=X\cdot1=X$
③ $X(X+Y)=XX+XY=X+XY$
$=X(1+Y)=X\cdot1=X$
④ $X(\overline{X}+Y)=X\overline{X}+XY=0+XY=XY$

집중공략

★★★★ 기사 95년 4회, 99년 4회, 02년 3회, 15년 4회

18 논리식 $L=\overline{X}\cdot\overline{Y}+\overline{X}\cdot Y+X\cdot Y$를 간단히 한 것은?

① $X+Y$ ② $\overline{X}+Y$
③ $X+\overline{Y}$ ④ $\overline{X}\cdot\overline{Y}$

해설

$L=\overline{X}\cdot\overline{Y}+\overline{X}\cdot Y+X\cdot Y$
$=\overline{X}\cdot\overline{Y}+\overline{X}\cdot Y+\overline{X}\cdot Y+X\cdot Y$
$=\overline{X}(\overline{Y}+Y)+Y(\overline{X}+X)=\overline{X}+Y$

★★★ 기사 10년 3회

19 다음 논리식 $[(AB+A\overline{B})+AB]+\overline{A}B$를 간단히 하면?

① $A+B$
② $\overline{A}+B$
③ $A+\overline{B}$
④ $A+A\cdot B$

해설

$[(AB+A\overline{B})+AB]+\overline{A}B$
$=[A(B+\overline{B})+AB]+\overline{A}B$
$=A+AB+\overline{A}B$
$=A+AB+AB+\overline{A}B$
$=A(1+B)+B(A+\overline{A})$
$=A+B$

★★ 기사 91년 6회, 93년 2·3회, 01년 2회, 05년 1회

20 그림과 같은 계전기 접점회로의 논리식은?

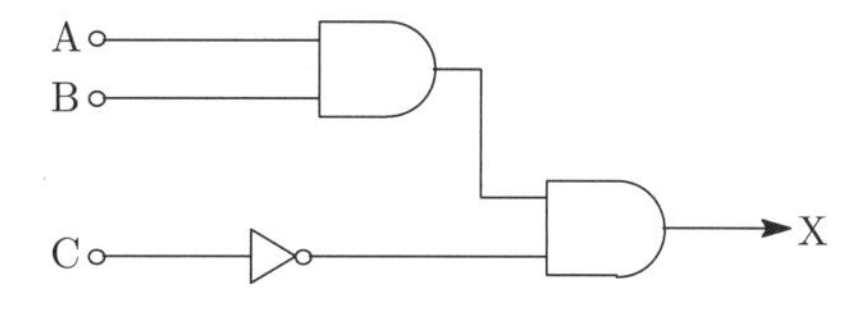

① $A\cdot B+\overline{C}$
② $(A+B)\overline{C}$
③ $A+B+\overline{C}$
④ $A\cdot B\cdot\overline{C}$

정답 15. ④ 16. ② 17. ④ 18. ② 19. ① 20. ④

★★★ 기사 16년 2회

21 그림과 같은 계전기 접점회로의 논리식은?

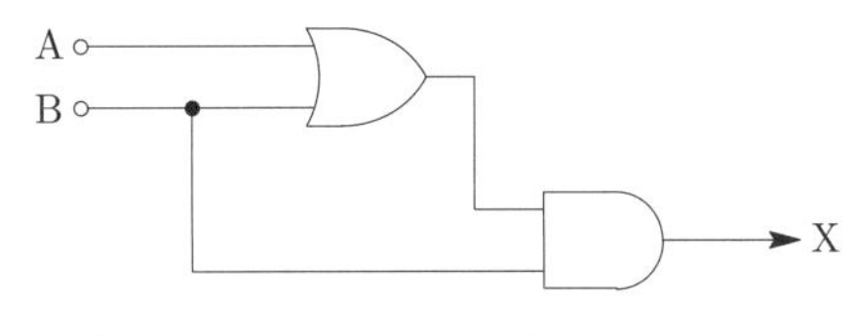

① A ② B
③ A + B ④ A · B

해설

$X = (A+B) \cdot B = AB + BB$
$\quad = AB + B = B(A+1) = B$

★★ 기사 04년 4회

22 그림과 같은 계전기 접점회로의 논리식은?

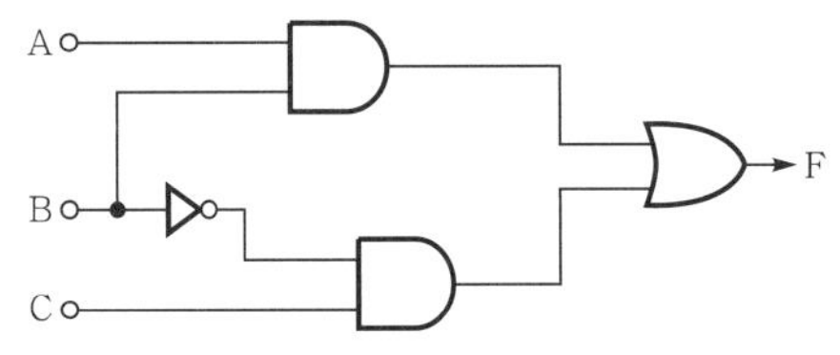

① A ② $\overline{A} \cdot B \cdot C$
③ $AB + \overline{B}C$ ④ $(A+B)C$

해설

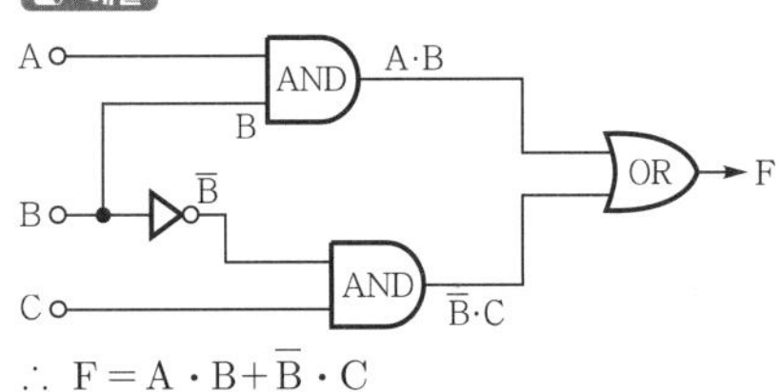

$\therefore F = A \cdot B + \overline{B} \cdot C$

★★ 기사 03년 4회, 10년 1회, 16년 1회

23 다음의 논리회로를 간단히 하면?

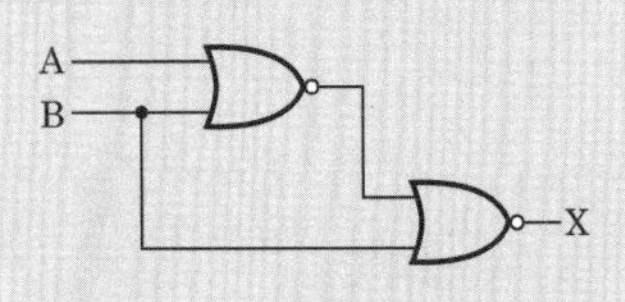

① $X = AB$ ② $X = \overline{A}B$
③ $X = A\overline{B}$ ④ $X = \overline{AB}$

해설 논리식

$X = \overline{(\overline{A+B})+B} = (A+B) \cdot \overline{B} = A\overline{B} + B\overline{B} = A\overline{B}$

Comment

$\overline{A+B}$를 먼저 연산한 다음 $\overline{B}$를 연산해야 하므로 $X = \overline{(\overline{A+B})+B}$와 같이 괄호를 반드시 넣어야 한다. 만약, 괄호를 무시한다면 $X = \overline{\overline{A+B}+B} = A + B \cdot \overline{B}$ $= A + 1 = 1$로 연산오류를 낼 수 있다.

★★ 기사 03년 4회, 10년 1회, 16년 1·3회

24 다음의 논리회로를 간단히 하면?

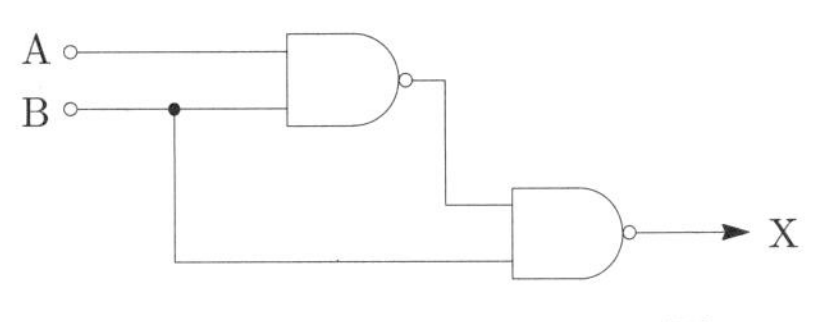

① $X = \overline{A} + B$ ② $X = A + \overline{B}$
③ $X = \overline{A} + \overline{B}$ ④ $X = A + B$

해설 논리식

$X = \overline{\overline{(A \cdot B)} \cdot B} = \overline{(\overline{A} + \overline{B}) \cdot B}$
$\quad = \overline{\overline{A} \cdot B + \overline{B} \cdot B} = \overline{\overline{A} \cdot B} = A + \overline{B}$

★★★ 기사 99년 5회, 05년 2회, 09년 1회

25 그림과 같은 회로의 출력 Z는 어떻게 표현되는가?

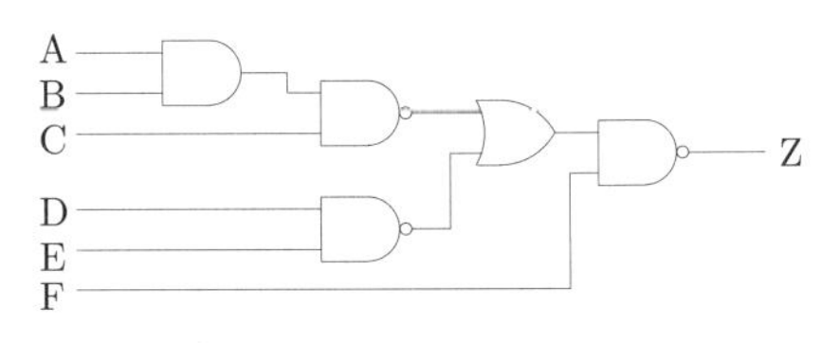

① $\overline{A} + \overline{B} + \overline{C} + \overline{D} + \overline{E} + F$
② $A + B + C + D + E + \overline{F}$
③ $\overline{A}\,\overline{B}\,\overline{C}\,\overline{D}\,\overline{E} + F$
④ $ABCDE + \overline{F}$

해설 논리식

$Z = \overline{\overline{(ABC + DE)} \cdot F} = \overline{\overline{(ABC + DE)}} + \overline{F}$
$\quad = ABCDE + \overline{F}$

정답 21. ② 22. ③ 23. ③ 24. ② 25. ④

★ 기사 97년 7회

26 인버터( )기능의 회로가 아닌 것은?

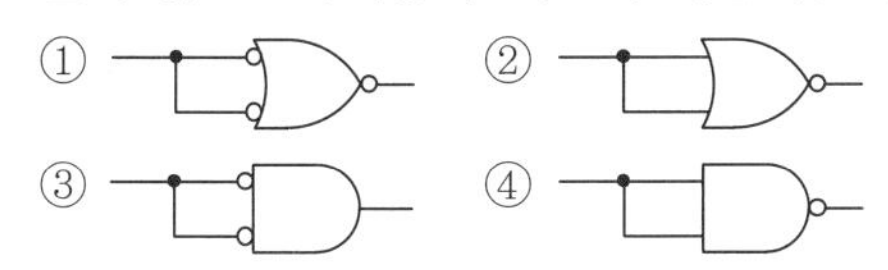

해설

① $\overline{\overline{A}+\overline{A}}=A\cdot A=A$

② $\overline{A+A}=\overline{A}\cdot\overline{A}=\overline{A}$

③ $\overline{A}\cdot\overline{A}=\overline{A}$

④ $\overline{A+A}=\overline{A}\cdot\overline{A}=\overline{A}$

∴ 인버터는 반전회로이므로 입력에 A를 주었을 때 반전이 되지 않은 ①번이 정답이 된다.

★ 기사 99년 7회, 02년 4회

27 $X=\overline{A}\,\overline{B}C+A\overline{B}\,\overline{C}+A\overline{B}C$의 논리식을 간단히 하면?

① $\overline{B}(A+C)$　　② $\overline{C}(A+B)$

③ $\overline{A}(B+C)$　　④ $C(A+\overline{B})$

해설

다음 카르노맵에서 이웃한 부분을 정리하면 다음과 같다.

$Y=A\overline{B}+\overline{B}C=\overline{B}(A+C)$

	$\overline{B}\,\overline{C}$	$\overline{B}C$	BC	$B\overline{C}$
$\overline{A}$		1		
A	1	1		

	$\overline{B}\,\overline{C}$	$\overline{B}C$	BC	$B\overline{C}$
$\overline{A}$		1		
A	1	1		

Comment

카르노맵은 1차 필기시험에서는 출제빈도가 낮지만 2차 필기시험에는 종종 출제가 된다.

★ 기사 92년 5회, 02년 2회

28 다음 카르노맵(karnaugh map)을 간략히 하면?

	$\overline{C}\,\overline{D}$	$\overline{C}D$	CD	$C\overline{D}$
$\overline{A}\,\overline{B}$	0	0	0	0
$\overline{A}B$	1	0	0	1
AB	1	0	0	1
$A\overline{B}$	0	0	0	0

① $Y=\overline{C}\,\overline{D}+BC$　　② $Y=B\overline{D}$

③ $Y=A+\overline{A}B$　　④ $Y=A+B\overline{C}D$

해설

다음 카르노맵에서 이웃한 부분을 정리하면 $Y=B\overline{D}$가 된다.

	$\overline{C}\,\overline{D}$	$\overline{C}D$	CD	$C\overline{D}$
$\overline{A}\,\overline{B}$	0	0	0	0
$\overline{A}B$	1	0	0	1
AB	1	0	0	1
$A\overline{B}$	0	0	0	0

정답 26. ① 27. ① 28. ②

memo

부록

과년도 출제문제

전기기사

2022년 제1회 전기기사 기출문제

중 제7장 상태방정식

01 $F(z) = \dfrac{(1-e^{-aT})z}{(z-1)(z-e^{-aT})}$의 역 z 변환은?

① $1-e^{-at}$ ② $1+e^{-at}$
③ $t \cdot e^{-at}$ ④ $t \cdot e^{at}$

해설

$$F(z) = \frac{z - z e^{-at}}{(z-1)(z-e^{-at})} = \frac{z^2 - z e^{-at} - z^2 + z}{(z-1)(z-e^{-at})}$$
$$= \frac{z(z-e^{-at}) - z(z-1)}{(z-1)(z-e^{-at})} = \frac{z}{z-1} - \frac{z}{z-e^{-at}}$$

$\therefore\ f(t) = 1-e^{-at}$

상 제5장 안정도 판별법

02 다음의 특성방정식 중 안정한 제어시스템은?

① $s^3+3s^2+4s+5=0$
② $s^4+3s^3-s^2+s+10=0$
③ $s^5+s^3+2s^2+4s+3=0$
④ $s^4-2s^3-3s^2+4s+5=0$

해설 안정조건

㉠ 특성방정식의 모든 차수가 존재할 것
㉡ 모든 차수의 계수의 부호가 동일(+)할 것
∴ 모든 조건을 만족한 것은 ①이다.

중 제2장 전달함수

03 다음 중 그림의 신호흐름선도에서 전달함수 $\dfrac{C(s)}{R(s)}$는?

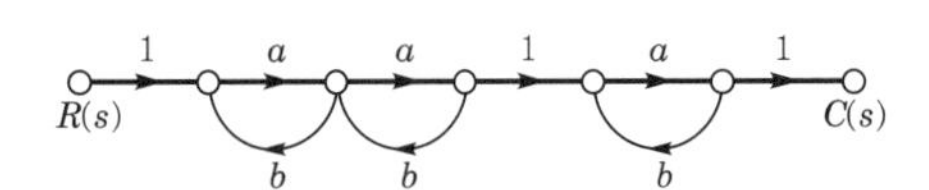

① $\dfrac{a^3}{(1-ab)^3}$ ② $\dfrac{a^3}{1-3ab+a^2b^2}$
③ $\dfrac{a^3}{1-3ab}$ ④ $\dfrac{a^3}{1-3ab+2a^2b^2}$

해설

메이슨 공식(정식) $M(s) = \dfrac{\Sigma G_K \Delta_K}{\Delta}$

㉠ $\Sigma l_1 = ab+ab+ab = 3ab$
㉡ $\Sigma l_2 = a^2b^2+a^2b^2 = 2a^2b^2$
㉢ $\Delta = 1-\Sigma l_1+\Sigma l_2 = 1-3ab+2a^2b^2$
㉣ $G_1 = a^3,\ \Delta_1 = 1$
∴ 메이슨 공식(정식)

$$M(s) = \frac{\Sigma G_K \Delta_K}{\Delta} = \frac{G_1 \Delta_1}{\Delta} = \frac{a^3}{1-3ab+2a^2b^2}$$

상 제3장 시간영역해석법

04 그림과 같은 블록선도에서 제어시스템에 단위계단함수가 입력되었을 때 정상상태 오차가 0.01이 되는 α의 값은?

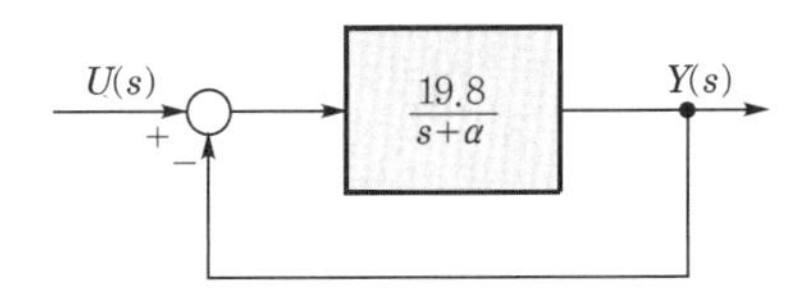

① 0.2 ② 0.6
③ 0.8 ④ 1.0

해설

㉠ 단위계단함수($u(t)$)가 입력으로 주어졌을 때의 정상편차를 정상위치편차라 한다.
㉡ 정상위치편차상수

$$K_p = \lim_{s\to 0} s^0 G = \lim_{s\to 0} G(s)H(s) = \lim_{s\to 0}\frac{19.8}{s+\alpha} = \frac{19.8}{\alpha}$$

㉢ 정상위치편차

$$e_{sp} = \frac{1}{1+K_p} = \frac{1}{1+\dfrac{19.8}{\alpha}} = 0.01$$

㉣ 위 ㉢항을 정리하여 α를 구할 수 있다.

$1 = 0.01\left(1+\dfrac{19.8}{\alpha}\right)$에서 $100 = 1+\dfrac{19.8}{\alpha}$

$\therefore\ \alpha = \dfrac{19.8}{100-1} = 0.2$

정답 01. ① 02. ① 03. ④ 04. ①

상 회로이론 제6장 회로망 해석

05 그림과 같은 보드선도의 이득선도를 갖는 제어시스템의 전달함수는?

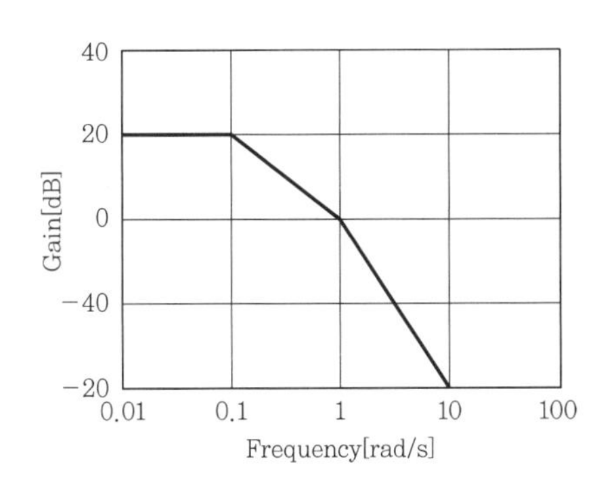

① $G(s)=\dfrac{10}{(s+1)(s+10)}$

② $G(s)=\dfrac{10}{(s+1)(10s+1)}$

③ $G(s)=\dfrac{20}{(s+1)(s+10)}$

④ $G(s)=\dfrac{20}{(s+1)(10s+1)}$

해설

㉠ 절점주파수 $\omega_1=0.1$, $\omega_2=10$이므로

$G(j\omega)=\dfrac{K}{(j\omega+1)(j10\omega+1)}$의 식을 만족하게 된다.

㉡ $\omega=0.1$일 때, $g=20\log|G(j\omega)|=20$[dB]이 되어야 하므로 $|G(j\omega)|=10$이 된다.

㉢ $G(j\omega)=\left.\dfrac{K}{(j\omega+1)(j10\omega+1)}\right|_{\omega=0.1}$

$=\dfrac{K}{(1+j0.1)(1+j)}$

$=0.7K\underline{/-0.88°}$

㉣ $K=\dfrac{10}{0.7}=14.28$

$\therefore\ G(s)=\dfrac{14.28}{(s+1)(10s+1)}$

상 제2장 전달함수

06 다음 중 그림과 같은 블록선도의 전달함수 $\dfrac{C(s)}{R(s)}$는?

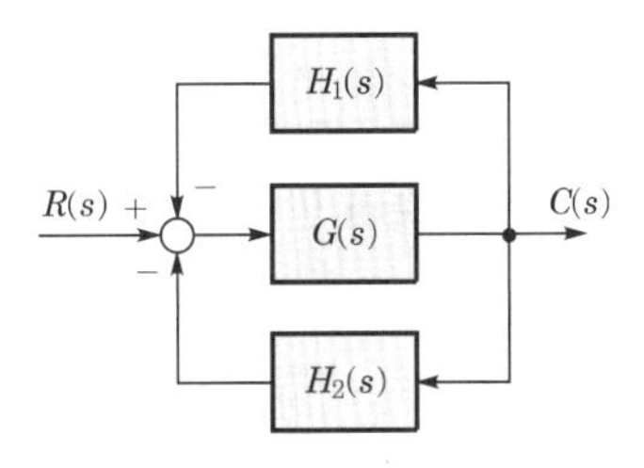

① $\dfrac{G(s)H_1(s)H_2(s)}{1+G(s)H_1(s)H_2(s)}$

② $\dfrac{G(s)}{1+G(s)H_1(s)H_2(s)}$

③ $\dfrac{G(s)}{1-G(s)[H_1(s)+H_2(s)]}$

④ $\dfrac{G(s)}{1+G(s)[H_1(s)+H_2(s)]}$

해설 종합전달함수

$M(s)=\dfrac{\sum \text{전향경로이득}}{1-\sum \text{폐루프이득}}$

$=\dfrac{G(s)}{1-[-G(s)H_1(s)-G(s)H_2(s)]}$

$=\dfrac{G(s)}{1+G(s)[H_1(s)+H_2(s)]}$

상 제8장 시퀀스회로의 이해

07 그림과 같은 논리회로와 등가인 것은?

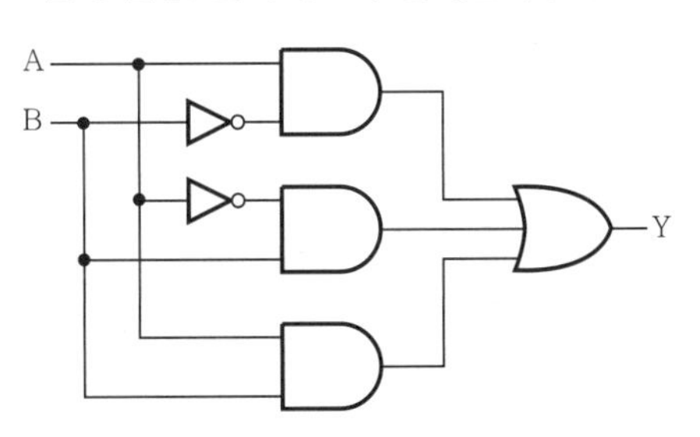

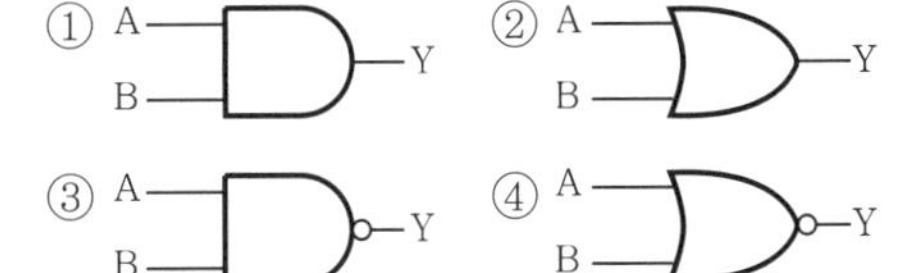

해설

$Y=A\cdot\overline{B}+\overline{A}\cdot B+A\cdot B$

$=A(\overline{B}+B)+B(\overline{A}+A)=A+B$

정답 05. 전항 정답 06. ④ 07. ②

상 제6장 근궤적법

08 다음의 개루프 전달함수에 대한 근궤적의 점근선이 실수축과 만나는 교차점은?

$$G(s)H(s)=\frac{K(s+3)}{s^2(s+1)(s+3)(s+4)}$$

① $\frac{5}{3}$　② $-\frac{5}{3}$
③ $\frac{5}{4}$　④ $-\frac{5}{4}$

해설

㉠ 극점 $s_1=0$(중근), $s_2=-1$, $s_3=-3$, $s_4=-4$에서 극점의 수 $P=5$개가 되고, 극점의 총합 $\sum P=-8$이 된다.
㉡ 영점 $s=-3$에서 영점의 수 $Z=1$개가 되고, 영점의 총합 $\sum Z=-3$이 된다.
∴ 점근선의 교차점
$$\sigma=\frac{\sum P-\sum Z}{P-Z}=\frac{-8-(-3)}{5-1}=-\frac{5}{4}$$

상 제1장 자동제어의 개요

09 블록선도에서 ⓐ에 해당하는 신호는?

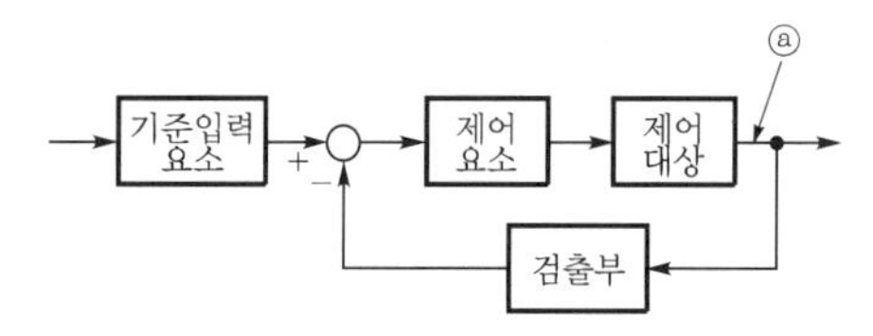

① 소삭량　② 세어량
③ 기준입력　④ 동작신호

해설

㉠ 제어대상의 입력 : 조작량
㉡ 제어대상의 출력 : 제어량

상 제7장 상태방정식

10 다음의 미분방정식과 같이 표현되는 제어시스템이 있다. 이 제어시스템을 상태방정식 $\dot{x}=Ax+Bu$로 나타내었을 때 시스템 행렬 A는?

$$\frac{d^3C(t)}{dt^3}+5\frac{d^2C(t)}{dt^2}+\frac{dC(t)}{dt}+2C(t)=r(t)$$

① $\begin{bmatrix}0&1&0\\0&0&1\\-2&-1&-5\end{bmatrix}$　② $\begin{bmatrix}1&0&0\\0&1&0\\-2&-1&-5\end{bmatrix}$

③ $\begin{bmatrix}0&1&0\\0&0&1\\2&1&5\end{bmatrix}$　④ $\begin{bmatrix}1&0&0\\0&1&0\\2&1&5\end{bmatrix}$

해설

㉠ $C(t)=x_1(t)$
㉡ $\frac{d}{dt}C(t)=\frac{d}{dt}x_1(t)=\dot{x}_1(t)=x_2(t)$
㉢ $\frac{d^2}{dt^2}C(t)=\frac{d}{dt}x_2(t)=\dot{x}_2(t)=x_3(t)$
㉣ $\frac{d^3}{dt^3}C(t)=\frac{d}{dt}x_3(t)=\dot{x}_3(t)$
$=-2x_1(t)-x_2(t)-5x_3(t)+r(t)$

$$\therefore \begin{bmatrix}\dot{x}_1\\\dot{x}_2\\\dot{x}_3\end{bmatrix}=\begin{bmatrix}0&1&0\\0&0&1\\-2&-1&-5\end{bmatrix}\begin{bmatrix}x_1(t)\\x_2(t)\\x_3(t)\end{bmatrix}+\begin{bmatrix}0\\0\\1\end{bmatrix}r(t)$$

정답 08. ④ 09. ② 10. ①

2022년 제2회 전기기사 기출문제

상 | 제2장 전달함수

01 다음 블록선도의 전달함수$\left(\dfrac{C(s)}{R(s)}\right)$는?

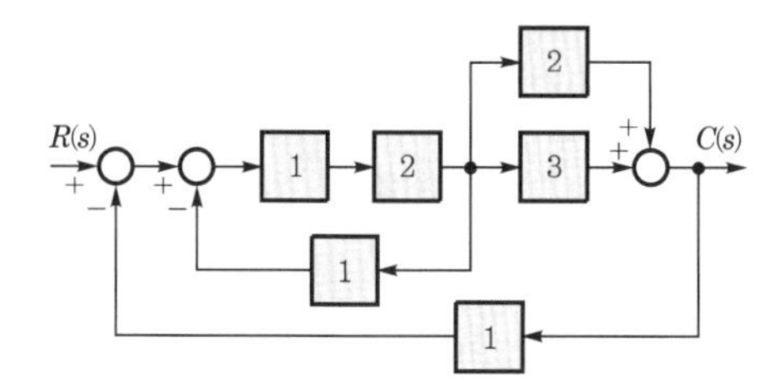

① $\dfrac{10}{9}$　② $\dfrac{10}{13}$

③ $\dfrac{12}{9}$　④ $\dfrac{12}{13}$

해설

종합전달함수

$$M(s)=\frac{\sum 전향경로이득}{1-\sum 폐루프이득}$$
$$=\frac{1\times2\times(2+3)}{1-(-2-10)}=\frac{10}{13}$$

상 | 제3장 주파수영역해석법

02 전달함수가 $G(s)=\dfrac{1}{0.1s(0.01s+1)}$과 같은 제어시스템에서 $\omega=0.1$[rad/s]일 때의 이득[dB]과 위상각[°]은 약 얼마인가?

① 40[dB], −90°　② −40[dB], 90°

③ 40[dB], −180°　④ −40[dB], −180°

해설

㉠ 주파수 전달함수

$$G(j\omega)=\left.\frac{1}{j0.1\omega(1+j0.01\omega)}\right|_{\omega=0.1}$$
$$=\frac{1}{j0.01(1+j0.001)}$$
$$\fallingdotseq 100\angle -90^\circ \ (위상각 : -90^\circ)$$

㉡ 이득 : $g=20\log|G(j\omega)|=20\log10^2$
$=40[\text{dB}]$

중 | 제8장 시퀀스회로의 이해

03 다음의 논리식과 등가인 것은?

$$Y=(A+B)(\overline{A}+B)$$

① $Y=A$　② $Y=B$

③ $Y=\overline{A}$　④ $Y=\overline{B}$

해설

$Y=(A+B)(\overline{A}+B)=A\overline{A}+AB+\overline{A}B+BB$
$=0+AB+\overline{A}B+B=B(A+\overline{A}+1)=B$

하 | 제7장 근궤적법

04 다음의 개루프 전달함수에 대한 근궤적이 실수축에서 이탈하게 되는 분리점은 약 얼마인가?

$$G(s)H(s)=\frac{K}{s(s+3)(s+8)},\ K\geq 0$$

① −0.93　② −5.74

③ −6.0　④ −1.33

해설

㉠ 특성방정식
$F(s)=1+G(s)H(s)$
$=s(s+3)(s+8)+K$
$=s^3+11s^2+24s+K=0$

㉡ 전달함수 이득
$K=-s^3-11s^2-24s$

㉢ $\dfrac{dK}{ds}=-3s^2-22s-24=0$에서

$$s=\frac{22\pm\sqrt{22^2-4\times(-3)\times(-24)}}{2\times(-3)}$$
$$=\frac{22\pm14}{-6}이므로$$

$s_1=-1.33,\ s_2=-6$이 된다.

∴ 근궤적의 범위가 $0\sim-3,\ -8\sim-\infty$ 이므로 분지점은 $s=-1.33$이 된다.

정답 01. ② 02. ① 03. ② 04. ④

중 제7장 상태방정식

05 $F(z)=\dfrac{(1-e^{-aT})z}{(z-1)(z-e^{-aT})}$ 의 역 z 변환은?

① $t\cdot e^{-at}$ ② $a^t\cdot e^{-at}$
③ $1+e^{-at}$ ④ $1-e^{-at}$

해설

$$F(z)=\frac{z-z\,e^{-at}}{(z-1)(z-e^{-at})}=\frac{z^2-z\,e^{-at}-z^2+z}{(z-1)(z-e^{-at})}=\frac{z(z-e^{-at})-z(z-1)}{(z-1)(z-e^{-at})}=\frac{z}{z-1}-\frac{z}{z-e^{-at}}$$

$\therefore\ f(t)=1-e^{-at}$

상 제2장 전달함수

06 기본 제어요소인 비례요소의 전달함수는? (단, K는 상수이다.)

① $G(s)=K$ ② $G(s)=Ks$
③ $G(s)=\dfrac{K}{s}$ ④ $G(s)=\dfrac{K}{s+K}$

해설 제어요소의 전달함수

㉠ 비례요소 : $G(s)=K$
㉡ 미분요소 : $G(s)=Ks$
㉢ 적분요소 : $G(s)=\dfrac{K}{s}$
㉣ 1차 지연요소 : $G(s)=\dfrac{K}{Ts+1}$
㉤ 2차 지연요소 : $G(s)=\dfrac{K\cdot\omega_n^2}{s^2+2\zeta\omega_n s+\omega_n^2}$
㉥ 부동작 시간요소 : $G(s)=Ke^{-Ls}$

하 제7장 상태방정식

07 다음의 상태방정식으로 표현되는 시스템의 상태천이행렬은?

$$\begin{bmatrix}\dfrac{d}{dt}x_1\\ \dfrac{d}{dt}x_2\end{bmatrix}=\begin{bmatrix}0 & 1\\ -3 & -4\end{bmatrix}\begin{bmatrix}x_1\\ x_2\end{bmatrix}$$

① $\begin{bmatrix}1.5e^{-t}-0.5e^{-3t} & -1.5e^{-t}+1.5e^{-3t}\\ 0.5e^{-t}-0.5e^{-3t} & -0.5e^{-t}+1.5e^{-3t}\end{bmatrix}$

② $\begin{bmatrix}1.5e^{-t}-0.5e^{-3t} & 0.5e^{-t}-0.5e^{-3t}\\ -1.5e^{-t}+1.5e^{-3t} & -0.5e^{-t}+1.5e^{-3t}\end{bmatrix}$

③ $\begin{bmatrix}1.5e^{-t}-0.5e^{-4t} & 0.5e^{-t}-0.5e^{-4t}\\ -1.5e^{-t}+1.5e^{-4t} & -0.5e^{-t}+1.5e^{-4t}\end{bmatrix}$

④ $\begin{bmatrix}1.5e^{-t}-0.5e^{-4t} & -1.5e^{-t}+1.5e^{-4t}\\ 0.5e^{-t}-0.5e^{-4t} & -0.5e^{-t}+1.5e^{-4t}\end{bmatrix}$

해설

㉠ $A=\begin{bmatrix}0 & 1\\ -3 & -4\end{bmatrix}$ 행렬일 경우 상태행렬식은 $\Phi(s)=[sI-A]^{-1}$이다.

㉡ $sI-A=\begin{bmatrix}s & 0\\ 0 & s\end{bmatrix}-\begin{bmatrix}0 & 1\\ -3 & -4\end{bmatrix}=\begin{bmatrix}s & -1\\ 3 & s+4\end{bmatrix}$

㉢ $[sI-A]^{-1}=\dfrac{1}{s(s+4)+3}\begin{bmatrix}s+4 & 1\\ -3 & s\end{bmatrix}=\dfrac{1}{s^2+4s+3}\begin{bmatrix}s+4 & 1\\ -3 & s\end{bmatrix}=\dfrac{1}{(s+1)(s+3)}\begin{bmatrix}s+4 & 1\\ -3 & s\end{bmatrix}=\begin{bmatrix}\dfrac{s+4}{(s+1)(s+3)} & \dfrac{1}{(s+1)(s+3)}\\ \dfrac{-3}{(s+1)(s+3)} & \dfrac{s}{(s+1)(s+3)}\end{bmatrix}$

$\therefore$ 천이행렬 $\Phi(t)=\mathcal{L}^{-1}\Phi(s)$이므로 각 행렬요소를 라플라스 역변환하면 다음과 같다.

$\Phi(t)=\begin{bmatrix}1.5e^{-t}-0.5e^{-3t} & 0.5e^{-t}-0.5e^{-3t}\\ -1.5e^{-t}+1.5e^{-3t} & -0.5e^{-t}+1.5e^{-3t}\end{bmatrix}$

상 제3장 시간영역해석법

08 제어시스템의 전달함수가 $T(s)=\dfrac{1}{4s^2+s+1}$과 같이 표현될 때 이 시스템의 고유주파수(ω_n [rad/s])와 감쇠율(ζ)은?

① $\omega_n=0.25,\ \zeta=1.0$
② $\omega_n=0.5,\ \zeta=0.25$
③ $\omega_n=0.5,\ \zeta=0.5$
④ $\omega_n=1.0,\ \zeta=0.5$

해설

㉠ 특성방정식 $F(s)=4s^2+s+1=0$에서
$F(s)=s^2+\dfrac{1}{4}s+\dfrac{1}{4}=0$

㉡ 2차 제어계의 특성방정식
$F(s)=s^2+2\zeta\omega_n s+\omega_n^2=0$과 비교하여 고유주파수($\omega_n$)와 감쇠율($\zeta$)을 구할 수 있다.

정답 05. ④ 06. ① 07. ② 08. ②

ⓒ 상수항에서 $\omega_n{}^2 = \frac{1}{4}$ 에서

고유주파수 $\omega_n = \frac{1}{2} = 0.5$이다.

ⓔ 1차항에서 $2\zeta\omega_n s = \frac{1}{4}s$에서

감쇠율 $\zeta = \frac{1}{4\times 2\omega_n} = \frac{1}{4} = 0.25$이다.

상 제2장 전달함수

09 **그림의 신호흐름선도를 미분방정식으로 표현한 것으로 옳은 것은? (단, 모든 초기값은 0이다.)**

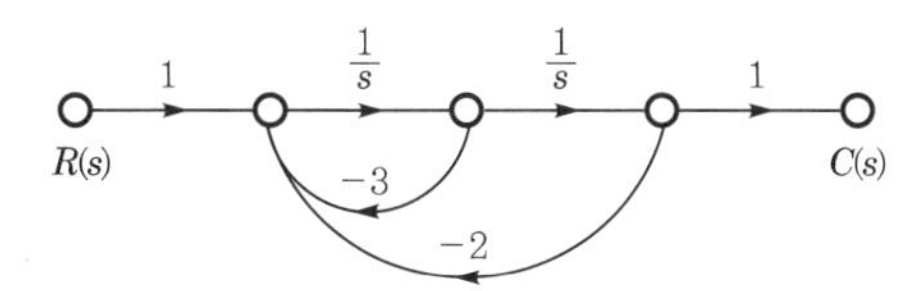

① $\frac{d^2c(t)}{dt^2} + 3\frac{dc(t)}{dt} + 2c(t) = r(t)$

② $\frac{d^2c(t)}{dt^2} + 2\frac{dc(t)}{dt} + 3c(t) = r(t)$

③ $\frac{d^2c(t)}{dt^2} - 3\frac{dc(t)}{dt} - 2c(t) = r(t)$

④ $\frac{d^2c(t)}{dt^2} - 2\frac{dc(t)}{dt} - 3c(t) = r(t)$

해설

㉠ 전달함수 : $M(s) = \frac{\sum 전향경로}{1-\sum 폐루프이득}$

$$M(s) = \frac{\frac{1}{s^2}}{1+\frac{3}{s}+\frac{2}{s^2}} = \frac{1}{s^2+3s+2} = \frac{C(s)}{R(s)}$$

㉡ $C(s)[s^2+3s+2] = R(s)$에서 라플라스 역변환하면

$\therefore \frac{d^2}{dt^2}c(t) + 3\frac{d}{dt}c(t) + 2c(t) = r(t)$

상 제7장 상태방정식

10 **제어시스템의 특성방정식이 $s^4 + s^3 - 3s^2 - s + 2 = 0$와 같을 때, 이 특성방정식에서 s 평면의 오른쪽에 위치하는 근은 몇 개인가?**

① 0　　② 1

③ 2　　④ 3

해설 제어계의 안정조건

㉠ 특성방정식의 모든 차수가 존재할 것

㉡ 특성방정식의 부호가 모두 동일(+)할 것

ⓒ 위 두 조건을 만족하지 못하면 불안정한 제어계가 되며, 불안정한 근(s평면 우반면근)은 2개가 된다.

정답 09. ① 10. ③

2022년 제3회 전기기사 CBT 기출복원문제

하 제2장 전달함수

01 $\dfrac{k}{s+\alpha}$ 인 전달함수를 신호흐름선도로 표시하면?

① (신호흐름선도: k, s, -1, 궤환 α)

② (신호흐름선도: s, k, 1, 궤환 $-\alpha$)

③ (신호흐름선도: k, $-1/s$, -1, 궤환 α)

④ (신호흐름선도: s, $-k$, 1, 궤환 $-\alpha$)

해설

보기의 전달함수 값은 다음과 같다.

① $M(s)=\dfrac{-ks}{1-s\alpha}$

② $M(s)=\dfrac{ks}{1+k\alpha}$

③ $\dfrac{\frac{k}{s}}{1+\frac{\alpha}{s}}=\dfrac{k}{s+\alpha}$

④ $\dfrac{-ks}{1-k\alpha}$

상 제2장 전달함수

02 적분요소의 전달함수는?

① K
② $\dfrac{K}{Ts+1}$
③ $\dfrac{1}{Ts}$
④ Ts

해설

① 비례요소
② 1차 지연요소
③ 적분요소
④ 미분요소

상 제7장 상태방정식

03 $\dfrac{d^3}{dt^3}c(t)+8\dfrac{d^2}{dt^2}c(t)+19\dfrac{d}{dt}c(t)+12c(t)=6u(t)$의 미분방정식을 상태방정식 $\dfrac{dx(t)}{dt}=Ax(t)+Bu(t)$로 표현할 때 옳은 것은?

① $A=\begin{bmatrix}0&1&0\\0&0&1\\-12&-19&-8\end{bmatrix}$, $B=\begin{bmatrix}0\\0\\6\end{bmatrix}$

② $A=\begin{bmatrix}0&1&0\\0&0&1\\-8&-19&-12\end{bmatrix}$, $B=\begin{bmatrix}0\\0\\6\end{bmatrix}$

③ $A=\begin{bmatrix}0&1&0\\0&0&1\\-12&-19&-8\end{bmatrix}$, $B=\begin{bmatrix}6\\0\\0\end{bmatrix}$

④ $A=\begin{bmatrix}0&1&0\\0&0&1\\-12&-19&-8\end{bmatrix}$, $B=\begin{bmatrix}6\\0\\1\end{bmatrix}$

해설

㉠ $c(t)=x_1(t)$

㉡ $\dfrac{d}{dt}c(t)=\dfrac{d}{dt}x_1(t)=\dot{x}_1(t)=x_2(t)$

㉢ $\dfrac{d^2}{dt^2}c(t)=\dfrac{d}{dt}x_2(t)=\dot{x}_2(t)=x_3(t)$

㉣ $\dfrac{d^3}{dt^3}c(t)=\dfrac{d}{dt}x_3(t)=\dot{x}_3(t)$
$=-12x_1(t)-19x_2(t)-8x_3(t)+6u(t)$

$$\therefore \begin{bmatrix}\dot{x}_1\\\dot{x}_2\\\dot{x}_3\end{bmatrix}=\begin{bmatrix}0&1&0\\0&0&1\\-12&-19&-8\end{bmatrix}\begin{bmatrix}x_1(t)\\x_2(t)\\x_3(t)\end{bmatrix}+\begin{bmatrix}0\\0\\6\end{bmatrix}u(t)$$

상 제8장 시퀀스회로의 이해

04 논리식 $\overline{A}+\overline{B}\cdot\overline{C}$를 간단히 계산한 결과는?

① $\overline{A+BC}$
② $\overline{A\cdot(B+C)}$
③ $\overline{A\cdot B+C}$
④ $\overline{A+B}+C$

정답 01. ③ 02. ③ 03. ① 04. ②

해설

드 모르간의 정리를 이용하여 논리식을 간략화하면 다음과 같다.

$\therefore\ \overline{\overline{A+\overline{(\overline{B}\cdot\overline{C})}}} = \overline{A\cdot(B+C)}$

상 제3장 시간영역해석법

05 전달함수 $G(s)=\frac{C(s)}{R(s)}=\frac{1}{(s+a)^2}$ 인 제어계의 임펄스응답 $c(t)$는?

① e^{-at} ② $1-e^{-at}$

③ te^{-at} ④ $\frac{1}{2}t^2$

해설

㉠ 임펄스함수의 라플라스 변환

$\delta(t) \xrightarrow{\mathcal{L}} 1$ (즉, $R(s)=1$)

㉡ 출력 라플라스 변환

$C(s)=R(s)G(s)=G(s)=\frac{1}{(s+a)^2}$

㉢ 응답 $c(t)=\mathcal{L}^{-1}\left[\frac{1}{(s+a)^2}\right]$

$=\mathcal{L}^{-1}\left[\frac{1}{s^2}\Big|_{s\to s+a}\right]=te^{-at}$

상 제2장 전달함수

06 다음과 같은 블록선도에서 등가 합성전달함수 $\frac{C}{R}$는?

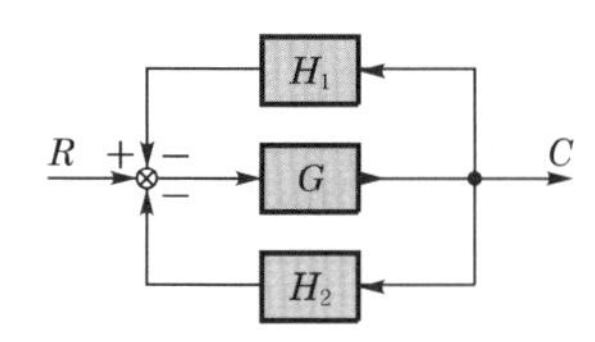

① $\frac{H_1+H_2}{1+G}$

② $\frac{G}{1-H_3G-H_2G}$

③ $\frac{H_1}{1+H_1H_2G}$

④ $\frac{G}{1+H_1G+H_2G}$

해설

종합전달함수

$M(s)=\frac{\Sigma\text{전향경로이득}}{1-\Sigma\text{폐루프이득}}=\frac{G}{1-(-GH_1-GH_2)}$

$=\frac{G}{1+H_1G+H_2G}$

상 제4장 주파수영역해석법

07 전달함수 $G(s)=\frac{1}{s(s+10)}$ 에 $\omega=0.1$인 정현파 입력을 주었을 때 보드선도의 이득은?

① −40[dB] ② −20[dB]

③ 0[dB] ④ 20[dB]

해설

주파수 전달함수

$G(j\omega)=\frac{1}{j\omega(j\omega+10)}\Big|_{\omega=0.1}$

$=\frac{1}{j0.1(j0.1+10)}\fallingdotseq 1\angle -90°$

∴ 이득 $g=20\log|G(j\omega)|$

$=20\log 1=0$[dB]

상 제6장 근궤적법

08 개루프 전달함수가 $\frac{K(s-5)}{s(s-1)^2(s+2)^2}$ 일 때 주어지는 계에서 점근선의 교차점은?

① $-\frac{3}{2}$ ② $-\frac{7}{4}$

③ $\frac{5}{3}$ ④ $-\frac{1}{5}$

해설

㉠ 극점 $s_1=0$, $s_2=1$(중근), $s_3=-2$(중근)에서 극점의 수 $P=5$개가 되고, 극점의 총합 $\Sigma P=1+1-2-2=-2$가 된다.

㉡ 영점 $s_1=5$ 에서 영점의 수 $Z=1$개가 되고, 영점의 총합 $\Sigma Z=5$가 된다.

∴ 점근선의 교차점

$\sigma=\frac{\Sigma P-\Sigma Z}{P-Z}=\frac{-2-5}{5-1}=-\frac{7}{4}$

정답 05. ③ 06. ④ 07. ③ 08. ②

상 제5장 안정도 판별법

09 $G(j\omega)H(j\omega) = \dfrac{20}{(j\omega+1)(j\omega+2)}$ 의 이득여유는?

① 0[dB] ② 10[dB]
③ 20[dB] ④ −20[dB]

해설

㉠ 이득여유는 개루프 전달함수 $G(j\omega)H(j\omega)$의 허수를 0으로 하여 구해야 한다.
㉡ 개루프 전달함수

$$G(j\omega)H(j\omega) = \left.\frac{20}{(j\omega+1)(j\omega+2)}\right|_{\omega=0} = \frac{20}{2} = 10$$

㉢ 이득여유

$$g_m = 20\log\frac{1}{|G(j\omega)H(j\omega)|} = 20\log\frac{1}{10} = -20[\text{dB}]$$

상 제3장 시간영역해석법

10 2차 제어계의 과도응답에 대한 설명 중 틀린 것은?

① 제동계수가 1보다 작은 경우는 부족제동이라 한다.
② 제동계수가 1보다 큰 경우는 과제동이라 한다.
③ 제동계수가 1일 경우는 적정제동이라 한다.
④ 제동계수가 0일 경우는 무제동이라 한다.

해설 2차 지연요소의 인디셜 응답의 구분

㉠ $0<\delta<1$: 부족제동
㉡ $\delta=1$: 임계제동
㉢ $\delta>1$: 과제동
㉣ $\delta=0$: 무제동(무한진동)
㉤ $\delta<0$: 발산
∴ 제동계수 δ가 1일 경우 임계제동이라 한다.

정답 09. ④ 10. ③

2023년 제1회 전기기사 CBT 기출복원문제

상 제1장 자동제어의 개요

01 피드백 제어계에서 제어요소에 대한 설명 중 옳은 것은?

① 목표차에 비례하는 신호를 발생하는 요소이다.
② 조작부와 검출부로 구성되어 있다.
③ 조절부와 검출부로 구성되어 있다.
④ 동작신호를 조작량으로 변환시키는 요소이다.

해설 제어요소

㉠ 동작신호에 따라 제어대상을 제어하기 위한 조작량을 만들어 내는 장치
㉡ 조절부와 조작부로 구성

중 제2장 전달함수

02 다음 신호흐름선도에서 $\frac{C(s)}{R(s)}$의 값은?

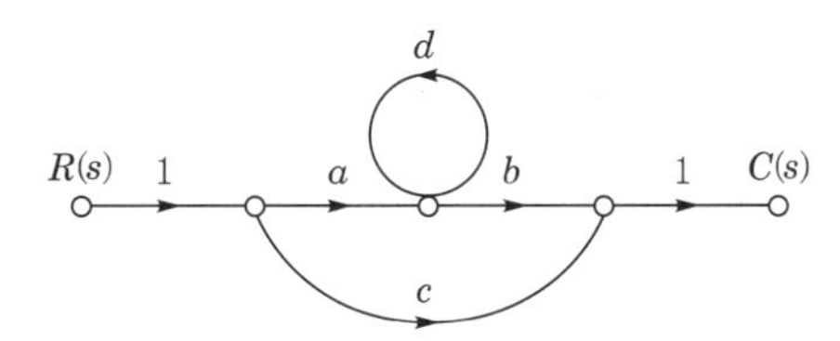

① $\frac{ab+c(1-d)}{1-d}$ ② $\frac{ab+c}{1-d}$

③ $ab+c$ ④ $\frac{ab+c(1+d)}{1+d}$

해설

㉠ $\Delta = 1-\sum l_1 = 1-d$
㉡ $G_1 = ab,\ \Delta_1 = 1$
㉢ $G_2 = c,\ \Delta_2 = \Delta = 1-d$

∴ 메이슨공식

$$M(s) = \frac{\sum G_K \Delta_K}{\Delta} = \frac{G_1\Delta_1 + G_2\Delta_2}{\Delta} = \frac{ab+c(1-d)}{1-d}$$

하 제8장 시퀀스회로의 이해

03 다음 그림과 같은 회로는 어떤 논리회로인가?

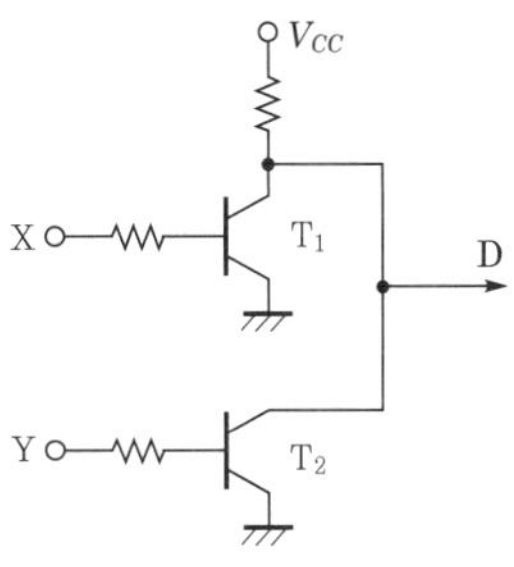

① AND 회로 ② NAND 회로
③ OR 회로 ④ NOR 회로

해설

㉠ 트랜지스터(T_1, T_2)에 입력(X, Y)을 주면 전원(Vcc)은 모두 접지로 흐르기 때문에 출력(D)은 0이 되어 ㉡과 같이 동작한다.
㉡ 진리표(Truth-table)

NOR 회로		
입력		출력
X	Y	D
0	0	1
0	1	0
1	0	0
1	1	0

중 제3장 시간영역해석법

04 단위램프입력에 대하여 정상속도편차 상수가 유한값을 갖는 제어계의 형은?

① 0형 제어계 ② 1형 제어계
③ 2형 제어계 ④ 3형 제어계

해설 제어계의 형별

㉠ 정상위치편차 e_{sp}가 유한한 값이 나오면 0형 제어계라 한다. (입력 : 단위계단함수)
㉡ 정상 속도편차 e_{sv}가 유한한 값이 나오면 1형 제어계라 한다. (입력 : 단위램프함수)
㉢ 정상 가속도편차 e_{sa}가 유한한 값이 나오면 2형 제어계라 한다. (입력 : 단위포물선함수)

정답 01. ④ 02. ① 03. ④ 04. ②

상 제5장 안정도 판별법

05 계의 특성방정식이 $2s^4+4s^2+3s+6=0$일 때 이 계통은?

① 안정하다. ② 불안정하다.
③ 임계상태이다. ④ 조건부 안정이다.

해설 안정조건

특성방정식의 모든 차수가 존재하면서 차수의 부호가 동일(+)할 것

∴ s^3계수가 0이므로 안정 필요조건에 만족하지 못하므로 불안정한 제어계가 된다.

중 제4장 주파수영역해석법

06 $G(s)=e^{-Ls}$에서 $\omega=100$[rad/sec]일 때 이득 g[dB]은?

① 0[dB] ② 20[dB]
③ 30[dB] ④ 40[dB]

해설

㉠ 주파수 전달함수 : $G(j\omega)=e^{-j\omega L}=1\angle-\omega L°$

㉡ 이득 : $g=20\log|G(j\omega)|=20\log 1=0$[dB]

상 제7장 상태방정식

07 다음 중 z변환함수 $\dfrac{3z}{(z-e^{-3t})}$에 대응되는 라플라스 변환함수는?

① $\dfrac{1}{(s+3)}$

② $\dfrac{3}{(s-3)}$

③ $\dfrac{1}{(s-3)}$

④ $\dfrac{3}{(s+3)}$

해설

㉠ z역변환 : $\dfrac{3z}{(z-e^{-3t})}\xrightarrow{z^{-1}}3e^{-3t}$

㉡ 라플라스 변환 : $3e^{-3t}\xrightarrow{\mathcal{L}}\dfrac{3}{s+3}$

중 제6장 근궤적법

08 근궤적 s평면의 $j\omega$축과 교차할 때 폐루프의 제어계는?

① 안정 ② 불안정
③ 임계상태 ④ 알 수 없다.

해설 특성근 위치에 따른 안정도 판별

㉠ s평면 좌반부에 위치 : 안정
㉡ s평면 우반부에 위치 : 불안정
㉢ s평면 허수축에 위치 : 임계상태(안정한계)

중 제2장 전달함수

09 다음의 두 블록선도가 등가인 경우 A요소의 전달함수는?

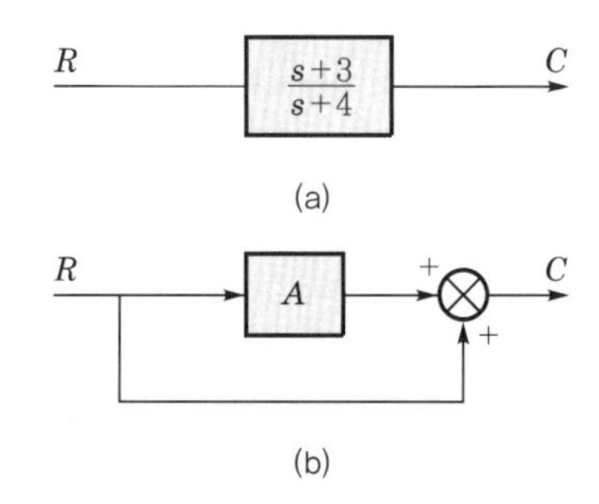

① $\dfrac{-1}{s+4}$

② $\dfrac{-2}{s+4}$

③ $\dfrac{-3}{s+4}$

④ $\dfrac{-4}{s+4}$

해설

㉠ (a) 회로의 종합 전달함수

$$M(s)=\frac{\sum 전향경로이득}{\sum 폐루프이득}=\frac{s+3}{s+4}$$

㉡ (b) 회로의 종합 전달함수

$$M(s)=\frac{\sum 전향경로이득}{\sum 폐루프이득}=A+1$$

㉢ (a), (b) 회로가 등가가 되기 위한 A값은

$\dfrac{s+3}{s+4}=A+1$에서

$\therefore A=\dfrac{s+3}{s+4}-1=\dfrac{-1}{s+4}$

정답 05. ② 06. ① 07. ④ 08. ③ 09. ①

상 제7장 상태방정식

10 $A = \begin{bmatrix} 0 & 1 \\ -3 & -2 \end{bmatrix}$, $B = \begin{bmatrix} 4 \\ 5 \end{bmatrix}$인 상태방정식 $\dfrac{dx}{dt} = Ax + Br$에서 제어계의 특성방정식은?

① $s^2+4s+3=0$ ② $s^2+3s+2=0$
③ $s^2+3s+4=0$ ④ $s^2+2s+3=0$

해설

특성방정식 $F(s) = |sI - A| = 0$에서

$$\therefore F(s) = \begin{bmatrix} s & 0 \\ 0 & s \end{bmatrix} - \begin{bmatrix} 0 & 1 \\ -3 & -2 \end{bmatrix}$$
$$= \begin{bmatrix} s & -1 \\ 3 & s+2 \end{bmatrix}$$
$$= s(s+2)+3$$
$$= s^2+2s+3=0$$

정답 10. ④

2023년 제2회 전기기사 CBT 기출복원문제

상 제6장 근궤적법

01 특성방정식이 아래와 같을 때 근궤적의 점근선이 실수축과 이루는 각은 각각 몇 도인가? (단, $-\infty < K \leq 0$ 이다.)

$$s(s+4)(s^2+3s+3)+K(s+2)=0$$

① $0°$, $120°$, $240°$
② $45°$, $135°$, $225°$
③ $60°$, $180°$, $300°$
④ $90°$, $180°$, $270°$

해설

㉠ 전달함수 : $G(s)=\dfrac{K(s+2)}{s(s+4)(s^2+3s+3)}$
㉡ 극점의 수 : $P=4$
㉢ 영점의 수 : $Z=1$
㉣ 점근선의 수 : $N=P-Z=3$
∴ 점근선이 이루는 각 : $\alpha=\dfrac{(2K+1)\pi}{P-Z}$

- $K=0$ 일 때 : $\alpha_0=\dfrac{\pi}{4-1}=60°$
- $K=1$ 일 때 : $\alpha_1=\dfrac{3\pi}{4-1}=180°$
- $K=2$ 일 때 : $\alpha_2=\dfrac{5\pi}{4-1}=300°$

하 제8장 시퀀스회로의 이해

02 인버터(—▷o—)의 기능 회로가 아닌 것은?

① 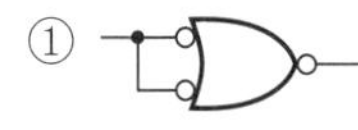
② 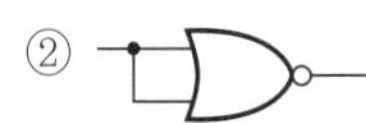
③ 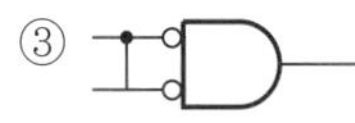
④

해설

① $\overline{\overline{A}+\overline{A}}=A\cdot A=A$
② $\overline{A+A}=\overline{A}\cdot\overline{A}=\overline{A}$
③ $\overline{A}\cdot\overline{A}=\overline{A}$
④ $\overline{A+A}=\overline{A}\cdot\overline{A}=\overline{A}$

∴ 인버터는 반전회로이므로 입력에 A를 주었을 때 반전이 되지 않은 ①이 정답이 된다.

상 제3장 시간영역해석법

03 제동계수 $\zeta=1$인 경우 어떠한가?

① 임계진동이다.
② 강제진동이다.
③ 감쇠진동이다.
④ 완전진동이다.

해설 2차 지연요소의 인디셜응답의 구분

㉠ $0<\zeta<1$: 부족제동
㉡ $\zeta=1$: 임계제동(임계진동)
㉢ $\zeta>1$: 과제동
㉣ $\zeta=0$: 무제동(무한진동)
㉤ $\zeta<0$: 발산

중 제7장 상태방정식

04 상태방정식 $\dfrac{d}{dt}x(t)=Ax(t)+Br(t)$인 제어계의 특성방정식은?

① $|sI-B|=I$
② $|sI-A|=I$
③ $|sI-B|=0$
④ $|sI-A|=0$

하 제1장 자동제어의 개요

05 조작량이 아래와 같이 표시되는 PID동작에 있어서 비례감도, 적분시간, 미분시간을 구하면?

$$y(t)=4z(t)+1.6\frac{dz(t)}{dt}+\int z(t)dt$$

① $K_P=2$, $T_D=0.1$, $T_I=2$
② $K_P=3$, $T_D=0.2$, $T_I=4$
③ $K_P=4$, $T_D=0.4$, $T_I=4$
④ $K_P=5$, $T_D=0.4$, $T_I=4$

정답 01. ③ 02. ① 03. ① 04. ④ 05. ③

해설

㉠ 위의 함수를 라플라스 변환하여 전개하면

$$Y(s) = 4Z(s) + 1.6s\,Z(s) + \frac{1}{s}Z(s)$$
$$= 4\left(1 + 0.4s + \frac{1}{4s}\right)Z(s)$$

㉡ 전달함수

$$Y(s) = \frac{Y(s)}{Z(s)} = K_P\left(1 + T_D s + \frac{1}{T_I s}\right)$$
$$= 4\left(1 + 0.4s + \frac{1}{4s}\right)$$

∴ 비례감도$(K_P) = 4$, 미분시간$(T_D) = 0.4$, 적분시간$(T_I) = 4$

상 | 제2장 전달함수

06 **전달함수에 대한 설명으로 틀린 것은?**

① 어떤 계의 전달함수는 그 계에 대한 임펄스응답의 라플라스 변환과 같다.

② 전달함수는 $\dfrac{\text{출력 라플라스 변환}}{\text{입력 라플라스 변환}}$으로 정의된다.

③ 전달함수가 s가 될 때 적분요소라 한다.

④ 어떤 계의 전달함수의 분모를 0으로 놓으면 이것이 곧 특성방정식이다.

해설

㉠ 미분요소 : $G(s) = s$

㉡ 적분요소 : $G(s) = \dfrac{1}{s}$

상 | 제7장 상태방정식

07 **다음 중 라플라스 변환값과 z 변환값이 같은 함수는?**

① t^2 ② t

③ $u(t)$ ④ $\delta(t)$

해설 z변환과 s변환의 관계

$f(t)$	s변환	z변환
임펄스함수 $\delta(t)$	1	1
단위계단함수 $u(t)=1$	$\dfrac{1}{s}$	$\dfrac{z}{z-1}$
지수함수 e^{-at}	$\dfrac{1}{s+a}$	$\dfrac{z}{z-e^{-at}}$
램프함수 t	$\dfrac{1}{s^2}$	$\dfrac{Tz}{(z-1)^2}$

상 | 제7장 상태방정식

08 **다음 중 단위계단입력에 대한 응답특성이 $c(t) = 1 - e^{-\frac{1}{T}t}$로 나타나는 제어계는?**

① 비례제어계

② 적분제어계

③ 1차 지연제어계

④ 2차 지연제어계

해설

1차 지연요소에 계단함수 $f(t) = Ku(t)$를 넣으면 출력 $c(t) = K\left(1 - e^{-\frac{1}{T}t}\right)$의 형태가 된다.

상 | 제4장 주파수영역해석법

09 **전압비 10^7일 때 감쇠량으로 표시하면 몇 [dB]인가?**

① 7[dB]

② 70[dB]

③ 100[dB]

④ 140[dB]

해설

이득 $g = 20\log|G(j\omega)|$
$= 20\log 10^7 = 140\log 10$
$= 140$[dB]

중 | 제5장 안정도 판별법

10 **특성방정식이 아래와 같을 때 특성근 중에는 양의 실수부를 갖는 근이 몇 개 있는가?**

$$s^4 + 7s^3 + 17s^2 + 17s + 6 = 0$$

① 1 ② 2

③ 3 ④ 무근

정답 06. ③ 07. ④ 08. ③ 09. ④ 10. ④

해설

루스표를 작성하면 다음과 같다.

㉠ $F(s)=a_0s^4+a_1s^3+a_2s^2+a_3s+a_4=0$

s^4	a_0	a_2	a_4
s^3	a_1	a_3	a_5
s^2	b_1	b_2	b_3
s^1	c_1	c_2	c_3
s^0	d_1	d_2	d_3

㉡ $F(s)=s^4+7s^3+17s^2+17s+6=0$

s^4	1	17	6
s^3	7	17	0
s^2	b_1	6	0
s^1	c_1	0	0
s^0	6	0	0

㉢ $b_1=\dfrac{\begin{bmatrix}a_0 & a_2\\ a_1 & a_3\end{bmatrix}}{-a_1}=\dfrac{a_0a_3-a_1a_2}{-a_1}$

$=\dfrac{1\times17-7\times17}{-7}=14.57$

㉣ $c_1=\dfrac{\begin{bmatrix}a_1 & a_3\\ b_1 & b_2\end{bmatrix}}{-a_1}=\dfrac{a_1b_2-b_1a_3}{-b_1}$

$=\dfrac{7\times6-14.57\times17}{-14.57}=14.11$

∴ 수열 제1열이 모두 동일 부호이므로 안정하고, 불안정한 근(양의 실수부의 근)은 없다.

2023년 제3회 전기기사 CBT 기출복원문제

상 제8장 시퀀스회로의 이해

01 다음 논리식 $[(AB+A\overline{B})+AB]+\overline{A}B$를 간단히 하면?

① $A+B$

② $\overline{A}+B$

③ $A+\overline{B}$

④ $A+A\cdot B$

해설

$[(AB+A\overline{B})+AB]+\overline{A}B$
$=[A(B+\overline{B})+AB]+\overline{A}B$
$=A+AB+\overline{A}B$
$=A+AB+AB+\overline{A}B$
$=A(1+B)+B(A+\overline{A})$
$=A+B$

중 제3장 시간영역해석법

02 단위 부궤환제어시스템(unit negative feed back control system)의 개루프 전달함수 $G(s)=\dfrac{{\omega_n}^2}{s(s+2\zeta\omega_n)}$일 때 다음 설명 중 틀린 것은?

① 이 시스템은 $\zeta=1.2$일 때 과제동된 상태에 있게 된다.

② 이 폐루프시스템의 특성방정식은 $s^2+2\zeta\omega_n s+\omega_n^2=0$이다.

③ ζ 값이 작게 될수록 제동이 많이 걸리게 된다.

④ ζ 값이 음의 값이면 불안정하게 된다.

해설

㉠ $\zeta>1$: 과제동
㉡ $\zeta=1$: 임계제동
㉢ $0<\zeta<1$: 부족제동
㉣ $\zeta=0$: 무제동(무한진동)
㉤ $\zeta<0$: 발산
∴ 제동계수 ζ가 클수록 제동이 많이 걸리게 된다.

중 제3장 시간영역해석법

03 전달함수 $G(s)=\dfrac{C(s)}{R(s)}=\dfrac{1}{(s+a)^2}$인 제어계의 임펄스응답 $c(t)$는?

① e^{-at}

② $1-e^{-at}$

③ te^{-at}

④ $\dfrac{1}{2}t^2$

해설

㉠ 임펄스함수의 라플라스 변환
$\delta(t)\xrightarrow{\mathcal{L}}1$ [즉, $R(s)=1$]

㉡ 출력 라플라스 변환
$C(s)=R(s)G(s)=G(s)=\dfrac{1}{(s+a)^2}$

∴ 응답(시간영역에서의 출력)
$c(t)=\mathcal{L}^{-1}\left[\dfrac{1}{(s+a)^2}\right]$
$=\mathcal{L}^{-1}\left[\dfrac{1}{s^2}\Big|_{s\to s+a}\right]=te^{-at}$

상 제7장 상태방정식

04 샘플치(sampled-date) 제어계통이 안정되기 위한 필요충분 조건은?

① 전체(over-all) 전달함수의 모든 극점이 z평면의 원점에 중심을 둔 단위원 내부에 위치해야 한다.

② 전체(over-all) 전달함수의 모든 영점이 z평면의 원점에 중심을 둔 단위원 내부에 위치해야 한다.

③ 전체(over-all) 전달함수의 모든 극점이 z평면 좌반면에 위치해야 한다.

④ 전체(over-all) 전달함수의 모든 영점이 z평면 우반면에 위치해야 한다.

정답 01. ① 02. ③ 03. ③ 04. ①

해설 극점의 위치에 따른 안정도 판별

구분	s평면	z평면
안정	좌반부	단위원 내부에 사상
불안정	우반부	단위원 외부에 사상
임계안정 (안정한계)	허수축	단위 원주상으로 사상

하 제2장 전달함수

05 그림과 같은 액면계에서 $q(t)$를 입력, $h(t)$를 출력으로 본 전달함수는?

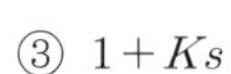
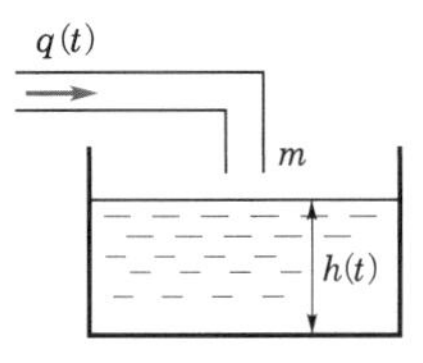

① $\frac{K}{s}$

② Ks

③ $1+Ks$

④ $\frac{K}{1+s}$

해설

$h(t)=\frac{1}{A}\int q(t)dt$에서 이를 라플라스 변환하면

$H(s)=\frac{1}{As}Q(s)=\frac{K}{s}Q(s)$

∴ 전달함수 $G(s)=\frac{H(s)}{Q(s)}=\frac{K}{s}$

상 제2장 전달함수

06 그림과 같은 신호흐름선도에서 전달함수 $\frac{C(s)}{R(s)}$는?

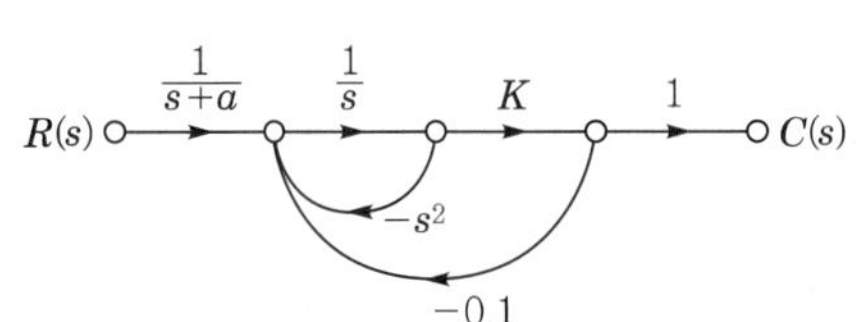

① $\frac{C(s)}{R(s)}=\frac{K}{(s+a)(s^2+s+0.1K)}$

② $\frac{C(s)}{R(s)}=\frac{K(s+a)}{(s+a)(s^2+s+0.1K)}$

③ $\frac{C(s)}{R(s)}=\frac{K}{(s+a)(s^2+s-0.1K)}$

④ $\frac{C(s)}{R(s)}=\frac{K(s+a)}{(s+a)(-s^2-s+0.1K)}$

해설 종합전달함수(메이슨공식)

$$M(s)=\frac{C(s)}{R(s)}=\frac{\sum 전향경로이득}{1-\sum 폐루프이득}$$

$$=\frac{\frac{K}{s(s+a)}}{1+s+\frac{0.1K}{s}}$$

$$=\frac{K}{s(s+a)\left(s+1+\frac{0.1K}{s}\right)}$$

$$=\frac{K}{(s+a)(s^2+s+0.1K)}$$

중 제3장 시간영역해석법

07 미분방정식으로 표시되는 2차계가 있다. 진동계수는 얼마인가? (단, y는 출력, x는 입력이다.)

$$\frac{d^2y}{dt^2}+5\frac{dy}{dt}+9y=9x$$

① 5

② 6

③ $\frac{6}{5}$

④ $\frac{5}{6}$

해설

㉠ 미분방정식을 라플라스 변환하면

$s^2Y(s)+5sY(s)+9Y(s)=9X(s)$

$Y(s)(s^2+5s+9)=9X(s)$

㉡ 전달함수

$M(s)=\frac{Y(s)}{X(s)}=\frac{9}{s^2+5s+9}$

㉢ 특성방정식

$F(s)=s^2+5s+9=0$

㉣ 2차 제어계의 특성방정식

$F(s)=s^2+2\zeta\omega_n s+\omega_n^2=0$

㉤ 상수항에서 $\omega_n^2=9$이므로 고유각 주파수

$\omega_n=3$

∴ 1차항에서 $2\zeta\omega_n s=5s$이므로 진동계수는

$\zeta=\frac{5}{2\omega_n}=\frac{5}{2\times 3}=\frac{5}{6}$

정답 05. ① 06. ① 07. ④

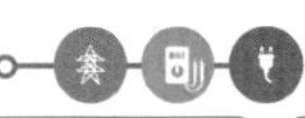

상 제5장 안정도 판별법

08 $G(j\omega)H(j\omega)=\dfrac{10}{(j\omega+1)(j\omega+T)}$ 에서 이득여유를 20[dB]보다 크게 하기 위한 T의 범위는?

① $T>0$ ② $T>10$
③ $T<0$ ④ $T>100$

해설

㉠ 이득여유는 개루프 전달함수 $G(j\omega)H(j\omega)$의 허수를 0으로 하여 구해야 한다.
㉡ 개루프 전달함수

$$G(j\omega)H(j\omega)=\left.\frac{10}{(j\omega+1)(j\omega+T)}\right|_{\omega=0}=\frac{10}{T}$$

㉢ 이득여유 $g_m=20\log\dfrac{1}{|G(j\omega)H(j\omega)|}$

$$=20\log\frac{T}{10}$$

$g_m=20$[dB]보다 크게 하려면 $\dfrac{T}{10}>10$이 되어야 한다.

$\therefore\ T>100$

중 제2장 전달함수

09 $G(s)=\dfrac{s+b}{s+a}$ 전달함수를 갖는 회로가 진상 보상회로의 특성을 가지려면 그 조건은 어떠한가?

① $a>b$
② $a<b$
③ $a>1$
④ $b>1$

해설

㉠ 진상보상기
출력신호의 위상이 입력신호 위상보다 앞서도록 보상하여 안정도와 속응성 개선을 목적으로 한다.

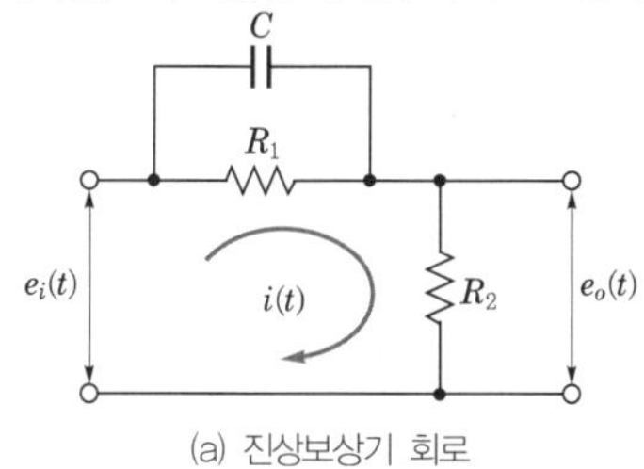

(a) 진상보상기 회로

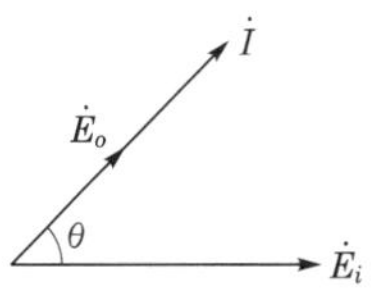

(b) 정지 벡터도

㉡ 진상보상기의 전달함수

$$G(s)=\frac{E_o(s)}{E_i(s)}=\frac{R_2}{\dfrac{R_1\times\dfrac{1}{Cs}}{R_1+\dfrac{1}{Cs}}+R_2}$$

$$=\frac{R_2+R_1R_2Cs}{R_1+R_2+R_1R_2Cs}$$

$$=\frac{s+\dfrac{R_2}{R_1R_2C}}{s+\dfrac{R_1+R_2}{R_1R_2C}}=\frac{s+b}{s+a}$$

∴ 진상보상기의 전달함수는 위와 같으므로, $a>b$ 의 조건을 갖는다.

하 제6장 근궤적법

10 다음 중 어떤 계통의 파라미터가 변할 때 생기는 특성방정식의 근의 움직임으로 시스템의 안정도를 판별하는 방법은?

① 보드선도법
② 나이퀴스트 판별법
③ 근궤적법
④ 루스-후르비츠 판별법

정답 08. ④ 09. ① 10. ③

2024년 제1회 전기기사 CBT 기출복원문제

상 제2장 전달함수

01 어떤 계의 계단응답이 지수함수적으로 증가하고 일정값으로 된 경우 이 계는 어떤 요소인가?

① 미분요소
② 1차 뒤진요소
③ 부동작요소
④ 지상요소

해설 1차 지연(뒤진)요소

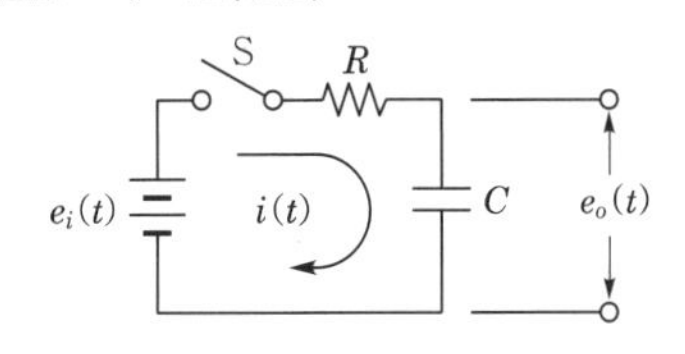

(a)

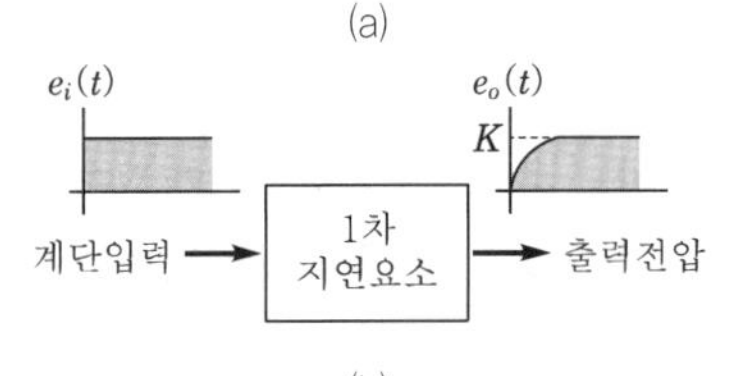

(b)

출력전압 $e_o(t)$는 콘덴서(C)에 충전되는 전압으로 초기에는 지수함수적으로 증가하다 충전이 완료되면 일정전압이 된다.

$\therefore\ e_o(t) = K\left(1-e^{-\frac{1}{T}t}\right)$[V]

중 제3장 시간영역해석법

02 다음 회로의 임펄스응답은? (단, $t=0$에서 스위치 K를 닫으면 v_o를 출력으로 본다.)

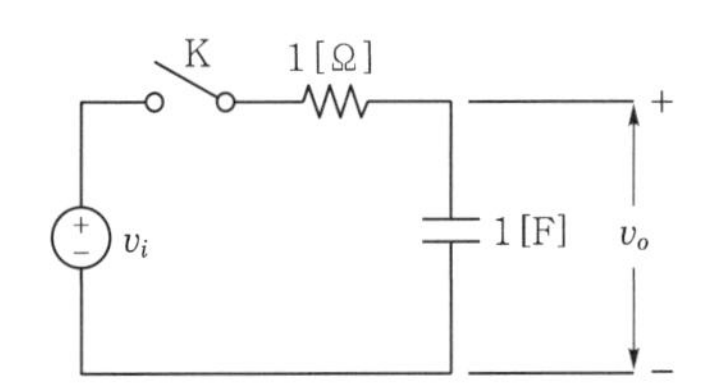

① e^t　　② e^{-t}

③ $\dfrac{1}{2}e^{-t}$　　④ $2e^{-t}$

해설

㉠ 종합 전달함수

$$M(s) = \frac{V_o(s)}{V_i(s)} = \frac{\frac{1}{Cs}}{R+\frac{1}{Cs}} = \frac{1}{RCs+1} = \frac{\frac{1}{RC}}{s+\frac{1}{RC}}$$

㉡ 응답

$v_o(t) = \mathcal{L}^{-1}[V_o(s)] = \mathcal{L}^{-1}[V_i(s)M(s)]$

∴ 임펄스응답

$$v_o(t) = \mathcal{L}^{-1}[M(s)] = \mathcal{L}^{-1}\left[\frac{\frac{1}{RC}}{s+\frac{1}{RC}}\right] = \frac{1}{RC}e^{-\frac{1}{RC}t} = e^{-t}$$

상 제4장 주파수영역해석법

03 주파수 전달함수 $G(j\omega) = \dfrac{1}{j100\omega}$ 인 계에서 $\omega = 0.1$[rad/sec]일 때의 이득[dB]과 위상각 θ[deg]는 얼마인가?

① $-20,\ -90°$
② $-40,\ -90°$
③ $20,\ 90°$
④ $40,\ 90°$

해설

㉠ 주파수 전달함수

$$G(j\omega) = \frac{1}{j100\omega}\bigg|_{\omega=0.1} = \frac{1}{j10} = \frac{1}{10\angle 90°} = 10^{-1}\angle -90°$$

㉡ 이득

$$g = 20\log|G(j\omega)| = 20\log 10^{-1} = -20\log 10 = -20[\text{dB}]$$

정답 01. ② 02. ② 03. ①

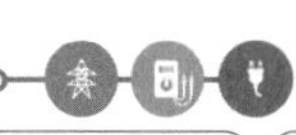

하 제8장 시퀀스회로의 이해

04 그림과 같은 회로는 어떤 논리회로인가?

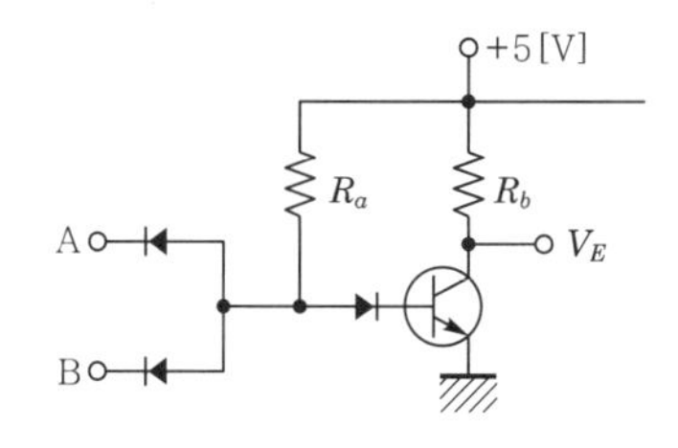

① AND 회로 ② NAND 회로
③ OR 회로 ④ NOR 회로

해설 NOR 회로(참고)

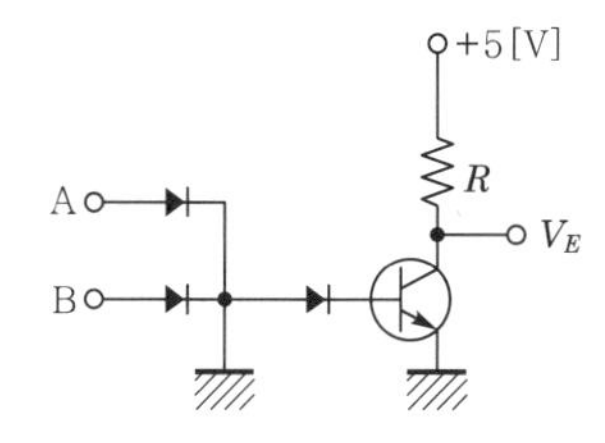

상 제7장 상태방정식

05 샘플치(sampled-date) 제어계통이 안정되기 위한 필요충분 조건은?

① 전체(over-all) 전달함수의 모든 극점이 z평면의 원점에 중심을 둔 단위원 내부에 위치해야 한다.
② 전체(over-all) 전달함수의 모든 영점이 z평면의 원점에 중심을 둔 단위원 내부에 위치해야 한다.
③ 전체(over-all) 전달함수의 모든 극점이 z평면 좌반면에 위치해야 한다.
④ 전체(over-all) 전달함수의 모든 영점이 z평면 우반면에 위치해야 한다.

해설 극점의 위치에 따른 안정도 판별

구분	s평면	z평면
안정	좌반부	단위원 내부에 사상
불안정	우반부	단위원 외부에 사상
임계안정 (안정한계)	허수축	단위원 원주상으로 사상

중 제8장 시퀀스회로의 이해

06 다음 식 중 De Morgan의 정리를 옳게 나타낸 식은?

① $A+B=B+A$
② $A \cdot (B \cdot C)=(A \cdot B) \cdot C$
③ $\overline{A \cdot B}=\overline{A} \cdot \overline{B}$
④ $\overline{A \cdot B}=\overline{A}+\overline{B}$

해설

드 모르간의 정리는 다음과 같다.
㉠ $\overline{A \cdot B}=\overline{A}+\overline{B}$
㉡ $\overline{A+B}=\overline{A} \cdot \overline{B}$

상 제6장 근궤적법

07 $G(s)H(s)=\dfrac{K(s-1)}{s(s+1)(s-4)}$에서 점근선의 교차점을 구하면?

① -1 ② 1
③ -2 ④ 2

해설

㉠ 극점 : $s_1=0$, $s_2=-1$, $s_3=4$
- 극점의 수 : $P=3$개
- 극점의 총합 : $\Sigma P=3$

㉡ 영점 : $s_1=1$
- 영점의 수 : $Z=1$개
- 영점의 총합 : $\Sigma Z=1$

∴ 점근선의 교차점

$$\sigma=\frac{\Sigma P-\Sigma Z}{P-Z}=\frac{3-1}{3-1}=1$$

중 제7장 상태방정식

08 선형 시불변시스템의 상태방정식 $\dfrac{d}{dt}x(t)=Ax(t)+Bu(t)$에서 $A=\begin{bmatrix}1 & 3\\1 & -2\end{bmatrix}$, $B=\begin{bmatrix}0\\1\end{bmatrix}$일 때, 특성방정식은?

① $s^2+s-5=0$
② $s^2-s-5=0$
③ $s^2+3s+1=0$
④ $s^2-3s+1=0$

정답 04. ② 05. ① 06. ④ 07. ② 08. ①

해설

특성방정식 $F(s)=|sI-A|=0$에서

$$F(s)=\begin{bmatrix} s & 0 \\ 0 & s \end{bmatrix}-\begin{bmatrix} 1 & 3 \\ 1 & -2 \end{bmatrix}=\begin{bmatrix} s-1 & -3 \\ -1 & s+2 \end{bmatrix}$$
$$=(s-1)\times(s+2)-(-3)\times(-1)$$
$$=s^2+s-2-3$$
$$=s^2+s-5=0$$

중 제2장 전달함수

09 개루프 전달함수가 $G(s)=\dfrac{s+2}{s(s+1)}$ 일 때, 폐루프 전달함수는?

① $\dfrac{s+2}{s^2+s}$　② $\dfrac{s+2}{s^2+2s+2}$

③ $\dfrac{s+2}{s^2+s+2}$　④ $\dfrac{s+2}{s^2+2s+4}$

해설

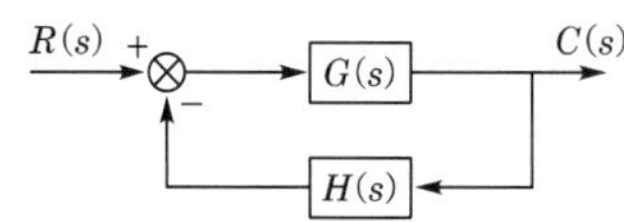

㉠ 종합 전달함수

$$M(s)=\frac{G(s)}{1+G(s)H(s)}$$

㉡ $G(s)H(s)$를 개루프 전달함수라 하고 $H(s)=1$인 폐루프시스템을 단위 (부)궤환시스템이라 한다.

$$\therefore\ M(s)=\frac{G(s)}{1+G(s)}=\frac{\dfrac{s+2}{s(s+1)}}{1+\dfrac{s+2}{s(s+1)}}$$
$$=\frac{s+2}{s(s+1)+(s+2)}$$
$$=\frac{s+2}{s^2+2s+2}$$

하 제4장 주파수영역해석법

10 $G(j\omega)=\dfrac{K}{1+j\omega T}$ 일 때 $|G(j\omega)|$와 $\angle G(j\omega)$는?

① $|G(j\omega)|=\dfrac{K}{\sqrt{1+(\omega T)^2}}$

$\angle G(j\omega)=-\tan^{-1}(\omega T)$

② $|G(j\omega)|=-\dfrac{K}{\sqrt{1+(\omega T)}}$

$\angle G(j\omega)=-\tan(\omega T)$

③ $|G(j\omega)|=-\dfrac{K}{\sqrt{1+(\omega T)}}$

$\angle G(j\omega)=-\tan^{-1}(\omega T)$

④ $|G(j\omega)|=\dfrac{K}{\sqrt{1+(\omega T)^2}}$

$\angle G(j\omega)=\tan(\omega T)$

해설

㉠ 주파수 전달함수

$$G(j\omega)=\frac{K}{1+j\omega T}$$
$$=\frac{K\angle 0^\circ}{\sqrt{1^2+(\omega T)^2}\ \angle \tan^{-1}(\omega T)}$$
$$=\frac{K}{\sqrt{1^2+(\omega T)^2}}\ \angle -\tan^{-1}(\omega T)$$

㉡ 크기 : $|G(j\omega)|=\dfrac{K}{\sqrt{1+(\omega T)^2}}$

㉢ 위상각 : $\angle G(j\omega)=-\tan^{-1}(\omega T)$

정답 09. ② 10. ①

2024년 제2회 전기기사 CBT 기출복원문제

중 제5장 안정도 판별법

01 $G(s)H(s) = \dfrac{K(1+sT_2)}{s^2(1+sT_1)}$ 를 갖는 제어계의 안정조건은? (단, K, T_1, $T_2 > 0$)

① $T_2 = 0$　　② $T_1 > T_2$
③ $T_2 = T_1$　　④ $T_1 < T_2$

해설

㉠ $F(s) = 1 + G(s)H(s) = 1 + \dfrac{K(1+sT_2)}{s^2(1+sT_1)} = 0$

㉡ 위 식을 정리하면 특성방정식은
$F(s) = as^3 + bs^2 + cs + d$
$= s^2(1+sT_1) + K(1+sT_2)$
$= T_1 s^3 + s^2 + KT_2 s + K = 0$

㉢ $bc > ad$의 조건을 만족해야 하므로 $KT_2 > KT_1$이 되어야 한다.

∴ 안정하기 위한 조건 : $T_1 < T_2$

중 제8장 시퀀스회로의 이해

02 그림과 같은 논리회로에서 A=1, B=1인 입력에 대한 출력 X, Y는 각각 얼마인가?

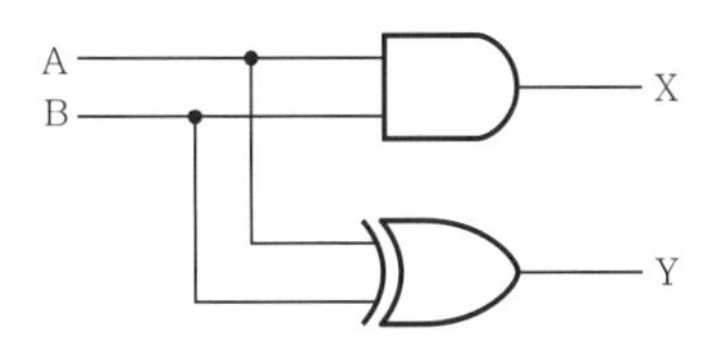

① X=0, Y=0　　② X=0, Y=1
③ X=1, Y=0　　④ X=1, Y=1

해설

㉠ X는 AND 회로, Y는 XOR 회로이고, 진리표는 아래와 같다.

AND 회로			XOR 회로		
입력		출력	입력		출력
A	B	X	A	B	Y
0	0	0	0	0	0
0	1	0	0	1	1
1	0	0	1	0	1
1	1	1	1	1	0

㉡ XOR의 간략화 회로의 논리식

A, B → Y

$Y = A\overline{B} + \overline{A}B = A \oplus B$

중 제4장 주파수영역해석법

03 $G(s) = \dfrac{1}{5s+1}$ 일 때, 보드선도에서 절점주파수 ω_0는?

① 0.2[rad/sec]　　② 0.5[rad/sec]
③ 2[rad/sec]　　④ 5[rad/sec]

해설

㉠ 1차 제어계 $G(j\omega) = \dfrac{K}{1+j\omega T}$에서 $\omega = \dfrac{1}{T}$인 주파수를 절점주파수(break frequency)라 한다. 즉, 실수부와 허수부의 크기가 같아지는 주파수를 말한다.

㉡ 주파수 전달함수 $G(j\omega) = \dfrac{1}{1+j5\omega}$

∴ 절점주파수 $\omega_0 = \dfrac{1}{5} = 0.2$[rad/sec]

상 제7장 상태방정식

04 $\dfrac{d^3}{dt^3}x(t) + 8\dfrac{d^2}{dt^2}x(t) + 19\dfrac{d}{dt}x(t) + 12x(t) = 6u(t)$의 미분방정식을 상태방정식 $\dfrac{dx(t)}{dt} = Ax(t) + Bu(t)$로 표현할 때 옳은 것은?

① $A = \begin{bmatrix} 0 & 1 & 0 \\ 0 & 0 & 1 \\ -12 & -19 & -8 \end{bmatrix}$, $B = \begin{bmatrix} 0 \\ 0 \\ 6 \end{bmatrix}$

② $A = \begin{bmatrix} 0 & 1 & 0 \\ 0 & 0 & 1 \\ -8 & -19 & -12 \end{bmatrix}$, $B = \begin{bmatrix} 0 \\ 0 \\ 6 \end{bmatrix}$

③ $A = \begin{bmatrix} 0 & 1 & 0 \\ 0 & 0 & 1 \\ -12 & -19 & -8 \end{bmatrix}$, $B = \begin{bmatrix} 6 \\ 0 \\ 0 \end{bmatrix}$

④ $A = \begin{bmatrix} 0 & 1 & 0 \\ 0 & 0 & 1 \\ -12 & -19 & -8 \end{bmatrix}$, $B = \begin{bmatrix} 6 \\ 0 \\ 1 \end{bmatrix}$

정답 01. ④ 02. ③ 03. ① 04. ①

해설

㉠ $x(t)=x_1(t)$

㉡ $\frac{d}{dt}x(t)=\frac{d}{dt}x_1(t)=\dot{x}_1(t)=x_2(t)$

㉢ $\frac{d^2}{dt^2}x(t)=\frac{d}{dt}x_2(t)=\dot{x}_2(t)=x_3(t)$

㉣ $\frac{d^3}{dt^3}x(t)=\frac{d}{dt}x_3(t)=\dot{x}_3(t)$

$=-12x_1(t)-19x_2(t)-8x_3(t)+6u(t)$

$$\therefore \begin{bmatrix}\dot{x}_1\\ \dot{x}_2\\ \dot{x}_3\end{bmatrix}=\begin{bmatrix}0&1&0\\0&0&1\\-12&-19&-8\end{bmatrix}\begin{bmatrix}x_1(t)\\x_2(t)\\x_3(t)\end{bmatrix}+\begin{bmatrix}0\\0\\6\end{bmatrix}u(t)$$

[별해] $\frac{d^3}{dt^3}c(t)+K_1\frac{d^2}{dt^2}c(t)+K_2\frac{d}{dt}c(t)+K_3c(t)$

$=K_4u(t)$의 경우 아래와 같이 구성된다.

$$\begin{bmatrix}\dot{x}_1\\ \dot{x}_2\\ \dot{x}_3\end{bmatrix}=\begin{bmatrix}0&1&0\\0&0&1\\-K_3&-K_2&-K_1\end{bmatrix}\begin{bmatrix}x_1(t)\\x_2(t)\\x_3(t)\end{bmatrix}+\begin{bmatrix}0\\0\\K_4\end{bmatrix}u(t)$$

중 제1장 자동제어의 개요

05 엘리베이터의 자동제어는 다음 중 어느 제어에 속하는가?

① 추종제어
② 프로그램제어
③ 정치제어
④ 비율제어

해설

무인자판기, 엘리베이터, 열차의 무인운전 등은 미리 정해진 입력에 따라 제어를 실시하는 프로그램제어에 속한다.

상 제3장 시간영역해석법

06 단위 피드백제어계에서 개루프 전달함수 $G(s)$가 다음과 같이 주어지는 계의 단위계단입력에 대한 정상편차는?

$$G(s)=\frac{6}{(s+1)(s+3)}$$

① $\frac{1}{2}$　② $\frac{1}{3}$
③ $\frac{1}{4}$　④ $\frac{1}{6}$

해설

㉠ 정상위치편차 상수

$K_p=\lim_{s\to 0}s^0G=\lim_{s\to 0}G(s)H(s)$

$=\lim_{s\to 0}\frac{6}{(s+1)(s+3)}=\frac{6}{3}=2$

㉡ 정상위치편차

$e_{sp}=\frac{1}{1+K_p}=\frac{1}{3}$

하 제2장 전달함수

07 다음 연산증폭기의 출력은?

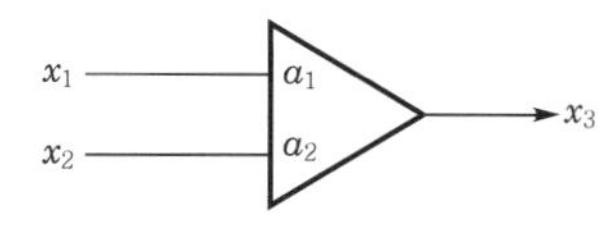

① $x_3=-a_1x_1-a_2x_2$
② $x_3=a_1x_1+a_2x_2$
③ $x_3=(a_1+a_2)(x_1+x_2)$
④ $x_3=-(a_1-a_2)(x_1+x_2)$

해설

반전증폭기(OP-AMP)를 이용하여 2입력 가산증폭기의 등가 블록선도는 아래와 같다.

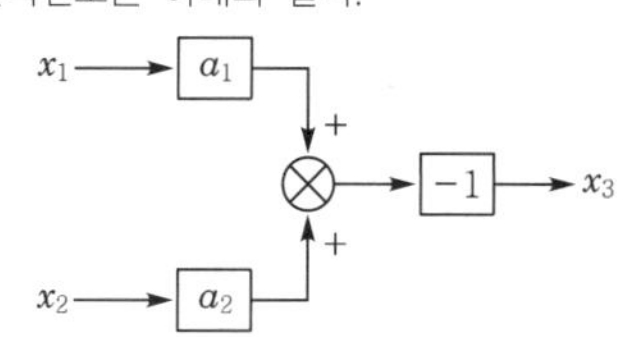

∴ 출력 : $x_3=-a_1x_1-a_2x_2$

중 제6장 근궤적법

08 다음과 같은 특성방정식의 근궤적 가지수는?

$$F(s)=s(s+1)(s+2)+K(s+3)=0$$

① 6　② 5
③ 4　④ 3

해설

근궤적의 수는 극점과 영점의 수 중 큰 것 또는 특성방정식의 차수에 의해 결정된다.

∴ 특성방정식이 3차가 되므로 근궤적의 수도 3개가 된다.

정답 05. ② 06. ② 07. ① 08. ④

상 제2장 전달함수

09 그림과 같은 신호흐름선도에서 전달함수 $\dfrac{C(s)}{R(s)}$ 는?

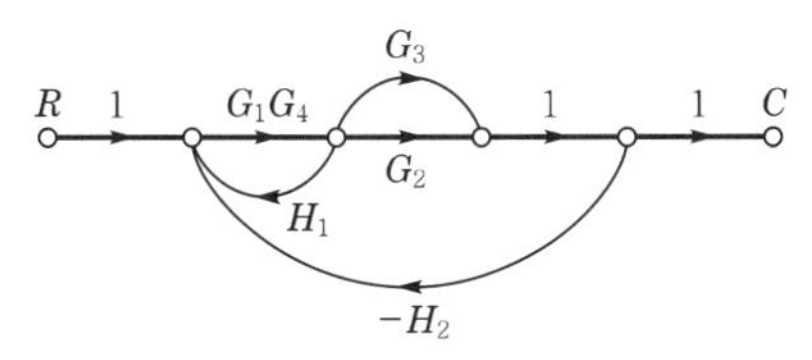

① $\dfrac{G_1G_4(G_2+G_3)}{1+G_1G_4H_1+G_1G_4(G_3+G_2)H_2}$

② $\dfrac{G_1G_4(G_2+G_3)}{1-G_1G_4H_1+G_1G_4(G_3+G_2)H_2}$

③ $\dfrac{G_1G_2-G_3G_4}{1+G_1G_3G_4H_2+G_1G_2H_1}$

④ $\dfrac{G_1G_2-G_3G_4}{1-G_1G_2H_1+G_1G_3G_4H_2}$

해설

$$M(s)=\frac{C(s)}{R(s)}=\frac{\sum 전향경로이득}{1-\sum 폐루프이득}$$

$$=\frac{G_1G_4(G_2+G_3)}{1-G_1G_4H_1+G_1G_4(G_3+G_2)H_2}$$

중 제3장 시간영역해석법

10 어떤 제어계에 입력신호를 가하고 난 후 출력신호가 정상상태에 도달할 때까지의 응답을 무엇이라고 하는가?

① 시간응답
② 선형응답
③ 정상응답
④ 과도응답

해설

과도응답이란 입력을 가한 후 정상상태에 도달할 때까지의 출력을 의미한다.

정답 09. ② 10. ④

2024년 제3회 전기기사 CBT 기출복원문제

하 제4장 주파수영역해석법

01 주파수응답에 의한 위치제어계의 설계에서 계통의 안정도척도와 관계가 적은 것은 어느 것인가?

① 공진값 ② 고유주파수
③ 위상여유 ④ 이득여유

해설 주파수응답에서 안정도의 척도

공진값, 위상여유, 이득여유

상 제3장 시간영역해석법

02 2차 시스템의 감쇠율 δ(damping ratio)가 $\delta < 0$이면 어떤 경우인가?

① 비감쇠 ② 과감쇠
③ 부족감쇠 ④ 발산

해설 2차 지연요소의 인디셜 응답의 구분

㉠ $\delta > 1$: 과제동(비진동)
㉡ $\delta = 1$: 임계제동(임계상태)
㉢ $0 < \delta < 1$: 부족제동(감쇠진동)
㉣ $\delta = 0$: 무제동(무한진동, 완전진동)
㉤ $\delta < 0$: 발산(부의 제동)

상 제8장 시퀀스회로의 이해

03 그림과 같은 논리회로와 등가인 것은?

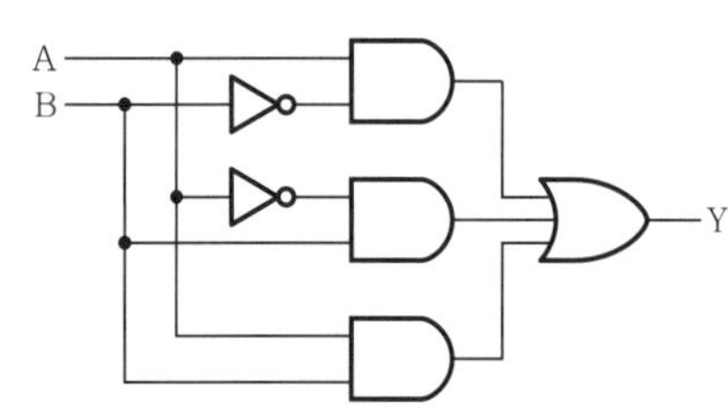

① 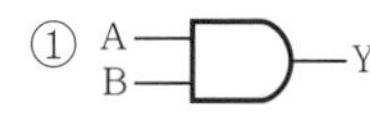

② 

③ 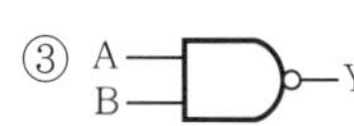

④ 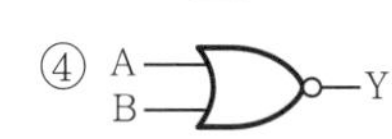

해설

$Y = A \cdot \overline{B} + \overline{A} \cdot B + A \cdot B$
$= A(\overline{B} + B) + B(\overline{A} + A) = A + B$

상 제2장 전달함수

04 그림의 신호흐름선도를 미분방정식으로 표현한 것으로 옳은 것은? (단, 모든 초기값은 0이다.)

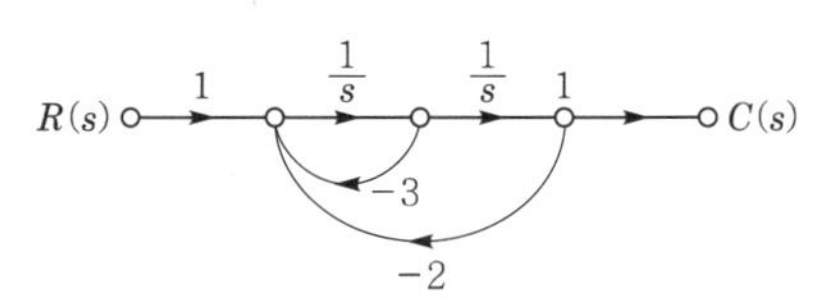

① $\dfrac{d^2c(t)}{dt^2} + 3\dfrac{dc(t)}{dt} + 2c(t) = r(t)$

② $\dfrac{d^2c(t)}{dt^2} + 2\dfrac{dc(t)}{dt} + 3c(t) = r(t)$

③ $\dfrac{d^2c(t)}{dt^2} - 3\dfrac{dc(t)}{dt} - 2c(t) = r(t)$

④ $\dfrac{d^2c(t)}{dt^2} - 2\dfrac{dc(t)}{dt} - 3c(t) = r(t)$

해설

㉠ 종합 전달함수

$$M(s) = \frac{C(s)}{R(s)} = \frac{\sum 전향경로이득}{1 - \sum 폐루프이득}$$

$$= \frac{\frac{1}{s^2}}{1 + \frac{3}{s} + \frac{2}{s^2}} = \frac{1}{s^2 + 3s + 2}$$

㉡ $C(s)[s^2 + 3s + 2] = R(s)$에서 라플라스 역변환하여 미분방정식으로 표현하면

$$\therefore \frac{d^2}{dt^2}c(t) + 3\frac{d}{dt}c(t) + 2c(t) = r(t)$$

중 제5장 안정도 판별법

05 특정방정식 $2s^3 + 5s^2 + 3s + 1 = 0$로 주어진 계의 안정도를 판정하고 우반평면상의 근을 구하면?

① 임계상태이며 허수축상에 근이 2개 존재한다.
② 안정하고 우반평면에 근이 없다.
③ 불안정하며 우반평면상에 근이 2개이다.
④ 불안정하며 우반평면상에 근이 1개이다.

정답 01. ② 02. ④ 03. ② 04. ① 05. ②

해설

$F(s)=as^3+bs^2+cs+d=0$에서 a, b, c, $b>0$와 $bc>ad$를 만족해야 안정된 제어계가 된다.
$bc=15$, $ad=20$이므로 $bc>ad$를 만족한다.
∴ 안정하고 불안정한 근도 없다.

상 제7장 상태방정식

06 z변환함수 $\dfrac{z}{(z-e^{-at})}$에 대응되는 라플라스 변환과 이에 대응되는 시간함수는?

① $\dfrac{1}{(s+a)^2}$, te^{-at}

② $\dfrac{1}{1-e^{-ts}}$, $\sum_{n=0}^{\infty}\delta(t-nt)$

③ $\dfrac{a}{s(s+a)}$, $1-e^{-at}$

④ $\dfrac{1}{s+a}$, e^{-at}

해설

$$\frac{z}{z-e^{-at}} \xrightarrow{z^{-1}} e^{-at} \xrightarrow{\mathcal{L}} \frac{1}{s+a}$$

하 제3장 시간영역해석법

07 그림의 블록선도에서 K에 대한 폐루프 전달함수 $T=\dfrac{C(s)}{R(s)}$의 감도 S_K^T는?

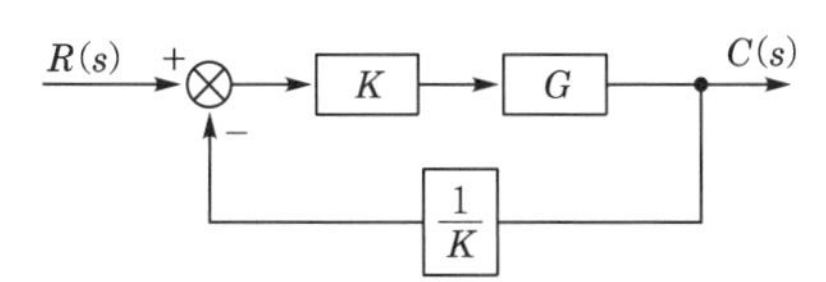

① -1 ② -0.5
③ 0.5 ④ 1

해설 종합 전달함수

$$M(s)=T=\frac{KG}{1+\frac{1}{G}}=\frac{KG^2}{G+1}\text{에서}$$

$$\therefore \text{감도} : S_K^T=\frac{K}{T}\cdot\frac{dT}{dK}=\frac{K}{\frac{KG^2}{G+1}}\times\frac{d}{dK}\left(\frac{KG^2}{G+1}\right)$$

$$=\frac{G+1}{G^2}\times\frac{G^2}{G+1}=1$$

중 제4장 주파수영역해석법

08 다음 RC 저역여파기 회로의 전달함수 $G(j\omega)$에서 $\omega=\dfrac{1}{RC}$인 경우 $|G(j\omega)|$의 값은?

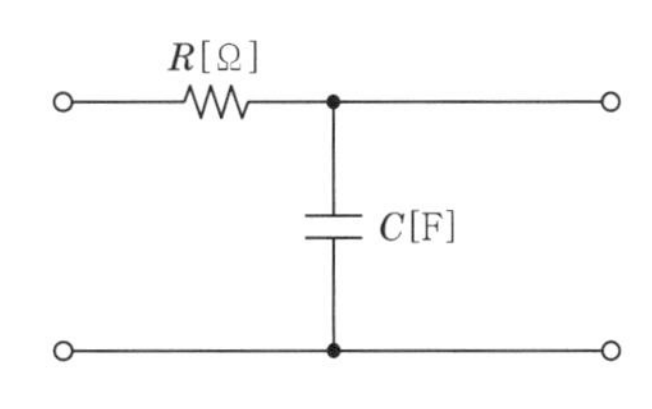

① 1 ② 0.5
③ 0.707 ④ 0

해설

㉠ 전압비 전달함수

$$G(s)=\frac{\frac{1}{Cs}}{R+\frac{1}{Cs}}=\frac{1}{RCs+1}$$

㉡ 주파수 전달함수

$$G(j\omega)=\left.\frac{1}{1+j\omega RC}\right|_{\omega=\frac{1}{RC}}$$

$$=\frac{1}{1+j}=\frac{1}{\sqrt{2}\angle 45°}$$

$$=0.707\angle -45°$$

상 제5장 안정도 판별법

09 $G(s)H(s)=\dfrac{2}{(s+1)(s+2)}$의 이득여유는?

① 20[dB]
② −20[dB]
③ 0[dB]
④ ∞[dB]

해설

㉠ 이득여유는 개루프 전달함수 $G(j\omega)H(j\omega)$의 허수를 0으로 하여 구해야 한다.
㉡ 개루프 전달함수

$$G(j\omega)H(j\omega)=\left.\frac{2}{(j\omega+1)(j\omega+2)}\right|_{\omega=0}$$

$$=\frac{2}{2}=1$$

∴ 이득여유

$$g_m=20\log\frac{1}{|G(j\omega)H(j\omega)|}$$

$$=20\log 1=0[\text{dB}]$$

정답 06. ④ 07. ④ 08. ③ 09. ③

상 제1장 자동제어의 개요

10 인가 직류전압을 변화시켜서 전동기의 회전수를 800[rpm]으로 하고자 한다. 이 경우 회전수는 어느 용어에 해당하는가?

① 목표값 ② 조작량
③ 제어량 ④ 제어대상

해설

㉠ 전압 : 조작량
㉡ 전동기 : 제어대상
㉢ 회전수 : 제어량
㉣ 800[rpm] : 목표값

정답 10. ③

먼저보고 이해하는

기초이론 및 용어해설

제어공학/회로이론

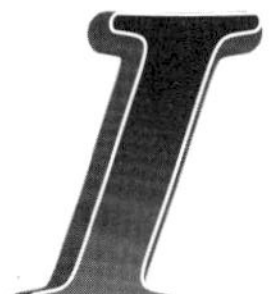

제어공학 기초 이론 해설

테마 01 블록 선도 변환

(1) 직렬

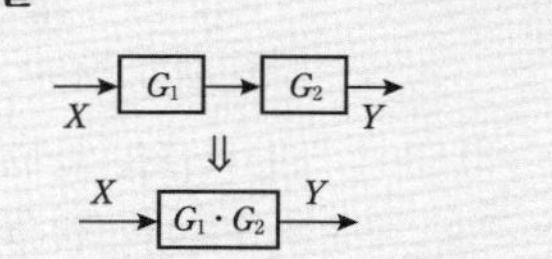

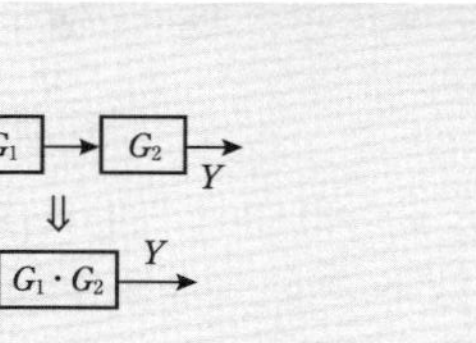

(2) 병렬

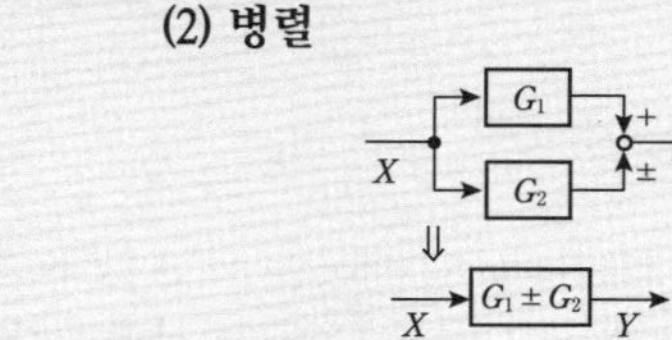

(3) 피드백

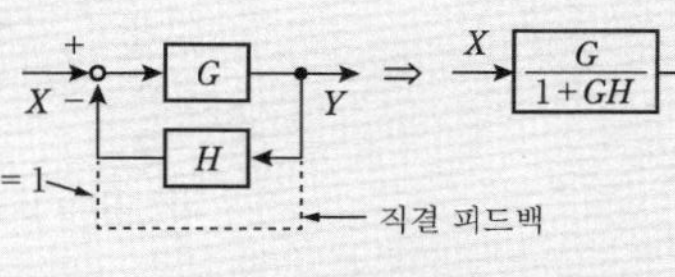

여기서, G : 전향 전달 함수, H : 피드백 전달 함수
GH : 일순(개방 루프) 전달 함수

학습 POINT

① 주파수 전달 함수 : 정현파 입력 신호 $E_i(j\omega)$를 넣었을 때 정상 상태의 출력 신호 $E_o(j\omega)$와의 비를 말한다.

입력 정현파 → □ → 출력 정현파

〔그림 1〕

$$G(j\omega) = \frac{E_o(j\omega)}{E_i(j\omega)}$$

② 전달 함수 : 모든 초기값을 0으로 했을 때 출력 신호 $y(t)$의 라플라스 변환 $Y(s)$와 입력 신호 $x(t)$의 라플라스 변환 $X(s)$와의 비를 말한다.

$$G(s) = \frac{\text{출력 신호 } y(t)\text{의 라플라스 변환}}{\text{입력 신호 } x(t)\text{의 라플라스 변환}} = \frac{Y(s)}{X(s)}$$

③ 피드백 제어와 피드포워드 제어 : 〔그림 2〕의 피드백 제어는 제어량과 목표값의 차를 없애는 정정 제어로, 외란에 대한 제어가 지연된다. 피드포워드는 외란에 대해 곧바로 수정 동작할 수 있다.

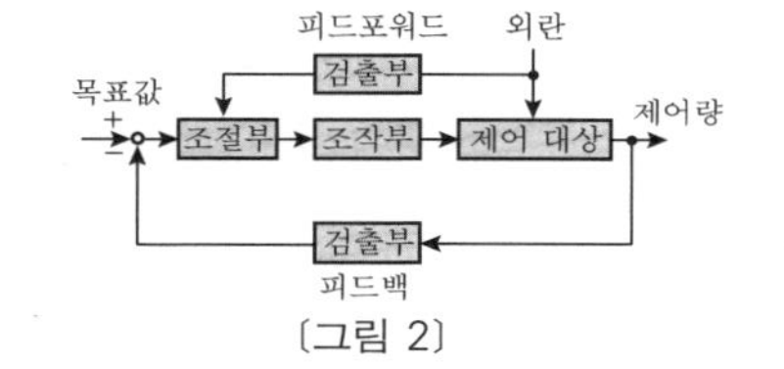

〔그림 2〕

테마 02 1차 지연 요소와 2차 지연 요소의 전달 함수

(1) 1차 지연 요소 $G(s) = \dfrac{K}{1+sT}$

(2) 2차 지연 요소 $G(s) = \dfrac{\omega_n^2}{s^2+2\zeta\omega_n s+\omega_n^2}$

여기서, T : 시상수[sec], K : 이득(gain), ζ : 감쇠 계수
ω_n : 고유 각주파수[rad/sec]

학습 POINT

① 피드백 제어의 기본 구성 : 기본 구성은 〔그림 1〕과 같다.

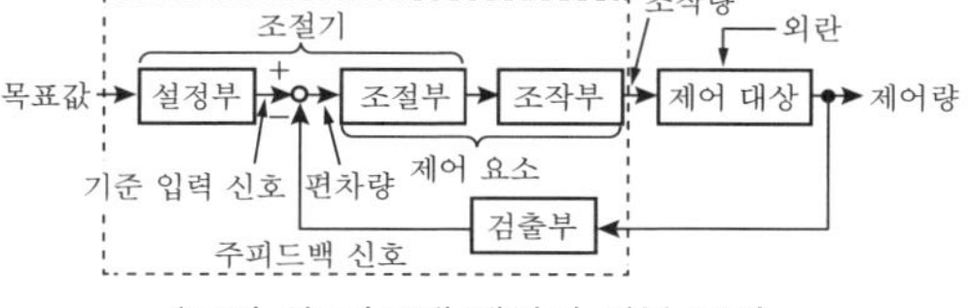

〔그림 1〕 피드백 제어의 기본 구성

㉠ 편차량은 기준 입력과 검출 신호의 차이다.
㉡ 수정 동작으로서 편차량이 조절부, 조작부를 거쳐 제어 대상에 가해진다.

② 스텝 응답 : 입력 신호에 단위 스텝 함수 $\left(\dfrac{1}{s}\right)$를 더한 응답이 스텝 응답으로, 〔그림 2〕처럼 된다.

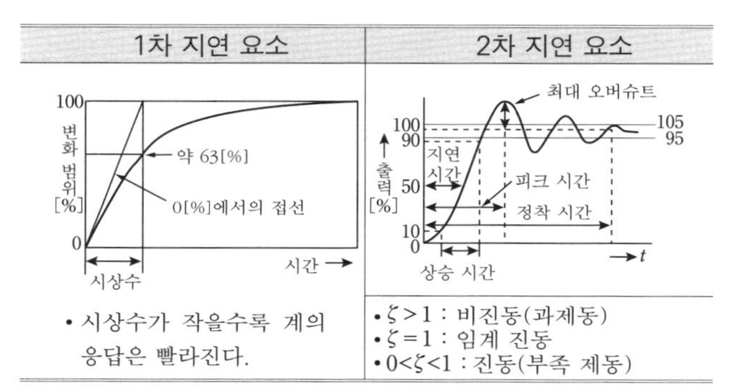

〔그림 2〕 스텝 응답

테마 03 연산 증폭기(오피 앰프)의 증폭도

(1) 반전 증폭기

$$\frac{V_o}{V_i} = -\frac{R_f}{R_1}$$

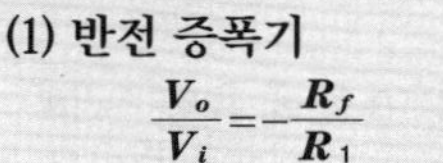

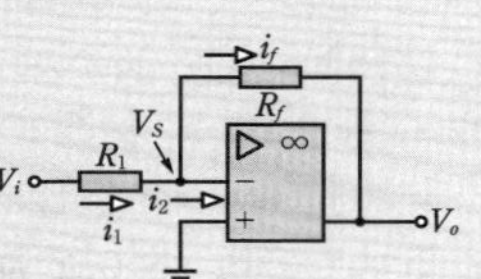

(2) 비반전 증폭기

$$\frac{V_o}{V_i} = 1 + \frac{R_f}{R_1}$$

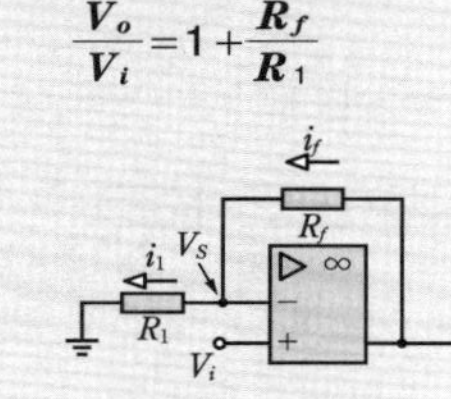

여기서, V_i, V_o : 입력, 출력 전압[V], R_1, R_f : 저항[Ω]

학습 POINT

① 오피 앰프의 특징 : 입력 단자 2개와 출력 단자가 1개 있고, 다음과 같은 특징이 있다.

㉠ 입력 임피던스가 매우 크다(≒∞[Ω]).

㉡ 출력 임피던스가 작다(≒0[Ω]).

㉢ 증폭도가 매우 크다(≒∞).

〔그림 1〕 오피 앰프의 그림 기호

② 오피 앰프의 이용 : 오피 앰프와 저항, 콘덴서 등을 조합하면 증폭, 가감산, 미·적분 회로 등을 만들 수 있다.

③ 반전 증폭기 : 증폭도가 매우 크므로, 가상 단락(imaginary short)의 원리에 의해 비반전 입력과 반전 입력의 전위가 같다고 간주할 수 있다. 따라서, V_s=0[V]이므로 i_1=i_f가 되어 다음과 같은 관계가 성립한다.

$$\frac{V_i - 0}{R_1} = \frac{0 - V_o}{R_f}$$

$$\therefore \frac{V_o}{V_i} = -\frac{R_f}{R_1}$$

④ 비반전 증폭기 : 입력 임피던스가 매우 크므로, 반전 입력 단자와 비반전 입력 단자 사이에 전류는 흐르지 않고, V_s=V_i이고 i_1=i_f이므로 다음과 같은 관계가 성립된다.

$$\frac{V_o - V_i}{R_f} = \frac{V_i - 0}{R_1}$$

$$\therefore \frac{V_o}{V_i} = 1 + \frac{R_f}{R_1}$$

테마 04 제어계의 안정 판정

(1) 나이키스트 선도에 의한 안정 판정

① (−1, j0)을 왼쪽으로 보고 진행한다.=안정

② (−1, j0)을 오른쪽으로 보고 진행한다.=불안정

③ (−1, j0)을 통과한다.=안정 한계

(2) 보드 선도에 의한 안정 판정

① 이득 특성이 0[dB]로 교차하는 점에서 동일한 ω에 대한 위상 Φ가 −180°까지라면 안정, 넘어가면 불안정

② 위상 특성과 −180°인 선과의 교점에서 동일한 ω에 대한 이득의 [dB]값이 음수이면 안정, 양수이면 불안정

여기서, ω : 각주파수[rad/sec]

학습 POINT

① 나이키스트 선도 : 복소 평면상에 개루프 주파수 전달 함수 $G(j\omega)$, $H(j\omega)$에 대해서 각주파수 ω를 0~∞으로 변화시켰을 때 궤적을 선으로 연결한 것이다〔그림 1〕. 나이키스트 선도에서는 (−1, j0) 점이 중요하다.

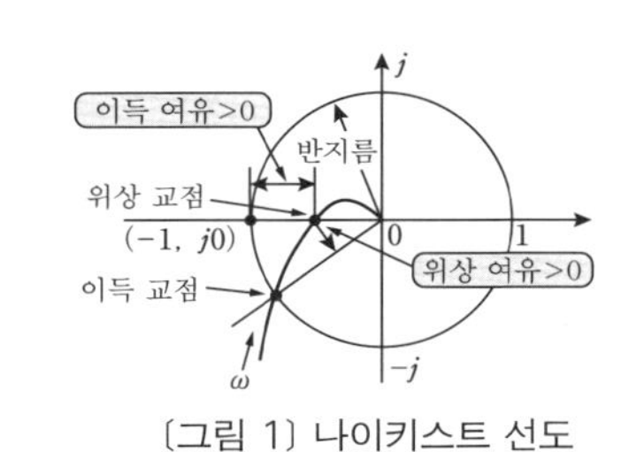

〔그림 1〕 나이키스트 선도

② 보드 선도 : 가로축에 각주파수 ω의 로그를, 세로축에 이득 g[dB]와 위상 Φ[°]를 취하고, 주파수 전달 함수의 이득 곡선과 위상 곡선을 나타낸 것이다〔그림 2〕. 이득 곡선은 이득, 위상 곡선은 위상 계산이 각각 필요하며, 아래 식으로 계산한다.

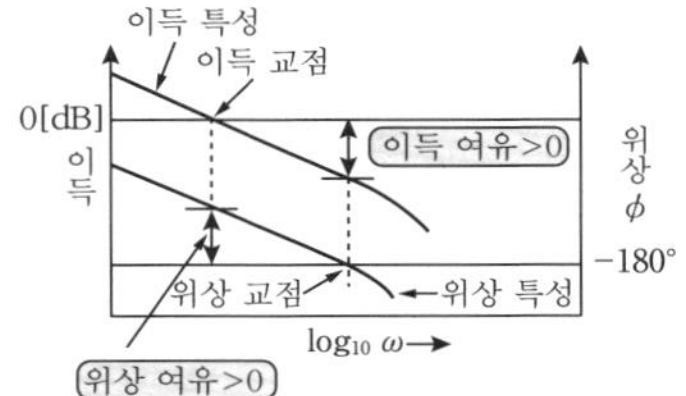

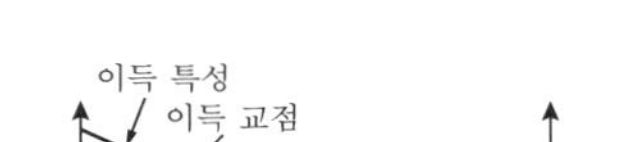

〔그림 2〕 보드 선도

이득 $g = 20\log_{10}|G(j\omega)|$[dB]

위상 $\Phi = \angle G(j\omega)$ [°]

(1) 10진법과 n진법

10진수	2진수	16진수
0	0	0
1	1	1
2	10	2
3	11	3
4	100	4
5	101	5
6	110	6
7	111	7
8	1000	8
9	1001	9
10	1010	A
11	1011	B
12	1100	C
13	1101	D
14	1110	E
15	1111	F

(2) 10진수를 2진수로 변환

10진수 나머지

2) 109 … 1
2) 54 … 0
2) 27 … 1
2) 13 … 1
2) 6 … 0
2) 3 … 1
1

아래부터 순서대로 나열하면
1101101이 된다.

학습 POINT

① 2진수를 10진수로 변환 : 2진수의 각 자리는 2^{n-1}로 표현되며, 1과 0은 가중값을 나타낸다.

2진수 **1101** =10진수 **1×2³** + **1×2²** + **0×2¹** + **1×2⁰**
=8+4+0+1= **13**

② 10진수를 16진수로 변환

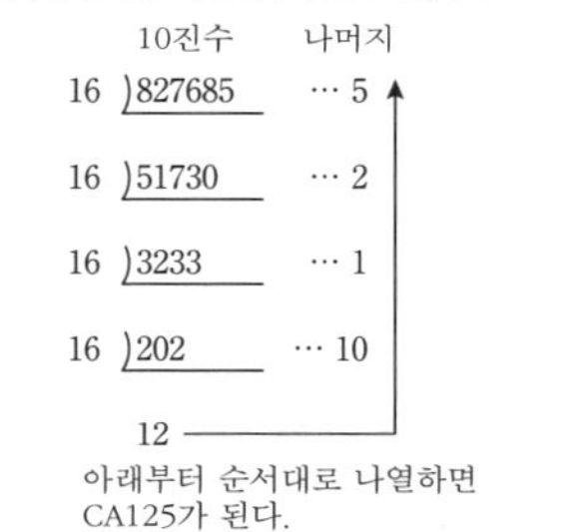

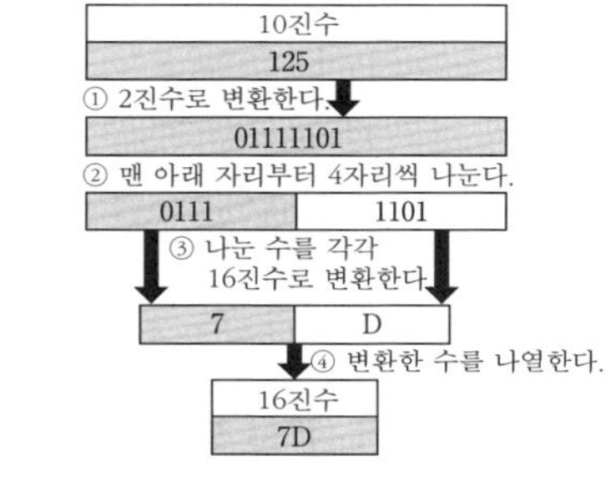

③ 2진수간의 4칙연산 규칙

㉠ 덧셈→ 0+0=0, 1+0=0+1=1
1+1=10(자리 올림 발생)

㉡ 뺄셈→ 0−0=0, 1−0=1, 1−1=0, 0−1=1
(상위 자리에서 1을 빌려서 10−1=1)

㉢ 곱셈→ 0×0=0, 0×1=1×0=0, 1×1=1

㉣ 나눗셈→ 0÷0=부정, 0÷1=0, 1÷0=부정, 1÷1=1

〔표〕 논리 회로의 종류(MIL 기호 표시)

AND 논리곱: $Y=A\cdot B$

A	B	Y
0	0	0
0	1	0
1	0	0
1	1	1

OR 논리합: $Y=A+B$

A	B	Y
0	0	0
0	1	1
1	0	1
1	1	1

NOT 논리 부정: $Y=\overline{A}$

A	Y
0	1
1	0

NAND 부정 논리곱: $Y=\overline{A\cdot B}$

A	B	Y
0	0	1
0	1	1
1	0	1
1	1	0

NOR 부정 논리합: $Y=\overline{A+B}$

A	B	Y
0	0	1
0	1	0
1	0	0
1	1	0

ExOR 배타적 논리합: $Y=A\oplus B=A\cdot\overline{B}+\overline{A}\cdot B$

A	B	Y
0	0	0
1	0	1
0	1	1
1	1	0

학습 POINT

① 논리 회로 : 논리 회로란 컴퓨터 등의 디지털 신호를 다루는 기기에서 논리 연산을 하는 전자 회로를 말하고, 주로 IC에 집적된 논리 소자를 이용한다.

② 논리 회로의 기본형

㉠ AND 회로 : 입력이 모두 1일 때만 출력이 1이 된다.

㉡ OR 회로 : 입력이 적어도 하나가 1이 되면 출력이 1이 된다.

㉢ NOT 회로 : 입력이 1일 때는 출력이 0, 입력이 0일 때는 출력이 1이 된다.

㉣ ExOR 회로 : 입력이 다를 때는 출력이 1, 입력이 같을 때는 출력이 0이 된다. ExOR은 Exclusive OR(배타적 논리합)의 줄임말이다.

③ 불 대수 : 불 대수는 AND를 •기호, OR을 +기호, NOT을 −기호, ExOR을 ⊕ 기호로 나타낸다.

④ 진리값표 : 모든 입·출력 결과를 표로 나타낸 것이다(1과 0으로 표현).

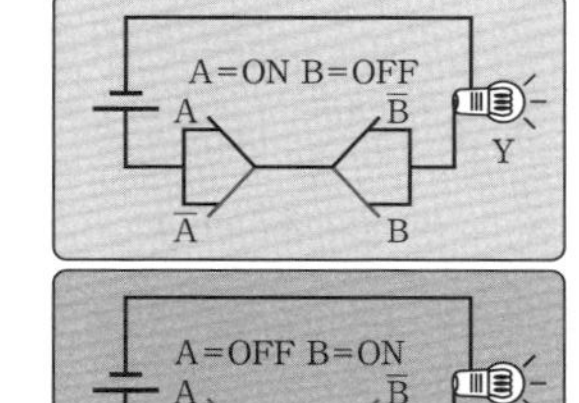

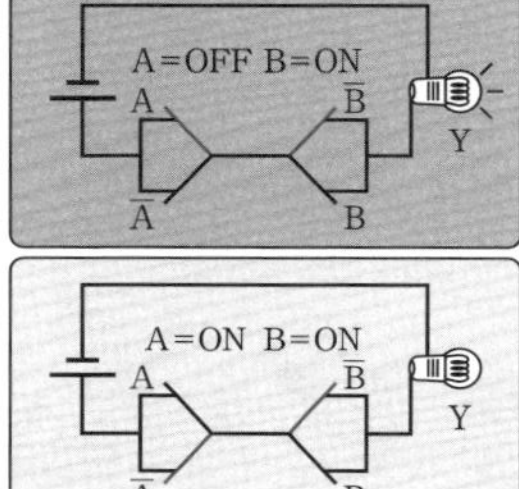

〔그림〕 ExOR 회로의 이용

테마 07 카르노 맵의 간소화

(1) 원식

$Z=\overline{A}\cdot B\cdot \overline{C}\cdot \overline{D}+B\cdot \overline{C}\cdot D+A\cdot \overline{B}\cdot C\cdot D+A\cdot C\cdot D+B\cdot C\cdot D$

(2) 간소화식

$Z=\overline{A}\cdot B\cdot \overline{C}+A\cdot C\cdot D+B\cdot D$

(변환 예)

학습 POINT

① 카르노 맵은 불대수 연산 법칙을 이용하지 않고, 논리식을 적은 작업으로 간소화하는 방법이다.

② 카르노 맵 작성법

㉠ Step 1 : 논리 변수가 4개(A, B, C, D)라면, 각 값의 조합은 $2^4=16$가지이다. 이 조합을 나타내는 〔표 1〕을 만든다.

〔표 1〕

AB \ CD	00	01	11	10
0 0				
0 1				
1 1				
1 0				

⇨

〔표 2〕

AB \ CD	00	01	11	10
0 0				
0 1	1	1	1	
1 1		1	1	
1 0			1	

루프 1, 루프 2, 루프 3

㉡ Step 2 : $Z=\overline{A}\cdot B\cdot \overline{C}\cdot \overline{D}+B\cdot \overline{C}\cdot D+A\cdot \overline{B}\cdot C\cdot D+A\cdot C\cdot D+B\cdot C\cdot D$

위의 우변 각 항이 1이 되는 것은 제1항에서는 (0, 1, 0, 0)인 경우, 제2항에서는 A항이 없으므로 0이든 1이든 상관없이 (0, 1, 0, 1)과 (1, 1, 0, 1)인 경우, 제3항은 (1, 0, 1, 1), 제4항은 (1, 0, 1, 1)과 (1, 1, 1, 1), 제5항은 (0, 1, 1, 1)과 (1, 1, 1, 1)인 경우이다. 이 조합을 기입해 〔표 2〕를 만든다.

㉢ Step 3 : 〔표 2〕의 모든 1을 가능한 한 적은 수의 루프로 묶어준다. 감싸는 셀 수는 2^n으로 하고, 같은 셀을 2개 이상의 루프에서 공유해도 된다. 〔표 2〕에서는 3개의 루프로 묶여 있다.

㉣ Step 4 : 3개의 루프에서 공통 변수를 추출해 논리곱을 만들고, 논리곱의 논리합을 취한다.

$Z=\overline{A}\cdot B\cdot \overline{C}+A\cdot C\cdot D+B\cdot D$

테마 08 플립플롭 회로

(1) RS 플립플롭

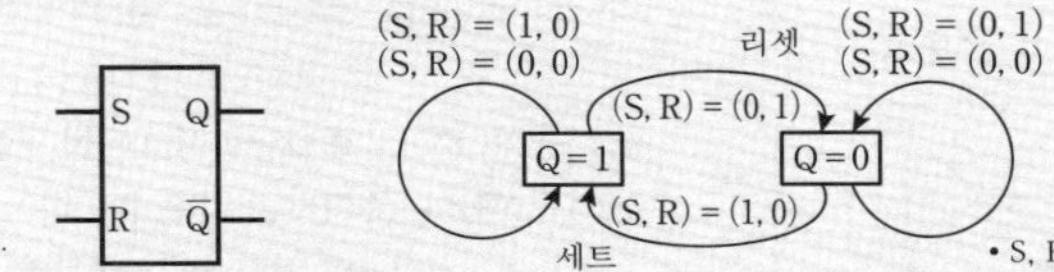

① S(Set) 단자에 1이 들어오면 Q=1을 출력

② R(Reset) 단자에 1이 들어오면 Q=0을 출력

③ S=R=0이 입력되면 출력 상태를 유지

(2) JK 플립플롭

CK(클록 신호)의 상승으로 동작한다.

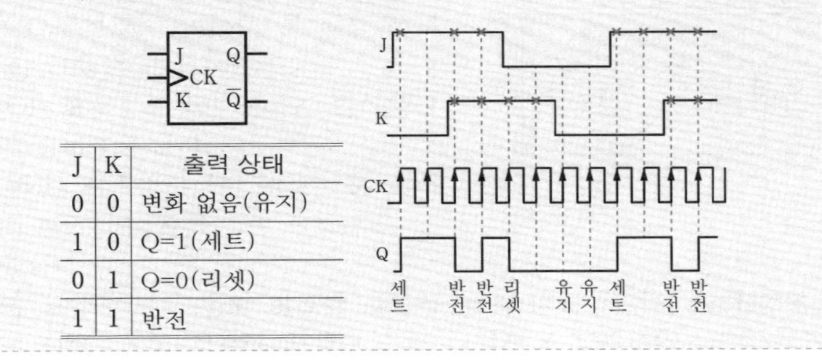

J	K	출력 상태
0	0	변화 없음(유지)
1	0	Q=1(세트)
0	1	Q=0(리셋)
1	1	반전

학습 POINT

① 플립플롭 회로 : 순서 회로라고도 불리며, 2개의 안정점이 있고 입력 신호 내용에 따라 어느 쪽 안정점을 취하는지 결정하는 기억 회로이다. 입력 단자는 하나 또는 그 이상이며, 출력은 2개가 있다.

② 플립플롭(FF) 회로의 종류 : 입력 제어 방법에 따라 RS(리셋·세트) FF, JK FF, T(토글) FF, D(딜레이) FF 등이 있다.

(1) 트랜지스터의 전류(이미터 접지 증폭 회로의 경우)

$$I_E = I_B + I_C \,[\mathrm{A}],\quad I_C = \beta I_B \,[\mathrm{A}]$$

(2) FET의 전압 증폭도

$$A_v = \frac{v_o}{v_i} \fallingdotseq g_m R_L$$

여기서, I_E : 이미터 전류[A], I_B : 베이스 전류[A]

I_C : 콜렉터 전류[A], β : 이미터 접지 전류 증폭률

v_i : 입력 전압[V], v_o : 출력 전압[V]

g_m : 상호 컨덕턴스[S], R_L : 부하 저항[Ω]

학습 POINT

바이폴라 트랜지스터(트랜지스터)는 입력 전류로 출력 전류를 제어하고, 전계 효과 트랜지스터(FET)는 입력 전압으로 출력 전압을 제어하는 소자이다.

〔표〕 트랜지스터와 MOSFET*)의 종류

트랜지스터 (전류 제어 디바이스) (B) 베이스 전류가 흐른다. (C) (E)	npn형	pnp형
	콜렉터 (C) 베이스 (B) 이미터 (E)	콜렉터 (C) 베이스 (B) 이미터 (E)
	이미터 전류 $I_E = I_B + I_C$ [A]	
MOSFET (전압 제어 디바이스) 연결되지 않았다 (절연되어 있다). (D) (G) 게이트에 전류는 흐르지 않는다. (S)	n채널 FET (npn 구조)	p채널 FET (pnp 구조)
	드레인 (D) 게이트 (G) 소스 (S)	드레인 (D) 게이트 (G) 소스 (S)
	드레인 저항 $r_d \gg$ 부하 저항 R_L 출력 전압 $v_o \fallingdotseq g_m v_i R_L$ [V]	

*MOSFET : 금속 산화막형 반도체(MOS) 전계 효과 트랜지스터의 줄임말

제어공학 기초 용어 해설

제어공학

용어 01 기억 소자

기억 소자를 크게 나누면, 읽고 쓸 수 있는 RAM(Random Access Memory)과 읽기 전용인 ROM(Read Only Memory)이 있다. RAM과 ROM은 아래 그림과 같은 관계로 되어 있다.

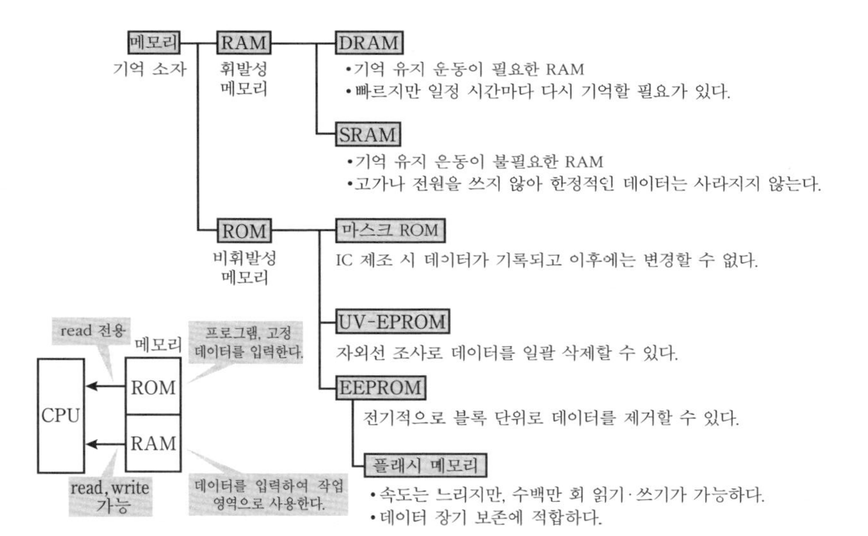

용어 02 A/D 변환

아날로그 신호를 디지털 신호로 변환함으로써 디지털화의 기본은 표본화(샘플링) → 양자화 → 부호화라는 3가지 과정으로 구성된다.

① **표본화(샘플링)**: 아날로그 신호를 일정 간격(샘플링 간격)마다 표본화한다.

② **양자화**: 연속값인 원신호의 진폭값을 정수로 변환한다.

③ **부호화**: 양자화된 진폭값을 2진수 (1, 0) 등의 표현으로 변환해 전송로로 전송한다.

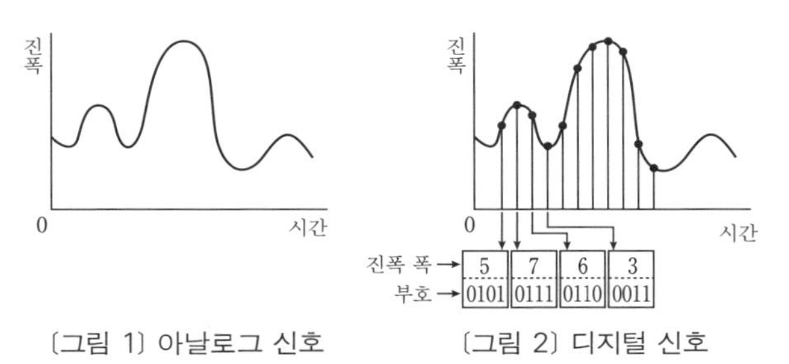

〔그림 1〕 아날로그 신호　〔그림 2〕 디지털 신호

용어 03 서보 기구

목표값 변화에 대한 추종 제어로, 그 과도 특성이 양호할 것이 요구된다. 서보 기구는 방위, 위치, 자세 등 기계적 위치를 자동으로 제어하는 것을 말한다.

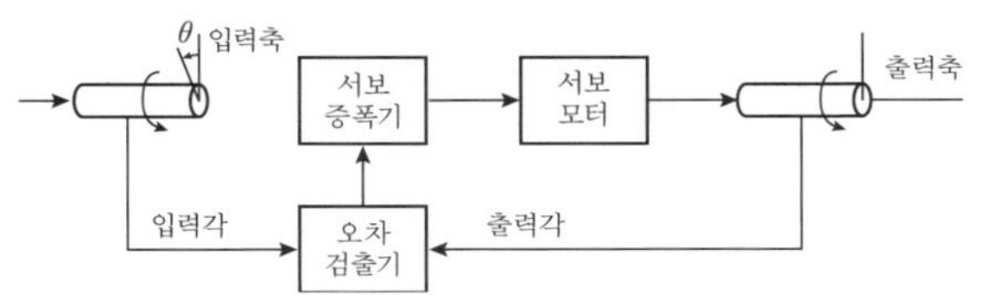

용어 04 프로세스 제어

목표값이 일정한 정가 제어가 일반적으로, 외란에 대한 제어 효과를 중시하는 경우가 많다. 프로세스 제어에서도 비율 제어나 프로그램 제어처럼 목표값에 대한 추치 제어(variable valve control)가 있지만, 과도 특성에 대한 요구는 서보 기구만큼 엄격하지 않다.

용어 05 자기 유지 회로

자기 유지 회로는 누름 버튼 스위치와 전자 릴레이를 이용해 동작을 온 상태로 유지하기 위한 회로이다.

① 누름 버튼 스위치 B를 누른다.

② 전자 릴레이 R이 동작해 접점 R_{-m1}이 닫힌다.

③ 이로써 누름 버튼 스위치 B를 누르지 않아도 접점 R_{-m1}이 유지된다.

④ 누름 버튼 스위치 A가 눌리면 접점 R_{-m1}이 열리고, 원래 상태로 복귀한다.

용어 06 피드백 제어

기본 구성은 아래 〔그림〕과 같다.

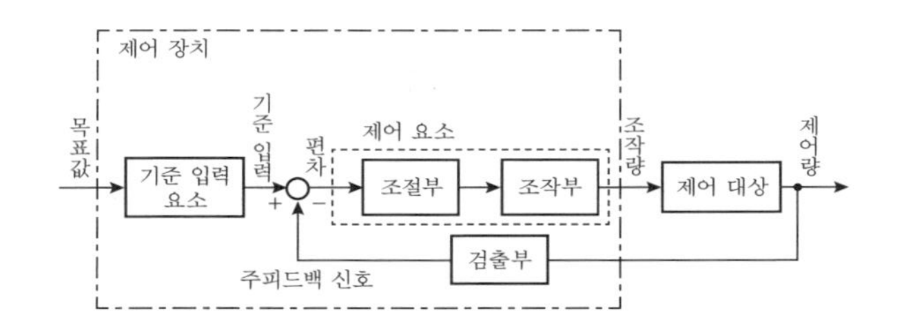

피드백 제어는 제어 대상의 상태(결과)를 검출부에서 검출하고, 이 값을 목표값과 비교해 편차가 있으면 정정 동작을 연속적으로 하는 제어 방식이다.

용어 07 PID 제어

PID 제어는 P(비례) 동작, I(적분) 동작, D(미분) 동작 세 가지를 조합한 것으로, 프로세스 제어에 이용한다.

① P 동작 : 입력 신호에 비례하는 출력을 낸다.

② I 동작 : 입력 신호를 경과 시간으로 적분한 양에 비례하는 크기를 출력한다.

③ D 동작 : 입력 신호의 크기가 변화하고 있을 때 그 변화율에 비례한 크기를 출력한다.

용어 08 미분 회로와 적분 회로

미분 회로는 입력 신호의 시간 미분(변화, 기울기)을 출력하는 회로로, *CR* 회로는 미분 회로이다. 적분 회로는 입력 신호의 시간 적분(면적)을 출력하는 회로로, *RC* 회로는 적분 회로이다.

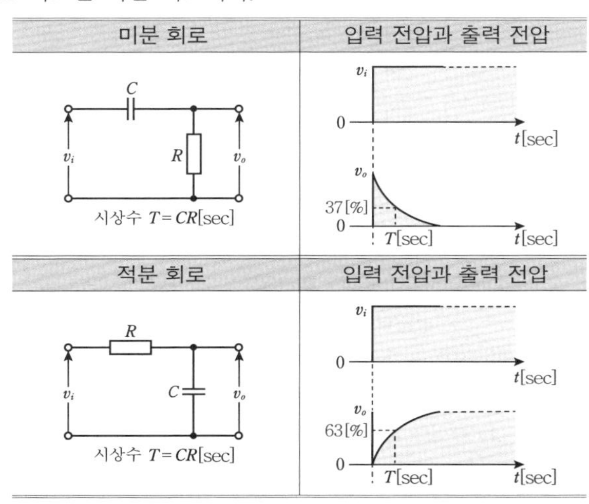

용어 09 계단 응답

프로세스의 과도 응답을 조사하는 데 이용한다. 입력에 단위 계단 신호(0→1로 상승이 가파른 펄스)를 더했을 때 출력 파형이 계단 응답 파형이다. 대표적인 응답 파형의 예는 아래 그림과 같다.

입력(계단 신호)	요소	출력 파형
1, 0 → t	미분 요소 Ds	$\delta(t)$, 0 → t
1, 0 → t	적분 요소 $\frac{1}{Cs}$	0 → t
1, 0 → t	1차 지연 요소 $\frac{K}{1+Ts}$	0 → t
1, 0 → t	2차 지연 요소 $\frac{\omega_n^2}{s^2+2\zeta\omega_n s+\omega_n^2}$	0 → t

용어 10 이득(gain) 여유와 위상 여유

① 이득 여유 : 일순 주파수 전달 함수의 위상이 -180°가 될 때 각주파수에서 이득이 0[dB]이 되기까지의 양의 여유를 나타낸다.

② 위상 여유 : 일순 주파수 전달 함수의 이득이 0[dB]이 될 때 각주파수에서 위상이 -180°가 되기까지의 여유를 나타낸다.

이를 나이키스트 선도와 보드 선도로 나타내면 다음과 같다.

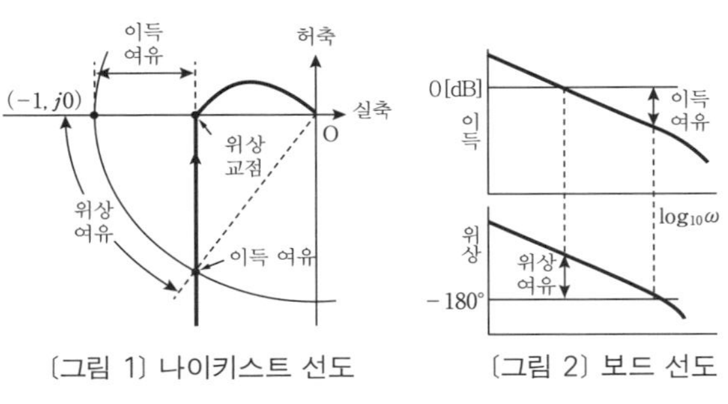

〔그림 1〕 나이키스트 선도 〔그림 2〕 보드 선도

용어 11 드 모르간의 정리

AND(·) 연산으로 표현된 식과 OR(+) 연산으로 표현된 식을 서로 변환하는 방법을 나타낸 법칙으로, 다음과 같다. 여기서, (−)은 NOT 연산을 나타낸다.

① AND 연산에서 OR 연산으로 변환

$\overline{A}\cdot\overline{B}=\overline{A+B}$ ………… 부논리에서의 AND 연산

=OR 연산 결과의 부논리

② OR 연산에서 AND 연산으로 변환

$\overline{A}+\overline{B}=\overline{A\cdot B}$ ………… 부논리에서의 OR 연산

=AND 연산 결과의 부논리

용어 12 n형 반도체와 p형 반도체

실리콘은 4가의 진성 반도체이지만, 5가의 불순물(도너)인 P(인), Sb(안티몬), As(비소)를 미량 혼입하면, 전자가 하나 남아 자유전자가 되고 전기 유전에 기여한다. 이런 반도체를 n형 반도체라고 한다.

반면에, 3가의 불순물인 In(인듐), Ga(갈륨), B(붕소)를 미량 혼입하면, 전자가 하나 부족해져 이 틈을 노려 주변의 전자가 이동한다. 마치 양전하를 가진 전자(정공)가 움직이는 것 같은 효과로 전기 유전에 기여한다. 이를 P형 반도체라고 한다.

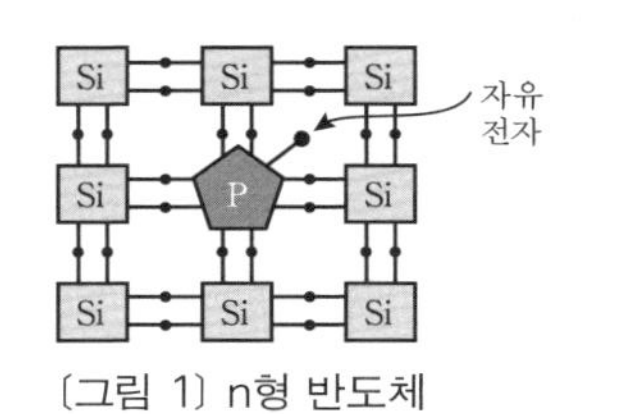

〔그림 1〕 n형 반도체

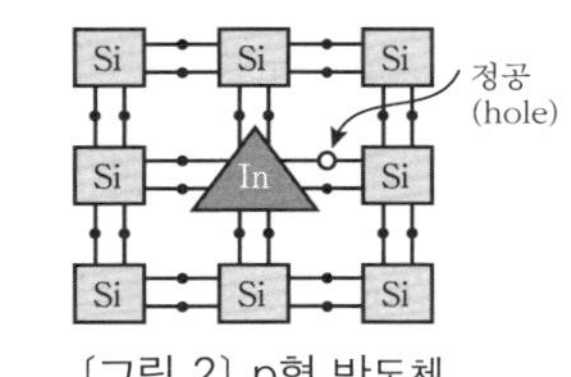

〔그림 2〕 p형 반도체

용어 13 애노드와 캐소드

애노드와 캐소드는 반대 작용을 하는 전극이다. 캐소드는 외부 회로로 전류가 나가는 전극이고, 애노드는 외부 회로에서 전자가 들어오는 전극이라고 할 수 있다.

캐소드는 진공관이나 전기 분해에서는 음극, 전지에서는 양극을 가리킨다. 전기 분해나 전지에서 캐소드는 환원 반응을 일으킨다.

전류가 흐르는 방향→
애노드 캐소드
– 건전지 +

용어 14 전계 효과 트랜지스터(FET)

① FET는 G(게이트), S(소스), D(드레인) 3개의 단자가 있는 전압 제어 소자이다.
② 동작에 기여하는 캐리어가 하나(전자 또는 정공)이므로 유니폴라형 트랜지스터라고 불린다.
③ 캐리어의 통로를 채널이라고 하고, 전류의 통로가 되는 반도체가 n형 반도체인 n채널형과 전류의 통로가 p형 반도체인 p채널형의 2가지가 있다.
④ FET는 구조 및 제어의 차이에 따라 접합형과 MOS형(MOS : 금속 산화막형 반도체)으로 분류된다.
⑤ MOS형에는 게이트 전압과 드레인 전류 특성의 차이에서 디플리션(결핍)형과 인핸스먼트(증가)형이 있다.

〔표〕 FET에 사용되는 기호

구분		n채널	p채널
접합형 FET			
MOSFET	인핸스먼트형		
	디플리션형		

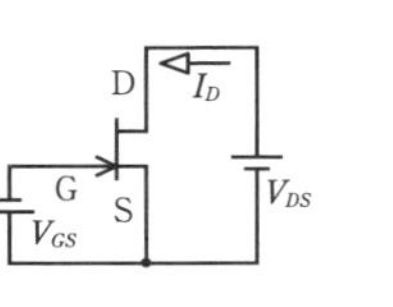

〔그림 1〕 접합형 회로의 예

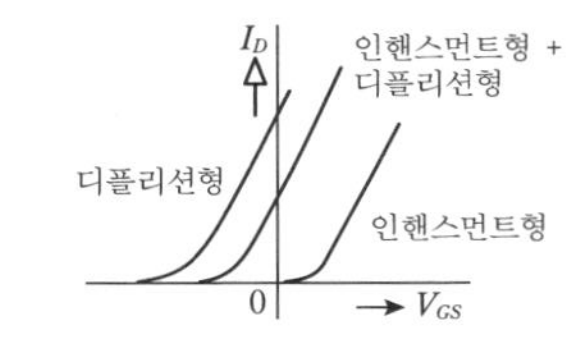

〔그림 2〕 MOS형 V_{GS}-I_D 특성

용어 15 트랜지스터

바이폴라(양극성) 트랜지스터는 입력 전류로 출력 전류를 제어하는 소자이다.

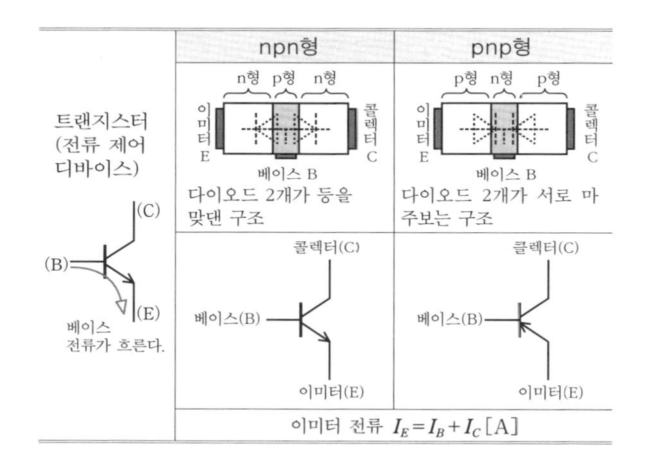

	npn형	pnp형
트랜지스터 (전류 제어 디바이스) (C) (B) (E) 베이스 전류가 흐른다.	n형 p형 n형 이미터 E / 베이스 B / 콜렉터 C 다이오드 2개가 등을 맞댄 구조	p형 n형 p형 이미터 E / 베이스 B / 콜렉터 C 다이오드 2개가 서로 마주보는 구조
	콜렉터(C) 베이스(B) 이미터(E)	콜렉터(C) 베이스(B) 이미터(E)
	이미터 전류 $I_E = I_B + I_C$ [A]	

회로이론 기초 이론 해설

테마 01 전류와 옴의 법칙

(1) 전류 $I=\frac{Q}{t}$ [A]

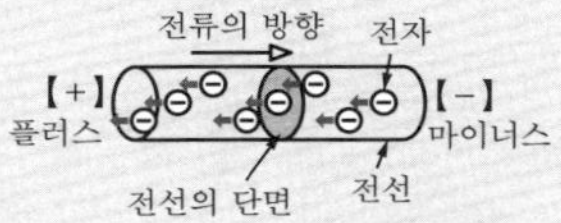

전류의 방향 전자
[+] 플러스
[-] 마이너스
전선의 단면 전선

(2) 전류 $I=\frac{V}{R}$ [A]

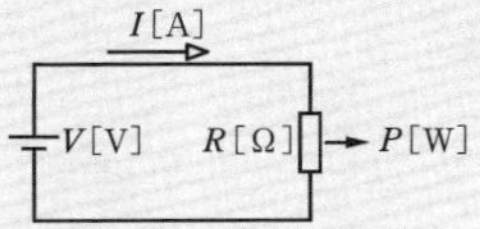

I[A]
V[V] R[Ω] P[W]

여기서, Q : 전하[C], t : 시간[sec], R : 저항[Ω], V : 전압[V]

학습 POINT

① 전선의 단면을 통하여 단위 시간에 통과하는 전기량(전하)을 전류라고 한다.

② 옴의 법칙 : 전기 회로에 흐르는 전류 I는 전압 V에 비례하고, 전기 저항 R에 반비례한다.

③ 전력 P의 기본식은 $P=VI$[W]이지만 변형한 식도 자주 사용된다.

$$P=VI=RI^2=\frac{V^2}{R}\ [\text{W}]$$

$V=RI$, $I=\frac{V}{R}$

여기서, [W]=[J/sec]

④ 전력량 W는 전력 사용 시간을 t[sec]라고 하면,

$$W=Pt=VIt=VQ\ [\text{J}]$$

전력을 P[kW], 사용 시간을 T[h]라고 하면,

$$W=PT\ [\text{kW·h}]$$

⑤ RI^2을 t[sec] 시간 사용했을 때 발열량(줄열) H는 다음과 같다.

$$H=RI^2t\ [\text{J}]$$

이것을 줄의 법칙이라고 한다.

⑥ 단위 기호 앞에 붙는 접두어

[표현 예] 3[MΩ]의 저항, 30[kV]의 전압, 2[mA]의 전류

〔표〕 자주 사용하는 접두어

10^{-12}	10^{-6}	10^{-3}	1	10^3	10^6	10^9
p (피코)	μ (마이크로)	m (밀리)	기준	k (킬로)	M (메가)	G (기가)

테마 02 전기 저항

(1) 전기 저항 $R=\rho\frac{l}{S}$ [Ω]

(2) 온도 변화 $R_2=R_1\{1+\alpha_1(t_2-t_1)\}$

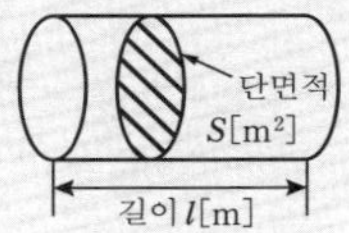

단면적 S[m²]
길이 l[m]

여기서, ρ : 저항률[Ω · m]

S : 도체의 단면적[m²]

l : 도체의 길이[m], R_2 : 온도 상승 후 저항[Ω]

R_1 : 온도 상승 전 저항[Ω]

α_1 : t_1[K]에서 저항의 온도 계수

t_2 : 상승 후 온도[K], t_1 : 상승 전 온도[K]

학습 POINT

① 전기 저항 R은 길이 l에 비례하고, 단면적 S에 반비례한다.

② 금속의 저항률

㉠ 저항률이 낮은 순서로 은→동→금→알루미늄이 된다.

㉡ 저항률 ρ의 역수는 전도율 σ [S/m]이다. (S : 지멘스)

종류	저항률 [Ω·mm²/m]
은	0.0162
연동	0.0172(1/58)
경동	0.0182(1/55)
금	0.0262
알루미늄	0.0285(1/35)

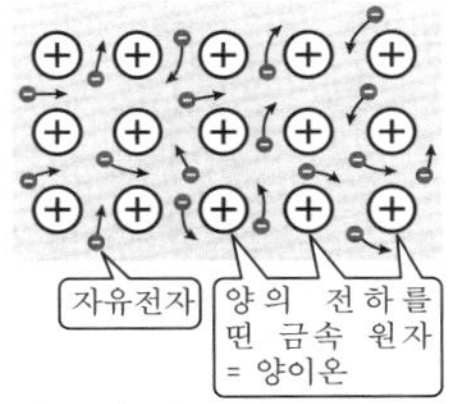

자유전자
양의 전하를 띤 금속 원자 = 양이온

〔그림 1〕 금속의 구조

③ 도체의 단면적 S를 구하는 방법 : 반지름 r[m], 지름이 D[m]라면 단면적 S는 다음과 같이 구할 수 있다.

$$S=\pi r^2=\pi\left(\frac{D}{2}\right)^2=\frac{\pi}{4}D^2\ [\text{m}^2]$$

④ 저항의 온도 계수 : 온도가 상승했을 때 저항값이 증가하면 정특성 온도 계수라고 하고, 반대로 온도가 상승했을 때 저항값이 감소하면 부특성 온도 계수라고 한다.

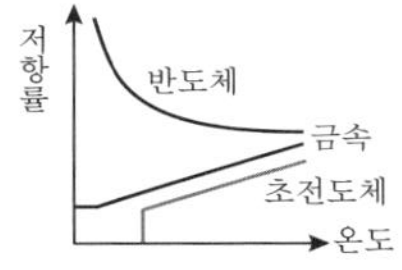

저항률
반도체
금속
초전도체
온도

〔그림 2〕 저항의 온도 변화

테마 03 저항의 접속법

구분	직렬 접속	병렬 접속
회로	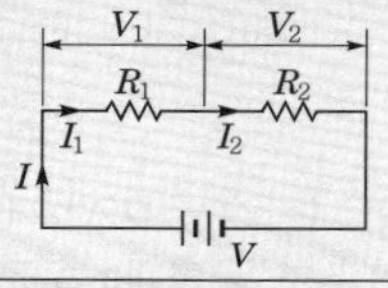	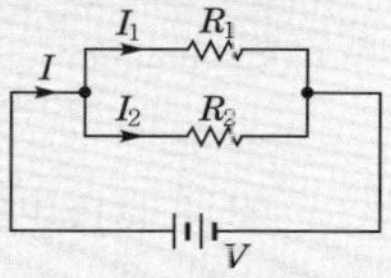
특징	① 전류는 일정($I=I_1=I_2$) ② 전압은 분배($V=V_1+V_2$)	① 전압은 일정($V=V_1=V_2$) ② 전류는 분배($I=I_1+I_2$)
합성 저항	① 저항이 2개인 경우 $R_0=R_1+R_2[\Omega]$ ② 저항이 n개인 경우 ㉠ $R_0=R_1+R_2+\cdots+R_n[\Omega]$ ㉡ $R_1=R_2=\cdots=R_n=R$인 경우 : $R_0=nR[\Omega]$	① 저항이 2개인 경우 : $R_0=\dfrac{1}{\dfrac{1}{R_1}+\dfrac{1}{R_2}}=\dfrac{R_1\times R_2}{R_1+R_2}$ ② 저항이 n개인 경우 ㉠ $R_0=\dfrac{1}{\dfrac{1}{R_1}+\dfrac{1}{R_2}+\cdots+\dfrac{1}{R_n}}[\Omega]$ ㉡ $R_1=R_2=\cdots=R_n=R$인 경우 : $R_0=\dfrac{R}{n}[\Omega]$
분배 법칙	① $V_1=\dfrac{R_1}{R_1+R_2}\times V$ ② $V_2=\dfrac{R_2}{R_1+R_2}\times V$	① $I_1=\dfrac{R_2}{R_1+R_2}\times I$ ② $I_2=\dfrac{R_1}{R_1+R_2}\times I$

테마 04 인덕턴스 접속법

(1) 직렬 회로

가동 결합(가극성)	차동 결합(감극성)
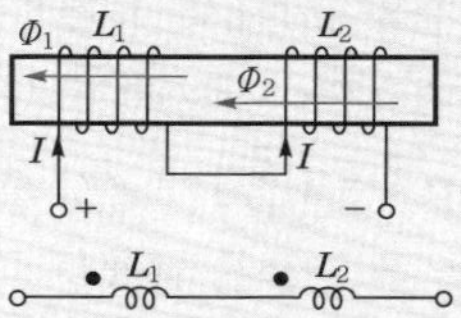	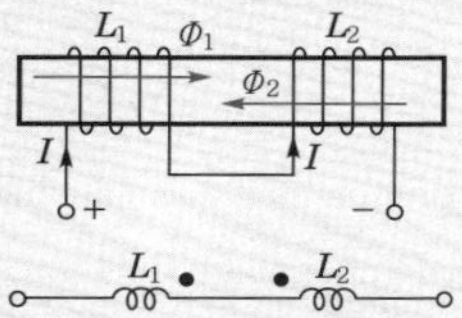
$\therefore L_+=L_1+L_2+2M$[H]	$\therefore L_-=L_1+L_2-2M$[H]

(2) 병렬 회로

가동 결합(가극성)	차동 결합(감극성)
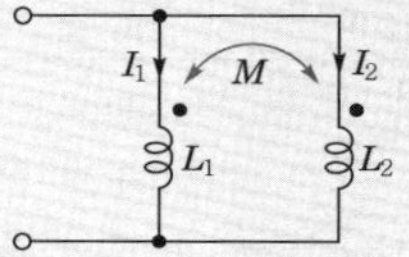	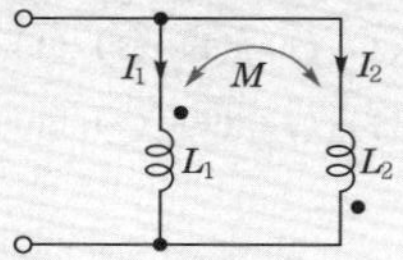
$\therefore L_+=\dfrac{L_1L_2-M^2}{L_1+L_2-2M}$[H]	$\therefore L_-=\dfrac{L_1L_2-M^2}{L_1+L_2+2M}$[H]

테마 05 콘덴서의 접속법

구분	직렬 회로	병렬 회로
회로	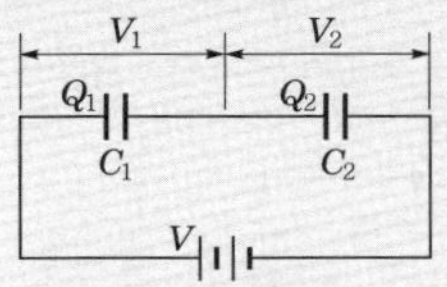 (V_1, V_2, Q_1, Q_2, C_1, C_2, V)	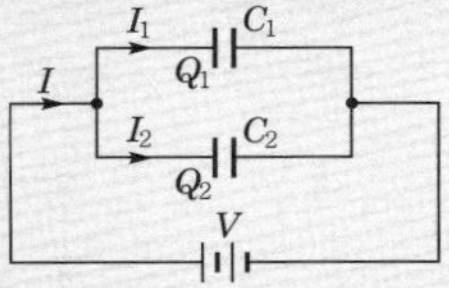 (I, I_1, I_2, Q_1, Q_2, C_1, C_2, V)
특징	① 전하는 일정($Q=Q_1=Q_2$) ② 전압은 분배($V=V_1+V_2$)	① 전압은 일정($V=V_1=V_2$) ② 전하는 분배($Q=Q_1+Q_2$)
합성 용량	① 정전 용량이 2개인 경우 $C_0=\dfrac{1}{\dfrac{1}{C_1}+\dfrac{1}{C_2}}=\dfrac{C_1\times C_2}{C_1+C_2}$[F] ② 정전 용량이 n개인 경우 ㉠ $C_0=\dfrac{1}{\dfrac{1}{C_1}+\dfrac{1}{C_2}+\cdots+\dfrac{1}{C_n}}$[F] ㉡ $C_1=C_2=\cdots=C_n=C$인 경우 $C_0=\dfrac{C}{n}$[F]	① 정전 용량이 2개인 경우 $C_0=C_1+C_2$[F] ② 정전 용량이 n개인 경우 ㉠ $C_0=C_1+C_2+\cdots+C_n$[F] ㉡ $C_1=C_2=\cdots=C_n=C$인 경우 $C_0=nC$[F]
분배 법칙	① $V_1=\dfrac{C_2}{C_1+C_2}\times V$ ② $V_2=\dfrac{C_1}{C_1+C_2}\times V$	① $Q_1=\dfrac{C_1}{C_1+C_2}\times Q$ ② $Q_2=\dfrac{C_2}{C_1+C_2}\times Q$

여기서, V_1 : C_1의 단자 전압
V_2 : C_2의 단자 전압

테마 06 키르히호프의 법칙

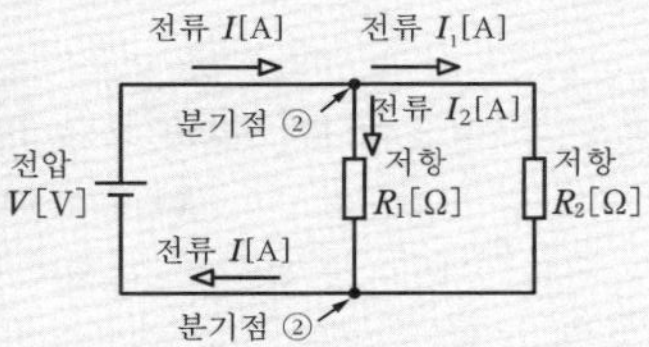

(1) 제1법칙

회로망에서 임의 전류의 접속점에서 전류의 유입합과 유출합은 같다.

$$I=I_1+I_2\,[\text{A}]$$

전류 I[A], 전류 I_1[A], 분기점 ②, 전류 I_2[A], 전압 V[V], 저항 R_1[Ω], 저항 R_2[Ω], 전류 I[A], 분기점 ②

(2) 제2법칙

회로망의 임의 폐회로 내에서 전원 전압의 합은 전압 강하의 합과 같다.

$$R_1I_2=R_2I_1=V\,[\text{V}],\quad R_2I_1-R_1I_2=0\,[\text{V}]$$

학습 POINT

① 제1법칙(〔그림 1〕 점 d에 적용)

$I_1+I_2=I_3$ [A]

② 제2법칙(각 경로에 e 적용)

㉠ 경로 1 : $R_1I_1+R_3I_3$
$=E_1+E_2$[V]

㉡ 경로 2 : $R_2I_2+R_3I_3=E_3$[V]

㉢ 경로 3 : $R_1I_1-R_2I_2$
$=E_1+E_2-E_3$[V] ← ± 부호에 주의!

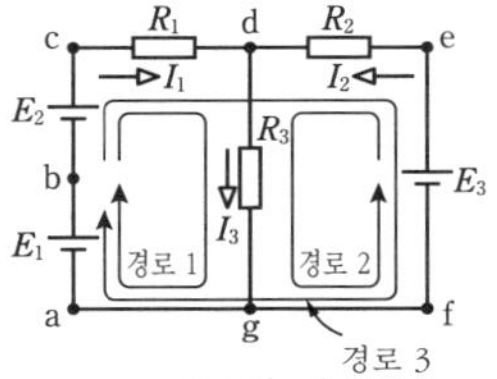

c, R_1, d, R_2, e, I_1, I_2, E_2, R_3, b, E_3, I_3, E_1, 경로 1, 경로 2, a, g, f, 경로 3

〔그림 1〕

③ 전압 강하 이미지 : 〔그림 2〕의 회로에서는 3개 전압 강하의 합이 E와 같다.

$R_1I+R_2I+R_3I=E$[V]

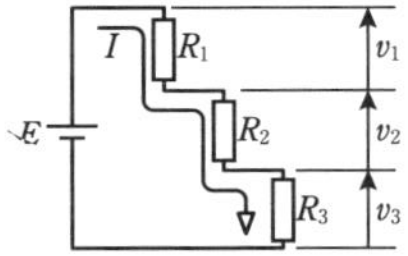

I, R_1, v_1, E, R_2, v_2, R_3, v_3

〔그림 2〕

④ 중첩의 원리 : 다수의 전원이 있을 경우 단시간에 계산할 수 있는 방법이다. 〔그림 3〕의 원회로 각 전류는 다음과 같다.

$I_a=I_a'+I_a''$, $I_b=I_b'+I_b''$, $I_c=I_c'+I_c''$

[원회로] = [회로 ①] + [회로 ②]

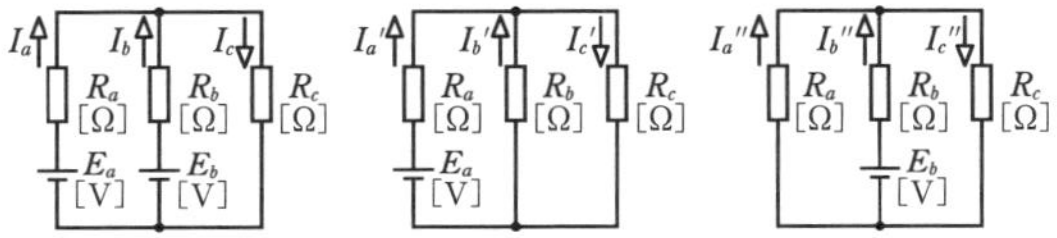

I_a, I_b, I_c, R_a[Ω], R_b[Ω], R_c[Ω], E_a[V], E_b[V] / I_a', I_b', I_c', R_a[Ω], R_b[Ω], R_c[Ω], E_a[V] / I_a'', I_b'', I_c'', R_a[Ω], R_b[Ω], R_c[Ω], E_b[V]

〔그림 3〕

※주의 : 회로 ①·②에서 계산에 포함하지 않는 원회로의 전압원을 단락, 전류원은 개방한다.

테마 07 테브난의 정리

전류 $I=\dfrac{V}{R_0+R}$ [A]

여기서, V : ab 간 개방 시 단자 전압[V]

R_0 : ab 간 개방 단자에서 회로망을 바라보는 저항[Ω]

R : 단자 ab 사이에 연결하는 외부 저항[Ω]

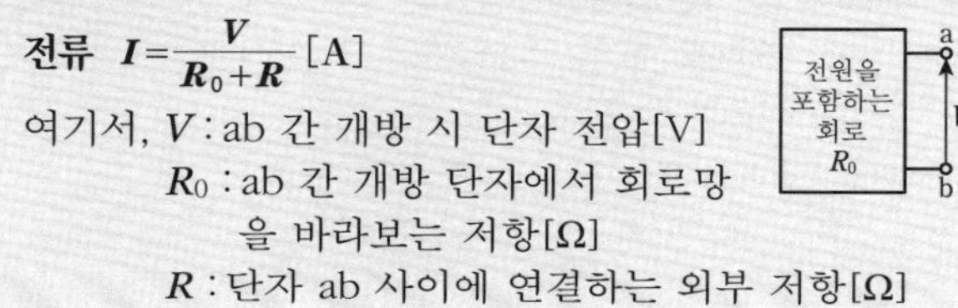

학습 POINT

① 테브난의 정리 : 회로의 두 단자 ab 사이의 전압을 V[V], 단자 ab에서 본 회로의 내부 합성 저항을 R_0[Ω]이라고 하면, ab 단자에 저항 R[Ω]을 접속했을 때 흐르는 전류 I는 다음과 같이 구할 수 있다.

$$I=\frac{V}{R_0+R}\ [\text{A}]$$

② 테브난의 정리를 적용할 때 주의할 점 : 내부 합성 저항 R_0[Ω]를 구할 때에는 정전압원은 단락하고, 정전류원은 개방한다.

③ 정전압원과 정전류원 : 정전압원은 이상적 전압원, 정전류원은 이상적 전류원이고, 이 둘의 차이는 〔표〕와 같다.

〔표〕 정전압원과 정전류원의 비교

정전압원	정전류원
내부 저항이 제로이다.	내부 저항이 무한대이다.
부하 크기에 관계없이 단자 전압은 일정하다.	부하 크기에 관계없이 전류는 일정하다.

정전압원 — $E=RI$ ⇄ 정전류원 — $I=\dfrac{E}{R}$ (등가 교환)

테마 08 휘트스톤 브리지 평형 회로

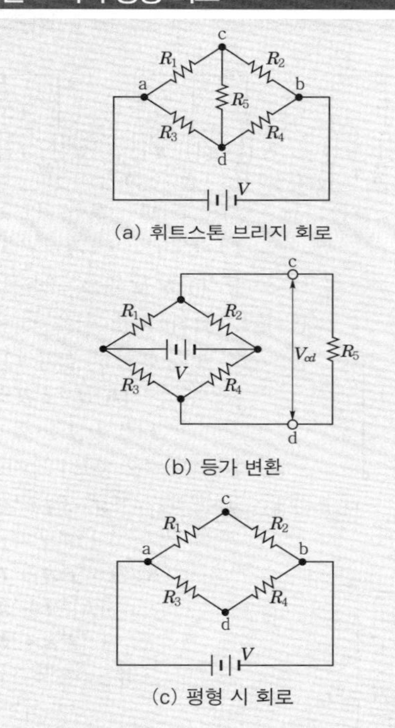

(a) 휘트스톤 브리지 회로

(b) 등가 변환

(c) 평형 시 회로

(1) c, d의 단자 전압 $V_{cd}=V_c-V_d=\dfrac{R_2R_3-R_1R_4}{(R_1+R_2)(R_3+R_4)}\times V$

여기서, $V_c=\dfrac{R_2}{R_1+R_2}\times V$

$V_d=\dfrac{R_4}{R_3+R_4}\times V$

(2) $R_1R_4=R_2R_3$를 만족하면 $V_C=0$이 되어 R_5측으로 전류가 흐르지 않는다. 이를 휘트스톤 브리지 회로가 평형되었다고 한다.

(3) 평형 시 〔그림 (c)〕처럼 개방 상태와 같이 등가 변환시킬 수 있다.

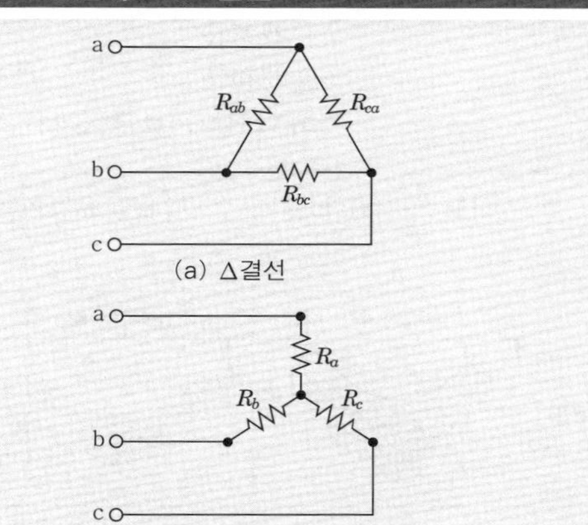

(a) Δ결선

(b) Y결선

Δ결선 → Y결선	Y결선 → Δ결선
① $R_a=\dfrac{R_{ab}\cdot R_{ca}}{R_{ab}+R_{bc}+R_{ca}}[\Omega]$	① $R_{ab}=\dfrac{R_a\cdot R_b+R_b\cdot R_c+R_c\cdot R_a}{R_c}[\Omega]$
② $R_b=\dfrac{R_{ab}\cdot R_{bc}}{R_{ab}+R_{bc}+R_{ca}}[\Omega]$	② $R_{bc}=\dfrac{R_a\cdot R_b+R_b\cdot R_c+R_c\cdot R_a}{R_a}[\Omega]$
③ $R_c=\dfrac{R_{bc}\cdot R_{ca}}{R_{ab}+R_{bc}+R_{ca}}[\Omega]$	③ $R_{ca}=\dfrac{R_a\cdot R_b+R_b\cdot R_c+R_c\cdot R_a}{R_b}[\Omega]$
④ $R_{ab}=R_{bc}=R_{ca}=R$인 경우 $R_a=R_b=R_c=\dfrac{R}{3}[\Omega]$	④ $R_a=R_b=R_c=R$인 경우 $R_{ab}=R_{bc}=R_{ca}=3R[\Omega]$

(1) 분류기의 배율

$$m=1+\frac{r_a}{R_s}$$

(2) 배율기의 배율

$$m=1+\frac{R_m}{r_v}$$

(3) 오차율

$$\varepsilon=\frac{M-T}{T}\times 100[\%]$$

(4) 보정률

$$\alpha=\frac{T-M}{M}\times 100[\%]$$

여기서, R_s : 분류기 저항[Ω], r_a : 전류계 저항[Ω]
R_m : 배율기 저항[Ω], r_v : 전압계 저항[Ω]
M : 측정값, T : 참값

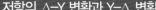

학습 POINT

① 분류기는 전류계의 측정 범위를 m배로 확대하기 위한 저항으로, 전류계와 병렬로 설치한다. 전류계의 전류 I는 다음과 같이 구한다.

$$I=I_0\times\frac{R_s}{R_s+r_a}[\text{A}]$$

$$\therefore \text{측정 배율 } m=\frac{\text{측정 전류 } I_0}{\text{전압계의 지시 } I}=1+\frac{r_a}{R_s}$$

분류기의 저항 $R_s=\dfrac{r_a}{m-1}[\Omega]$

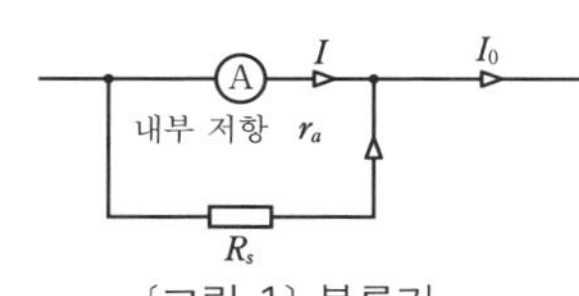

〔그림 1〕 분류기

② 배율기는 전압계의 측정 범위를 m배로 확대하기 위한 저항으로, 전압계와 직렬로 설치한다. 전압계의 전압 V는 다음과 같이 구한다.

$$V=V_0\times\frac{r_v}{R_m+r_v}[\text{V}]$$

$$\therefore \text{측정 배율 } m=\frac{\text{측정 전압 } V_0}{\text{전압계의 지시 } V}=1+\frac{R_m}{r_v}$$

배율기의 저항 $R_m=(m-1)r_v[\Omega]$

〔그림 2〕 배율기

테마 11 정현파 교류의 순시값 표현

(1) **순시값** $e = E_m \sin(\omega t + \theta)$ [V]

(2) **각주파수** $\omega = 2\pi f$ [rad/sec]

(3) **주기** $T = \frac{1}{f}$ [sec]

여기서, E_m : 전압의 최대값[V]

ω : 각주파수[rad/sec]

t : 시간[sec], θ : 위상각[rad], f : 주파수[Hz]

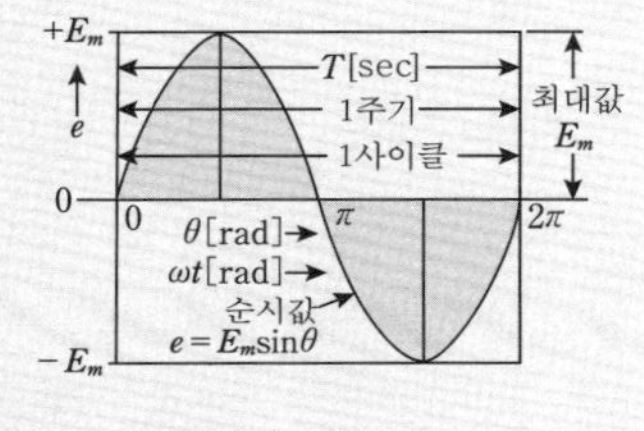

학습 POINT

① 정현파 전압은 주기 T[sec]에서 규칙적인 sin파형을 그린다.
② ωt는 변화하는 크기이고 호도법에 의한 각도[rad]이다.
③ 호도법에서 π[rad]는 도수법으로 180°이다. 단위는 각각 각도를 나타낸다.
④ 위상각 θ는 +값이면 진상, -값이면 지상을 나타낸다.
⑤ 정현파 전압의 평균값과 실효값을 〔표〕에 나타냈다.

〔표〕 정현파 전압의 평균값과 실효값

구분	평균값 E_{av}	실효값 E
정의	반주기에서 순시값의 평균값	$\sqrt{(순시값)^2}$의 평균값
설명도	E_m, 평균화, 평균화, e[V], E_{av}, 0, ωt[rad], π	평균화, e^2, e e^2, e^2 평균값, e, 실효값 E, 0, ωt[rad], π
식 표현	$E_{av} = \frac{2}{\pi}E_m$ (최대값의 $\frac{2}{\pi}$ 배)	$E = \frac{E_m}{\sqrt{2}}$ (최대값의 $\frac{1}{\sqrt{2}}$ 배)

⑥ 파형률과 파고율은 다음과 같이 나타낸다.

$$파형률 = \frac{실효값}{평균값}, \quad 파고율 = \frac{최대값}{실효값}$$

테마 12 정현파 교류의 페이저도와 벡터 표현

구분	R만의 회로	L만의 회로	C만의 회로
페이저도	V_m, I_m	V_m, I_m	V_m, I_m
정지 벡터도	$\dot{V}$, $\dot{I}_R$	$\dot{V}$, $\dot{I}_L$	$\dot{I}_C$, $\dot{V}$
특징	① $I_R = \frac{V}{R}$[A] ② 전류는 전압과 동위상이다.	① $I_L = \frac{V}{X_L} = \frac{V}{\omega L}$[A] ② 전류는 전압보다 위상이 90° 늦다(lag).	① $I_C = \frac{V}{X_C} = \omega CV$[A] ② 전류는 전압보다 위상이 90° 빠르다(lead).

여기서, X_L : 유도성 리액턴스

X_C : 용량성 리액턴스

테마 13 *RLC* 직렬 회로

(1) **임피던스** $\dot{Z}=R+j\left(\omega L-\dfrac{1}{\omega C}\right)$ [Ω]

(2) $\dot{Z}$**의 크기** $Z=\sqrt{R^2+\left(\omega L-\dfrac{1}{\omega C}\right)^2}$ [Ω]

(3) **역률** $\cos\theta=\dfrac{\text{유효 전력}}{\text{피상 전력}}=\dfrac{P}{S}=\dfrac{R}{Z}$

(4) **전압** $\dot{V}=\dot{Z}\dot{I}=\left\{R+j\left(\omega L-\dfrac{1}{\omega C}\right)\right\}\dot{I}=V_R+j(V_L-V_C)$ [V]

(5) **직렬 공진 주파수** $f_0=\dfrac{1}{2\pi\sqrt{LC}}$ [Hz]

여기서, E : 저항[Ω], ω : 각주파수[rad/sec], L : 인덕턴스[H]
C : 정전 용량[F], I : 전류[A], V_R : R의 단자 전압[V]
V_L : L의 단자 전압[V], V_C : C의 단자 전압[V]

학습 POINT

① 〔그림 1〕의 임피던스 $\dot{Z}$는 저항 R, 유도성 리액턴스 $X_L=\omega L$, 용량성 리액턴스 $X_C=\dfrac{1}{\omega C}$의 벡터합으로 계산할 수 있다.

$\dot{Z}=R+j(X_L-X_C)$[Ω]

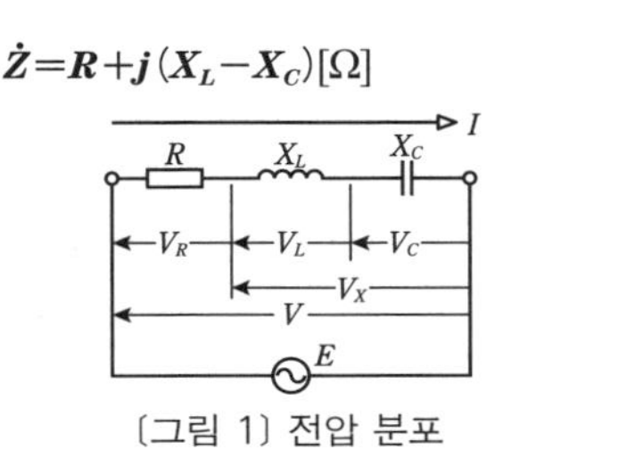

〔그림 1〕 전압 분포

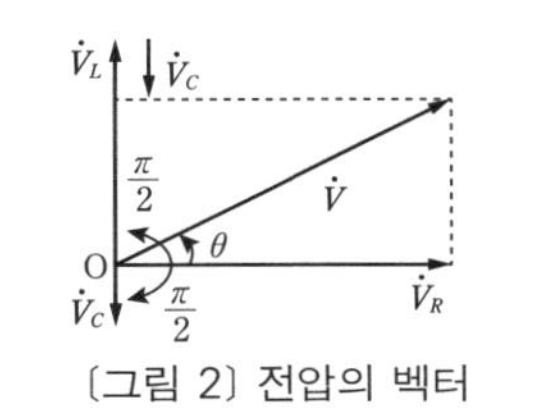

〔그림 2〕 전압의 벡터

〔그림 3〕 리액턴스와 주파수의 관계

② 직렬 공진 : *RLC* 직렬 회로에서 $\omega L=\dfrac{1}{\omega C}$이라면, $\dot{Z}=R$이 된다. 이 상태를 가리켜 직렬 공진이라고 하고, 회로 전류는 최대가 되며 전원 전압과 동상이 된다. 직렬 공진 상태에서는 전원 전압과 저항의 단자 전압은 같아진다.

테마 14 *RLC* 병렬 회로

(1) **전체 전류** $\dot{I}=\dot{I}_R+\dot{I}_L+\dot{I}_C$ [A]

(2) I**의 크기** $I=\sqrt{I_R^2+(I_L-I_C)^2}$ [A]

(3) **어드미턴스** $\dot{Y}=G+jB=\dfrac{1}{R}+j\left(\omega C-\dfrac{1}{\omega L}\right)$ [S]

(4) **역률** $\cos\theta=\dfrac{P}{S}=\dfrac{Z}{R}$

(5) **각 소자의 전류** $\dot{I}_R=\dfrac{\dot{V}}{R}$ [A], $\dot{I}_L=\dfrac{\dot{V}}{j\omega L}$ [A]
$\dot{I}_C=j\omega C\dot{V}$ [A]

(6) **병렬 공진 주파수** $f_0=\dfrac{1}{2\pi\sqrt{LC}}$ [Hz]

여기서, R : 저항[Ω], ω : 주파수[rad/sec], L : 인덕턴스[H]
C : 정전 용량[F], V : 단자 전압[V]

학습 POINT

① 〔그림 1〕의 어드미턴스 Y는 컨덕턴스 $\dfrac{1}{R}$과 서셉턴스 $\omega C-\dfrac{1}{\omega L}$의 벡터합으로 계산할 수 있다〔그림 2〕.

$\dot{Y}=\boxed{\dfrac{1}{R}}+j\boxed{\left(\omega C-\dfrac{1}{\omega L}\right)}$ [S]

컨덕턴스 G 서셉턴스 B

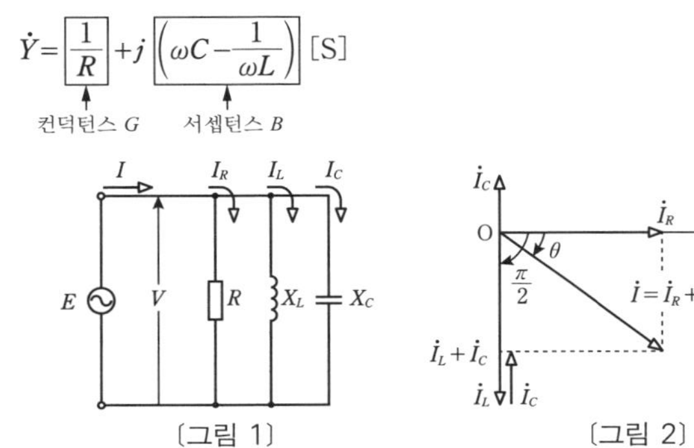

〔그림 1〕 〔그림 2〕

② 병렬 공진 : *RLC* 병렬 회로에서 $\omega L=\dfrac{1}{\omega C}$이면, $\dot{Y}=\dfrac{1}{R}$로 어드미턴스는 최소가 된다. 이 상태를 병렬 공진이라고 하고, 회로 전류는 최소가 되며 전원 전압과 동상이 된다.

테마 15 단상 전력과 역률

(1) 유효 전력

$P = VI\cos\theta = RI^2$[W]

(2) 무효 전력

$Q = VI\sin\theta = XI^2$[Var]

(3) 피상 전력

$S = \sqrt{P^2+Q^2} = VI$

$= ZI^2$[V·A]

(4) 역률

$\theta = \dfrac{P}{S}$

여기서, V : 전압[V], I : 전류[A], R : 저항[Ω]

X : 리액턴스[Ω], Z : 임피던스[Ω], $\cos\theta$: 부하역률

학습 POINT

① 전압 · 전류 파형과 전력

전압과 전류의 위상	전압 v · 전류 i · 전력 p의 파형	전력 P [W]
동상	평균 전력 $P=VI$	VI
90° 차이	평균 전력 $P=0$	0

② 임피던스와 전력의 관계 : 저항 R[Ω], 리액턴스 X[Ω], 임피던스 Z[Ω]의 직렬 회로에 흐르는 전류를 I[A]라고 하면 다음과 같은 관계가 성립한다.

$$R^2+X^2=Z^2 \rightarrow R^2I^4+X^2I^4=Z^2I^4$$
$$\rightarrow (RI^2)^2+(XI^2)^2=(ZI^2)^2 \rightarrow P^2+Q^2=S^2$$

③ 전력의 복소수 표시(전력 벡터)

피상 전력 $\dot{S}=\bar{\dot{V}}\dot{I}=VI(\cos\theta \pm j\sin\theta)=P \pm jQ$[V·A]

단, $\bar{\dot{V}}$는 전압의 켤레 복소수(공액 복소수)이고, Q는 앞선 무효 전력을 플러스(+)로, 늦은 무효 전력을 마이너스(−)로 한다.

테마 16 3상 교류 회로의 Y결선과 △결선

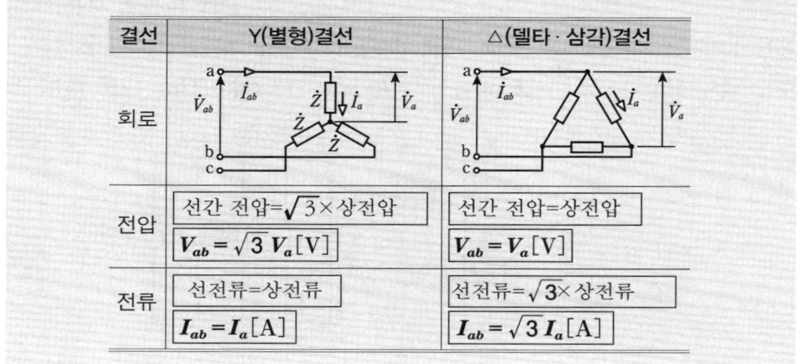

결선	Y(별형)결선	△(델타 · 삼각)결선
회로		
전압	선간 전압$=\sqrt{3}\times$상전압 $V_{ab}=\sqrt{3}\,V_a$[V]	선간 전압=상전압 $V_{ab}=V_a$[V]
전류	선전류=상전류 $I_{ab}=I_a$[A]	선전류$=\sqrt{3}\times$상전류 $I_{ab}=\sqrt{3}\,I_a$[A]

학습 POINT

① Y결선의 전압과 전류 벡터 : 부하 역률이 $\cos\theta$(지연)인 경우의 전압과 전류 벡터는 〔그림 1〕과 같다.

$$\dot{V}_{ab}=\dot{V}_a-\dot{V}_b$$
$$\dot{V}_{bc}=\dot{V}_b-\dot{V}_c$$
$$\dot{V}_{ca}=\dot{V}_c-\dot{V}_a$$

Y결선에서는 선간 전압은 상전압보다 $\dfrac{\pi}{6}$ 만큼 위상이 앞선다.

〔그림 1〕

② △결선의 전압과 전류 벡터 : 부하 역률이 $\cos\theta$(지연)인 경우의 전압과 전류의 벡터는 〔그림 2〕와 같다.

$$\dot{I}_{ab}=\dot{I}_a-\dot{I}_c$$
$$\dot{I}_{bc}=\dot{I}_b-\dot{I}_a$$
$$\dot{I}_{ca}=\dot{I}_c-\dot{I}_b$$

△결선에서는 선전류는 상전류보다 $\dfrac{\pi}{6}$만큼 위상이 지연된다.

〔그림 2〕

테마 17 3상 전력과 역률

(1) **유효 전력** $P=\sqrt{3}VI\cos\theta$[W]

(2) **무효 전력** $Q=\sqrt{3}VI\sin\theta$[Var]

(3) **피상 전력** $S=\sqrt{P^2+Q^2}=\sqrt{3}VI$[V·A]

(4) **역률** $\cos\theta=\dfrac{P}{S}$

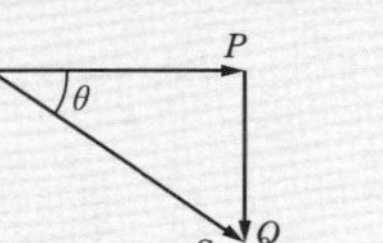

여기서, V : 선간 전압[V], I : 선전류[A], $\cos\theta$: 부하 역률

학습 POINT

① 〔그림 1〕 선간 전압 V와 상전압 E의 관계는 $V=\sqrt{3}E$이고, 3상 전력 P는 다음과 같이 된다.

$P=3(EI\cos\theta)$ ← 단상의 3배

$=\sqrt{3}VI\cos\theta$[W] ← 일반형

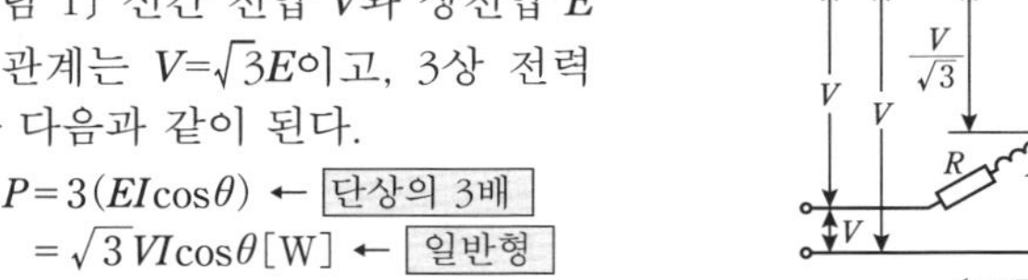

〔그림 1〕

② 〔그림 2〕에서 부하 임피던스를 $Z=R+jX$[Ω]이라고 할 때 역률 $\cos\theta$는 다음과 같이 된다.

$$\cos\theta=\frac{R}{Z}=\frac{R}{\sqrt{R^2+X^2}}$$

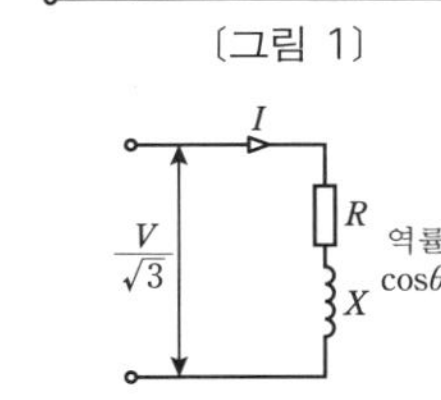

〔그림 2〕

③ 3가지 전력의 관계는 다음과 같이 표현되고, 전력 부분이 달라지는 점에 주의한다.

피상 전력 $S=3EI=\sqrt{3}VI=3ZI\times I=3ZI^2$[V·A]

유효 전력 $P=S\cos\theta=\sqrt{3}VI\cos\theta=3RI^2$[W]

무효 전력 $Q=S\sin\theta=\sqrt{3}VI\sin\theta=3XI^2$[Var]

$P^2+Q^2=S^2$

④ 전력의 벡터 표시

피상 전력 $\dot{S}=3\bar{\dot{E}}\dot{I}=P\pm jQ$

(허수부의 부호 +: 앞선(진상) 무효 전력,
 -: 늦은(지상) 무효 전력)

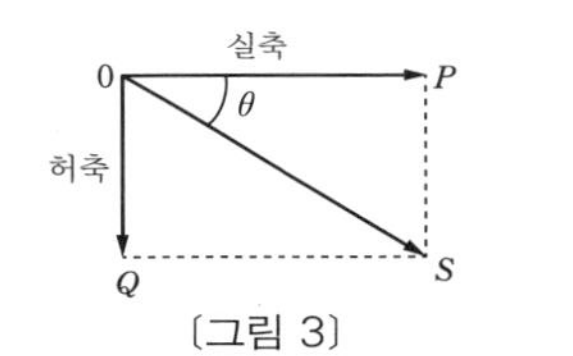

〔그림 3〕

테마 18 2전력계법을 이용한 3상 전력 측정

(1) **3상 전력**

$P=W_1+W_2$[W]

(2) **3상 무효 전력**

$Q=\sqrt{3}(W_2-W_1)$[Var]

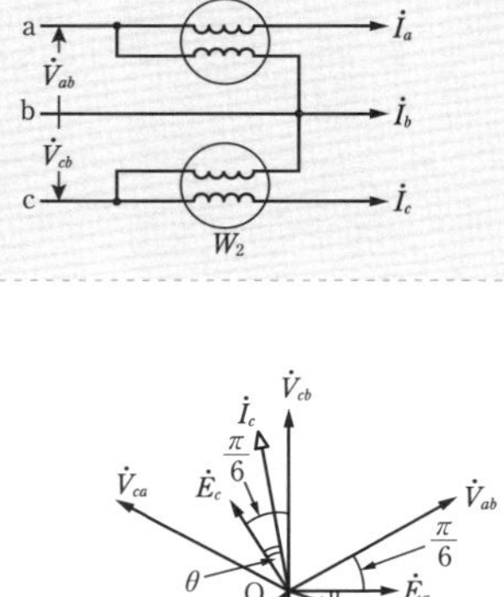

학습 POINT

① 2전력계법에서는 단상 전력계 2대를 사용해 3상 전력과 3상 무효 전력을 측정할 수 있다.

② 3상 전력의 측정 원리 : 상전압을 E[V], 선간 전압을 V[V], 부하 전류를 I[A], 부하 역률을 $\cos\theta$(지연)이라고 하면, 전압과 전류 벡터는 〔그림〕처럼 된다. 두 전력계의 지시값은 다음과 같다.

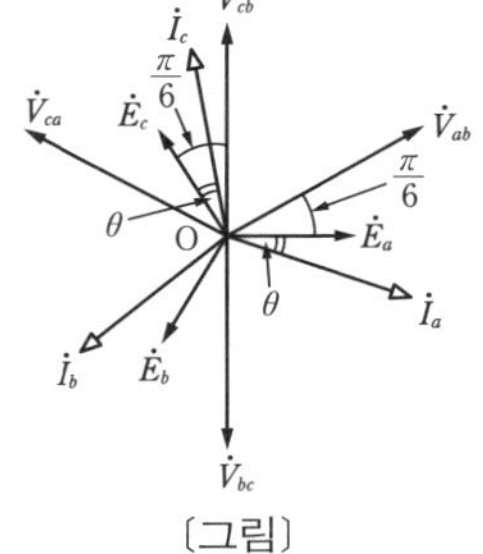

〔그림〕

$$W_1=VI\cos\left(\frac{\pi}{6}+\theta\right)\text{[W]},\quad W_2=VI\cos\left(\frac{\pi}{6}-\theta\right)\text{[W]}$$

이때, 삼각함수의 덧셈 정리에 의해 3상 전력을 다음과 같이 구할 수 있다.

$$\cos\left(\frac{\pi}{6}+\theta\right)+\cos\left(\frac{\pi}{6}-\theta\right)$$
$$=\left(\cos\frac{\pi}{6}\cos\theta-\sin\frac{\pi}{6}\sin\theta\right)+\left(\cos\frac{\pi}{6}\cos\theta+\sin\frac{\pi}{6}\sin\theta\right)$$
$$=2\cos\frac{\pi}{6}\cos\theta=\sqrt{3}\cos\theta$$

$\therefore P=\sqrt{3}VI\cos\theta=W_1+W_2$[W]

③ 3상 무효 전력의 측정 원리

$W_2-W_1=VI\times2\sin\frac{\pi}{6}\sin\theta=VI\sin\theta$

$\therefore Q=\sqrt{3}(W_2-W_1)$[Var]

참고 전력량[kW · h] 측정은 전력량계에 따른다.

〔표〕 단상 전력 측정법

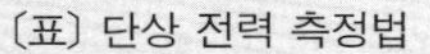

3전압계법 $P=\frac{1}{2R}(V_3^2-V_1^2-V_2^2)$ [W]

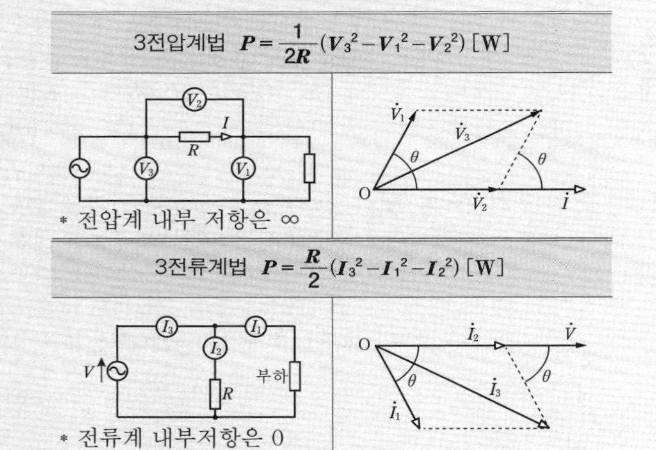

여기서, R : 저항[Ω]

θ : 부하의 역률각(지연 역률)

학습 POINT

① 3전압계법 : 3개의 전압계와 저항 R을 이용해 부하 전력을 측정할 수 있다.

$$V_3^2=(V_2+V_1\cos\theta)^2+(V_1\sin\theta)^2=V_1^2+V_2^2+2V_1V_2\cos\theta$$

$$P=V_1I\cos\theta=V_1\frac{V_2}{R}\cos\theta=\frac{1}{2R}(V_3^2-V_1^2-V_2^2)\ [\mathrm{W}]$$

② 3전류계법 : 3개의 전류계와 저항 R을 이용해 부하 전력을 측정할 수 있다.

$$I_3^2=(I_2+I_1\cos\theta)^2+(I_1\sin\theta)^2=I_1^2+I_2^2+2I_1I_2\cos\theta$$

$$P=VI_1\cos\theta=RI_2I_1\cos\theta=\frac{R}{2}(I_3^2-I_1^2-I_2^2)\ [\mathrm{W}]$$

(1) 비정현파의 순시식

$$e=\underbrace{E_0}_{\text{직류분}}+\underbrace{\sqrt{2}E_1\sin(\omega t+\theta_1)}_{\text{기본파}}+\cdots+\underbrace{\sqrt{2}E_n\sin(n\omega t+\theta_n)}_{\text{제}n\text{고조파}}$$

(2) 전압의 실효값 $E=\sqrt{E_0^2+E_1^2+\cdots+E_n^2}$ [V]

(3) 피상전력 $S=EI$ [V·A]

(4) 전력 $P=E_0I_0+E_1I_1\cos\theta_1+\cdots+E_nI_n\cos\theta_n$ [W]

(5) 역률 $\cos\theta=\frac{P}{S}$

여기서, E_0 : 직류분, E_1 : 기본파, E_n : n고조파의 전압[V]

ω : 각주파수[rad/sec], t : 시간[sec]

$\theta_1\sim\theta_n$: 위상각[rad], I : 전류의 실효값

$I_0\sim I_n$: 전류[A], $\cos\theta_1\sim\cos\theta_n$: 역률

학습 POINT

① 〔그림〕처럼 정현파 이외의 일정한 주기의 교류를 비정현파라고 한다. 일반적으로 직류분과 주파수가 다른 많은 정현파의 집합으로 푸리에 급수를 이용해 나타낼 수 있다.

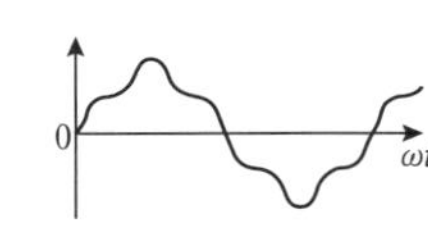

〔그림〕 비정현파의 예

② 비정현파의 실효값 : 기본파를 포함하는 비정현파 회로와 직류 회로에 각각 같은 저항을 연결했을 때 소비 전력이 같으면 실효값은 직류와 같아진다.

③ 비정현파의 전력 : 주파수가 다른 전압과 전류에서는 순시값의 곱의 평균은 모두 0이 되므로 각 주파 단위로 계산하고 합계한다.

④ 왜형률 : 비정현파가 어느 정도 일그러졌는 지 나타내기 위해 왜형률(total harmonics distortion)을 이용한다.

$$\text{왜형률}=\frac{\text{모든 고조파의 실효값}}{\text{기본파의 실효값}}=\frac{\sqrt{E_2^2+E_3^2+\cdots+E_n^2}}{E_1}$$

테마 21 RL 회로와 RC 회로의 과도 현상

(1) RC 회로의 전류

① S_1을 닫았을 때 전류

$$i=\frac{E}{R}\left(1-e^{-\frac{R}{L}t}\right)[A]$$

② 그 후 S_1은 열고 S_2를 닫았을 때 전류

$$i=\frac{E}{R}e^{-\frac{R}{L}t}[A]$$

(2) RC 회로의 전류

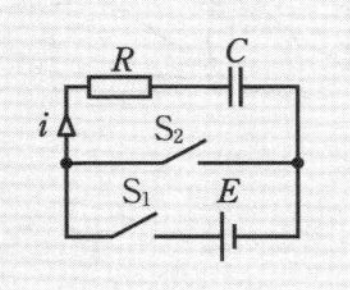

① S_1을 닫았을 때 전류

$$i=\frac{E}{R}e^{-\frac{1}{RC}t}[A]$$

② 그 후 S_1은 열고 S_2를 닫았을 때 전류

$$i=-\frac{E}{R}e^{-\frac{1}{RC}t}[A]$$

여기서, R : 저항[Ω], E : 기전력[V], L : 인덕턴스[H]
t : 시간[sec], C : 정전 용량[F], e : 자연대수의 밑

학습 POINT

① RL 회로의 과도 현상 파형

①의 전류$\left(최종값\ \frac{E}{R}\right)$	②의 전류$\left(초기값\ \frac{E}{R}\right)$
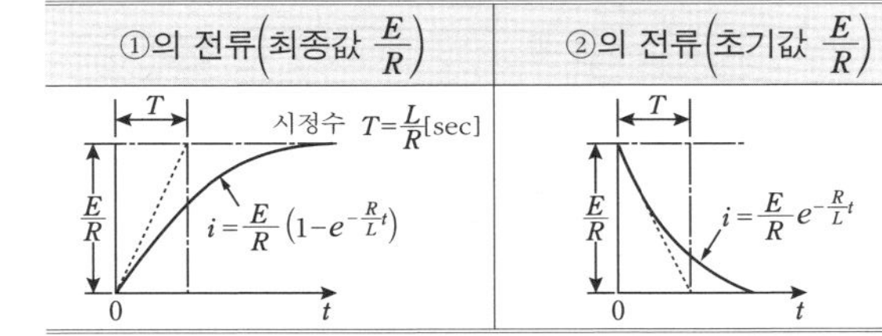	

② RC 회로의 과도 현상 파형

①의 전류$\left(초기값\ \frac{E}{R} : 양\right)$	②의 전류$\left(초기값\ \frac{E}{R} : 음\right)$
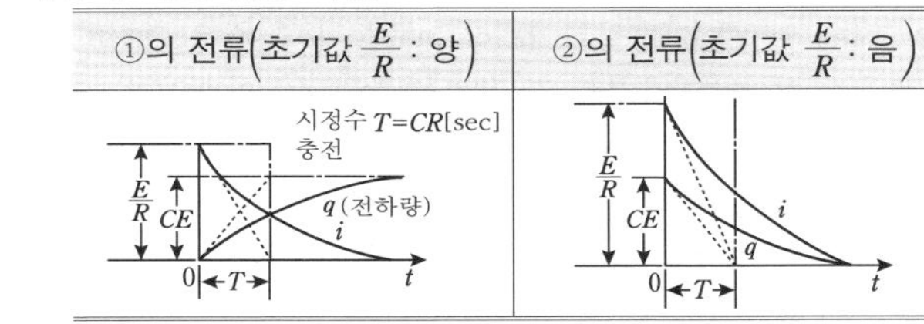	

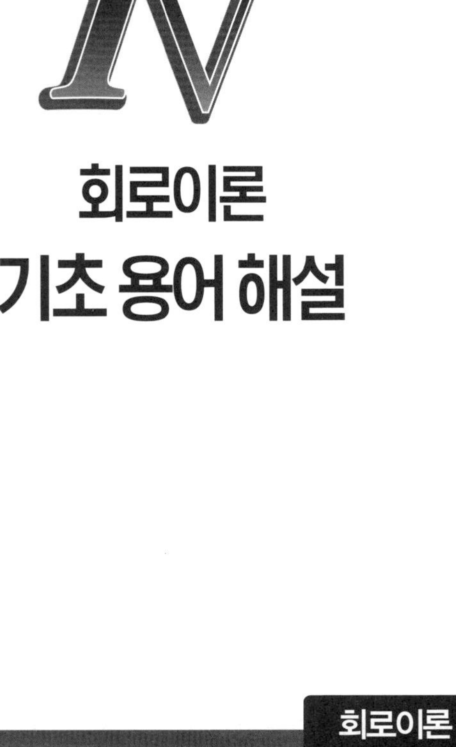

IV 회로이론 기초 용어 해설

용어 01 교류의 발생

〔그림〕과 같이 N극과 S극 간에 코일을 두고 이것을 회전하면 유도 기전력이 발생한다. 이 기전력은 코일 선단에 붙여진 슬립링과 브러시에 의해 밖으로 인출된다.

따라서, 저항 R에 전류가 흐르는데, 이 전류는 저항 R을 왕래하는 전류로서, 시간에 따라 그 방향이 바뀐다. 이와 같은 전류를 교류라고 하며, 교류를 흘리는 기전력을 교류 기전력, 교류를 흘리는 전압을 교류 전압이라 한다.

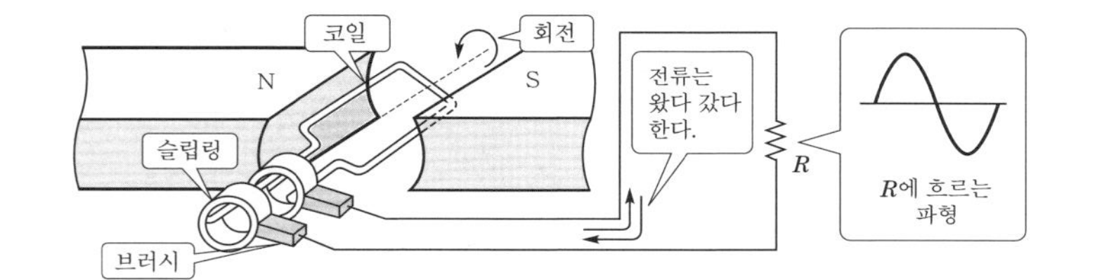

용어 02 사인파 교류 기전력의 발생

〔그림〕과 같이 N극과 S극 간에 코일을 놓고 이것을 회전시키면 기전력이 발생한다. 이 기전력은 시간에 대해서 방향이 바뀌므로 교류 기전력이다.

코일이 회전하고 있으므로 아래 〔그림〕과 같이 (a), (b), (c), (d) 각 각도에서 조사해 보자. 〔그림 (a)〕의 코일 위치를 각도 0°로 하고 이것을 기준으로 한다.

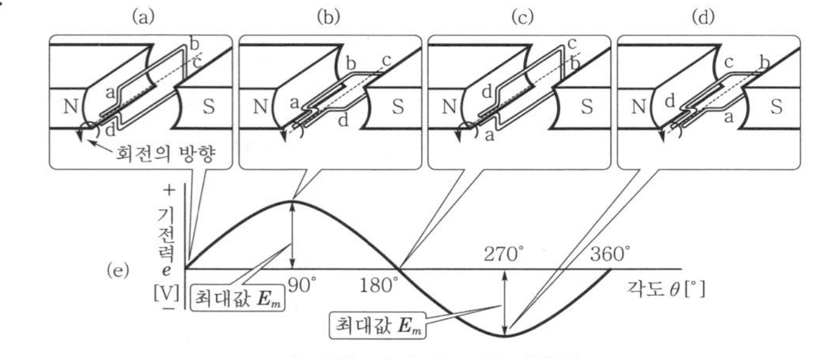

〔그림〕 사인파 교류 기전력

〔그림 (a)〕에서 코일의 변 a-b와 변 c-d는 N극에서 S극으로 생기고 있는 자속을 차단하지 않으므로 기전력 e[V]는 0이다.

〔그림 (b)〕에서는 코일의 각 변의 자속을 가장 많이 차단하기 때문에 발생하는 기전력은 최대가 된다. 이 값을 교류 기전력의 최대값이라 하고 기호는 E_m을 사용한다. 이때의 코일 각도는 90°이다.

또한, 코일이 회전해서 〔그림 (c)〕의 위치에서는 코일의 변 a-b와 변 c-d는 〔그림 (a)〕와 반대가 되지만 코일변은 자속을 차단하지 않으므로 기전력은 0이다. 이때의 코일 각도는 180°이다.

〔그림 (d)〕는 코일 각도가 270°, 이 위치에서는 코일변이 가장 많이 자속을 차단하므로 발생하는 기전력은 최대가 된다. 단, 기전력의 방향은 〔그림 (b)〕와 반대 방향이다.

이상의 현상을 기초로 하여 세로축에 기전력, 가로축에 각도를 잡아 그래프로 나타낸 것이 〔그림 (e)〕이다.

세로축의 +와 −는 기전력의 방향이다. 가로축의 각도는 시간이라 해도 되고 시간축이라 하기도 한다.

가정이나 공장 등에서 일반적으로 사용되고 있는 교류 전압은 〔그림 (e)〕와 같은 전압 파형이며, 이것을 사인파 교류 전압이라 한다.

사인파 교류 전압 v[V]는 그 최대값을 V_m[V]라고 하면 다음 식으로 구할 수 있다.

$$v=V_m\sin\theta\,[\mathrm{V}]$$

기전력의 경우는 e, E_m, 전압의 경우는 v, V_m을 사용한다.

용어 03 주파수와 주기

교류 전압이 사인파라는 파형으로 나타난다. 교류 전압을 저항에 가하면 역시 사인파형의 전류, 즉 교류가 흐른다. 교류나 교류 전압을 수식으로 나타내는 경우, 필요한 요소의 하나로 주파수가 있다.

〔그림〕은 1[sec] 동안에 사인파형이 8사이클 존재하는 교류 전압을 나타내고 있다. 1사이클이란 +의 반파와 −의 반파 1쌍으로 구성되는 파형이다. 1초간에 반복되는 사이클수를 주파수라 한다. 이 〔그림〕의 경우 1초간에 8사이클이므로 주파수는 8[Hz](헤르츠)이다.

이와 같이 주파수 단위에는 [Hz]가 사용된다. 또, 1사이클에 필요한 시간을 주기라 하며 단위는 초[sec]이다. 그림의 경우 1사이클의 시간은 $\frac{1}{8}$[sec], 즉 주기는 0.125[sec]가 된다. 지금, 주파수를 f[Hz], 주기를 T[sec]라 하면 주파수와 주기 간에는

$$f=\frac{1}{T}\text{[Hz] 또는 } T=\frac{1}{f}\text{ [sec]}$$

의 관계가 있다.

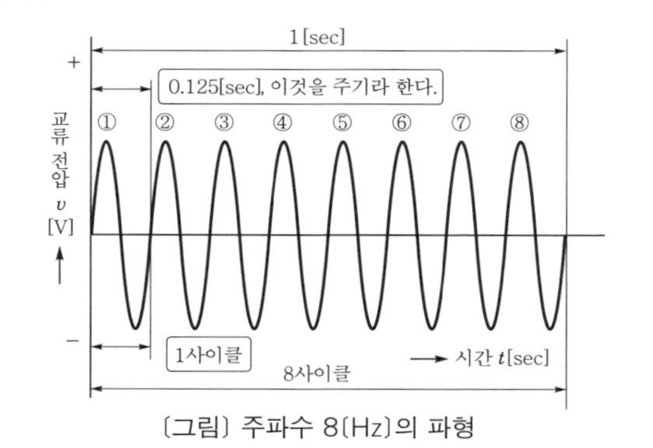

〔그림〕 주파수 8〔Hz〕의 파형

용어 04 호도법(각도를 라디안으로 나타내는 방법)

각도의 단위에는 도[°] 이외에 라디안[rad]이 있다. 전기 회로 계산에는 [rad]이 많이 사용된다. 라디안으로 각도를 나타내는 방법을 호도법(弧度法)이라 한다.

호도법이란 한마디로 말하면 호의 길이가 반지름의 몇 배인지 그 각도를 나타내는 방법이다.

반지름과 같은 길이의 호에 대한 중심각이 1[rad]

〔표〕 도와 라디안의 관계

도	0	30°	45°	60°	90°	120°	180°	270°	360°
라디안 [rad]	0	$\frac{\pi}{6}$	$\frac{\pi}{4}$	$\frac{\pi}{3}$	$\frac{\pi}{2}$	$\frac{2\pi}{3}$	π	$\frac{3\pi}{3}$	2π
	0	0.524	0.785	1.05	1.57	2.09	3.14	4.71	6.28

그림에 나타내듯이 반지름 r과 동일한 길이의 원호를 측정하고 이 원호에 대한 중심각을 1[rad]로 한다. 원주는 $2\pi r$로 표시되므로 전체의 각은 2π[rad]이고 360°는 2π[rad]이다. 동일하게 180°는 π[rad]이 된다.

표에 도와 라디안의 관계를 나타내었다.

$$360° = 2\pi \text{ [rad]}$$

이므로 1[rad]≒57.3°이다.

교류 계산에서는 이 라디안에 익숙해져야 한다.

용어 05 각주파수

아래 〔그림〕과 같이 1사이클이 종료되면 2π[rad] 진행하고 2사이클에 $2\pi\times2=4\pi$[rad], f사이클에 $2\pi\times f=2\pi f$ [rad] 진행된다.

따라서, 주파수가 f[Hz]인 경우 1초간에 $2\pi f$[rad] 진행된다. 이 값 $2\pi f$를 ω(오메가)로 표시하며 이것을 각주파수라 한다.

$$\omega=2\pi f[\text{rad}]$$

이 ω는 1초 동안에 변화하는(진행하는) 각도이므로 t[sec] 동안에 변화하는 각도는 $\omega t=2\pi ft$[rad]이 된다.

앞에서 사인파 교류 전압 v의 식을 $v=V_m\sin\theta$[V]로 표시했는데, 이 식의 θ가 ωt가 되므로 v의 식은 다음과 같다.

$$v=V_m\sin\theta=V_m\sin\omega t$$
$$=V_m\sin2\pi ft[\text{V}]$$

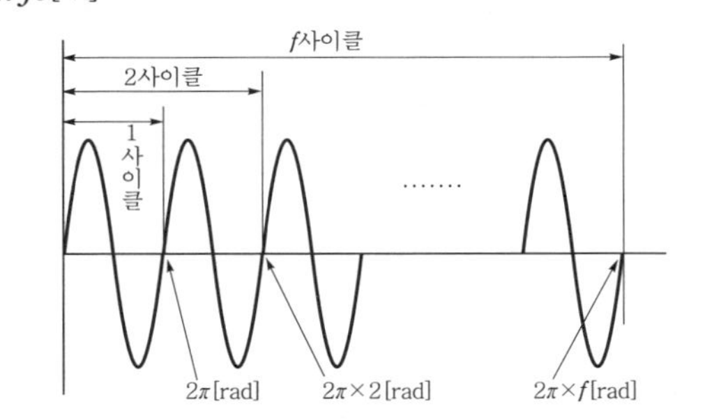

용어 06 정류 회로

단상 교류로부터 직류를 얻는 데 정류 회로가 사용된다.

반파 정류 회로	전파 정류 회로
반파분은 전류가 흐르지 않으므로 맥동이 크다.	전파에 걸쳐서 정류하므로 맥동은 작아진다.
트랜스(변압기), 입력, D, I, v, v_R, R_L / 입력 파형, 출력 파형	입력, 트랜스(변압기), D_1, D_2, D_3, D_4, v, v_r, 충전, 방전, v_C, R_L / 입력 파형, 정류 회로 출력 파형, 평활 회로 출력 파형

용어 07 직렬 공진

회로의 임피던스가 $\dot{Z}=R+j\left(\omega L-\frac{1}{\omega C}\right)$[Ω]이고, 직렬 공진일 때는 허수부가 $\left(\omega L-\frac{1}{\omega C}=0\right)$이 된다.

직렬 공진 시 각주파수는 $\omega_0=2\pi f_0=\frac{1}{\sqrt{LC}}$[rad/sec]가 되고, 직렬 공진 시 회로의 전류는 최대로 $I_0=\frac{V}{R}$[A]가 된다.

그림 중 ω_1과 ω_2는 전류 크기가 I_0의 $\frac{1}{\sqrt{2}}$이 되는 각주파수이고, $\Delta\omega=\omega_2-\omega_1$을 반치폭이라고 한다.

$\dot{I}$[A], L[H], C[F], $\dot{V}$[V], ω[rad/sec], R[Ω]

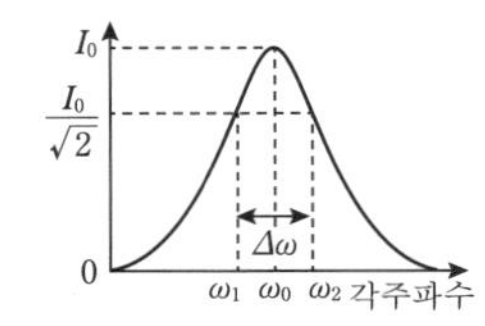

용어 08 병렬 공진(반공진)

회로의 어드미턴스가 $\dot{Y}=\frac{1}{R}+j\left(\omega C-\frac{1}{\omega L}\right)$ [S]이고, 병렬 공진일 때는 허수부가 $\left(\omega C-\frac{1}{\omega L}=0\right)$이 된다.

병렬 공진 시 각주파수는 $\omega_0=2\pi f_0=\frac{1}{\sqrt{LC}}$[rad/sec]

병렬 공진 시 회로의 전류는 최소로 $I_0=\frac{V}{R}$[A]가 된다.

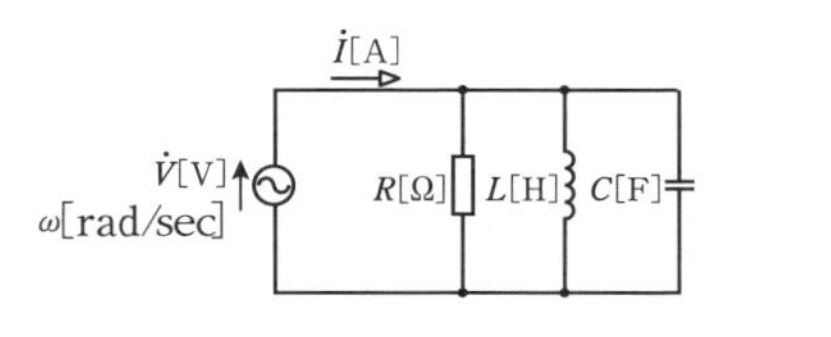

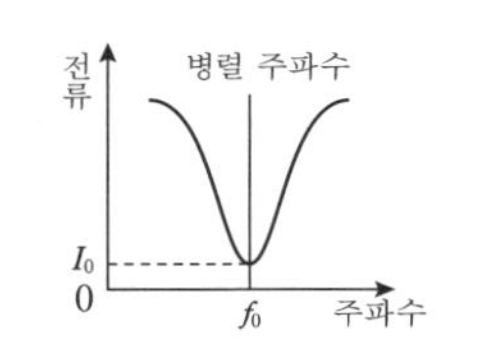

용어 09 가동 코일형 계기

고정된 영구 자석 N, S에 의한 자계와 그 자계 속에 놓인 가동 코일에 흐르는 전류 사이에 생기는 전자력에 의해 토크가 발생한다.

코일에 직결된 지침이 전류 크기에 비례해서 회전하고, 용수철의 제어 토크 힘과 균형을 이룬다. 직류 전용 계기이고 평균값을 나타낸다.

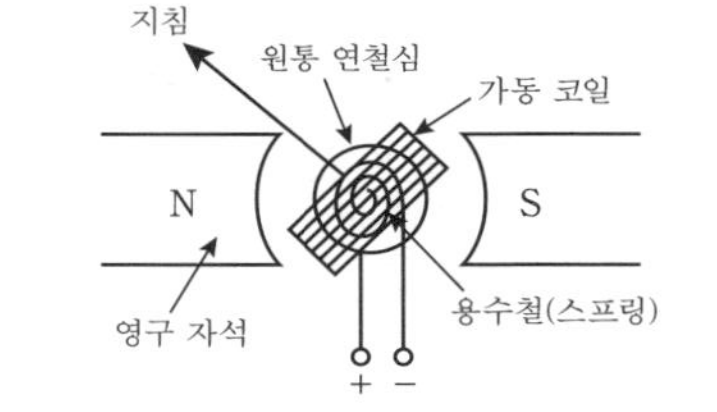

용어 10 가동 철편형 계기

고정 코일 안쪽에 고정 철편과 마주 보게 가동 철편을 회전축에 장착한 구조의 계기이다. 고정 코일에 측정 전류가 흐르면 코일 안쪽에 자계가 발생하고 고정 철편과 가동 철편의 상·하단은 같은 극성으로 자화된다. 이 때문에 철편간에는 반발력이 발생하고, 전류의 제곱에 비례하는 구동 토크가 일어난다. 교류 전용 계기이고 실효값을 나타낸다.

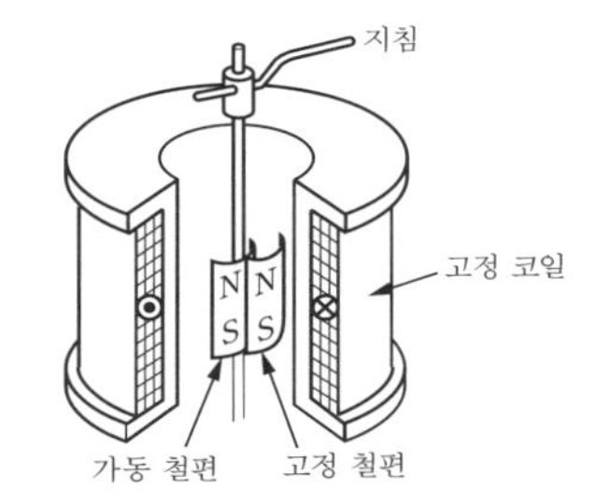

용어 11 정류형 계기

교류를 다이오드를 이용해 정류하여 직류로 변환하고, 이를 가동 코일형 계기로 측정한다. 가동 코일형 계기는 정류 전류의 평균값을 나타내지만 정현파(기본파)의 파형률은 약 1.11이므로, 평균값 눈금을 약 1.11배하여 실효값으로 한다. 이 때문에 측정하는 교류의 파형이 정현파가 아닐 때는 지시값에 오차가 생긴다.

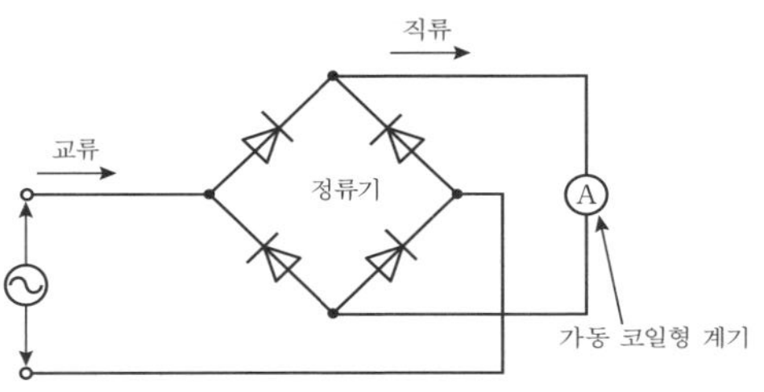

용어 12 계기의 측정 범위 확대

지시 전기 계기로 직접 측정할 수 있는 전압과 전류의 범위는 제한된다. 높은 전압이나 큰 전류를 측정할 경우는 표와 같은 부속 기구를 이용한다.

고전압 측정	직류	저항 배율기, 저항 분압기, 직류 계기용 변성기
	상용 주파수	저항 배율기, 저항 분압기, 용량 분압기, 계기용 변압기(VT)
	고주파	저항 분압기, 용량 분압기
대전류 측정	직류	4단자형 분류기, 직류 변류기
	상용 주파수	4단자형 교류 분류기, 변류기(CT)
	고주파	교류 분류기, 변류기

용어 13 디지털 계기

디지털 계기는 아날로그 측정량을 A/D 변환(아날로그/디지털 변환)해서 10진수로 표시하는 계기이다.

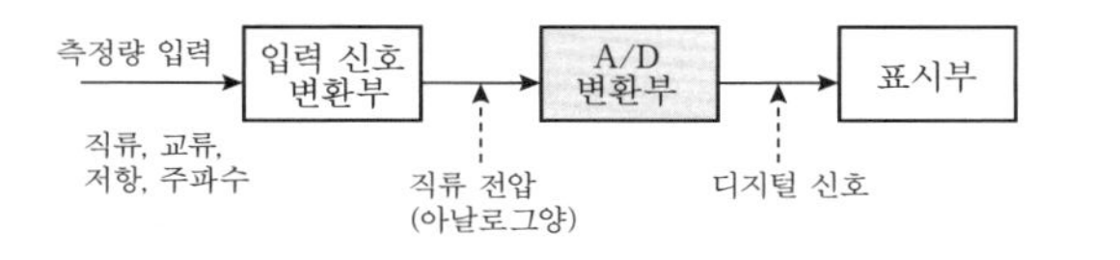

아날로그 계기와 비교한 특징은 다음과 같다.

① 측정 데이터의 전송이나 연산이 쉽고, PC 등과 인터페이스를 매개해 접속할 수 있다.
② 10진수로 표시되므로 읽기 오차나 개인차가 없다.
③ 고정밀도 측정과 표시를 할 수 있다.
④ 디지털 멀티미터를 이용하면 여러 항목(전압, 전류, 저항 등)을 1대로 측정할 수 있다.
⑤ 지침을 움직이는 구동력이 필요 없고, A/D 변환기의 변환 시간이 수[ms] 정도 짧기 때문에 표시 시간이 빠르다.

용어 14 계기 상수

유도형 전력량계에서는 1[kW·h] 또는 1[kVar·h]를 계량하는 동안 계기의 원판이 몇 회전하는지 나타낸다. 단위로는 [rev/(kW·h)], [rev/(kVar·h)]를 이용한다.

전자식 계기에서는 1[kW·s] 또는 1[kVar·s]를 계량하는 동안의 계기의 계량 펄스수를 나타낸다.

단위로는 [pulse/(kW·s)], [pulse/(kVar·s)]를 이용한다.

용어 15 오실로스코프

앞쪽 수직 편향판과 수평 편향판 2조의 편향판에 가하는 전압을 조절해, 브라운관의 전자총에서 나오는 전자빔의 진로를 수직·수평 방향으로 굴절시켜 형광면에 충돌시킨다.

이 충돌에 의해 형광 물질이 발광하고, 휘점의 궤적으로써 파형이 그려진다. 수평 방향으로 시간 경과에 비례해 변화하는 톱니파 전압을 가하고 수직 방향으로 관측할 정현파 전압을 가하면, 신호 전압의 시간적 변화를 파형으로서 관측할 수 있다.

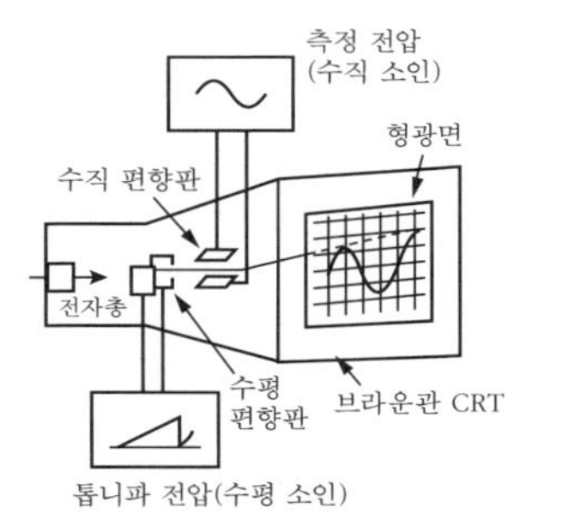

용어 16 3상 교류 발전기의 원리

〔그림 1〕에 3상 교류 발전기의 원리도를 나타내었다. 3개가 같은 형인 코일을 자계 속에 놓고 이것을 회전시키면 각각의 코일에 기전력이 발생한다. 이 3개의 기전력을 e_a, e_b, e_c로 하고 파형을 그리면 〔그림 2〕와 같다.

각각의 기전력은 120°씩 위상이 엇갈리는데 코일 ⓐ, ⓑ, ⓒ가 120°씩 엇갈려서 조합되고 있기 때문이다. 〔그림 2〕와 같은 위상 관계에 있는 3개의 기전력을 대칭 3상 교류 기전력 또는 3상 교류 기전력이라 하며 이러한 기전력을 만드는 전원을 3상 교류 전원이라 한다.

또한, 3상 교류 기전력 e_a, e_b, e_c에 의해 발생하는 전압을 상전압이라 하며 $e_a \to e_b \to e_c$의 순으로 파형이 변화하는 순서를 상순이라 한다.

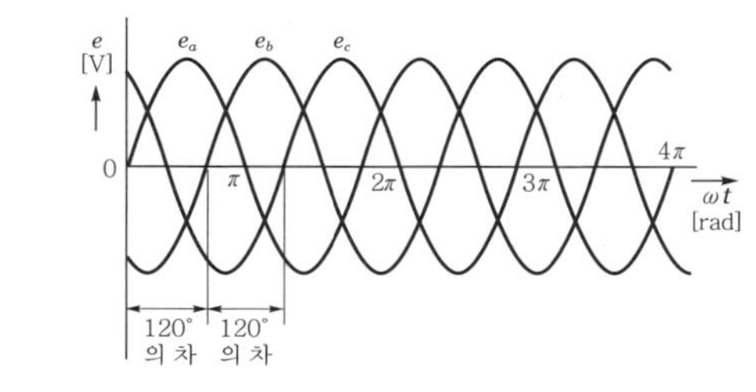

〔그림 1〕 3상 교류 발전기의 원리

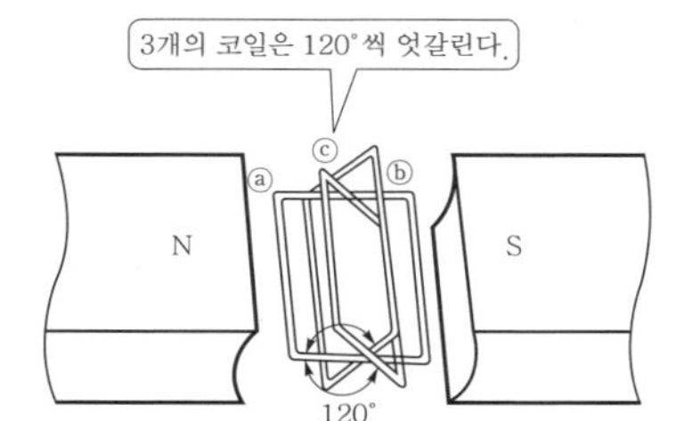

〔그림 2〕 3상 교류 기전력

용어 17 3상 교류 기전력의 벡터

3상 교류 기전력 e_a, e_b, e_c를 수식으로 나타내는 방법에는 순시값 표시, 극좌표 표시, 직각 좌표 표시가 있다. 순시값은 다음과 같은 식으로 표시된다.

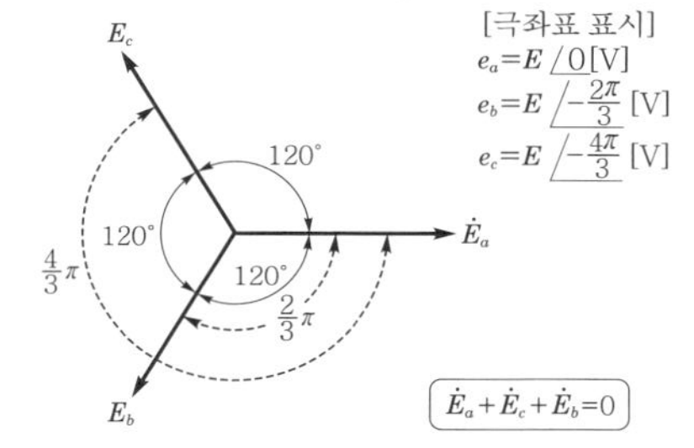

〔그림〕 3상 교류 기전력의 벡터

$$e_a = \sqrt{2}E\sin\omega t\,[\mathrm{V}]$$
$$e_b = \sqrt{2}E\sin\left(\omega t - \frac{2}{3}\pi\right)[\mathrm{V}]$$
$$e_c = \sqrt{2}E\sin\left(\omega t - \frac{4}{3}\pi\right)[\mathrm{V}]$$

이상에서 e_a, e_b, e_c를 벡터 $\dot{E}_a$, $\dot{E}_b$, $\dot{E}_c$로 표현하면 위 〔그림〕의 벡터도가 된다.

용어 18 3상 교류의 합성

3상 교류를 합성하면 0이 된다. 이러한 성질은 3상 교류를 다루는데 대단히 중요한 의미를 가진다. 즉, 3상 교류 전원과 3개의 부하를 접속할 때 그 결선의 하나를 생략할 수 있다.

여기서는 아래 〔그림〕을 가지고 조사하기로 한다. 〔그림 (a)〕의 파형 ⓐ, ⓑ, ⓒ는 각각 위상이 120°씩 엇갈리고 있다. 먼저 파형 ⓐ와 ⓑ를 합성(〔그림〕의 위에서 +측과 −측의 높이 차만큼 작성한다)하면 ⓓ가 얻어진다〔그림 (b)〕.

다음에 ⓓ와 ⓒ를 비교하면 2개의 파형은 180°씩 엇갈리고 있으므로 +측과 −측은 면적이 같게 되어 합성하면 0이 된다. 즉, 3상 교류 ⓐ, ⓑ, ⓒ를 합성하면 0이 된다.

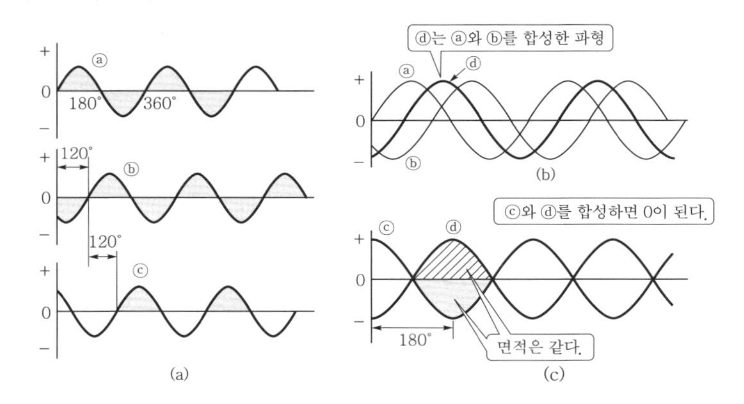

〔그림〕 3상 교류를 합성하면 0이 된다.

용어 19 시상수

전기 회로에서 저항을 R[Ω], 정전 용량을 C[F], 인덕턴스를 L[H]이라고 하면 시상수를 다음과 같이 나타낼 수 있다.

RL 직렬 회로의 시상수 $T=\frac{L}{R}$[s]

RC 직렬 회로의 시상수 $T=RC$[s]

시상수 T는 전류 또는 전압(상승의 경우)이 정상값의 63.2[%]가 되기까지의 시간을 가리키고, 시상수가 크면(길면) 회로의 응답이 느리고, 반대로 작으면(짧으면) 회로의 응답이 빠르다.

참고 시상수의 단위가 [s]가 된다는 사실의 증명

$\frac{L}{R}$ = [V·s/A]/[V/A] = [s]

RC = [C/V]·[V/A] = [C]/[C/s] = [s]

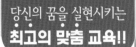

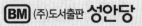

[참!쉬움] 합격이 참 쉽다!
05 제어공학

2020. 3. 27. 초 판 1쇄 발행
2025. 1. 15. 5차 개정증보 5판 2쇄 발행

지은이 | 오우진
펴낸이 | 이종춘
펴낸곳 | BM (주)도서출판 성안당
주소 | 04032 서울시 마포구 양화로 127 첨단빌딩 3층(출판기획 R&D 센터)
| 10881 경기도 파주시 문발로 112 파주 출판 문화도시(제작 및 물류)
전화 | 02) 3142-0036
| 031) 950-6300
팩스 | 031) 955-0510
등록 | 1973. 2. 1. 제406-2005-000046호
출판사 홈페이지 | **www.cyber.co.kr**
ISBN | 978-89-315-1355-4 (13560)
정가 | 20,000원

이 책을 만든 사람들
기획 | 최옥현
진행 | 박경희
교정·교열 | 김원갑
전산편집 | 오정은
표지 디자인 | 박현정
홍보 | 김계향, 임진성, 김주승, 최정민
국제부 | 이선민, 조혜란
마케팅 | 구본철, 차정욱, 오영일, 나진호, 강호묵
마케팅 지원 | 장상범
제작 | 김유석

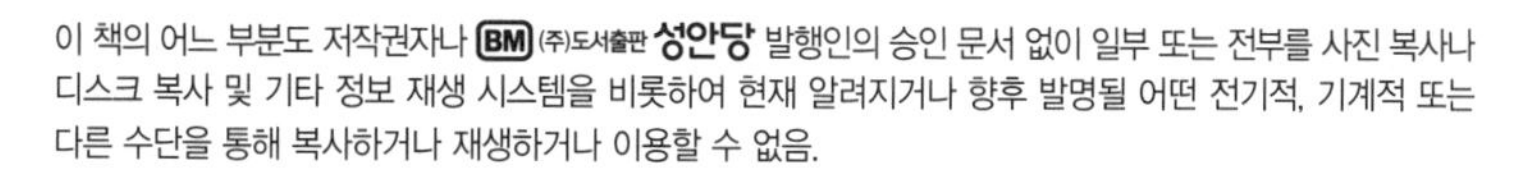